厚基础·促应用·强交叉

新一代人工智能创新人才培养精品系列

U0685789

工信学术出版基金
Industry and Information Technology
Academic Publishing Fund

人工智能导论

（微课版）

刘华俊 眭海刚 ◎ 编著

*I*ntroduction to Artificial
Intelligence

人民邮电出版社

北 京

图书在版编目（CIP）数据

人工智能导论：微课版 / 刘华俊，睦海刚编著.
北京：人民邮电出版社，2024. -- （新一代人工智能创
新人才培养精品系列）. -- ISBN 978-7-115-65211-9

Ⅰ. TP18

中国国家版本馆 CIP 数据核字第 20241NA487 号

内 容 提 要

本书共 12 章，内容涵盖传统人工智能技术、现代人工智能技术及人工智能技术应用三大部分，旨在展示人工智能技术的发展历程。在传统人工智能技术部分，本书讨论了问题求解与搜索技术、归结推理、不确定性推理与专家系统，以及遗传算法、蚁群算法、鸟群算法和粒子群算法等经典算法。在现代人工智能技术部分，本书介绍了机器学习中的监督学习和非监督学习，讲解了经典的决策、分类、聚类、回归、降维和关联分析等问题，以及神经网络和深度神经网络等内容。在人工智能技术应用部分，本书讲解了视觉感知与智能视觉、听觉感知与智能听觉、语言智能处理和智能机器等当前流行技术，以及未来人工智能的展望。在本书编写过程中，编者着重介绍基本概念、基本原理和基本分析方法，旨在引导读者分析问题和解决问题，力求基本概念准确、条理清晰、内容精练、重点突出、理论联系实际。

本书可作为人工智能、计算机科学与技术、电子信息、遥感测绘、土木工程、机械工程等理工科专业的人工智能导论课程（或通识课程）教材，也可供相关领域的科技人员参考使用。

◆ 编　著　刘华俊　睦海刚
　　责任编辑　王　宣
　　责任印制　陈　犇

◆ 人民邮电出版社出版发行　　北京市丰台区成寿寺路 11 号
　　邮编　100164　电子邮件　315@ptpress.com.cn
　　网址　https://www.ptpress.com.cn
　　三河市祥达印刷包装有限公司印刷

◆ 开本：787×1092　1/16
　　印张：19.5　　　　　　　　2024 年 12 月第 1 版
　　字数：477 千字　　　　　　2025 年 8 月河北第 2 次印刷

定价：69.80 元

读者服务热线：(010)81055256　印装质量热线：(010)81055316
反盗版热线：(010)81055315

◆ **时代背景**

在以人工智能领域的突破与迅猛发展为标志的信息智能时代，人工智能导论作为新工科基础理论与工程应用方向的前沿核心课程，具有突出且重要的地位。

2017 年 7 月，国务院印发《新一代人工智能发展规划》，明确了到 2030 年我国人工智能理论、技术与应用总体达到世界领先水平的愿景，并提出了一系列具体目标和任务，同时指出要支持开展形式多样的人工智能科普活动。

2020 年 7 月，国家标准化管理委员会等五部门颁布《国家新一代人工智能标准体系建设指南》，提出到 2023 年初步建立人工智能标准体系，重点研制数据、算法、系统、服务等重点急需标准，并率先在制造、交通、金融、安防、家居、养老、环保、教育、医疗健康、司法等重点行业和领域进行推进。

2023 年 10 月 18 日，习近平主席在第三届"一带一路"国际合作高峰论坛开幕式上发表主旨演讲，宣布中方提出全球人工智能治理倡议，发出了引领全球人工智能治理的中国强音。

◆ **写作初衷**

为了响应国务院《新一代人工智能发展规划》中对人工智能教育全面普及的号召，培养面向 21 世纪的人工智能拔尖人才，编者通过精选"人工智能"中的常规内容，根据贯穿人工智能发展的脉络分三大块整合代表性技术，论述人工智能的发展思路；以经典知识点的介绍为主体，采用启发引导论述方式，辅以读者日常生活中的通俗实例编成本书，以更清晰、更易理解的方式阐述人工智能的相关知识，并反映该领域的最新技术发展情况，以提升读者的科学素养。

◆ **本书特色**

本书共 12 章，内容涵盖传统人工智能技术、现代人工智能技术以及人工智能技术应用三大部分。本书特色介绍如下。

1．内容严谨，结构清晰

在全面考虑人工智能发展脉络的基础上，精心筛选知识点，突出导论课程的核心意义，着重关注重要知识，有利于教师在规划课时内进行有效的课堂教学，同时也便于读者自主学习。

2．案例丰富，有趣宜学

本书融合了与读者生活紧密相关的丰富教学案例，以通俗易懂的方式帮助读者理解重要而难以理解的知识点，进而提升读者的学习兴趣。

3．紧跟前沿，着眼未来

编者着眼于最新的技术成果，在书中介绍了人工智能相关行业的发展趋势和市场动态，在拓宽读者认知边界的同时，力求提高读者的科学素养。

4．录制微课，创新教学

本书提供针对重点、难点知识的微课视频，助力打造新形态精品教材。读者可以通过多种智能化展示方式和渠道随时自学，最大程度地提高自己的学习效率。

◆ 学时建议

本书各章内容所对应的学时建议如表 1 所示。

表 1　本书各章内容所对应的学时建议

章名	32 学时模式/学时	40 学时模式/学时
第 1 章　人工智能概述	1	2
第 2 章　问题求解与搜索技术	5	7
第 3 章　归结推理及其应用	3	3
第 4 章　不确定性推理与专家系统	1	2
第 5 章　演化搜索和群集智能	3	4
第 6 章　机器学习	6	8
第 7 章　神经生理基础和神经网络	2	3
第 8 章　视觉感知与智能视觉	4	4
第 9 章　听觉感知与智能听觉	3	3
第 10 章　语言智能处理	2	2
第 11 章　智能机器	1	1
第 12 章　未来人工智能的展望	1	1

◆ 致谢

本书的编写工作得到了广西科技重大专项项目（桂科 AA22067072），神农架国家公园本底资源综合调查项目（SNJN2023015）和国家自然科学基金面上项目（41771427）的资助。

感谢朱福喜、韩镇、梁超等老师以及武汉大学计算机学院人工智能课程团队，他们对本书内容提出了宝贵的修改建议。同时，感谢毛文轩和刘晓涵拨冗对本书图表和公式进行编辑与完善。

编者针对本书建设了配套的课程 PPT、教学大纲、教案、习题答案、案例素材等教辅资源，用书教师可以通过人邮教育社区（www.ryjiaoyu.com）下载使用。

由于编者水平有限，书中难免存在表达欠妥之处，因此，编者由衷希望广大读者朋友和专家学者能够拨冗提出宝贵的修改建议。

编　者
2024 年夏于武汉大学

目录
Contents

第1章 人工智能概述

【本章导读】

  人工智能的目标在于赋予计算机系统能力，使其能够执行通常需要人类智慧才能完成的任务。这一领域致力于运用人工方法和技术来模仿、延伸和扩展人类智慧，从而实现机器的智能化。人类参与的多种活动，如问题解决、棋类游戏、谜题猜测、文本创作、程序编写、车辆驾驶以及人际交往等，都是人类智慧的体现。本章旨在探讨人工智能与人类智慧之间的区别，介绍不同学派对人工智能的看法及其发展历程和所涵盖的基本技术。

1.1 人类智能与人工智能

  人类智能与人工智能之间的异同一直是科研领域和社会广泛关注的焦点。人类智能指的是人类自然具备的认知、学习、思考和问题解决能力，涵盖感知、理解、判断和创造等多个方面，其形成受到大脑结构、神经系统和基因等多种因素的影响。而人工智能则是通过计算机和算法模拟人类智能的技术，是计算机发展的必然产物。人工智能的涌现源于人类对能够进行计算、推理和其他思维活动的智能机器的长期探索与研究。从理论基础上看，人工智能是多学科交叉渗透的结果，包括信息论、控制论、系统工程论、计算机科学、心理学、神经科学、脑科学、认知科学、数学和哲学等。人工智能系统可以执行类似利用人类智能才可完成的任务，例如语言处理、图像识别、学习和推理，但它并不具备与人类完全相同的感知和创造等能力。

  在深入研究人类智能与人工智能之间的相似性和差异时，我们可以从多个方面进行简要分析，包括学习能力、感知与认知、创造力与情感、自我意识与社交互动，以及伦理与价值观等方面。

  （1）学习能力

  人类智能：人类具有通过观察和学习获取知识，并根据新信息调整行为的能力。

  人工智能：机器学习技术的应用使得计算机系统能够通过数据和经验不断改进性能，模拟人类的学习过程。

  （2）感知与认知

  人类智能：人类通过各种感官（如视觉、听觉、触觉等）获取信息，然后进行复杂的认知过程，包括理解、分析和决策。

人工智能：人工智能技术（如图像识别和语音识别等）使得计算机系统能够处理和理解感知数据，尽管在复杂环境中处理和理解感知数据仍然存在挑战。

（3）创造力与情感

人类智能：人类具有独特的创造性和情感体验，能够进行艺术创作、新事物发明，并能够体验多种情感。

人工智能：目前的人工智能在这方面的发展仍然相对有限，尚未真正实现情感的理解、表达或体验，也缺乏真正的创造力。

（4）自我意识与社交互动

人类智能：人类具备自我意识，能够认识自身的存在并参与复杂的社交互动。

人工智能：目前的人工智能系统通常缺乏自我意识和深度的社交能力，虽然能够执行特定任务，但在真实社交场景中表现出的生硬感仍然明显。

（5）伦理与价值观

人类智能：人类的决策受到伦理和价值观的影响，人类在决策过程中能够考虑到道德因素和社会背景。

人工智能：在人工智能领域，如何处理伦理问题以及将何种价值观融入决策过程是一个重要且复杂的问题。

因此，尽管人工智能在某些方面对人类智能进行了模拟，但在关键领域仍存在明显差距。未来的发展需要着重缩小这些差距，并且须认真考虑伦理和社会影响，以确保人工智能的发展符合人类的价值观和需求。

为了理解人工智能，我们需要先了解与人工智能相关的一些概念，如数据和信息的关系、人的认知过程、机器对人认知过程的模拟，以及知识、智力和智能之间的关系等。通过逐步理解这些概念，我们可以更好地探索人工智能的本质。

1.1.1　数据和信息的关系

首先，让我们深入了解数据的本质。人们常说，我们正处于大数据时代。大数据的特点在于规模庞大、产生速度快，并且包含多种类型的数据，如文本、音频、视频等。数据本身是未经加工的原始事实或细节，是一种中性的表示。举例而言，数字"8"本身并不能提供任何关于事物的信息。数据是构成信息的基础，是进行信息处理和分析的起点，可以用于进行统计、分析和决策制定。

接下来，我们来探讨信息的概念。信息是对数据进行处理、分析和组织后所获得的具有意义的结果。信息为人们提供了有用的知识，有助于理解和解释事实。相较于数据，信息更具价值，因为信息具有附加的含义和上下文，能够帮助人们提高洞察力和理解力。信息的有效处理有助于人们从海量数据中提炼出关键见解，并为决策提供支持。

然而，在大数据中，存在大量无效、冗余的数据。尽管如此，大数据应用场景广泛，涵盖商业、医疗保健、城市管理和科学研究等领域，并且可以产生多方面的积极影响，如提高生产力、支持精准决策、保障信息安全、提供智能化服务和推动社会治理等。然而，这些影响是否直接由数据产生呢？观看新闻联播时，我们接收的是信息，而非数据；与他人交流时，我们获取的更多是信息，而非数据。因此，信息是从数据中提炼出来的，数据是信息的表现形式和载体。它们之间的关系在于数据经过处理、分析和组织等过程被转化为信息。信息是对数据的解释和提炼。数据和信息之间存在一种层次关系，信息对数据进行了更高层次的加工，使其更具实用性和意义。数据和信息之间存在一个不断循环的过程。信息的生成可能又会产生新的数据，从而进入下一轮的数据处理。

因此，数据和信息在信息社会中扮演着不可或缺的角色。数据是信息的基础，而信息为数据赋予了更深层次的含义和价值。在当今人们所处的数字化时代，对数据和信息的有效管理和利用对个人、组织和社会都至关重要。

1.1.2 人的认知过程

在心理学中，认知被定义为将外部客观刺激信息转换为内部主观神经信号的过程。更简单地说，这是人们对某个事物进行接触、认知、了解并产生一系列思考的过程。

在电影《变蝇人》中，科学家塞斯发明了一台能够传送物体的"电动传送机"，如图 1.1 所示。该机器可以将位置 A 处的物体分解成最小粒子，并将这些粒子传送到位置 B 处，然后重新组合成原物体。我们可以借用类似的流程来解释认知过程：将客观世界视为位置 A，主观世界视为位置 B，而身体则类似于"电动传送机"，不过其功能不是传送物体，而是复制和转化信息。人体将客观事物的不同属性拆解，并从中提取事物的各种特点，然后将这些特点转换为可以在主观世界内中存在的信息，最后将这些信息进行融合，形成与客观事物相对应的主观事物。

图 1.1　电影《变蝇人》中的电动传送机

认知过程并非像传送过程那样简单地将原物体的分解粒子送达另一个空间再进行还原。其主要步骤是信息的转化。此过程受到生理和心理因素的影响，因此，面对同一事物，不同个体的认知结果可能不同，同一个体在不同时间的认知结果也可能发生变化。

认知被视为心理活动中最基本的部分，是主观与客观相连接的起始点。在小说《遥远的救世主》中，芮小丹提到："只有我自己觉到、悟到的，我才有可能做到，我能做到的才是我的。"在这段话中，"觉到、悟到"可以被理解为认知。在我们未认知到某个事物之前，无论是水瓶、纸张、规则还是哲理，我们都无法理解其存在的意义，甚至不会认识到其存在。当我们认知到它时，它不仅存在于客观世界中，也存在于我们的主观世界中。虽然任何人都无法拥有客观世界，但主观世界是每个人所独有的。只有当某个事物出现在我们的主观世界中时，它才算是我们的。

因此，人的认知过程指的是个体如何感知、理解、记忆、思考和解决问题的一系列心理活动。认知过程涵盖了感觉、知觉、记忆、想象和思维等多个方面，构成了一个复杂而多层次的系统，涉及多个阶段和子过程。

（1）**感觉**是指人脑对直接作用于感觉器官的客观事物的个别属性进行反映的过程。感觉是人类认识客观世界的起点。感觉器官充当人体的识别转换装置，首先接收外界信号并将其转换为主观世界可识别的信息，即感觉。举例来说，当我们被蚊子叮咬时，皮肤上的触觉器官感知到这一信号，并将其传递至中枢神经系统，引发我们感受到"痒"的感觉。每个感觉器官只能捕捉刺激的一个特征，比如眼睛传递视觉特征，耳朵传递听觉特征等，因此单一感觉器官的信息是单一的。感觉包括视觉、听觉、触觉、嗅觉和味觉等感官通道。感知是信息处理的起点，通过感知，个体能够获得来自外界的原始数据。

（2）**知觉**是人脑对直接作用于感觉器官的客观事物的各种属性、各部分及其相互关系进行整体反映的过程。知觉是信息的综合和合成过程。以苹果为例，当我们观察到它时，视觉信息告诉我们它是一个立体的、颜色鲜艳的物体；品尝后，味觉信息告诉我们它具有甜味，嗅觉信息告诉我们它散发着清香，听觉信息则让我们意识到它是一个静止的对象。这些感觉信息是单一的，但当神经系统将它们综合起来时，我们就能意识到这些不同属性的特征来于同一个物体，从而在我们的主观世界中形成了对苹果的整体形象。

（3）**记忆**是指人脑对过去经验的保持和再现的过程。在知觉形成后，具有单一性的感觉信息和具有整体性的知觉信息会同时传送至中枢神经系统，并在此处被储存，形成记忆。在记忆形成之前，从接收刺激到形成知觉的整个过程类似于电路中的一个环节，任何一个环节出现偏差都可能导致认知过程中断，无法进入下一个阶段。换言之，只有在刺激持续作用下，感觉和知觉才会存在；一旦刺激消失，感觉和知觉也会消失。然而，刺激的存在与否并不会直接影响记忆的形成，即使刺激消失，记忆仍然可以存在。因此，记忆可以被视为某一事物在主观世界中独立存在或出现过的标志。

（4）**想象**是指人脑对已有表象进行加工、改造，从而形成新的心理形象的过程。储存在记忆系统中的信息会被作为想象的基础材料。例如，吃完苹果后，我的大脑可能会想象出一杯苹果汁的画面。

（5）**思维**是指在人脑中具有意识的过程，通过对客观现实的本质属性和内在规律的反映，以语言或行为的形式展现出来。思维过程受到复杂的神经机制调控，通过多层次的加工，揭示出事物的内在特征，是认知功能的高级形式之一。人类思维主要表现为抽象（逻辑）、形象（直觉）、感知和灵感（顿悟）等不同形态。对思维进行研究有助于深入理解人类认知和智力的本质，对人工智能的发展具有重要的科学意义和应用价值。通过探索不同层次的思维模型和规律，可以为新型智能信息处理系统提供理论基础和模型支持。

总体来说，一般认为人的认知过程包括信息经过感觉器官输入到神经系统，然后经过大脑思维转化为认知。那么，什么是认知？认知可以被定义为使用符号来整理和研究对象，并确定它们之间的联系。然而，我们是否可以将认知概念扩展到机器身上？机器是否具有认知能力？另外，机器是如何体现出智能的呢？我们可以认为，机器实际上是在模拟人的认知过程。

1.1.3 机器对人认知过程的模拟

人类通过感觉器官，如眼睛、耳朵、鼻子和触觉器官等，感知外界事物。相似地，机器也通过模拟人类认知过程来获取信息，例如，利用摄像头等视觉传感器模拟眼睛，利用声音获取传感器（如麦克风）模拟耳朵，利用嗅觉传感器检测和分析气味以模拟鼻子，以及利用压力传感器模拟触觉器官等。

机器对人认知过程的模拟是人工智能（artificial intelligence，AI）领域的重要方向之一，旨在使计算机系统能够模仿和执行类似于人认知过程的任务。以下是机器对人认知过程模拟的一些关键方面。

1．感知和感知处理

图像识别：利用机器学习算法模拟人类的视觉感知，使计算机能够识别和理解图像中的物体、场景和特征。

语音识别：借助语音识别技术，理解和转换语音并输出为文本，类似人类的听觉和语言处理。

2．注意力机制

注意力模型：机器学习模型可采用注意力机制，类似于人类处理信息时的选择性关注，以便集中处理重要信息而忽略次要信息。

3．学习和记忆

机器学习：利用监督学习、无监督学习和强化学习等技术，使机器能够从数据中识别模式和关联，从而模拟人类的学习过程。

神经网络：被设计用于在大规模数据中进行模式识别和表示学习，类似于人脑中神经网络的运作方式。

4．思维和推理

符号推理：通过符号推理系统进行操作，以模拟人类的逻辑推理和问题解决能力。

知识表示：建立知识库，用于存储和组织信息，从而支持更高级别的思考和决策。

5．自然语言处理

语言理解：通过语法、语义和上下文处理来理解和解释自然语言。

生成语言：生成自然语言文本，模拟人类的语言表达能力。

6．解决问题和决策

推荐系统：利用机器学习模型，提供个性化的解决方案推荐，类似于人类进行决策的过程。

强化学习：在与环境的互动中学习，并做出决策，类似于人类在复杂环境中进行决策的方式。

7．情感和社交模拟

情感识别：机器能够模拟情感识别，以理解和解释人类的情感状态。

虚拟代理：利用虚拟代理和聊天机器人等技术，可以模拟社交互动，与人类用户进行对话。

尽管机器在模拟人认知过程方面取得了显著的进展，但仍然面临诸多挑战，包括处理不确定性、应对复杂的真实世界环境，以及需要考虑伦理和隐私等问题。在未来，随着技术的不断发展，机器对人认知过程的模拟将持续发展，这对于提升计算机系统的智能水平和改善人机交互具有重要意义。

1.1.4　知识、智力和智能之间的关系

知识、智力和智能是三个密切相关但又有区别的概念，它们在构成人类认知和行为的基础上相互影响。知识指人们对于可重复信息之间联系的认知，是信息经过加工、整理、解释、挑选和改造而形成的。认知是理智和认识的过程，通常与情感、动机、意志相对应。认知过程是从认知到知识的过渡，是人们接受和建立知识能力的过程，常被视为智力的表现之一。

科学家对智力的定义各有不同，以下是几位科学家对智力的定义。

（1）阿尔弗雷德·比奈（Alfred Binet）：作为智力测试的奠基人之一，比奈将智力定义为适应环境并解决问题的能力，强调智力的多样性，并将其核心置于解决新问题的能力上。

（2）霍华德·加德纳（Howard Gardner）：加德纳提出了多元智能理论，认为智力不应被简化为单一能力。他将智力分为多个独立的智能，包括语言、数学逻辑、空间、音乐等。

（3）戴维·麦克利兰（David McClelland）：麦克利兰强调了动机与智力的关系，认为智力不仅包括知识和技能，还包括对目标的追求和取得成就的动机。

（4）罗伯特·斯滕伯格（Robert Sternberg）：斯滕伯格提出了智力的三元模型，包括分析性智力（解决问题的能力）、实践性智力（适应环境的能力）和创造性智力（创造新想法和解决新问题的能力）。

（5）查尔斯·斯皮尔曼（Charles Spearman）：斯皮尔曼是智力测试领域的先驱之一，提出了"g 因子"概念，即智力中的通用因素。他认为智力的核心是一个通用的可测量因素，该因素影响各种智力任务的表现。

（6）亚伯拉罕·马斯洛（Abraham Maslow）：马斯洛关注智力与个体的自我实现和完善的关系，认为智力的表现是个体对自我潜力的实现和发展。

简言之，智力指人认识、理解客观事物并运用知识、经验等解决问题的能力，包括记忆、观察、想象、思考、判断等。

因此，我们可以将智力视作个体学习、理解、适应环境和解决问题的总体能力。智力不仅包括推理、学习、创造力、记忆和问题解决等多个方面，还涉及对复杂情境的适应和处理能力。智力在认知任务中的表现相对综合且抽象。

智能则是在特定环境中，根据个体智力水平实现目标的能力。智能的体现需要综合运用多种认知能力，包括灵活性、适应性和创造性等。智能是智力在具体任务中的具体表现，体现了对环境变化的适应和成功解决问题的能力。

这三者之间相互影响，知识是智力和智能的基础，而智力和智能的发展离不开知识的积累。同时，智力和智能的提高也促进了个体对新知识的学习和应用。它们之间存在互补关系，个体不仅需要丰富的知识，还需要良好的智力和智能以更好地应对各种情境。因此，在个体认知发展的过程中，通常先体现为知识的积累，然后体现为智力的发展，最终体现为智能的提高。这构成了一个逐渐深化和复杂化的过程。

综上，知识、智力和智能是相互关联、相互影响的系统，它们共同构成了人类认知的基石。这种辩证关系有助于更好地理解个体在学习、思考和行动中的复杂机制。

因此，在介绍了数据和信息的关系、人的认知过程和机器对人认知过程的模拟以及知识、智力和智能之间的关系之后，我们现在可以进一步分析人类智能与人工智能之间的异同。

人工智能是一种由人制造的系统和机器所展现的智能化行为。其本质是研究如何将人类的智能转化为机器的智能，或者利用机器来模拟和实现人类的智能。尽管人工智能这一

概念最早于 1956 年在达特茅斯会议上提出，但在人类尚未完全理解智能本质之前，人工智能并没有统一的定义。谭铁牛院士在中国科学院第十九次院士大会上的主题报告《人工智能：天使还是魔鬼》中指出，人工智能具有看、听、说、行动、思考和学习等多方面的表现形式，为我们提供了一种感官介绍。以下是几位著名的人工智能科学家在不同时期对人工智能的定义。

（1）艾伦·图灵（Alan Turing）认为若一台计算机在对话中能够模拟人类表现，以至于无法被准确区分，那么该计算机具备智能。

（2）约翰·麦卡锡（John McCarthy）首次提出了"人工智能"一词，并将其定义为"使计算机能够完成通常需要人类智能才能完成的任务"。

（3）马文·明斯基（Marvin Minsky）将人工智能描述为一个研究领域，旨在使机器能够像人类一样进行思考，并强调了模拟人认知过程的重要性。

（4）赫伯特·西蒙（Herbert Simon）将人工智能视为一种仿真人类思维的努力，并在解决问题和决策领域做出了重要贡献。

（5）雷·库兹韦尔（Ray Kurzweil）将人工智能描述为一种技术，旨在模拟和增强人类智能，并预测了未来人工智能将取得巨大进展。

随着人工智能的持续发展和人们认知水平的提升，对人工智能的定义也将不断演变。人工智能研究领域本身并没有明确的边界，其内容常常涵盖计算机科学和其他交叉学科。人们通常将人工智能视为解决在计算机科学及相关领域尚未找到解决方案的问题的探索领域。一旦某个问题被解决，相应的模型或算法也将被归类到特定学科或其分支之中。因此，可以认为，人工智能的追求目标永无止境，其研究具有深远而广泛的意义。

1.2 人工智能的不同学派

智能科学的核心概念是"智能"（intelligence）。然而，对于"智能"这一概念的界定在智能科学界尚无共识。在学界内部，清晰地定义核心概念往往是主要任务之一。举例来说，美学研究旨在厘清"美"这一概念的内涵和外延，因此形成了各种美学学派，各种美学学派对"美"的解释存在差异。在智能科学领域，不同学派提供了多种视角和解释。目前，人工智能的主要学派可以分为三大学派：符号主义、联结主义和行为主义。这些学派各自具有优势和局限性，它们之间相互影响，存在互相借鉴的情况，但同时也存在明显的差异和对立。

1.2.1 符号主义学派

符号主义（symbolicism）学派，又被称为逻辑主义学派、心理学派或计算机学派，其中，符号主义是一种基于逻辑推理的智能模拟方法。它认为人类的认知和思维基于符号，智能即为符号的表征和运算过程，而计算机则被视作物理符号系统的一种。因此，符号主义主张将智能形式化为符号、知识、规则和算法，并通过计算机实现这些符号、知识、规则和算法的表征和计算，从而模拟人类的智能行为。符号主义的典型成果包括启发式程序、专家系统以及知识工程等。其主要理论基础是物理符号系统假设，即物理符号系统由一组符号、结构和过程组成。符号主义将符号系统定义为包含一组符号、结构以及操作这些符号结构的过程，这些操作包括创建、修改和消除等。

在此定义下，一个物理符号系统被描述为能够逐步生成一系列符号的生成器。任何系统，只要它展示出智能，就必然能够执行六种基本操作，即输入符号、输出符号、存储符号、复制符号、建立符号结构和条件性迁移。反之，任何系统只要能够执行这六种操作，就具备表现智能的潜力。

符号主义包括如下应用案例。

（1）启发式程序：一种基于问题求解的智能程序，根据问题的特征和当前状态选择合适的策略和方法，以寻找最优或近似最优的解决方案。例如，国际象棋程序、数独程序等。

（2）专家系统：一种基于知识表示和推理的智能程序，模拟人类专家在特定领域回答或解决问题的过程。例如，医疗诊断系统、法律咨询系统、金融分析系统等。

（3）知识工程：一种基于知识获取、表示、存储、管理和利用的智能技术，帮助人类构建和维护知识库，提高知识的质量。例如，百度百科、维基百科等。

1.2.2　联结主义学派

联结主义（connectionism）学派，又被称为仿生学派或生理学派，其中，联结主义是一种智能模拟方法，其基础在于神经网络和网络内的连接机制以及学习算法。联结主义强调智能活动是由大量简单单元通过复杂连接、并行运行所产生的结果。其基本思想是，由于生物智能是神经网络生成的，因此可以通过人工方式构建神经网络，并通过训练人工神经网络（artificial neural network，ANN）来实现智能。联结主义的代表性成果包括感知机、霍普菲尔德神经网络、反向传播网络、卷积神经网络等。

联结主义包括如下应用案例。

（1）感知机：一种最简单的 ANN 模型，能够对输入信号进行线性分类。其应用场景包括手写数字识别和逻辑门实现等。

（2）反向传播网络：一种多层前馈神经网络模型，通过反向传播算法调整网络权重，实现对输入信号的非线性映射。其应用场景包括，图像分类、语音识别和自然语言处理等。

（3）卷积神经网络：一种特殊的反向传播网络模型，能够通过卷积层、池化层和全连接层提取输入信号的特征，并进行分类或回归。例如，其应用场景包括人脸识别、目标检测和图像生成等。

1.2.3　行为主义学派

行为主义（behaviourism）学派，又称为演化主义或控制论学派，行为主义是一种智能模拟方法，其基础在于"感知-行动"范式。行为主义的观点认为，智能的展现取决于个体的感知和行为以及对外界复杂环境的适应能力，而不仅仅是对信息的表示和推理。生物智能被视为自然进化的结果，生物通过与环境及其他生物的互动，逐渐发展出更强的智能。行为主义对传统人工智能进行了批评和否定，提出了无需知识表示和推理的智能行为观点。该学派的代表性成果包括六足行走机器人和波士顿动力机器人等。

行为主义包括如下应用案例。

（1）六足行走机器人：这种机器人基于感知-行动范式，模拟昆虫的行为控制系统，能够适应复杂地形的自主行走。例如，Genghis 机器人和 RHex 机器人等。

（2）波士顿动力机器人：这种机器人同样基于感知-行动范式，模拟动物的行为控制系统，能够适应执行多种任务。例如，BigDog 机器人和 Atlas 机器人等。

（3）进化算法：这是一种基于自然选择和遗传变异原理的智能优化算法，能够全局搜索复杂问题的最优解。例如，遗传算法、粒子群算法和蚁群算法等。

1.3 人工智能的发展

1.3.1 人工智能的孕育期

人工智能的发展可追溯至 1956 年之前，这一时期的重要成就包括数理逻辑、自动机理论、控制论、信息论、神经计算和电子计算机等学科的建立和发展，这些学科为人工智能的诞生奠定了理论和物质基础。其中，以上学科对人工智能的重要贡献如下。

（1）图灵的自动机理论（1936 年）：艾伦·图灵（Alan Turing）提出了自动机理论，该理论构建了离散量的递归函数作为智能描述的数学基础，并引入了著名的图灵测试用以衡量机器是否具有智能，对人工智能的发展产生了深远影响。

（2）"阈值加权和"神经网络模型（McCulloch-Pitts，M-P）（1943 年）：沃伦·麦克洛奇（Warren McCulloch）和沃尔特·皮兹（Walter Pitts）提出了 M-P 神经网络模型，为神经计算的理论奠定了基础，为后来神经网络的发展提供了重要参考。

（3）冯·诺依曼的存储程序概念（1945 年）：约翰·冯·诺依曼（John von Neumann）提出了存储程序概念，这是现代计算机体系结构的基础。1946 年研制成功的 ENIAC（electronic numerical integrator and computer，电子数字积分计算机）是计算机科学兴起的标志，为人工智能的发展提供了实质性的技术支持。

（4）香农的信息论（1948 年）：克劳德·香农（Claude Shannon）的信息论奠定了信息概念的形式化基础，为人工智能领域的信息处理理论提供了基础。

（5）维纳的控制论（1948 年）：诺伯特·维纳（Norbert Wiener）创立了控制论，该理论研究和模拟了生物和人工系统的自动控制，为根据动物心理和行为科学进行的计算机模拟研究提供了基础。

1.3.2 人工智能的形成期

人工智能的孕育期处于大约 1956 年至 1968 年。这一时期被确定为人工智能的起源，主要的学术活动包括在美国达特茅斯大学召开的为期两个月的研讨会，该项会议正式提出了"人工智能"这一术语。在这段时间里，一系列重要的科学成就和突破推动了人工智能领域的发展。

这一时期的主要贡献和成就如下。

（1）逻辑理论家程序（1956 年）：艾伦·纽厄尔（Allen Newell）和赫伯特·西蒙（Herbert A. Simon）开发了逻辑理论家程序，这一程序模拟了人们使用数理逻辑证明定理时的思维过程，被视为人工智能领域的开端。

（2）跳棋程序（1956 年）：阿瑟·塞缪尔（Arthur Samuel）研制了具有学习功能的跳棋程序，该程序可以从棋谱中学习并总结经验，这标志着人工智能领域对模拟人类学习过程的成功探索。

（3）文法体系（1956 年）：诺姆·乔姆斯基（Noam Chomsky）提出了文法体系，对自然语言处理和语言理解的研究产生了深远影响。

（4）LISP 语言（1958 年）：约翰·麦卡锡（John McCarthy）提出了 LISP 语言，这一语言成为人工智能程序设计的重要工具，能够方便地处理符号，是人工智能语言的里程碑。

（5）通用问题求解程序 GPS（1960 年）：艾伦·纽厄尔（Allen Newell）、克利福德·肖（Clifford Shaw）和赫伯特·西蒙（Herbert A. Simon）开发了 GPS（general problem solver，通用问题求解程序），首次提出了启发式搜索概念，对解决人工智能问题产生了重要影响。

（6）归结法（1965 年）：奈尔斯·鲁宾逊（Nils Aall Barricelli Robinson）提出了归结法，为定理证明领域提供了重要工具，推动了人工智能领域的发展。

（7）DENDRAL 专家系统（1968 年）：斯坦福大学的爱德华·费根鲍姆（Edward Feigenbaum）等人成功研制了化学分析专家系统 DENDRAL，这标志着人工智能研究向专业领域应用的转变，为人工智能技术的发展奠定了基础。

这些成就反映了在人工智能形成期，研究人员在逻辑推理、学习算法、程序设计语言、问题求解等领域取得的显著进展，这些进展为人工智能领域的发展打下了坚实的基础。

1.3.3　基于知识的系统

1969—1981 年间，基于知识的系统经历了关键时期，专家系统的研发成为这一时期的亮点。这一时期的主要事件和发展如下。

（1）MYCIN 专家系统（1972—1976 年）：布鲁斯·布坎南（Bruce Buchanan）和费根鲍姆开发的 MYCIN 专家系统专注于医疗领域，用于诊断和治疗感染症。DENDRAL 专家系统和 MYCIN 专家系统是早期成功的专家系统，突显了知识导向的人工智能在特定领域的应用潜力。

（2）其他著名的专家系统（20 世纪 70 年代末至 80 年代初）：在此期间，许多其他著名的专家系统相继研发成功，包括探矿专家系统 PROSPECTOR、青光眼诊断治疗专家系统 CASNET、钻井数据分析专家系统 ELAS 等。这些系统在不同领域展示了专业知识的应用。

（3）知识工程（1977 年）：1977 年，费根鲍姆提出了知识工程的概念，将知识作为研究对象，旨在解决需要专家知识解决的应用难题。这标志着人工智能研究从纯学术研究转向应用，强调了知识在系统设计中的重要性。

（4）专家系统的商品化（20 世纪 80 年代）：20 世纪 80 年代，专家系统的开发趋向商品化，创造了巨大的经济效益。这一时期，专家系统从实验室研究向商业应用转变，许多公司开始投资和应用专家系统技术。

（5）日本第五代计算机计划（1981 年）：日本于 1981 年宣布了第五代计算机的研制计划，该计划致力于开发具有智能接口、知识库管理和问题自动解决能力的计算机。这推动了全球范围内对新一代智能计算机研发计划的制定，使人工智能进入了基于知识的繁荣时期。

1.3.4　神经网络的复兴

在神经网络发展的历程中，1982 年—20 世纪 90 年代初被认为是神经网络复兴的时期。这一时期的主要事件和发展如下。

（1）感知机的局限性（1969 年）：在 20 世纪 60 年代，感知机神经网络曾被视为解决模式识别问题的通用工具。然而，马文·明斯基（Marvin Minsky）和西摩·佩珀特（Seymour Papert）在 1969 年的著作《感知机》中利用数学理论证明了单层感知机的计算局限性，这导致神经网络研究陷入了所谓的"黑暗时期"。

（2）霍普菲尔德的贡献（1982 年）：1982 年，物理学家约翰·霍普菲尔德（John Hopfield）通过统计力学的方法对神经网络的存储和优化特性进行了深入分析，并提出了离散神经网络模型。这一研究为神经网络的复兴注入了新的活力。

（3）连续神经网络模型（1984 年）：霍普菲尔德在 1984 年提出了连续神经网络模型，进一步丰富了神经网络的理论框架。

（4）反向传播算法的重新研究（1986 年）：神经网络复兴的关键在于对反向传播算法的重新研究。该算法最早由保罗·魏格特（Paul Werbos）于 1974 年提出，到 1986 年，大卫·E.鲁梅尔哈特（David E. Rumelhart）、詹姆斯·L.麦克莱伦德（James L. McClelland）以及罗纳德·J.威廉姆斯（Ronald J. Williams）等人提出了并行分布处理（parallel distributed processing，PDP）的理论，引入多层神经网络的误差传播学习法，即反向传播算法，这引起了人们的广泛关注。

（5）国际神经网络学会的成立（1987 年）：1987 年，第一届神经网络国际会议在美国召开，国际神经网络学会（international neural network society，INNS）正式成立了，标志着神经网络的研究开始进入蓬勃发展阶段。随后，神经网络学术研讨会逐渐扩大规模，神经网络的研究热潮在世界各国蔓延。

这一时期的重要研究推动了神经网络领域的发展，为现代人工智能技术如深度学习等的崛起奠定了基础。神经网络的复兴为人工智能领域注入了新的活力，并引领了未来几十年的研究方向。

1.3.5 机器学习大发展

在 20 世纪 90 年代中期及以后的发展中，机器学习迎来了大规模的发展，这一时期涌现出了许多重要的技术和理论，为人工智能领域的进步做出了重要贡献。这一时期的主要事件和发展如下。

（1）支持向量机和机器学习方向（1995 年）：1995 年，法国科学家瓦普尼克（Vladimir Vapnik）提出了支持向量机（support vector machines，SVM）作为一种分类算法，该算法成为机器学习领域的基准模型。SVM 在处理分类问题上取得了巨大成功，并成为后续研究的重要基础。

（2）深度学习的兴起（2006 年）：2006 年，多伦多大学教授杰弗里·辛顿（Geoffrey Hinton）等人发表了一篇名为“Reducing the Dimensionality of Data with Neural Networks”的论文，介绍了一种称为“无监督预训练”的方法。这一方法通过使用无标签数据来预先训练深度卷积神经网络，为后续的监督学习任务提供更好的初始化。虽然这并非深度学习的创世之作，但这一方法的提出引发了学界对深度卷积神经网络的重新关注。

（3）图灵奖与因果推理（2011 年）：2011 年，图灵奖授予了朱迪亚·珀尔（Judea Pearl）教授，他的主要研究领域包括概率图模型和因果推理。因果推理是机器学习的基础问题之一，对于理解数据之间的因果关系至关重要。

（4）机器学习与大数据的结合：20 世纪 90 年代末期及 21 世纪初期，随着大数据的涌现，机器学习技术得到了更广泛的应用。大规模的数据集为机器学习算法提供了更多的训练样本，有助于提高模型的准确性和鲁棒性。

（5）深度学习的成功与挑战：深度学习方法在处理复杂任务方面取得了成功，例如，AlphaGo 的胜利展示了深度学习在博弈领域的强大能力。然而，深度学习模型的训练需要大量的计算资源，能耗高，这也是该技术面临的挑战之一。

（6）智能科学的崛起：从 20 世纪 90 年代中期，智能科学开始受到关注，它借鉴了脑神经机制和认知行为机制，通过多学科交叉和实验研究来发展智能科学，推动了人工智能和智能技术的发展。

（7）面向人脑学习的研究：近年来，研究人员开始向人脑学习，探索人脑信息处理的方法和算法。这种受到脑神经机制启发的研究为发展更通用和智能的机器学习模型提供了新的思路。

这一时期是机器学习领域蓬勃发展的阶段，涌现出许多重要的理论和算法，为人工智能技术的发展奠定了坚实的基础。

1.4 人工智能的基本技术

1.4.1 搜索技术

搜索技术在人工智能领域中扮演着重要的角色，涉及在问题空间中定位目标的过程。它的应用范围广泛，但在面对部分或完全未知的环境时，常常没有现成的解决方法可供使用。

从问题的角度来看，可以分为两种情况：一是具有知识完全已知，可以直接使用已知方法解决；二是知识部分或完全未知，即没有现成的解决方法。对于第二种情况，例如下棋、法官判案、医生诊病等问题，通常需要运用搜索技术。

在人工智能领域，搜索技术经常被用来弥补知识的不足。当面临未知问题时，由于缺乏经验知识，人们无法立即解决。这时，尝试—检验的方法成为一种常见策略，即通过常识和领域专业知识对问题进行试探性解决，逐步寻找解决方案。这是人工智能问题解决的基本策略之一，即生成—测试法，用于引导问题状态空间中的搜索过程。

因此，搜索技术在人工智能系统中的应用使得系统能够灵活适应各种问题，即使在面对未知领域或缺乏完备知识的情况下，也能够通过搜索过程逐步获取解决问题的方法。

1.4.2 知识表示

知识的表示和利用在人工智能领域扮演着至关重要的角色，从通用问题求解系统到专家系统的演进历程中，强调了充分利用领域知识的重要性。然而，知识表示和处理面临着一系列挑战和难题。

首先，知识的数量庞大，我们处于一个"知识爆炸"的时代，大量信息和数据需要有效地表示和利用。其次，知识往往难以准确表达，例如，象棋大师和医生的经验难以用语言精确描述。此外，知识经常变化，需要不断更新，这使得人工智能技术成为一种知识表示和利用的技术。

在表达知识时，还须考虑知识的不完全性和模糊性等属性。对于理论上可解的问题，由于庞大的计算量，实际上反而无法解决。因此，知识表示需要具备以下特征。

（1）能够抓住一般性，以避免浪费大量时间和空间寻找和存储知识。

（2）能够被提供和接受知识的人理解，以便检验和使用知识。

（3）易于修改，因为经验和知识在不断变化，易于修改才能反映人们认识的不断深化。

（4）能够通过搜索技术缩小要考虑的可能性范围，帮助减少知识的巨大容量。

此外，知识利用的技术可以弥补搜索中的不足。知识工程和专家系统技术的发展表明，知识可以指导搜索，修剪不合理的搜索分支，可以减少问题求解的不确定性，甚至完全免除搜索的必要。这进一步强调了知识表示和知识利用在人工智能技术中的关键作用。

1.4.3 抽象、归纳和推理

在人工智能领域，抽象技术是一项至关重要的技术，其主要目的在于辨别问题中的主要和次要特征，从而提高系统对知识的处理效率和灵活性。通过抽象，可以将问题的主要特征与大量次要特征区分开来，使系统更专注于核心内容。此外，抽象技术还允许将知识视为一种特殊的数据，并通过程序清晰地表达知识之间的关联，从而使知识更为明确、易于理解。

归纳技术则是一种机器自动提取概念、抽取知识和寻找规律的技术。通过抽象，归纳过程变得更为容易，因为抽象可以提取问题中的关键信息，从而更便于进行分析、综合和比较。这有助于系统发现问题中的模式和规律，从而提高系统对问题的理解和处理水平。

推理技术在基于知识表示的人工智能程序中发挥着关键作用。这些程序采用推理的有效形式，即在问题求解的过程中使用知识的方法和策略，使得知识与推理机制相分离。这种结构的设计灵感源于人类思维的一般规律，通过采用形式推理技术，系统对具体应用领域的依赖性较低，具有很强的实用性。

1.4.4 计算神经理论

大脑是一个由神经元组成的复杂网络系统，神经元之间通过突触连接相互沟通，构成了大脑的神经网络结构。这一结构在维持稳态平衡、处理复杂信息和执行认知功能方面起着至关重要的作用。神经元膜上的受体和离子通道调节着神经元的兴奋性，控制突触功能，并维持神经元内部递质和离子的动态平衡，这些过程对于大脑功能的正常运作至关重要。深入了解大脑神经网络结构以及其在形成复杂认知功能方面的作用机制，对于开发和利用脑部功能具有重要意义。

计算神经科学理论致力于从分子水平、细胞水平到行为水平研究知识和外界事物在大脑内部的表达、编码、加工和解码过程，旨在揭示人类大脑智能的基本原理并建立相应的脑部模型。该理论探讨了诸多问题，包括神经网络的形成机制、中枢神经系统的构建方式，以及神经元分化、迁移、突触可塑性、神经元活动与神经递质离子通道之间的关联，神经回路的形成以及信息整合等。通过对这些问题的深入研究，我们可以更好地理解智能的形成机制，为未来的脑科学研究提供坚实的理论基础。

1.4.5 认知计算

认知计算涵盖了从微观到宏观等不同尺度上对人脑进行的研究，探究其如何实现感知、学习、记忆、思维、情感和意识等心智活动。感知过程是指人脑对客观事物的感觉和知觉过程。感觉是对作用于感觉器官的客观事物个别属性的反映，而知觉则是对作用于感觉器官的客观事物整体的反映。知觉信息的表达、整体性以及知觉的组织与整合是知觉研究的核心问题，也是研究其他认知活动的基础。目前已出现多种知觉理论，包括构造论、生态学理论、格式塔理论和动作理论。模式识别作为一项基本智能活动，主要研究生物体是如何感知对象以及如何在给定任务下用计算机实现模式识别的理论和方法的。

学习是认知活动中的基础性过程，是经验和知识的积累过程，也是对外部事物前后关联进行把握和理解以改善系统行为性能的过程。学习理论涉及学习的实质、过程、规律以及各种制约条件的理论探讨和解释。在学习理论的探讨中，由于哲学基础、理论背景和研究手段的不同，形成了各种不同的理论观点和派别，主要包括行为主义、认知主义和人本主义。

学习的神经生物学基础涉及神经细胞之间连接结构的突触可塑性变化，这是当今神经科学中较为活跃的研究领域。突触可塑性变化是指在突触前纤维与相连的突后细胞同时兴奋时，导致突触连接加强的现象。1949年，加拿大心理学家唐纳德·O. 赫布（Donald O. Hebb）提出了著名的 Hebb 学习规则，该规则设想学习过程中相关突触发生变化，进而增强连接和提高传递效能，是连接学习的基础理论。

记忆是指对过去经验或经历的准确内部表征，它在脑内形成，并能够被正确、高效地提取和利用。记忆过程涉及信息的获取、储存和提取等多个方面，这决定了记忆需要不同脑区的协同作用。初始的记忆形成阶段需要脑整合多个分散特征或组合多个知识组块以形成统一表征。在空间上，不同特征的记忆可能储存在不同脑区和神经元群中；而在时间上，记忆的储存分为工作记忆、短时记忆和长时记忆。

研究工作记忆的结构和功能对认知人类智能的本质具有重要意义。1974年，阿兰·巴德利（Alan Baddeley）和格雷厄姆·希契（Graham Hitch）在模拟短时记忆障碍的实验基础上，提出了工作记忆的三系统概念，并用"工作记忆"取代了"短时记忆"的概念。巴德利认为，工作记忆是一种系统，为言语理解、学习和推理等复杂任务提供了临时的储存空间和加工所需信息。与短时记忆仅强调储存功能不同，工作记忆系统能同时储存和加工信息。工作记忆与语言理解能力、注意力和推理能力等密切相关，是智能的重要组成部分。

思维是指人脑对客观事物进行概括和间接反映的过程，反映了事物的本质特征和内在联系。简单来说，思维是信息作用于中枢神经系统的整个过程。

人工智能的奠基人之一，明斯基，强调了情感在人类思维中的重要性。他认为，情感是一种特殊的思维方式，并指出缺乏情感的机器难以被认为是智能的。因此，使计算机具有情感成为提升计算机智能水平的重要途径之一。情感计算领域的先驱皮卡德将情感计算定义为与情感相关的因素的计算，这包括被情感触发或影响情感的计算。情感计算的目标是赋予计算机识别、理解、表达和适应人类情感的能力，从而提高人机交互的质量和效率。目前，情感计算领域的研究受到广泛关注。例如，麻省理工学院的情感计算研究小组致力于开发可穿戴计算机，以识别真实情境中的人类情感，并研究情感反馈机制。此外，瑞士政府成立了情感科学中心，推动跨学科的情感计算研究与应用。日本政府曾支持有关情感信息的信息学和心理学研究，而一些大学也在情感计算领域设立了相关实验室和研究小组。情感计算的研究不仅为人工智能的发展提供了新的思路，同时对于理解人类情感和思维也具有重要的价值。因此，有关情感本身以及情感与其他认知过程相互作用的研究成为智能科学的热点。

意识是生物体对外部世界以及内在心理和生理活动的感知和认知。作为智能科学研究的核心问题，揭示意识的科学规律以及构建意识的脑模型需要研究有意识和无意识的认知过程，即脑的自动信息加工过程，以及它们之间的相互转化。同时，自我意识和情境感知也是需要重视的领域。自我意识涵盖了个体对自身存在的感知，是一个个体对自己的知觉和理解的组织系统，自我意识包括自我认知、自我体验和自我控制等心理成分。而情境感知则是个体对外部环境不断变化的内部表征。在复杂、动态变化的社会信息环境中，情境感知对于影响人们的决策和绩效至关重要。因此，意识的认知原理、意识的神经生物学基础以及意识与无意识信息加工之间的关系是需要重点研究的议题。

心智是人类全部精神活动的总称，包括情感、意志、感觉、知觉、表象、学习、记忆、思维、直觉等。现代科学方法被用于研究人类非理性心理与理性认知的相互作用及其运作形式、过程和规律。心智建模技术旨在探索和研究人类思维机制，尤其是信息处理机制，同时为设计相应的人工智能系统提供新的体系结构和技术方法。心智问题具有高度复杂性和非线性特征，因此必须借助现代科学方法来深入研究心智领域。

1.4.6　知识工程

知识工程是一门研究知识在各个领域中表示、获取、推理、决策和应用的学科，涵盖了诸多技术领域，如大数据、机器学习、数据挖掘和知识发现、不确定性推理、知识图谱、机器定理证明、专家系统以及数字图书馆等。

大数据指的是那些无法利用传统软件工具在一定时间范围内进行捕获、管理和处理的数据集合，它们是庞大、增长迅速且多样化的信息资源，需要采用新的处理模式以获得更强的决策力、洞察力和流程优化能力。在《大数据时代》一书中，维克托·迈尔-舍恩伯格（Viktor Mayer-Schönberger）和肯尼思·库克耶（Kenneth Cukier）提出，大数据不同于传统的随机分析方法（如抽样调查），是采用全部数据来进行分析处理的。IBM将大数据的特点总结为 5V：Volume（大量）、Velocity（高速）、Variety（多样）、Value（价值密度低）和Veracity（真实性）。

机器学习则是研究计算机如何模拟或实现人类的学习行为，以获取新的知识或技能，并不断地改善自身性能的方法。机器学习方法包括归纳学习、类比学习、分析学习、强化学习、遗传算法、连接学习以及深度学习等多种形式。

1.4.7　自然语言处理

在人类演化中，语言的演进导致了大脑两半球功能的分化。语言半球的出现使人类与其他灵长类动物明显区分开来。一些研究指出，人脑左半球主要负责串行、时序、逻辑分析的信息处理，而右半脑则主要负责并行、非时序、形象的信息处理。

语言是由语音、词汇和语法构成的系统，其表达形式主要包括口语和文字。口语通过声音表达，而文字则以图像形式表现。口语比文字历史更为悠久，个体在学习语言时通常先掌握口语，再学习文字。语言是最为复杂、系统化且应用广泛的符号系统之一，其符号不仅能表示具体事物、状态或动作，还能表示抽象概念。汉语以其独特的词法、句法和语音声调系统，与印欧语言有显著区别，具有音、形、义相结合的特色。从神经、认知和计算三个层面研究汉语，为我们提供了开启智能之门的绝佳机会。

自然语言理解是指实现人与计算机之间有效交流的理论和方法，涵盖了对自然语言的语境、语义、语用和语法的研究。这包括语音和文字的计算机输入，大型词库、语料库和文本的智能检索，以及机器语音的生成、合成和识别，还包括不同语言之间的机器翻译和同声传译等技术。

1.4.8　智能机器人

智能机器人具备高度发达的"人工大脑"，能够根据预定目标执行动作，并配备了各种传感器和执行器。智能机器人研究可以分为基础前沿技术、共性技术、关键技术与装备、示范应用等四个层次。基础前沿技术涵盖机器人新型机构设计、智能发展理论与技术以及新一代机器人验证平台的互助协作型和人体行为增强型等方面。共性技术主要包括核心零部件、机器人专用传感器、机器人软件、测试/安全与可靠性等关键共性技术的研发。关键技术与装备则主要关注工业机器人、服务机器人、特殊环境服役机器人以及医疗/康复机器人的关键技术和系统集成平台的研发。示范应用方面则针对工业机器人、医疗/康复机器人等领域展开示范应用等工作。随着 20 世纪末计算机文化的深入人心，21 世纪的机器人文化将对人类的生活方式、工作方式、思维方式，社会生产力以及社会发展产生深远影响。

习题

一、选择题

1. 下列有关人工智能的说法中，不正确的是（　　　）。

A. 人工智能是以机器为载体的智能

B. 人工智能是以人为载体的智能

C. 人工智能是相对于动物的智能

D. 人工智能也叫机器智能

2. 人类智能和人工智能是一对（　　　）智能。

A. 不对等　　　　　B. 平行　　　　　C. 对等　　　　　D. 相反

3. 以下（　　　）不是人工智能发展过程中的重要事件。

A. 1950 年"图灵测试"的提出

B. 1980 年专家系统的诞生

C. 1997 年深蓝战胜国际象棋世界冠军

D. 2010 年苹果第四代手机 iPhone4 的发布

4. 以下不属于人的认知过程的是（　　　）。

A. 感觉　　　　　B. 记忆　　　　　C. 收集　　　　　D. 思维

5. 以下哪位科学家未对人工智能进行定义（　　　）。

A. 霍华德·加德纳　　　　　　　　B. 艾伦·图灵

C. 约翰·麦卡锡　　　　　　　　　D. 马文·明斯基

6. 以下不属于人工智能的主要流派有（　　　）。

A. 符号主义　　　　B. 神经系统　　　　C. 联结主义　　　　D. 行为主义

7. 以下哪些不属于人工智能的基本技术（　　　）。

A. 机器学习和知识获取技术　　　　B. 知识表示与处理技术

C. 知识推理和搜索技术　　　　　　D. 智能交通和智慧医疗

二、简答题

1. 什么是智能？智能有什么特征？

2. 人工智能有哪些学派？他们各自核心的观点有哪些？

3. 人工智能有哪些主要的研究领域？

4. 人工智能的发展大致经历了哪几个时期？请简要说明每个时期的特点。

5. 人工智能的研究领域包括哪些？

第 **2** 章　问题求解与搜索技术

【本章导读】

问题求解在科学和工程领域扮演着关键角色，涵盖了从简单的数学难题到复杂的现实挑战的广泛范围。作为推动科学、技术和社会发展的核心推动力之一，问题求解不仅为理论研究提供了深入见解，而且能够在实践中应对各种实际问题。本章将深入探讨问题求解领域中的状态空间方法、盲目搜索技术以及启发式搜索和"弱搜索"方法等早期搜索技术的演进，并重点探讨启发式搜索在博弈问题中的应用。通过深入学习本章内容，读者将能够掌握状态空间方法在问题求解中的具体应用思路，深刻理解计算机思维在解决复杂现实生活问题中的重要作用，以及早期搜索技术在人工智能问题求解中的发展历程。

2.1　问题的状态和状态空间

2.1.1　状态空间的定义和一般搜索方法

问题求解是人工智能领域中的一个历史悠久且相对成熟的研究方向。早期，人工智能的目标是利用计算技术解决那些缺乏已知解法或解法极为复杂的问题，而这些问题通常可以被人类相对轻松地解决。通过分析人类解决问题时所采用的智能方法，研究者们发现许多问题的解决方式都涉及试探性的搜索方法。因此，为了模拟这种试探性问题求解的过程，搜索技术得以发展。

在实际应用中，许多问题的求解过程都采用试探性搜索方法。采用搜索来解决问题意味着在某个可能的解空间内寻找一个解，这首先需要对解空间进行适当的表示。通常情况下，可能的解或解的一个步骤可以被表示为一个状态，这些状态构成了一个状态空间。然后，通过相应的搜索算法在这个状态空间中表示和求解问题。这种基于状态空间的问题表示和求解的方法被称为状态空间法。通过使用状态空间法，许多涉及智力的问题求解可以被视为在状态空间中进行的搜索过程。

为什么会出现问题求解的解空间？这是因为我们对一个具体问题的认识是由抽象到具体、由表象到内在的过程，因此逐步了解清楚本质原因需要一个过程。在这个过程中，如果只认识了某几个具体因素，求解问题的过程就会出现多解的情况，解空间就形成了，这和我们解方程时未知数的个数大于方程个数时产生多解是一个道理。

在深入探讨状态空间法的基本概念之前，我们需要对其中涉及的术语进行介绍。

状态（state），是用来描述不同实体间差异的一组最小变量的有序集合，通常表示为：$Q = (q_0, q_1, \cdots, q_n)$，其中每个元素 q_i 称为状态变量。通过给定每个变量一组值，我们可以得到一个具体的状态。

而将问题从一种状态变化为另一种状态的手段被称为操作符或算子（operator）。操作符可能是各种形式的行动，如在下棋中的走步、过程、规则、数学运算符或逻辑运算符等。

问题的状态空间（state space），是一个集合，用于表示问题的所有可能状态及其相互关系。它包含了三种类型的集合：初始状态集合 S，操作符集合 F，以及目标状态集合 G。因此，状态空间可以被描述为三元组 (S, F, G) 的形式。

问题状态空间法的基本思想主要包括如下两点。

（1）将问题中的已知条件视为状态空间的初始状态，将问题所要求的目标视为状态空间的目标状态，将问题中的其他可能情况视为状态空间的任意状态。

（2）在状态空间中寻找一条路径，从初始状态出发，沿着这条路径达到目标状态。

基于问题状态空间法的基本思想，求解过程的基本步骤可概括如下。

（1）根据具体问题，定义相应的状态空间，并确定状态的一般表示，其中包含相关对象的各种可能排列。这一步骤旨在定义状态空间的状态，而非必须枚举所有可能的状态。通过此步骤，可以确定问题的初始状态、目标状态，并能够表示所有其他状态。

（2）规定一组操作（算子），使得状态能够从一个状态转变为另一个状态。

（3）决定一种搜索策略，以便从初始状态出发，沿着某条路径达到目标状态。

在问题求解时，需要利用规则和相应的控制策略来遍历或搜索问题空间，直至找到从初始状态到目标状态的某条路径。然而，在现实生活中的问题求解过程中，并非必须知晓所有可能的解决路径。举例而言，考虑从起点 A 到目的地 B 的旅行，可选择不同的交通工具，如火车、汽车或飞机，每种工具还有不同的出发时刻和路线。然而，在决定出发前，并非需要穷尽所有可能的交通方式。相反，决策过程可以基于诸如经济承受能力、时间消耗以及个人偏好等因素，选择最适合的一种方式。因此，尽管从 A 到 B 存在多条路径，但无需全面了解它们，仅需找到一条有效解决方案即可从起点 A 到达目的地 B，这反映了现实生活问题求解的特点。

下面，我们看一下水壶问题是如何用状态空间法进行求解的。

【例2.1】给定两个水壶，一个可装 4 gal 水，一个能装 3 gal 水。水壶上没有任何度量标记。有一水泵可用来往壶中装水。问：怎样在可装 4 gal 的水壶里恰好只装 2 gal 水？

在应用状态空间法解决水壶问题时，具体步骤如下。

（1）定义状态空间

可将问题进行抽象，用 (x, y) 表示状态空间的任一状态。其中，

x 表示 4 gal 水壶中所装的水量，x=0、1、2、3 或 4；

x 表示 3 gal 水壶中所装的水量，y=0、1、2 或 3；

初始状态为（0，0）；目标状态为（2，?）；? 表示对所装水量不进行要求，因为问题中未规定在 3 gal 水壶里要装多少水。

（2）确定一组操作

规则 1：$(x, y \mid x < 4) \rightarrow (4, y)$ 4 gal 水壶不满时，将其装满；

规则 2：$(x, y \mid y < 3) \rightarrow (x, 3)$ 3 gal 水壶不满时，将其装满；

规则3：$(x,y \mid x > 0) \rightarrow (x-D, y)$ 　　　从 4 gal 水壶中倒出一些水；

规则4：$(x,y \mid y > 0) \rightarrow (x, y-D)$ 　　　从 3 gal 水壶中倒出一些水；

规则5：$(x,y \mid x > 0) \rightarrow (0, y)$ 　　　　把 4 gal 水壶中的水全部倒出；

规则6：$(x,y \mid y > 0) \rightarrow (x, 0)$ 　　　　把 3 gal 水壶中的水全部倒出；

规则7：$(x,y \mid x+y \geqslant 4 \wedge y > 0) \rightarrow (4, y-(4-x))$

把 3 gal 水壶中的水往 4 gal 水壶里倒，直至 4 gal 水壶装满为止；

规则8：$(x,y \mid x+y \geqslant 3 \wedge x > 0) \rightarrow (x-(3-y), 3)$

把 4 gal 水壶中的水往 3 gal 水壶里倒，直至 3 gal 水壶装满为止；

规则9：$(x,y \mid x+y \leqslant 4 \wedge y > 0) \rightarrow (x+y, 0)$

把 3 gal 水壶中的水全部倒进 4 gal 水壶里；

规则10：$(x,y \mid x+y \leqslant 3 \wedge x > 0) \rightarrow (0, x+y)$

把 4 gal 水壶中的水全部倒进 3 gal 水壶里；

（3）选择一种搜索策略

这种策略基于简单的循环控制结构，其中选择匹配当前状态的某条规则作为循环的一部分，并根据该规则右部的行为对当前状态进行适当的修改。然后，检查修改后的状态是否为目标状态之一。如果不是，则继续执行该循环。循环的终止条件是达到目标状态之一，例如（2,?）。一旦从初始状态（0,0）到达目标状态之一（2,?），循环即终止，并且所用的操作序列即为所需的解。

举例来说，我们使用符号 r 来代表规则。图 2.1 所示为状态应用规则的变化示例，若状态为(0,0)，应用规则 $r1$ 将导致状态变为(4,0)，而应用规则 $r2$ 将导致状态变为(0,3)。同样地，状态可以持续通过应用规则而逐渐变化。例如，状态(0,3)通过应用规则 $r1$ 会转变为状态(4,3)，而应用规则 $r6$ 则会使其返回到状态(0,0)。表 2.1 所示为应用规则对水壶问题的一种求解过程。

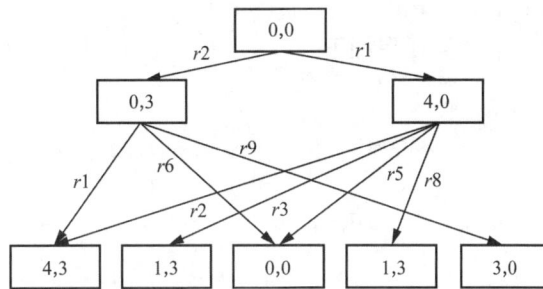

图 2.1　状态应用规则的变化示例

表 2.1　应用规则对水壶问题的一种求解过程

4 gal 水壶中含水加仑数	3 gal 水壶中含水加仑数	所应用的规则
0	0	
0	3	规则2
3	0	规则9
3	3	规则2
4	2	规则7
0	2	规则5
2	0	规则9

由于水壶问题的状态空间比较小，搜索策略可以采用耗尽式搜索。针对一般问题的状态空间，搜索策略的确定取决于对所求解问题的特征进行细致分析。

2.1.2 问题特征分析

为了选择最适用于特定问题的搜索方法，需要对问题的几个关键指标或特征进行详细分析。这时一般要考虑以下几个因素。

（1）问题是否可以分解为一组独立的、更小和更易解决的子问题？

（2）在解题步骤不适用时，是否能够忽略或撤回结果？

（3）问题求解的全域是否可预测？

（4）在与所有可能解进行比较之前，是否可以确定当前解为最佳解？

（5）用于问题求解的知识库是否是相容的？

（6）求解问题是否一定需要大量知识？在有大量知识时，搜索是否应该受到限制？

（7）只通过计算机处理问题是否能够得到答案？或者说，为了获得问题的解，是否需要进行人机交互？

因素1、因素5和因素6关注的是如何通过减少搜索空间来提高求解效率，而因素2关注的是决策性问题。因素3和因素4关注的是局部最优和全局最优的问题，因素7则关注的是对计算机决策的自动化程度和决策信任问题。接下来，我们将重点讨论前四个因素。

1．问题是否可分解

问题是否可分解是一个关键的考量因素。如果一个问题能够被分解成若干子问题，那么解决这些子问题后，原问题的解也随之得出。这种方法被称为问题的归约。下面，我们以符号积分为例，来探讨问题的可分解性。

【例2.2】求定积分：$\int_0^\pi \cos^n x dx$

使用拆分分部积分法求解的过程如下：

$$\int_0^\pi \cos^n x dx = \int_0^\pi \cos^{n-1}x \cos x dx$$

$$= \int_0^\pi \cos^{n-1}x d\sin x$$

$$= \cos^{n-1}x \cdot \sin x \big|_0^\pi - \int_0^\pi \sin x d\cos^{n-1}x \quad （分部积分，得到两个子问题）$$

$$= 0 - \int_0^\pi \sin x d\cos^{n-1}x$$

$$= (n-1)\int_0^\pi \cos^{n-2}\sin^2 x dx$$

$$= (n-1)\int_0^\pi \cos^{n-2}(1-\cos^2 x)dx$$

$$= (n-1)(\int_0^\pi \cos^{n-2}x dx - \int_0^\pi \cos^n x dx) \quad （和式分解，得到两个子问题）$$

令 $I_n = \int_0^\pi \cos^n x dx$，则有：$I_n = \dfrac{n-1}{n} I_{n-2}$

（1）若 n 为奇数，则 $I_1 = 0 \Rightarrow I_n = 0$。

（2）若 n 为偶数，则 $I_0 = \int_0^\pi \cos^0 x dx = \int_0^\pi 1 dx = \pi \Rightarrow I_n = \dfrac{1}{2} \times \dfrac{3}{4} \times \cdots \times \dfrac{n-1}{n} I_0 = \dfrac{(n-1)(n-3)\cdots 1}{n(n-2)\cdots 2}\pi$。

在【例2.2】中，如果多个子问题的解都可以求解出来，则可以推导出原始问题的解，而且各个子问题之间的求解过程是相互独立的，其求解顺序并不影响结果。

然而，如果求解过程不是相互独立的，而是存在相互依赖的情况，那么求解过程将具有不同的特点。接下来，我们将以积木问题为例，探讨这种情况。

【例 2.3】积木问题——机器人规划的抽象模型

积木问题着眼于积木块的相对位置，即某个积木位于桌面上或者某个积木位于另一个积木上。然而，积木问题的条件是机器人每次只能搬动一块积木，且搬动时积木上方必须为空。积木问题的已知条件和所求目标如图 2.2 所示。

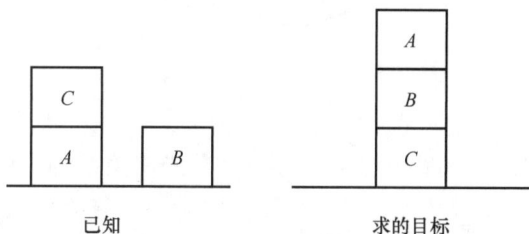

图 2.2　积木问题的已知条件和所求目标

积木的相对位置可用谓词（在第 3 章中具体谈及）表示如下。

初始状态：ontable(B) $\land$ clear(B) $\land$ ontable(A) $\land$ on(C, A) $\land$ clear(C)

目标状态：ontable(C) $\land$ on(B, C) $\land$ on(A, B)

其中目标状态可分解如下。

子问题 1：ontable(C)　　积木 C 在桌上

子问题 2：on(B, C)　　积木 B 在积木 C 上

子问题 3：on(A, B)　　积木 A 在积木 B 上

机器人所需完成的操作如下。

$R1$：clear(x) $\rightarrow$ ontable(x)　　　　即无论 x 在何处，若 x 上无物体，则可将 x 放于桌上

$R2$：clear(x) $\land$ clear(y) $\rightarrow$ on(x, y)　即若 x 和 y 上无物体，则可将 x 放在 y 上

该问题的解决方法包括全面搜索和分解子问题两种途径。从目标来看，总问题可以分解为三个子问题，但这些子问题的解决次序并非任意。子问题的正确解决次序如图 2.3 所示。

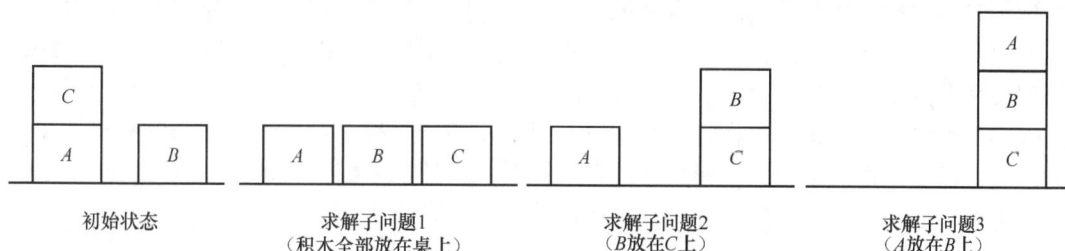

图 2.3　子问题的正确解决次序

然而，若从初始状态出发，首先解决子问题 1，即求解 on(A, B)，则可能导致搜索过程偏离目标，子问题按错误解决次序得到的结果如图 2.4 所示。

由【例 2.3】可以清晰地看出各个子问题之间存在两种不同的关系：一种是独立的关系，对应独立子问题求解的搜索路径，如图 2.5 所示。

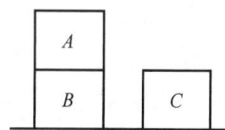

离目标越来越远

图 2.4　子问题按错误解决次序得到的结果

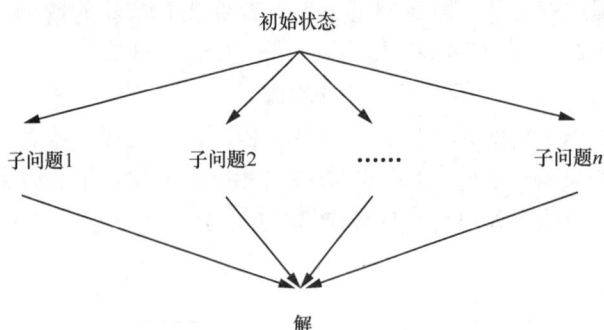

图 2.5　独立子问题求解的搜索路径

另一种情况是子问题之间存在依赖关系，存在依赖关系的子问题求解的搜索路径如图 2.6 所示。

初始状态　→　子问题1　→　子问题2　→　……　→　子问题n　→　解

图 2.6　存在依赖关系的子问题求解的搜索路径

因此，从积木问题中可以观察到，将问题分解为子问题时，若这些子问题之间存在明显的依赖关系，求解问题的方式必须严格遵循因果关系。否则，问题将无法得到有效解决。

2．问题求解步骤是否可撤回

在问题求解的每个阶段，对求解思路的分析大致可以分为以下三类。

（1）求解步骤可忽略的情况。在这种情况下，具体的求解步骤并不影响最终结果的正确性。举例来说，在定理证明中，重要的是结果的正确性，而不是每一步的推导过程。因此，在这种情况下，搜索控制结构无须具备回溯能力，即不需要过多关注解题过程的具体步骤。

（2）可复原的情况。在这种情况下，求解过程中可能会出现错误的情况，但可以通过回溯到之前的状态重新开始。举例来说，在走迷宫时，如果遇到了无法通过的死胡同，就需要退回一步重新选择路径。在这种情况下，需要应用回溯技术，并配合适当的控制结构，例如使用堆栈来管理当前状态。

（3）不可复原的情况。在这种情况下，每一步的决策都会对最终结果产生影响，并且无法进行回溯。举例来说，下棋或做决策时，每一步的选择都会直接影响最终的结果。因此，需要提前分析每一步的结果，并应用规划技术来进行求解。

3．问题全域是否可预测

某些问题具有全域可预测性，例如水壶问题或定理证明，无论采取何种路径，这类问题的结果都是确定的。针对这种情况，可以采用无需反馈回路的开环控制结构，因为不需要根据反馈信息进行调整。

然而，另一些问题是全域不可预测的，尤其是涉及机器人在变化环境中操作的情况，例如在危险环境中工作的机器人，随时可能出现意外。因此，需要利用反馈信息来动态调整机器人的行为。在这种情况下，应该采用需要反馈回路的闭环控制结构，以便根据实时反馈信息做出相应的调整，以确保机器人能够适应环境的变化并避免潜在的危险。

4．问题要求的是最优解还是较满意解

问题的解决程度取决于问题本身对解的要求。问题本身对解要求的不同会导致采用解决策略的不同。一般而言，寻找全局最优解（最佳路径）的问题通常比寻找局部最优解（较优路径）的问题更具挑战性。在使用启发式方法寻找较优路径时，可能仅需花费较少的时间就能找到问题的任一解。然而，如果所采用的启发式方法效果不佳，解的搜索过程可能会面临较大的挑战。某些问题要求找到真正的最佳路径，但可能不存在适用的启发式方法。在这种情况下，需要采用耗尽式搜索，即盲目搜索方法，这是下一小节将要探讨的内容。

2.2 盲目搜索方法

盲目搜索方法，又称为非启发式搜索，是搜索算法的一种类型，其特点在于在搜索问题的状态空间时缺乏先验信息。这种方法仅基于当前状态和可能的操作来进行搜索，而不依赖于特定问题的启发式函数。在本节的讨论中，我们将重点介绍几种典型的盲目搜索方法，它们适用于相对简单的问题，其中问题的结构和性质对搜索过程的影响较小。这些方法包括宽度优先搜索、深度优先搜索、分支有界搜索以及迭代加深搜索。每种搜索算法在解决问题时都具有独特的优势和局限性，选择合适的搜索算法通常取决于问题的复杂性、搜索空间的大小以及计算资源的可用性等因素。

为了描述具体的算法，我们首先介绍以下两种数据结构。

（1）栈：栈是一种数据结构，其特点是按照后进先出的原则管理元素。这意味着最后被添加到栈的元素将成为第一个被移除的元素，而最先添加到栈的元素将成为最后被移除的元素。栈的主要操作包括"压栈"和"弹栈"，即将元素添加到栈顶和从栈顶移除元素。

（2）队列：队列是另一种常见的数据结构，其特点是按照先进先出的原则组织元素。这意味着最先进入队列的元素将成为第一个被移除的元素，而最后进入队列的元素将成为最后被移除的元素。队列的主要操作包括"入队"和"出队"，即将元素添加到队列尾部和从队列头部移除元素。

宽度优先搜索是一种图搜索算法，其主要目标是寻找从起始节点到目标节点的最短路径。该算法的执行方式是逐层扩展搜索，从起始节点开始，首先检查其相邻节点，然后逐层向外扩展。在搜索过程中，采用队列来管理节点的访问顺序。尽管该算法在解决状态空间较小的问题时表现良好，但由于需要保存每一层的节点，可能会占用较多内存空间。尽管如此，在需要找到最短路径的问题上，宽度优先搜索仍然是一个有效的选择。算法的步骤如下。

（1）将根节点放入队列的末尾。

（2）从队列的头部取出一个元素，检查是否为目标元素。如果是，则结束搜索；如果不是，则将该节点的所有子节点放入队列的末尾。然后重复此步骤。

（3）如果遍历完整个树而未找到目标元素，则结束搜索。

深度优先搜索采用独特的策略，其核心是沿着一个分支一直搜索到底，然后回溯到上

一个分支。与宽度优先搜索不同，深度优先搜索使用栈来管理搜索过程。尽管深度优先搜索的内存需求相对较小，但存在陷入无限循环的风险，并且不一定能找到最短路径。因此，在解决问题时需要平衡内存效率和搜索结果的优劣。算法的步骤如下。

（1）把根节点压入栈中。

（2）从栈中弹出一个元素，检查是否为目标元素。如果是，则结束搜索；如果不是，则将其所有的子节点压入栈中。然后重复此步骤。

（3）如果遍历完整个树而未找到目标元素，则结束搜索。

分支有界搜索是一种用于解决最优化问题的搜索算法，其目标是通过分支和限界的方式逐步逼近最优解。该算法首先对当前部分解进行分支，产生子问题，然后通过评估这些子问题来剪枝或更新边界值。尽管这种方法在处理最优化问题时表现出色，但它对于问题特定的评估函数非常敏感，因此并不适用于所有问题。分支有界搜索基于深度优先搜索，边界值的设定实际上反映了对启发式信息的初步探索。算法的步骤如下。

（1）把根节点压入栈中。

（2）从栈中弹出一个元素，检查是否为目标元素。如果是，则结束搜索。如果不是，并且节点的深度尚未达到最大值，则将其所有的子节点压入栈中，然后重复此步骤。

（3）如果遍历完整个树而未找到目标元素，则结束搜索。

迭代加深搜索是一种结合深度优先搜索和逐层递增深度限制的搜索方法。其核心思想是在每一次深度优先搜索中限制搜索的最大深度，如果未找到解，则逐步增加深度限制并重复搜索过程，直到找到解为止。这种方法的优势在于能够在不同深度层次上进行搜索，从而更有可能找到最浅层的解。迭代加深搜索综合了深度优先搜索和宽度优先搜索的优点，特别适用于具有较大状态空间的问题。然而，在搜索深度较大时可能会占用较多内存，因此在应用时需要谨慎考虑计算资源的可用性。算法的步骤如下。

（1）从深度为1开始执行深度优先搜索。

（2）逐步增加深度限制，重复步骤1，直到找到目标或达到最大深度。

下面我们以迷宫问题探讨4种不同搜索策略之间的差异。

【例2.4】：解决迷宫问题，目标是找到从迷宫的起点到终点的最短路径。此问题涉及定义状态空间、规划操作规则以及选择适当的搜索策略。

（1）定义状态空间。将每个迷宫方格视为一个状态，并用坐标(i, j)表示其位置。

（2）定义操作规则。对于当前状态（方格），根据迷宫的结构，我们探索未访问的邻居方格，生成可能的子问题。

（3）选择合适的搜索策略（下面我们比较一下此节中的不同搜索策略）。

① 如采用宽度优先搜索，则以队列为基础数据结构，按照先进先出的原则逐层扩展搜索。从起点开始，将每个方格的信息依次加入队列，并连续地从队列中取出状态以探索其相邻状态。若发现未访问的相邻状态，将其加入队列，直到找到终点为止。

② 如采用深度优先搜索，则是使用栈来管理搜索过程，按照深度优先的原则，不断向下深度搜索。在回溯时，栈顶的方格信息会被弹出，以便继续搜索其他分支。

③ 如采用分支有界搜索，则使用优先队列作为基本数据结构，其元素按照优先级进行排序。在搜索过程中，根据评估函数的值对子问题进行排序，并每次选择具有最高优先级的状态进行扩展。在扩展状态时，根据问题的优化目标进行剪枝或更新边界值。

④ 如采用迭代加深搜索，其依然利用深度优先搜索策略，但在每轮搜索中限制深度。

逐层递增深度，直到找到目标或达到最大深度。

根据上述搜索策略的描述，不同的选择可能会对搜索效率产生显著影响。具体而言，若问题明确要求寻找最短路径且状态空间较小，则宽度优先搜索是合适的。而对于解可能位于深层分支且状态空间庞大的情况，深度优先搜索更为适用。针对最优解问题，即最优化问题，分支有界搜索是理想选择。对于状态空间庞大、内存受限且需兼顾深度与广度搜索优势的情形，则迭代加深搜索是较为合适的选项。在选择搜索策略时，需全面考量问题的性质和要求，不同问题可能需采取不同策略，因此在实践中，可根据具体情况灵活选择。

2.3 启发式搜索方法

在计算机科学和人工智能领域，研究者们面临着越来越庞大的问题状态空间，这使得盲目搜索方法往往难以应对。举例来说，诸如棋类游戏、路径规划以及资源分配等问题都存在着巨大的搜索空间。在

启发式搜索的原因、
特征、依据和表示

这些问题中，穷尽搜索所有可能的解决方案几乎是不可行的，因为搜索空间的规模几乎是无法想象的。

为了应对这种挑战，启发式搜索通过智能地引导搜索方向，避免了对无意义解决方案的浪费，使得在大规模问题中能够较快地找到更为有效的解决方案，从而提高了搜索效率和解决问题的能力。

在博弈领域，例如国际象棋和围棋中，启发式搜索算法被广泛应用。以国际象棋为例，从初始局面到最终局面，每一步对弈都有大约35种走法可供选择。考虑到每一回合包含两个玩家的轮流行动，因此每一回合的可能组合是 35^2，即 1 225 种不同的对弈组合。在 50 个回合后，已经产生了约 35^{100} 种可能的对弈组合。即使利用每秒能运算 10^{22} 次的超级计算机进行全面搜索，也大约需要 10^{120} 年的时间。因此，要全面搜索所有可能性并做出最佳决策显然是不切实际的。针对这一问题，启发式搜索通过评估当前局面的启发式函数，智能选择可能导向更优解的路径，从而可以在合理的时间内找到令人满意的解决方案。

2.3.1 启发式信息的表示

在启发式搜索中，计算机可以采用以下两种方式来表达抽象的启发式信息。

（1）规则：计算机能够利用一系列规则来表示启发式信息，这些规则可能基于领域专家的知识或从经验中总结得出。例如，在天气预测中，可定义一组规则，以常见的"IF，THEN"格式呈现，IF 部分描述一种现象，THEN 部分提供该现象可能带来的结论。例如，"IF 乌云密布，THEN 极有可能下雨"和"IF 晴空万里，THEN 下雨可能性不大"。计算机可根据这些规则评估当前状态的可能性，进而引导搜索过程。

（2）启发式函数：启发式函数作为一种评估函数，用于估计当前状态的优劣，并引导搜索朝着可能更有前景的方向前进。该函数通常基于问题的特征和经验知识，提供了一种智能而经验丰富的搜索指导。设计启发式函数时，需要综合考虑问题的特征和经验知识，以及如何将它们表示为数值特征，以便计算机理解和应用。在设计启发式函数时，需考虑的搜索依据如下。

① 问题特征的考量。启发式函数的设计需要综合考虑问题的结构、目标和约束等方面的特征。例如，在解决路径规划问题时，直线距离通常被视为一个关键的问题特征，因为它直接反映了当前位置到目标位置的距离。

② 经验知识。利用领域专家的经验知识可以提高启发式函数的准确性。这种经验知识可以用来评估当前状态的质量，并在搜索过程中指导路径选择，以避免无意义或低效的搜索路径。

③ 问题状态的表现方式。启发式函数的性能和设计取决于问题状态的抽象表现形式。这种表现形式可以采用向量或其他数据结构，它直接影响了启发式函数的计算和搜索效率。

④ 问题的优化目标。考虑问题是最小化还是最大化目标对于启发式函数的设计至关重要。启发式函数必须能够评估当前状态的期望质量或收益，以便有效地指导搜索过程。

⑤ 领域特定的信息。在某些问题领域中，存在一些特殊的领域知识或信息可以用来指导搜索过程。例如，在图搜索问题中，可以利用节点之间的启发性距离估计来加速搜索过程。

综合考虑这些搜索依据，能够设计一个有效的启发式函数更智能、更有针对性地指导搜索过程，从而提高问题解决的效率。通常情况下，启发式函数可用以下方程表示：

$$f(x) = g(x) + h(x)$$

（式 2.1）

其中，$g(x)$ 表示从初始节点到节点 x 的实际代价，而 $h(x)$ 则代表从节点 x 到目标节点的最优路径的估计代价。在该方程中，启发性信息主要体现在 $h(x)$ 部分，其具体形式则根据问题的特性来确定。

确定了启发式函数后，算法将根据其评估结果选择下一步要探索的方向，以期在有限时间内找到一个满意的解决方案。选择搜索方向是关键决策，直接影响搜索的效率和结果。通常选择搜索方向的原则如下。

（1）基于启发式函数的评估结果，选择具有更优估计值的状态作为下一步要探索的对象，通常朝着离目标更近或更有潜在优势的方向前进，以更快找到解决方案。

（2）平衡探索和利用的需求，有时应更多探索未知领域以发现更好解决方案。在其他情况下，可能更倾向于利用已知信息朝着已有良好估计的方向前进。

搜索可以被分为正向搜索和逆向搜索。为了提高效率，这两种方法可以结合起来，形成双向搜索，即同时从初始状态和目标状态出发。双向搜索的理想结果是在问题的解决路径上相遇，从而提高搜索效率。然而，如果不恰当地使用，可能会导致两个搜索方向未能相遇，使得结果不如单独使用正向或逆向搜索。因此，双向搜索的成功与否取决于问题的性质和算法的设计，需要谨慎处理，避免不当的组合导致效果不佳。选择搜索方向需要综合考虑启发式函数的评估结果、问题的特性以及算法的性质。通过合理选择搜索方向，可以在有限的搜索空间内更高效地找到解决方案，这是启发式搜索中的关键步骤，直接影响算法的性能和结果。

2.3.2 启发式函数设计的原则

启发式函数将问题状态映射为期望程度的一种描述。设计启发式函数需要遵循以下两个基本原则。

（1）有利于选取要扩展的节点。

（2）排除不可能导致成功的节点。

接下来，我们将通过两个经典问题案例——八数码问题和八皇后问题，详细讨论这两个原则在启发式函数设计中的应用。

【例 2.5】八数码问题是一个经典的游戏，棋盘由 1 到 8 这八个数字的数码和一个空位组成，排列成 3×3 的矩阵。游戏的目标是通过移动数码，将初始的数码排列转换为标准形式。八数码阵列向标准阵列转换的示例如图 2.7 所示。

八数码问题的
启发式解决方法

2	8	3
1	6	4
7		5

$\Longrightarrow$ 移动数码 $\Longrightarrow$

1	2	3
8		4
7	6	5

图 2.7　八数码阵列向标准阵列转换的示例

这一问题与我们熟悉的一种拼图游戏非常相似，该拼图游戏如图 2.8 所示，即在一个 3×3 的棋盘阵列上，通过移动与空格相邻的图块来完成整个图像的拼合。这种游戏的玩法可能会让人联想到八数码问题中的操作方式。

问题的解决过程如下所示。

定义状态空间。如图 2.9 所示为八数码问题求解的状态空间，其中每个状态代表着不同的棋局。为了简化表示，我们采用矩阵来描述棋局中的位置，其中 a_{ij} 表示第 i 行、第 j 列的位置：

　（a）初始状态　　　（b）移动规则　　　（c）目标状态

图 2.8　拼图游戏

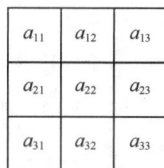

a_{11}	a_{12}	a_{13}
a_{21}	a_{22}	a_{23}
a_{31}	a_{32}	a_{33}

图 2.9　八数码问题求解的状态空间

定义操作算子/状态转移。以下定义的规则均基于空格，因为任何数字的移动都必须与相邻的空格完成位置交换。例如，向左移动数字相当于向右移动空格。

规则 $r1$：IF　空格左边不是边界，THEN　空格左移。

规则 $r2$：IF　空格右边不是边界，THEN　空格右移。

规则 $r3$：IF　空格上边不是边界，THEN　空格上移。

规则 $r4$：IF　空格下边不是边界，THEN　空格下移。

定义启发式函数 f_1 = 数字错放位置的个数。

若 $f_1(S_i)=0$，则已到达目标状态。

搜索过程中空格的第一次移动如图 2.10 所示。针对图中的空格 a_{32}，根据规则可以执行 3 种操作：$r1$，$r2$ 和 $r3$，分别导致空格向左移（状态 S_1）、向右移（状态 S_3）和向上移（状态 S_2）。执行完这些操作后，我们将启发式函数 f_1 应用于这 3 种状态，分别得到启发式函数值为 $f_1(S_1)=5$，$f_1(S_2)=3$，$f_1(S_3)=5$。因此，在此启发式函数的评估下，状态 S_2 与目标状态 S_g 的距离更近，因此状态 S_2 被选用进行后续扩展。

如图 2.11 所示为搜索过程中空格的第二次移动，对于状态 S_2 中的空格 a_{22}，可以进行 $r1$，$r2$，$r3$ 和 $r4$ 这 4 种操作，分别对应空格在 4 个方向上的移动，得到状态 S_4、S_5、S_6 和 S_7。然而，在应用启发式函数 f_1 时，发现 $f_1(S_4)=f_1(S_6)=3$，即这两个状态的启发式函数值相等，处于均势状态。在这种情况下，需要采取一种策略来决定接下来的扩展方向。

在这种情况下，计算机是随机选择一个状态，还是需要进行人机交互呢？我们可以观察到当前的启发式函数 f_1 设置已经不能满足状态的选择，不够合理。因此，下一步需要确定一个策略，以决定当 f_1 值相同时如何打破均势并选择下一个搜索状态。这意味着需要定义一个新的启发式函数。那么如何设置这个新的启发式函数呢？我们可以继续在状态图中寻找规律。

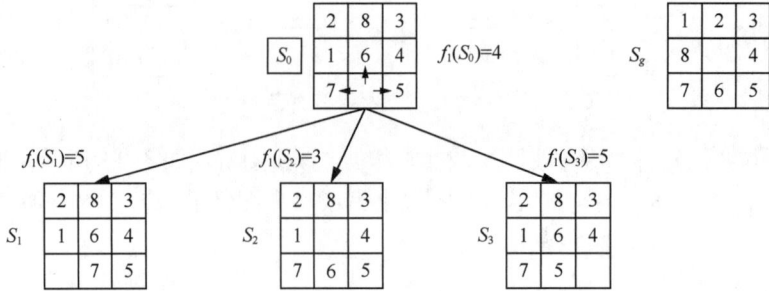

图 2.10　搜索过程中空格的第一次移动

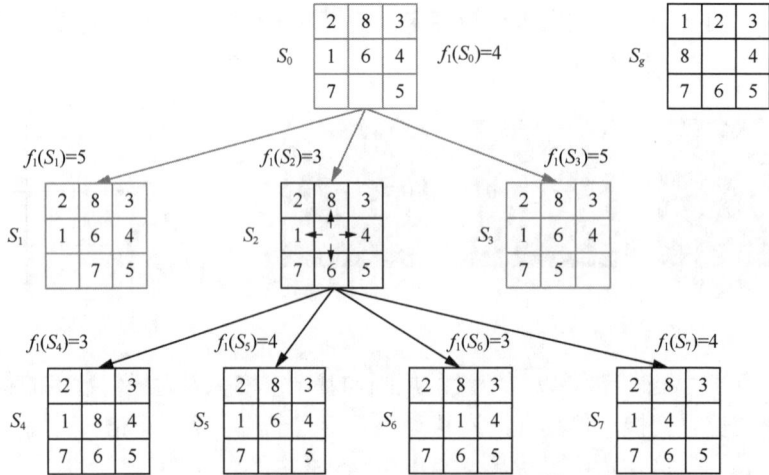

图 2.11　搜索过程中空格的第二次移动

如图 2.12 所示，我们观察在 S_4 和 S_6 状态中的数码 1，若它们移动到正确位置的最短步数是我们的考量，那么在 S_4 状态中只需一步，而在 S_6 状态中则需要两步。这表明，静态层面上采用 f_1 衡量方式难以评判优劣以进行状态选择。然而，在动态层面上考量当前状态达到目标状态的最短移动步数时，却可以较为方便地进行状态选择。

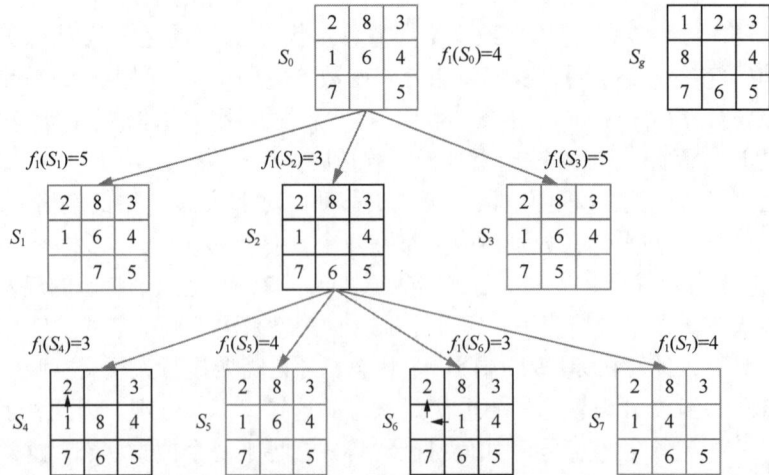

图 2.12　新启发式函数的规律探索

因此，根据先前的分析，我们可以定义一个新的启发式函数，其定义方式如下：

f_2 =所有数字从当前位置以最短路径走到正确位置的步数之和。　　（式2.2）

根据（式2.2）的定义，新启发式函数下各个状态的启发式函数值如图 2.13 所示。

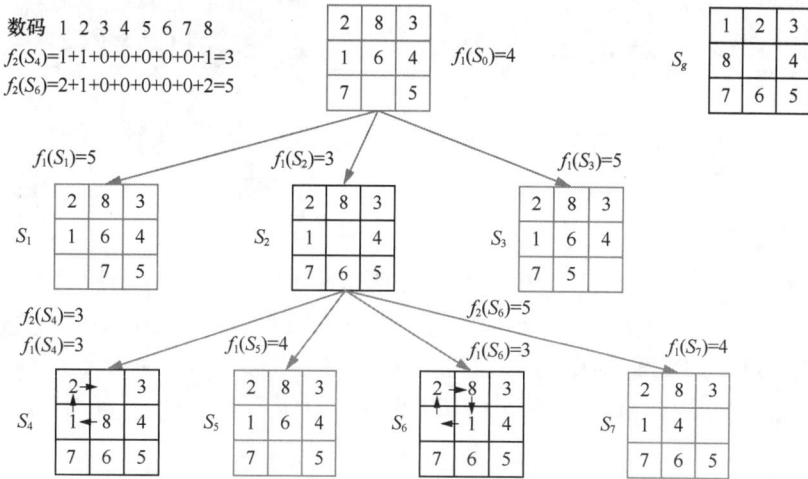

数码 1 2 3 4 5 6 7 8
$f_2(S_4)=1+1+0+0+0+0+0+1=3$
$f_2(S_6)=2+1+0+0+0+0+0+2=5$

图 2.13　新启发式函数下各个状态的启发式函数值

每个函数中的每一项表示相应数码移动到正确状态所需的最短步数。

可以观察到，在新的启发式函数下，原先的情况是 $f_1(S_4)=f_1(S_6)=3$，而现在 $f_2(S_4)<f_2(S_6)$，因此，下一步的搜索应从状态 S_4 出发，并生成其后继节点。

因此，通过八数码问题的案例，我们可以得出结论，启发式函数的设计应有助于选择被扩展的节点。如果启发式函数能够更准确地估计搜索树（图）中每个节点的优势，那么解决问题的过程将减少走弯路的可能性。

【例2.6】八皇后问题。 八皇后问题是一个以国际象棋为背景的问题，旨在确定如何在 8×8 的棋盘上放置八个皇后，使得它们彼此不受攻击。在这个问题中，皇后的攻击范围包括横、纵和斜线方向，如图 2.14 所示。八皇后问题的一般化是 n 皇后问题，其中棋盘大小为 $n×n$，皇后个数也为 n。该问题仅在 $n=1$ 或 $n≥4$ 时才有解。

八皇后问题可以采用状态空间方法来解决。解决问题的过程如下。

首先，定义状态空间为 8×8 的棋盘网格。

其次，确定操作规则：在确保没有两个或两个以上皇后存在于同一行、同一列或同一对角线上的情况下，按照从小到大的顺序，将第 i 个皇后放置在第 i 行。

再次，制定搜索策略：将第 i 个皇后放置在第 i 行中与前 $i-1$ 个皇后不在同一列或同一对角线上的、具有最大启发式函数 $f(x)$ 值的空格中。因此，我们可以这样定义启发式函数：设 x 为当前放置皇后的空格，$f(x)$ 表示剩余未放置皇后的行中可用于放置皇后的空格数。因此，$f(x)$ 的值越大，下一个用于放置皇后的空格的选择空间就越大，当前的空格 x 就会更优。

在此例中，当我们将 3 个皇后按照规则放在前 3 行上时，它们所在的行、列以及斜线上都不能放置其他的皇后。这可以通过中线通过的格子来表示，图 2.15 所示为八皇后问题的解题过程分析，这些被中线通过的格子是不能接着放皇后的，否则将违反规则。

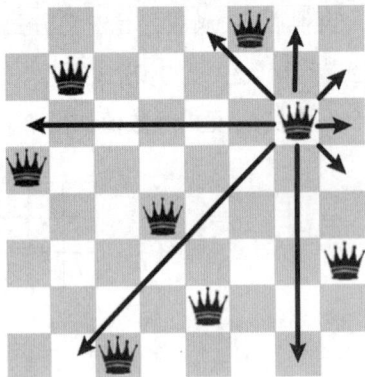

图 2.14　八皇后问题

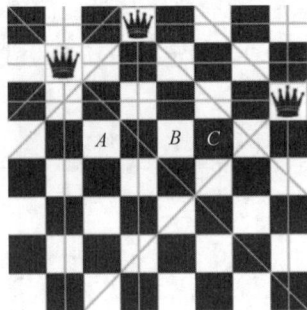

图 2.15　八皇后问题的解题过程分析

因此，针对第 4 个皇后的放置，图 2.16 所示为第 4 个皇后分别放置在 A、B、C 处的棋盘启发式评估，仅有图中显示的位置 A、B 和 C 可供选择。在这 3 个位置中分别放置皇后，从左到右，如图 2.16（a）、图 2.16（b）和图 2.16（c）所示，剩余行中可放置皇后的位置数形成了 $f(A)$、$f(B)$ 和 $f(C)$ 的值。对于所示棋局，$f(A)=8$，$f(B)=9$，$f(C)=10$。

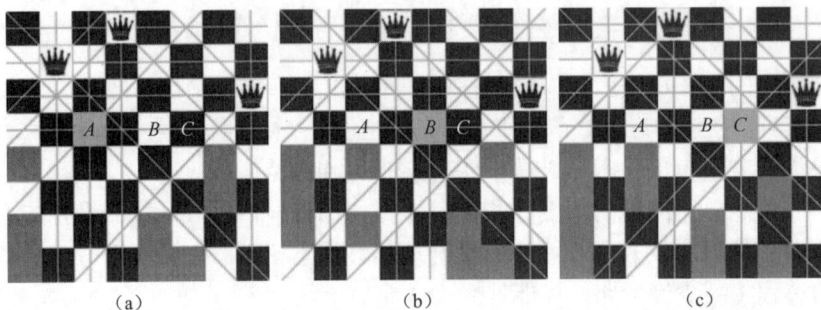

（a）　　　　　　　　　　（b）　　　　　　　　　　（c）

图 2.16　第 4 个皇后分别放置在 A、B、C 处的棋盘启发式评估

因此，选择将第 4 个皇后放置在 C 位置会为剩余行的皇后放置提供更多的空间。这导致了对位置 A 和位置 B 的直接剪枝，从而加速了搜索过程。

通过八数码和八皇后这两个例子，我们领会了启发式函数设计的基本原则。总而言之，启发式信息是特定领域内的知识信息，可指导计算机系统在搜索过程中采取可能达到目的的动作或避免不可能达到目的的动作，并指出动作适宜条件或不适宜条件。因此，人们将通过启发式信息引导的搜索方法称为启发式搜索方法，并将其定义为一种专门的技术，用于辅助解决问题。

启发式搜索方法可根据适用范围分为两类：一是适用于特定领域的方法，若该领域范围较窄，则此类启发式搜索方法类似于计算方法中的算法；二是适用于更广泛领域的通用启发式搜索算法，亦称为"弱搜索"方法，后者将在 2.4 节中进一步讨论。

2.4　"弱搜索"方法

"弱搜索"方法指的是在搜索算法中采用较为简单、基础的搜索策略，通常不涉及复杂的启发式搜索或深度学习技术。这种方法可能会使用简单的搜索算法，如广度优先搜索、深度优先搜索或简单的启发式搜索，而不是使用更复杂的算法，例如遗传算法、模拟退火或群集智能算法。虽然"弱搜索"方法可能在某些情况下效果较差，但它们通常具有更低的计算复杂度和更快的执行速度，因此在资源受限或时间要求严格的情况下可能更为合适。接下来，我们将讨论几种"弱搜索"方法的通用问题求解策略。

2.4.1 生成测试法

首先，我们了解一下生成测试法。生成测试法的英文是 generate-and-test，从字面意义可以较为清楚地阐述其流程，即生成一个潜在解，然后测试这个潜在解是否是系统想要的解。

生成测试法的基本步骤如下。

（1）生成一个潜在解，可选方案包括状态空间中的一个节点或从初始状态到目标状态的路径。

（2）将生成的潜在解与目标进行对比。

（3）如果达到目标，则停止；否则，返回到步骤（1）。

这个方法属于深度优先搜索，因为它需要生成完整的解之后才能进行判断。如果未达到目标，就需要生成下一个潜在解。这种方法几乎相当于耗尽式搜索，因此效率较低。为了提高效率，我们可以考虑利用反馈信息来决定生成何种类型的解，这一改进即为接下来要讨论的爬山法。而对反馈信息的利用实际上就是尝试使用启发式信息的过程。

2.4.2 爬山算法

爬山算法，英文是 hill-climbing，旨在以更有针对性的方式系统地探索搜索空间，通过引入启发式指导，加快对问题解决方案的发现。爬山算法可以被视为对盲目搜索方法的一种改进，它利用贪婪的本地搜索策略，选择当前状态的更好邻居状态，试图朝着搜索空间中更有可能找到解决方案的方向前进。这种局部搜索的方式使得算法更加有针对性，更集中于潜在的最优解附近区域，从而在搜索速度上提供了改进。

爬山算法的基本步骤如下。

（1）生成初始解。如果此解符合目标，则停止；否则，进入下一步。

（2）从当前可能解出发，生成新的可能解集。

① 使用测试函数评估新的可能解集中的元素。如果是解，则停止；否则，继续到步骤②。

② 如果不是解，将其与至今已测试过的"解"进行比较。如果最接近解，则保留为当前最佳元素；否则，舍弃。

（3）以当前最佳元素为起点，返回步骤（2）。

爬山算法的主要特征如下。

（1）生成测试法的变体。爬山算法是生成测试法的一种变体，其核心是通过生成并测试邻近状态来确定搜索空间中的移动方向。

（2）贪婪方法。爬山算法以贪婪的方式搜索，它会朝着优化成本低的方向移动，选择当前状态的更好邻居状态以实现局部优化。

（3）无回溯。爬山算法不进行回溯搜索，不记录或处理以前的状态。因此，每次扩展都是在当前生成解下评估优劣，避免了回溯所带来的复杂性。

爬山算法包括简单爬山、最陡爬升和随机爬山等不同类型。在简单爬山中，每次只评估一个邻居节点，并选择第一个优于当前状态的节点。而最陡爬升则选择邻居节点中距离目标状态最近的节点。相比之下，随机爬山在移动前不会检查所有邻居，而是随机选择一个邻居并决定是否移动。然而，爬山算法也面临一些问题，例如局部最大值、高原和山脊的情况。

局部最大值指的是在搜索空间中出现的状态，其价值高于相邻状态，但仍有更高价值的状态存在，如图 2.17 所示。尽管找到的局部最大值具有较高的价值，但它可能不是全局最优解。为了解决这个问题，爬山算法可以通过回溯技术来创建一个有希望的路径列表，从而能够回溯搜索空间并探索其他可能的路径，以避免陷入局部最大值。

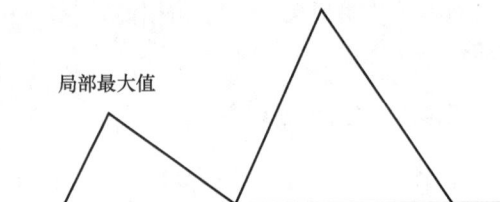

图 2.17　爬山算法中的局部最大值问题

高原是指在搜索空间中的平坦区域，如图 2.18 所示。其中当前状态的所有相邻状态具有相同的价值。这种情况可能导致算法无法确定最佳移动方向，进而可能陷入局部最大值。为了解决这个问题，爬山算法可以采用跨大步来搜索，以跳出高原地区。此外，爬山算法还可以通过随机选择远离当前状态的点来寻找非平稳区域，从而避免陷入局部最大值。

山脊是局部最大值的一种特殊形式，如图 2.19 所示。其在搜索空间中呈现出高度的峰值，但其本身具有斜坡，这使得直接向最高点移动变得困难。为了解决这个问题，可以考虑采用双向搜索或者尝试向不同的方向移动，以改进搜索过程并避免陷入山脊区域。

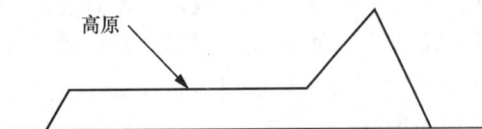

图 2.18　爬山算法中的高原问题

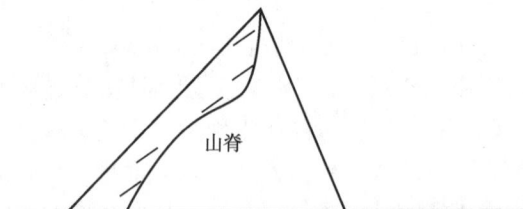

图 2.19　爬山算法中的山脊问题

2.4.3　最佳优先搜索算法

爬山算法作为典型的贪心算法，其本质是通过每次选择当前看似最优解的方式进行搜索。然而，由于其局部搜索的特性，爬山算法往往会受到局部最优解的限制，从而可能无法找到全局最优解。为了克服这一局限性，最佳优先搜索算法被提出，其基本思想是在爬山法的基础上进行改进，以更全面地搜索解空间。其具体步骤如下。

（1）生成第一个可能解。如果该解是目标解，则停止；否则，进行下一步。

（2）从当前可能解出发，生成新的可能解集。

① 使用测试函数评估新的可能解集中的元素，如果找到目标解，则停止；否则，进入②。

② 如果没有找到目标解，则将新生成的可能解加入原有可能解集中。

（3）从可能解集中选择最优解作为新的起点，然后再次执行步骤（2）。

这两种搜索方法的核心理念均集中在根据当前情境选择可能解的过程上，但它们在搜索范围和目标取向上存在显著差异。爬山算法专注于从当前后继节点中选择最优解，其着眼点在于局部最优解的获取并朝着该方向迭代进展。最佳优先搜索算法则致力于直接从全体可能解中挑选看似最具潜力的解，以全局最优解为目标，并通过测试函数来评估解的优劣。最佳优先搜索算法的目标在于从所有可能解中找出最优解，因此其朝向全局最优性。相比之下，爬山算法仅仅在当前后继节点中寻找最优解，其搜索受限于局部最优。因此，最佳优先搜索算法所涵盖的因素较爬山算法更为广泛。

然而，尽管最佳优先搜索算法在理论上具有吸引力，但在解决实际生活中的问题时，其应用受到诸多限制。因此，为了应对爬山算法和最佳优先搜索算法所带来的局限性，模拟退火算法应运而生。

2.4.4　模拟退火算法

模拟退火算法是一种基于贪心策略的搜索技术，它引入了随机因素，以增强搜索过程的灵活性。该算法允许在一定概率下接受比当前更差的解，这一做法有助于摆脱局部最优解，达到全局最优解的可能性。算法简要描述如下：当新解的性能优于当前解时，即移动后得到更优解，总是接受该移动。若新解性能较差，即移动后的解不如当前解，算法以一定概率接受移动，而该概率会随时间推移逐渐减小，以确保搜索逐渐趋向于稳定状态。这种概率计算过程实际上受到了金属冶炼的退火过程的启发，因而得名"模拟退火算法"。

基于热力学原理，我们可以推导出当系统温度为 T 时，能量差为 ΔE 的降温概率 $P(\Delta E)$ 的计算公式为 $P(\Delta E) = e^{\wedge}\left(-\dfrac{\Delta E}{kT}\right)$，其中 k 是热力学常数，e 表示自然指数，且 $\Delta E < 0$。这一公式说明，随着温度的增加，出现能量差为 ΔE 的降温概率也增加；相反，随着温度的降低，这一概率逐渐减小。

对于模拟退火算法而言，每次向较差解的移动可视为一次温度跳变过程，其接受程度由概率 $P(\Delta E)$ 决定。模拟退火算法引入了随机性因素，允许以一定概率接受比当前解更差的解，从而避免了陷入局部最优值的风险，最终增大达到全局最优解的可能性。

考虑一个具体情境，假设我们希望一个小球从 A 点出发并最终停在 B 点，如图 2.20 所示。若我们起初以较小的速度摇动系统，系统内的能量逐渐减小，导致小球仅能停留在 A 点。相反，若我们以较大的速度启动系统，并随后逐渐减缓振动，那么小球有很大可能停在 B 点。然而，一旦小球抵达 B 点，在能量减少的作用

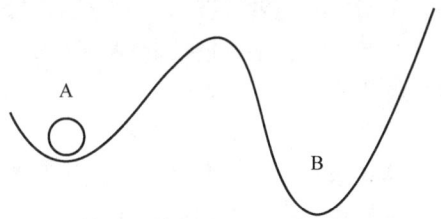

图 2.20　模拟退火思想应用于小球移动的例子

下，它将不太可能再次回到 A 点，从而固定在全局最小值位置。因此，模拟退火算法在解决问题时采用的策略是：在算法初始阶段，采取大步前进，以便探索全局最优解的范围，随后逐渐减小步长，使其稳定于全局最优解。

比较爬山算法和模拟退火算法时，可以用一个生动的比喻来概括它们的区别。

（1）爬山算法可比作一只兔子在寻找比当前位置更高的山峰，一旦找到附近最高的山峰就会停止。然而，由于其局部搜索的特性，所找到的山峰并非一定是全局最优解。因此，爬山算法存在无法保证找到全局最优解的风险。

（2）模拟退火算法则如同一只醉酒的兔子。在醉酒状态下，它随机地跳动一段时间。在这个过程中，兔子可能会朝向高处跳跃，也可能会跳入平地。随着时间的推移，兔子逐

渐清醒并朝着最高的方向跳跃。这个比喻生动地展示了模拟退火算法如何通过引入随机性和概率的方法，有可能跳出局部最优解，最终找到全局最优解。

2.5 博弈与搜索

本节将继续探讨一种特殊的启发式搜索问题——博弈。博弈是指多个决策实体（如人类、计算机程序、智能体等）在一定规则下作出选择，以追求个体或集体利益的竞争性活动。为了提升计算机在博弈中的水平，必须有效地结合多种搜索算法，以提高博弈树的搜索效率，从而找到最优决策。

在博弈中，参与方分别为甲方和乙方。当某一方面临多个行动方案时，其倾向于选择对自身最有利且对对方最不利的方案。对甲方而言，这种选择关系呈现为"或"的特征，因为甲方拥有主动权可以自由选择任一方案。而对乙方而言，其选择主要建立在甲方的选择之上，因此，乙方的可选方案呈现为"与"的关系。博弈过程可用"与/或"树表示，即博弈树。在博弈树中，一个节点代表轮到甲方行动的局面，另一个节点代表轮到乙方行动的局面。值得注意的是，"与/或"树始终站在某一方的角度。构建博弈树有助于分析不同决策路径的结果，并为计算机在博弈中做出最优决策提供基础。通过深入研究博弈树，可以制定更智能、更优化的算法，以提高计算机在各种博弈中的表现水平。

2.5.1 有关博弈的问题

人与人之间的博弈是博弈论中的一个关键研究领域，该研究领域涉及个体之间的决策互动和竞争。在这一场景下，每个参与者被视为理性决策者，追求其个体的最优利益。在博弈的过程中，参与者需要根据对其他人行为的理解，选择适当的策略，以影响博弈的结果。因此，在人与人之间的博弈中，有几个关键概念需要明确定义。

参与者：博弈中的决策实体，可以是个人、团队或组织。

策略：参与者可选的行动方案，参与者通过选择不同的策略来影响博弈的走向。

博弈模型：描述博弈的规则和参与者之间关系的模型，它可以是合作的或非合作的、零和的或非零和的。

博弈的解：参与者最终做出的决策，通常基于他们的策略选择博弈的解。

零和博弈是一种典型的非合作博弈范式，其中，参与者间的竞争关系严格，一方的收益必然导致另一方的损失，博弈各方的收益和损失总和永远为零。在零和博弈中，不存在合作的可能性，结果往往呈现一方获胜而另一方失败的情形，其中一方的所得正好等于另一方的所失，整个博弈过程并未增加社会总体利益。

非零和博弈则表现为一种合作性质更为突出的博弈形式，其博弈各方收益或损失的总和不限于零值，与零和博弈不同。在非零和博弈中，各方并非完全对立，一个参与者的获利并不必然导致其他参与者同样数量的损失。因此，博弈参与者之间不再呈现简单的"你赢我输"的关系。这种博弈形式中，参与者之间可能存在共同利益，彰显了博弈论中"双赢"或"多赢"的重要理念。

人与人的博弈不仅在博弈论领域有广泛的理论研究，也在社会科学、经济学、心理学以及计算机科学等多个领域都有重要应用。随着计算机科学的迅速发展，人机博弈在计算机科学与人工智能领域扮演着关键角色，并催生了许多著名的实践案例。自 1958 年 IBM （international business machines）公司研发出首台可与人类对弈的计算机以来，机器博弈领域取得了长足进展。1983年，肯·汤普森（Ken Thompson）开发的 Belle 成为首个达到国际大师级水平的下棋机器。随后，Deep Think、Deep Blue、DUSKTREE SYSTEM、AlphaGo 等具备博弈能力的人工智能系统相继问世，并成功地参与了多场人机博弈对决。

在1996年到1997年，IBM 的 Deep Blue 与国际象棋世界排名第一的俄罗斯国际象棋大师加里·卡斯帕罗夫（Garry Kasparov）进行了历史性的对弈。最终，Deep Blue 以三胜两平一负的成绩取得胜利，这一事件标志着计算机在国际象棋领域取得了重大突破。Deep Blue 的核心在于其评估函数，该评估函数通过对棋局的子力、位置、王的安全性以及速度等因素进行价值评估，从而选择能够使评估函数得分最高的走法。其强大的计算能力和对局面的精准评估超越了人类棋手的水平。

相较于象棋，围棋的棋盘空间更为广阔，变化更加复杂，胜负目标更加模糊。2016年3月9日开始的 AlphaGo 人机大战中，AlphaGo 对阵韩国围棋高手李世石，引发了全球广泛关注。这场比赛中，AlphaGo 意外地击败了曾自称要以5：0战胜计算机的韩国围棋天王李世石，这一结果引起了极大的震惊。在 AlphaGo 问世之前，围棋一直是计算机难以应对的挑战，其复杂度极高，状态空间庞大，局势评估异常困难。对于人类而言，围棋每一步棋都涉及极多的选择，而计算机能够准确地评估每一步的结果的特点，为其在对弈中表现出色奠定了基础。

这些博弈的成功展示了计算机在特定游戏领域人工智能研究的巨大进步。然而，从本质上来看，博弈问题本质上是人工智能的问题求解。在这一过程中，人工智能必须遵循状态空间方法的两个核心条件。

（1）待解问题必须具有清晰而准确的定义，即需明确定义问题的状态。

（2）人类解决问题的方法必须能够被准确描述，包括操作符和策略。

以 AlphaGo 与李世石的围棋比赛为例，围棋的规则，如黑白子、棋盘规范和局势设计等，均可通过计算机精确表达。然而，现实生活中存在许多难以被精确定义的问题，并且待解问题的范围通常广泛而不受限制，这也是人工智能求解问题方法所面临的挑战之一。在接下来的部分，我们将探讨更为普遍的博弈算法，其核心思想是极小极大搜索。

2.5.2 极小极大搜索算法

在正式介绍极小极大搜索算法之前，我们首先来了解一下博弈树。博弈树是人工智能领域中备受关注的研究课题，是一种特殊的多叉树结构。博弈树用于模拟两名游戏参与者之间的博弈过程，通过推演双方的思考和行动，以尝试在游戏中取得优势。为了更好地理解这一概念，我们可以通过一个简单的博弈树示例来说明其在选择落子路径时的思维过程。以图2.21为例，该树仅包含三层，每当一名玩家需要落子时，都需要向前推演一个回合，然后再决定具体的落子方向。

由于博弈涉及双方之间的竞争，设想我方从节点 S 开始下棋，有三种走法：A、B、C。若我方试探性地选择走 A，则对方的回棋有三种选择：D、E、F；若试探走 B，则对方的回棋有两种选择：G、H；若试探走 C，则对方的回棋也有两种选择：I、J。在博弈树结构中，最底层是叶子节点，其值大小反映了当前棋局的状态。

那么，我方应该选择哪一步棋呢？实际上，我方的走步应根据对方回棋后的棋局状态来评估。因此，我们首先需要定义一个静态评估函数 f，该函数仅对叶子节点的棋局进行优

劣评估（因为我们的决策需要根据对方的回棋来决定），非叶子节点的估值则通过反向推导方法获得。假设叶子节点的棋局状态已被评估，如图 2.21 所示，接下来我们探讨非叶子节点的值如何通过反向推导来获取。

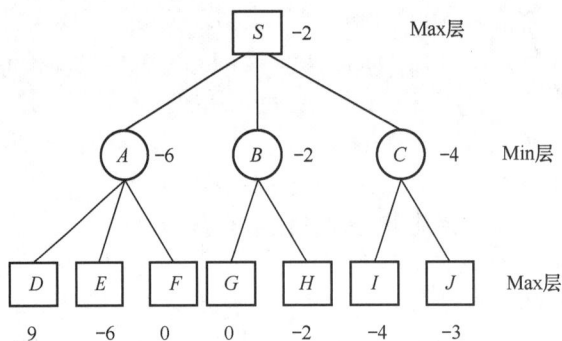

图 2.21　博弈树

假设我们作为甲方，现在轮到我们走棋，即位于节点 S 处。S 所在的层被称为 Max 层，因为我们希望此次走棋能给我们带来最大利益。而节点 A、B、C 所在的层为甲方思考对手可能回棋的层，即 Min 层，因为我们预期对手会根据我们的走棋选择最不利于我们的棋局状态，所以节点的评估值越小越好，这对乙方更有利。Min 层下方将是 Max 层，因为这时轮到我们再次考虑对手的回棋，进一步评估棋局状态，因此值越大越好。

在实际的下棋过程中，若我们选择了走 A 这一步棋，轮到对手走棋时，对手不太可能选择我们希望的 D 这一步棋，因为 D 对我们最有利。相反，对手可能会选择对我们最不利的 E。因此，若我们选择了走 A，很可能会进入到 E 的棋局状态，这才是符合博弈的正确思考和推理。

即使我们选择了走 A，希望朝着估价函数值为 9 的状态迈进，但对手很可能不会如我们所期望。我们不能简单地选择叶子节点中评价最高的状态，而必须基于对手选择的状态来决定我们的最佳走法。因此，在对手做出选择后，我们将根据 A、B、C 的值来决定选择 B，因为这一选择能够最大程度地降低对手的利益，而且最终状态也只会达到-2。相比之下，如果我们选择 A 或 C，很可能会导致状态达到-6 或-3。

这正是博弈的本质，双方轮流行动，并根据对手的行动做出最有利的决策。

极小极大搜索算法是一种用于解决双方零和博弈决策问题的博弈树搜索方法。其核心思想在于对博弈树中的每个节点进行标记，以区分最大值（Max）节点和最小值（Min）节点，不同的节点所在层分别代表不同玩家的角色。其主要目标是通过全面搜索预先设定的决策空间，找到一种最优策略，以确保无论对手采取何种行动，当前玩家都能够实现最大化的利益。在许多博弈领域，尤其是棋类游戏中，该算法被广泛应用，并为计算机在博弈中做出理性决策提供了关键思想基础。

极小极大搜索算法通过递归方式遍历博弈树，对每个可能的决策路径进行评估。对于最大值（Max）节点，其选择子节点中的最大值，因为当前玩家追求最大化自身收益；而对于最小值（Min）节点，则选择子节点中的最小值，因为对手追求最小化当前玩家的收益。

具体而言，极小极大搜索算法从博弈树的根节点开始，按照轮流的方式向下逐层选择最大值和最小值，直至达到叶子节点。在叶子节点处，利用评估函数对当前局面进行评估，然后通过递归回溯的方式将评估值传递至根节点。最终，根节点的子节点中的最大值即为当前玩家的最优决策，对应的路径上的子节点即为实际采取的行动。

【例 2.7】我们将以九宫格棋盘为例，演示极小极大搜索算法在博弈问题中的应用。在这个问题中，两名选手轮流在九宫格棋盘上放置各自的棋子，每次放置一枚，先连成三子一线的一方获胜。

假设我方使用符号 X 表示 Max 的棋子，对手方使用符号 O 表示 Min 的棋子。为了进行搜索，我们需要定义一个静态评估函数：

$$f(p) = \begin{cases} +\infty, & \text{当} p \text{为Max赢} \\ -\infty, & \text{当} p \text{为Min赢} \\ \text{全部空格放X后三字成一线的总数} - \text{全部空格放O后三字成一线的总数} \end{cases} \qquad （式 2.3）$$

针对图 2.22（a）所示的棋局，假设所有空格都放置了 X 后形成了图 2.22（b）所示的五条三子一线的状态，而所有空格都放置了 O 后形成了图 2.22（c）所示的六条三子一线的状态，则根据静态评估函数 $f(p) = 5-6 = -1$，我们可以推断当前棋局对我方略显不利。这表明我们的静态评估函数能够较为准确地对棋局状态进行表征。

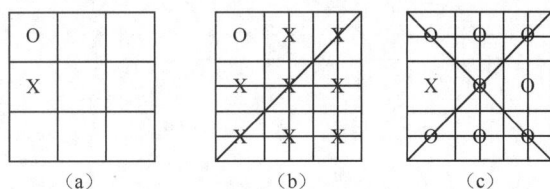

图 2.22　静态函数对棋局状态的计算评估

如果我们将落子前的思考扩展到两步，即一个回合的思考，那么博弈树的层数将达到 3 层。利用棋盘的对称性条件，我们可以绘制出 Max 在思考第一步棋时的搜索树，如图 2.23 所示。

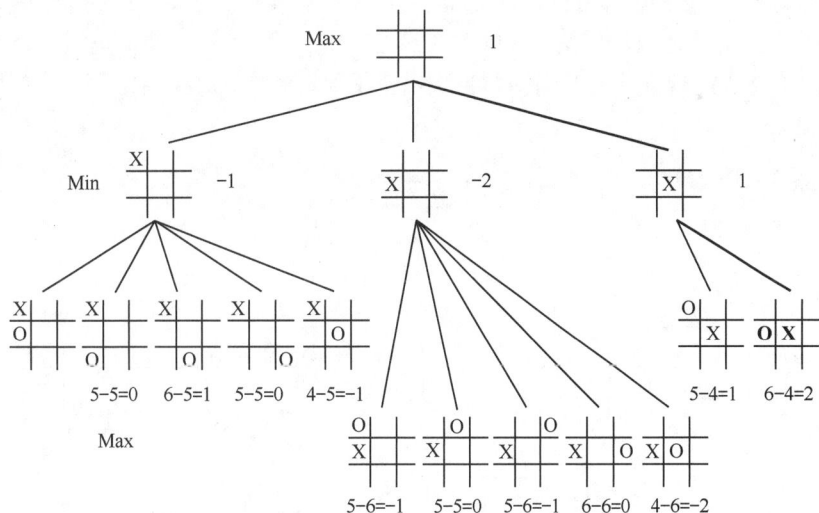

图 2.23　我方 Max 第一回合的思考和双方实际落子过程

在对推演状态的叶子节点进行静态评估函数评估后，Min 层的赋值需要选取其子节点中的最小值。因此，Min 层的三个节点的值分别为-1、-2 和 1。Max 层会根据 Min 层的节点取值返回对我方最有利的结果，即 Min 层第三个节点的值，这是 Max 层子节点中的最大值。因此，我方将落子到 Min 层第三个节点的状态。在我方的推演过程中，对手会尽量回一步对我方不利的棋。然而，实际情况是，对手根据我方的落子，回了一步对我方稍显有

问题求解与搜索技术　第 2 章

利的棋，即值为 2 的状态（如图 2.23 中加粗线条所示）。这引发了一个问题：为何对手方会做出这样的选择？我们需要进一步思考。按照图 2.23 中的落子方法，Max 走完第一步棋后，Min 在 X 的左侧放置了一颗子。这时 Max 要开始走第二步，在新的棋局状态下调用算法，Max 的第二步棋产生的搜索树如图 2.24 所示。

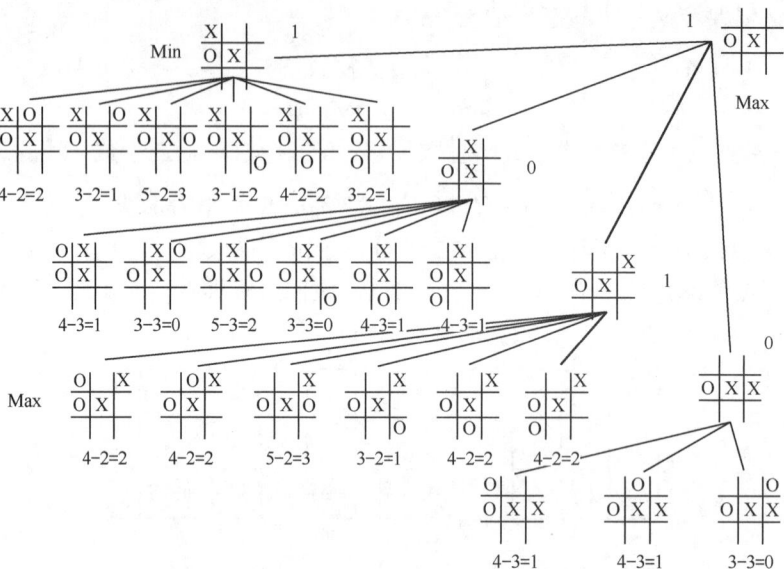

图 2.24　我方 Max 第二回合的思考和双方实际落子过程

在上述博弈推理过程中，非叶子节点的值是通过倒推从叶子节点获得的，按照极小极大策略来为每个非叶子节点赋值。因此，当我方选择走 Min 层第三个分支节点的落子时，对手方再次选择了一步对我方稍微有利的落子（如图 2.24 中加粗线条所示），而不是前一个叶子节点状态评估值为 1 的棋局。这是否意味着对手再次出错了呢？同样，Max 再走第三步棋后，产生的搜索树如图 2.25 所示。

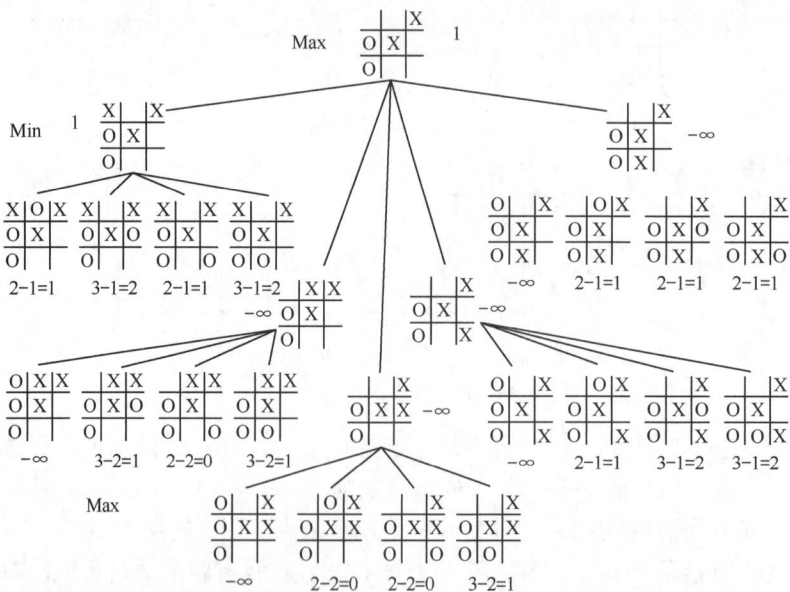

图 2.25　我方 Max 第三回合的思考

在这个阶段，Max 层可行的行动是朝着博弈树的最左边的分支状态前进，因为其他分支都会进入绝境，使博弈局面迅速结束。

进一步探讨之前提出的问题，尽管对手可能会做出一步似乎对我方稍有利的棋局，但实际上，这一步可能是对我方不利的结果。这是因为对手同样会根据自己的棋局状态构建博弈树并进行推演，其推演的深度或者预见性可能比我方更远。因此，尽管当前落子状态看似对我方有利，但在接下来的推演中却可能变得对我方不利。因此，博弈树的构建不只我方会进行，对手同样会构建博弈树，而且通常也是基于当前局势来进行构建。

然而，观察上述博弈树，我们发现除了第一分支外的其他分支中都推演出了为负无穷的子状态。在这种情况下，是否有必要对接下来的同层节点进行计算呢？因为这些子节点的返回值必定是负无穷，Min 层将会选择其中的最小值。考虑到这种情况，我们是否可以加速博弈树的推理过程呢？接下来，我们将探讨一种针对博弈树推理进行加速的 $\alpha\text{-}\beta$ 剪枝算法。

2.5.3　$\alpha\text{-}\beta$ 剪枝算法

$\alpha\text{-}\beta$ 剪枝算法是一项旨在提高极小极大搜索算法效率的剪枝技术，其能够显著减少博弈树搜索的时间和空间开销。该方法通过维护两个关键值，即 α 和 β，来减少对搜索结果无影响的部分的探索。

在 $\alpha\text{-}\beta$ 剪枝中，α 代表迄今为止 Max 节点找到的最佳值，Max 节点希望其值越大越好，因此 α 值随着搜索的进行而逐渐增大。初始时，α 的值被设定为 $-\infty$，α 的更新仅发生在 Max 层节点。相反，β 代表迄今为止 Min 节点找到的最差值，Min 节点希望其值越小越好，因此 β 值随着搜索的进行而逐渐减小。初始时，β 的值被设定为 $+\infty$，β 的更新仅发生在 Min 层节点。

α 和 β 值在搜索过程中向上传递，从而影响到父节点的决策。如果某一节点的 β 值不能比其父节点的 α 值更高，那么该节点的探索分支就可以被剪枝，因为该节点的搜索结果不会影响到父节点的决策。因此，$\alpha\text{-}\beta$ 剪枝的基本原理是，当 $\alpha \geqslant \beta$ 时，可以剪去该分支，以减少搜索空间，提高搜索效率。

博弈树的搜索采用深度优先策略，一旦达到树的最底层，便可利用 $\alpha\text{-}\beta$ 剪枝算法进行剪枝处理。这意味着 α 和 β 值的更新是自底向上进行的，通常是从树的最左分支开始，沿着右分支逐步遍历。

为了有效使用 $\alpha\text{-}\beta$ 剪枝算法，首先需要确定每个层次是 Max 层还是 Min 层，以确定在每个层次上可以进行更新的是 α 值还是 β 值。通常情况下，根节点为 Max 层，然后在从上到下的过程中依次交替标记 Min 层和 Max 层。

$\alpha\text{-}\beta$ 剪枝的核心思想在于动态调整 α 和 β 的值，以减少需要探索的分支数。这使得算法能够更早地停止对某些分支的搜索，从而在相同的搜索时间内能够探索到更深的层次，找到更优的解决方案。在博弈树搜索中，$\alpha\text{-}\beta$ 剪枝被广泛应用，特别是在处理大规模搜索空间和深层次搜索时，能够显著提高搜索效率。

接下来，我们将通过【例 2.8】来阐述 $\alpha\text{-}\beta$ 剪枝算法的原理。

【例 2.8】如图 2.26 所示，这是一棵完整的搜索树。我们将运用极小极大搜索算法与 $\alpha\text{-}\beta$ 剪枝算法来说明如何更新 α 和 β 的值，并执行剪枝操作。方形代表 Max 节点，圆形代表 Min 节点。

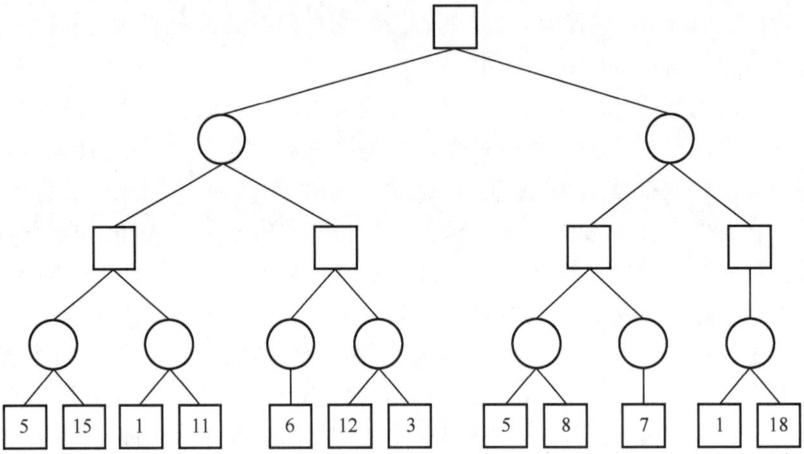

图 2.26　博弈树实例

　　首先，我们需要对博弈树的节点进行标注，以确定它们所属的层次。通过深度优先遍历的方式，从树的根节点开始，逐步遍历至第四层的 Min 层节点 H。在此过程中，我们给节点 H 赋予一个初始值 $\beta=+\infty$，如图 2.27 所示。

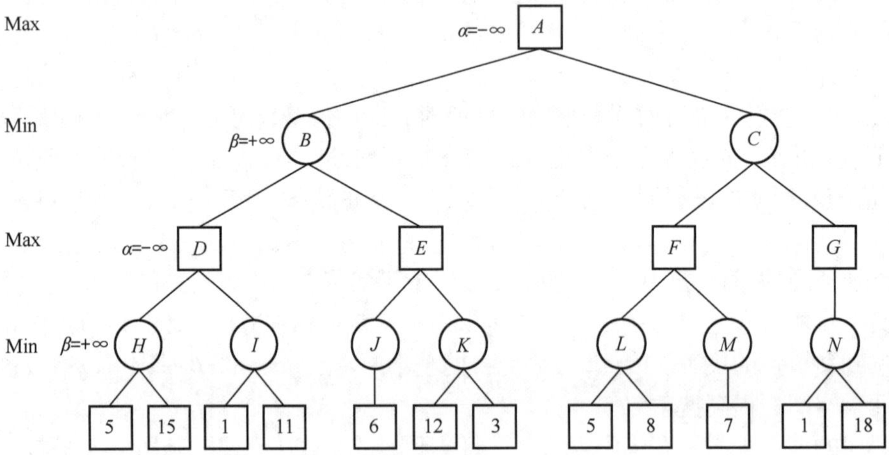

图 2.27　$\alpha\text{-}\beta$ 剪枝过程（1）

　　对于叶子节点 5，由于 β 只能减小，因此 β 的值被更新为 5，而另一个叶子节点 15 不会影响节点 H 的 β 值。这时，节点 H 的 β 值已经确定不再改变，因此可以向上更新 Max 层节点 D 的 α 值。α 值的变化趋势是逐渐增大，由 $-\infty$ 变为 5，如图 2.28 所示。

　　在深度优先遍历的过程中，到达节点 D 的另一个分支节点 I 时，节点 I 的初始 β 值为 $+\infty$。在分析 I 的左叶子节点时，更新其 β 值为 1。由于此时 α（来自父节点 D）$\geqslant\beta$，满足剪枝条件，因此右叶子节点 11 将被剪枝，无须进一步计算，如图 2.29 所示。

　　在深度优先遍历的过程中，当到达以节点 D 为根的子树时，Min 层节点 B 的 β 值由 $+\infty$ 更新为 5，因为它接收了来自节点 D 的 α 值。随后，遍历到节点 J 时，其 β 值为 6。然而，节点 J 不能继续更新其 β 值，因此导致节点 E 的 α 值被赋值为 6。由于满足 $\alpha\geqslant\beta$ 的剪枝条件，节点 K 及其以下子树将不再需要遍历，这一操作如图 2.30 所示。

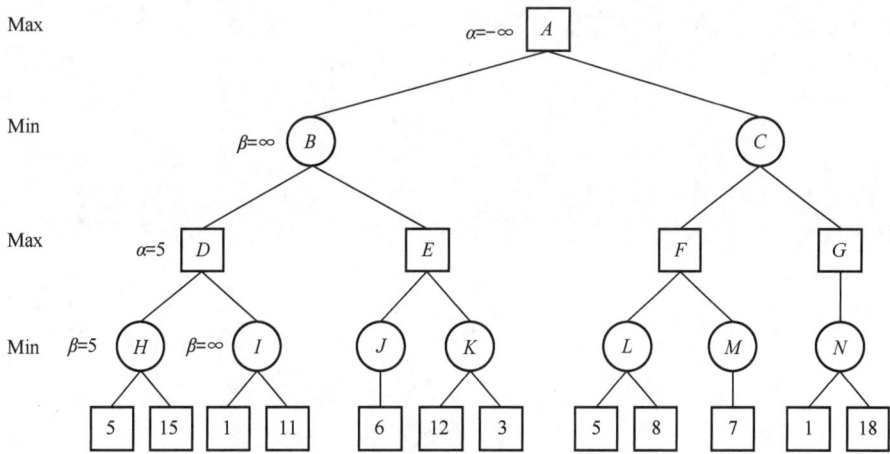
图 2.28 α-β 剪枝过程（2）

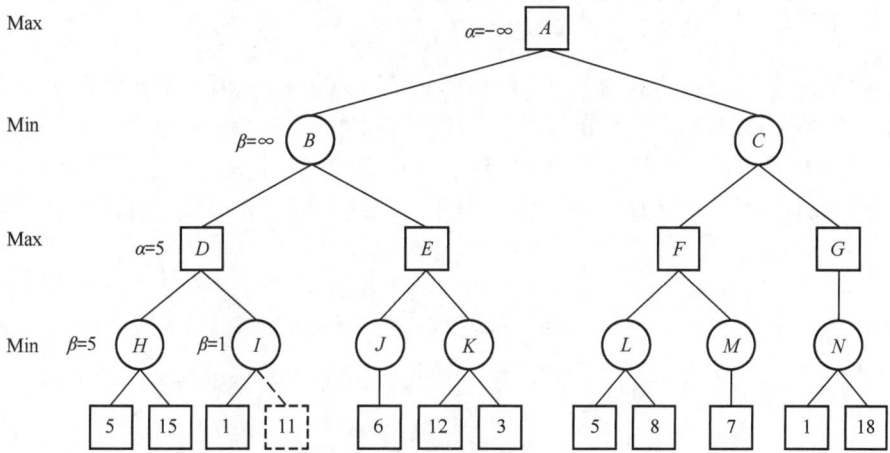
图 2.29 α-β 剪枝过程（3）

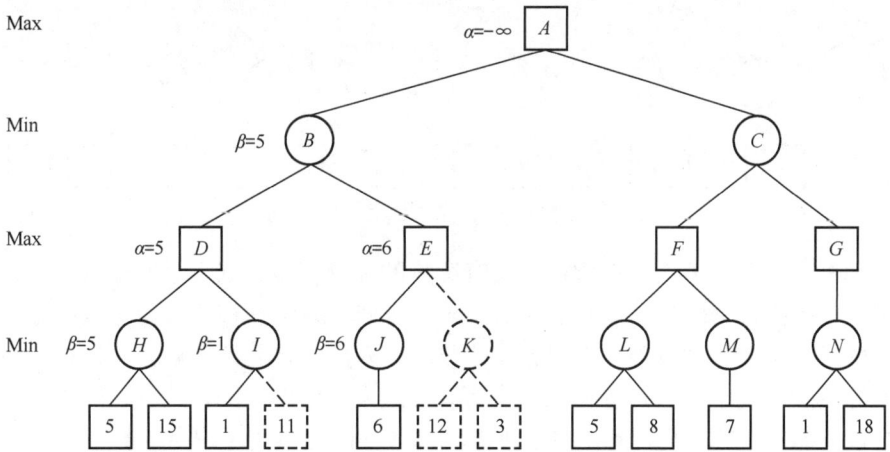
图 2.30 α-β 剪枝过程（4）

在以节点 B 为根节点的子树更新完成后，节点 B 的 β 值向上更新节点 A 的 α 值，使其为 5。根据深度优先遍历，到达节点 L 时，其 β 值经过叶子节点更新后为 5。这时，由于 α≥β，触发了剪枝条件，导致右侧叶子节点 8 不需要进行遍历。随后，回溯到节点 F，其 α 值被节

点 L 的 β 值更新为 5。整个过程如图 2.31 所示。

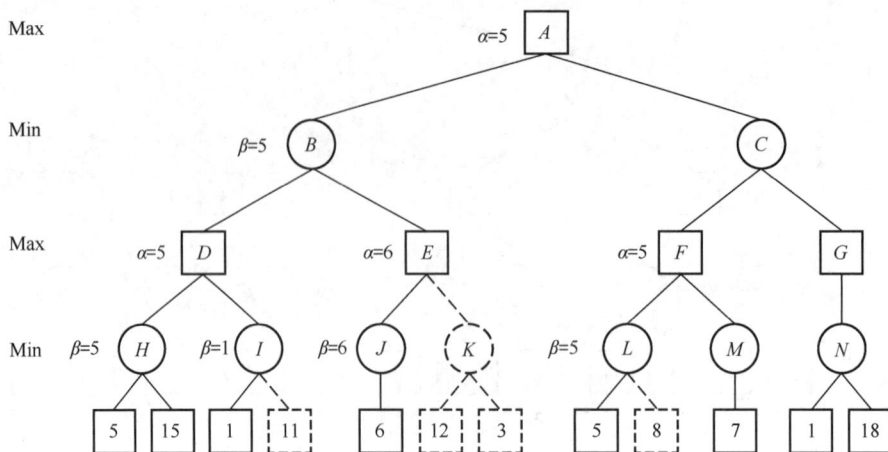

图 2.31　α-β 剪枝过程（5）

继续遍历到节点 M，其 β 值为 7，随后更新了节点 F 的 α 值，使其等于 7。当节点 F 的子树遍历完成后，向上更新了节点 C 的 β 值，将其设为 7。在这一阶段，未触发剪枝条件。随后遍历到节点 N，其左叶子节点更新了 β 值为 1，由于 $\alpha \geqslant \beta$，触发了剪枝条件，因此不需要计算其右叶子节点 18。如图 2.32 所示，至此完成了 α-β 剪枝算法的运算过程。

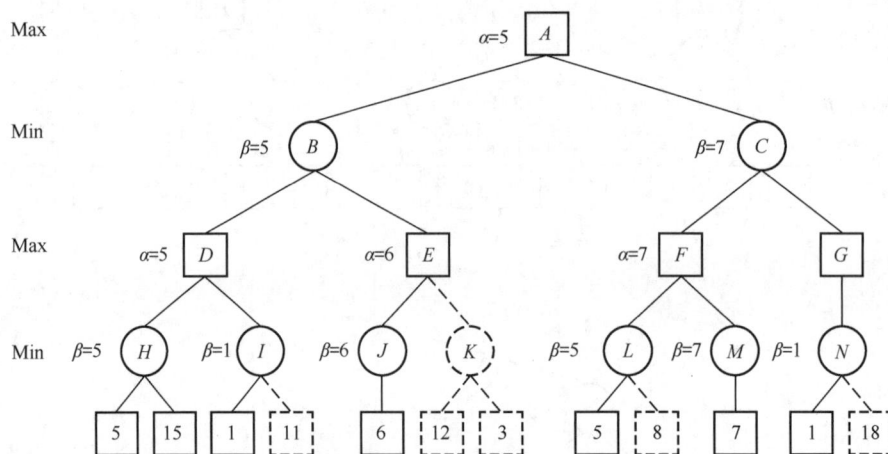

图 2.32　α-β 剪枝过程（6）

α-β 剪枝通过及时剪去对搜索结果没有影响的部分，显著减小了搜索空间。在最理想的情况下，如果搜索树的分支按照最优值的顺序排列，α-β 剪枝能够剪去大部分分支，使得搜索效率接近指数级的减小。由于剪枝的作用，α-β 剪枝允许搜索算法在相同的时间内达到更深的搜索深度。虽然 α-β 剪枝并没有改变搜索算法的空间复杂度，因为它仍然需要存储整个搜索树的结构，但由于减少了搜索深度，实际上减小了内存需求。

α-β 剪枝的时间复杂度取决于搜索树的形状以及 α 和 β 的调整情况。在最理想的情况下，即搜索树按照最优值的顺序排列，时间复杂度可以降至 $O(b^{\frac{d}{2}})$，其中 b 是分支因子，d 是搜索深度。这是相比于没有剪枝的情况下指数级别的改进。

总体而言，α-β 剪枝的效率优势在于它能够在保证搜索结果准确性的同时，通过剪去大量无效的搜索分支，提高搜索算法的速度，使其在有限时间内找到更优的解。这使得 α-β 剪枝成为博弈树搜索领域中重要且高效的技术。

习题

一、选择题

1. 状态空间表示法中，问题的解是（　　　）。

A. 从初始状态到目标状态所使用算符的序列

B. 从目标状态到初始状态所经历的状态序列

C. 从初始状态到目标状态所经历的状态序列

D. 从目标状态到初始状态所使用算符的序列

2. 在状态空间表示法中，问题是用"（　　　）"和"（　　　）"来表示的，问题求解过程是用"（　　　）"来表示的。

A. 状态空间、状态、操作　　　　　B. 状态、操作、状态空间

C. 操作、状态空间、状态　　　　　D. 状态、状态空间、操作

3. 关于盲目搜索的说法错误的有（　　　）。

A. 盲目搜索即无信息搜索

B. 盲目搜索的策略一旦确定就不会更改

C. 盲目搜索适用于搜索空间较小的场景

D. 盲目搜索会朝问题最有希望的方向进行

4. 宽度优先和深度优先是两种（　　　）。

A. 搜索程序　　　B. 搜索方法　　　　C. 搜索策略　　　D. 搜索结果

5. 在启发式搜索中，最重要的是（　　　）。

A. 对搜索位置进行评估　　　　　　B. 对搜索时间进行限定

C. 对搜索速度进行控制　　　　　　D. 对搜索目标进行设定

6. 搜索的方向不正确的有（　　　）。

A. 正向搜索　　　　　　　　　　　B. 逆向搜索

C. 双向搜索　　　　　　　　　　　D. 混合搜索

7. 对于博弈搜索，下列说法错误的是（　　　）。

A. 许多需要两个甚至多个人参与的棋类问题，只能适用博弈算法

B. 每个角色在做出决策时，不仅要考虑自己的立场，还要预测对手可能的反应

C. 博弈搜索使用了极小极大搜索策略

D. 一个角色可以完成博弈搜索

二、简答题

1. 什么是搜索？有哪两大类不同的搜索方法？两者的区别是什么？

2. 什么是状态空间？用状态空间法表示问题时，什么是问题的解？

3. 深度优先搜索与宽度优先搜索的区别是什么？

4. 爬山算法和最佳优先搜索算法的区别是什么？

5. 什么是评估函数？在评估函数中 $g(n)$ 和 $h(n)$ 各起什么作用？

三、应用题

1. 设有图 2.33 所示的树，请分别用宽度优先搜索和深度优先搜索对此树写出节点的遍历过程。

2. 设有图 2.34 所示的博弈树，其中最下面的数字是假设的估值，请对该博弈树做如下的求解工作：

（1）计算各节点的倒推值；

（2）利用 α-β 剪枝算法剪去不必要的分支。

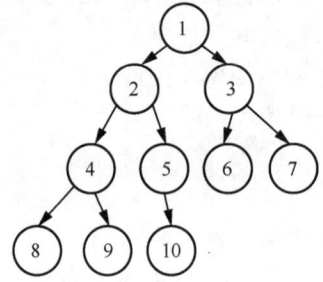

图 2.33 应用题 1 对应的树

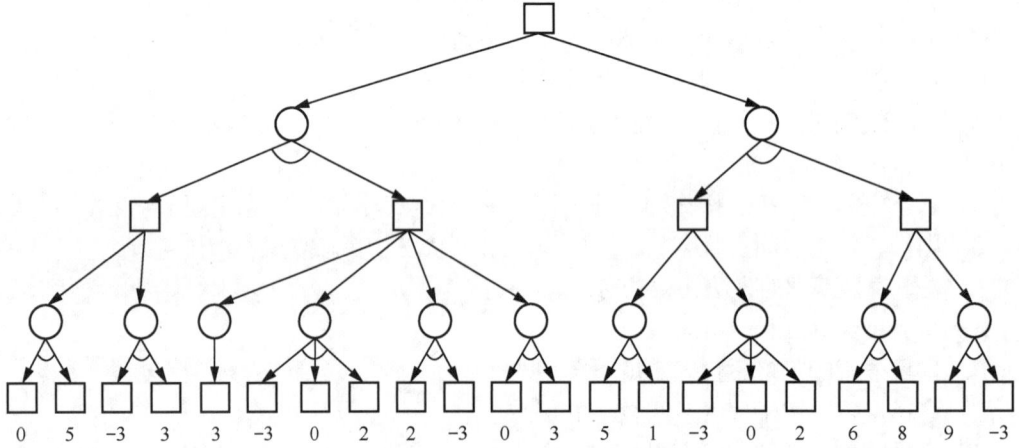

图 2.34 应用题 2 对应的树

第3章 归结推理及其应用

【本章导读】

在人工智能领域，谓词逻辑被广泛应用于知识表示，它能够有效地表达各种描述性语句。归结推理方法在人工智能领域扮演着关键角色，可用于构建自动定理证明系统、问题回答系统以及基于规则的演绎系统等应用。归结推理的起源与一个核心思想相关，即是否存在一种标准方法来证明谓词逻辑中的定理。1965 年，约翰·艾伦·罗宾逊（John Alan Robinson）提出了归结原理（resolution）。这一原理为谓词演算的定理机械证明提供了一致的标准方法。归结推理方法采用反证法来证明命题，即通过证明该命题的否定与一个已知的事实或推导出的命题相矛盾，从而证明该命题与已知事实是相符合的。归结推理为理解和解决复杂的逻辑问题提供了一种强大的推理方法，对于推动计算机科学和人工智能领域的发展具有重要意义。在本章，我们介绍了逻辑表示法中的基本概念，并深入探讨命题演算的归结方法，即用反证法归结求解问题的一般思路，重点了解谓词公式化子句的步骤和合一算法。

3.1 逻辑表示法

深入研究归结推理时，不可忽视对逻辑表示法的学习。只有掌握相关的形式语言，才能更好地理解和运用相关理论。逻辑表示法利用数理逻辑来表达知识，是人工智能领域中使用最早且最广泛的知识表示方法之一，尤其是一阶谓词逻辑。

3.1.1 一阶谓词逻辑

在谓词逻辑中，符合语法规则的表达式称为合式公式，它由原子公式、连接词和量词组成。接下来，我们将逐一介绍这些概念以及合式公式的性质。

1. 原子公式

在谓词逻辑中，原子公式被视为最基本的构建单元，无法进一步分解为更小的逻辑组成部分。原子公式通常用于描述具体的事实、属性或关系，而不能再进行进一步的分解。一个原子公式由一个谓词和其对应的参数（也称为项）组成。

具体而言，原子公式的结构可以表示为：$P(t_1, t_2, \cdots, t_n)$。在这里，P 是谓词，表示一个特定的属性或关系，$t_1, t_2, \cdots, t_n$ 是参数（项），可以是常量、变量或其他更复杂的表达式。

这种结构反映出原子公式描述了一个特定的关系或属性，而参数表示了该关系的主体或相关的个体。

举例来说，在一个领域中，可以有一个原子公式：IsHuman (John)。这里，"IsHuman"是谓词，表示一个属性或关系（即人类属性），而"John"是参数，表示被描述的个体。这个原子公式表达了"John 是人类"的事实。

再举一个例子，在一个领域中，存在一个谓词表示"父亲关系"（FatherOf），并且有两个个体：John 和 Bob。那么，可以构造以下原子公式：FatherOf（John，Bob）。在这个原子公式中，"FatherOf"是谓词，表示父亲关系；而"John"和"Bob"是参数，它们是个体，分别表示父亲和儿子。这个原子公式表达了"John 是 Bob 的父亲"的事实。

原子公式的结构简单明了，通过组合不同的原子公式，可以构建更复杂的复合公式，用于描述更抽象的逻辑关系和规则。

2．连接词

谓词逻辑中的连接词被用来组合和连接不同的逻辑表达式，从而形成更为复杂的复合公式。常见的连接词包括逻辑与（∧）、逻辑或（∨）、蕴含（→）、否定（～）等。以下是对这些连接词的解释和示例。

逻辑与（∧）：表示两个表达式同时为真。

举例：若 P 代表"今天是星期天"，Q 代表"天气晴朗"，则 $P \land Q$ 表示"今天是星期天且天气晴朗"。

逻辑或（∨）：表示两个表达式中至少有一个为真。

举例：若 P 代表"今天是星期六"，Q 代表"有朋友邀请我参加聚会"，则 $P \lor Q$ 表示"今天是星期六或有朋友邀请我参加聚会"。

蕴含（→）：表示若前提为真，则结论也为真。

举例：若 P 代表"明天下雨"，Q 代表"我会带伞"，则 $P \rightarrow Q$ 表示"如果明天下雨，我会带伞"。

否定（～）：表示对表达式的否定，即取反。

举例：若 P 代表"今天不下雨"，则 $\sim P$ 表示"今天下雨"。

利用这些连接词，我们能够构建更为精确的复杂逻辑表达式，以描述更加复杂的逻辑关系和条件。其中，我们可以通过析取式和合取式来实现这一目标。

析取式通常表示为 $P \lor Q$，其中 P 和 Q 是给定的命题。它的含义是"P 或 Q"，只要 P 或者 Q 中有一个为真，整个析取式就为真。此外，析取式可以包含多个子句，形式为 $(P_1 \lor P_2 \lor \cdots \lor P_n)$，其中至少有一个子句为真。

例如，如果 P 代表今天是星期一，Q 代表今天是星期二，那么 $P \lor Q$ 表示今天是星期一或者星期二。

合取式通常表示为 $P \land Q$，其中 P 和 Q 是给定的命题。它的含义是"P 且 Q"，只有当 P 和 Q 同时为真时，整个合取式才为真。合取式也可以包含多个子句，形式为 $(P_1 \land P_2 \land \cdots \land P_n)$，其中所有子句都必须为真。

举例来说，如果 P 代表天气晴朗，Q 代表温度适中，那么 $P \land Q$ 表示天气晴朗且温度适中。

3．量词

在谓词逻辑中，量词被用于表示普遍性陈述，以描述变量的范围和概括性条件。存在量词（∃）表示"存在"，全称量词（∀）表示"对于所有"。以下是对量词的解释和例子。

存在量词（∃）：表示在某个范围内至少存在一个满足某条件的个体。

举例：若 $P(x)$ 表示"x 是偶数"，则存在量词可表示为 $\exists x P(x)$，意味着"存在一个 x 是偶数"。

全称量词（∀）：表示对于所有个体都满足某个条件。

举例：若 $Q(x)$ 表示"x 大于 0"，则全称量词可表示为 $\forall x Q(x)$，意味着"对于所有的 x 都大于 0"。

量词通常与谓词结合使用，它们的结合使用可以更准确地描述变量的性质和条件。以下是一个综合的例子：

考虑两个谓词，其中 $P(x)$ 表示"x 是学生"，$Q(x)$ 表示"x 喜欢数学"。

则 $\exists x(P(x) \wedge Q(x))$ 可以解释为"存在一个学生喜欢数学"。

而 $\forall x(P(x) \rightarrow Q(x))$ 可以解释为"所有学生都喜欢数学"。

因此，通过量词，我们能够更具体地表达有关个体或整体的陈述，使得谓词逻辑更加灵活和准确。

4．合式公式的性质

（1）$\sim(\sim x) = x$

（2）$x_1 \rightarrow x_2 = \sim x_1 \vee x_2$

（3）摩根定律

$\sim(x_1 \wedge x_2) = \sim x_1 \vee \sim x_2$

$\sim(x_1 \vee x_2) = \sim x_1 \wedge \sim x_2$

（4）分配律

$x_1 \wedge (x_2 \vee x_3) = (x_1 \wedge x_2) \vee (x_1 \wedge x_3)$

$x_1 \vee (x_2 \wedge x_3) = (x_1 \vee x_2) \wedge (x_1 \vee x_3)$

（5）交换律

$x_1 \wedge x_2 = x_2 \wedge x_1$

$x_1 \vee x_2 = x_2 \vee x_1$

（6）结合律

$(x_1 \wedge x_2) \wedge x_3 = x_1 \wedge (x_2 \wedge x_3)$

$(x_1 \vee x_2) \vee x_3 = x_1 \vee (x_2 \vee x_3)$

（7）逆否律

$x_1 \rightarrow x_2 = \sim x_2 \rightarrow \sim x_1$

根据量词的含义，亦可建立下列公式的等价性。

（1）$\sim(\exists x)P(x) = (\forall x)(\sim P(x))$

（2）$\sim(\forall x)P(x) = (\exists x)(\sim P(x))$

（3）$\forall x(P(x) \wedge Q(x)) = \forall x P(x) \wedge \forall x Q(x)$

（4）$\exists x(P(x) \vee Q(x)) = \exists x P(x) \vee \exists x Q(x)$

（5）$(\forall x)P(x) = (\forall y)P(y)$

（6）$(\exists x)P(x) = (\exists y)P(y)$

3.1.2　逻辑表示法的特点

逻辑表示法具备如下优点。

自然性：该表示法与人们对问题的直观理解接近，采用了人们熟悉的逻辑概念，如谓词和量词，使得表达更加直观自然。

明确性：逻辑表示法明确规定了事实如何表示以及事实之间的复杂关系，例如，使用联结词和量词的规则。这使得知识的表达和理解更加清晰和规范。

灵活性：逻辑表示法有效地将知识和知识处理方法分离，使系统无须考虑程序处理细节即可使用知识。这种分离使系统更加灵活，便于修改和扩展。

模块化：逻辑表示法中的知识通常相对独立，容易模块化。这意味着人们可以将知识划分为模块，方便添加、删除或修改知识，使得系统更易于维护和管理。

逻辑表示法同样存在一些不足之处，具体体现在以下三个方面。

局限性：逻辑表示法主要适用于表层知识的表示，这导致其在某些领域的应用受到限制。例如，在涉及过程性知识和启发式知识的情境下，逻辑表示法难以准确表达。过程性知识涉及具体任务执行的步骤、策略或方法，而启发式知识则基于经验或专家知识，用于指导问题求解中的决策和行动。描述这些动态、灵活的知识形式对逻辑表示法而言较为困难。

语义信息缺失：逻辑表示法将推理演算与知识的含义分开，忽略了表达内容所包含的语义信息。这一特征使得推理过程难以深入理解，因为逻辑表示法未能完全反映出知识的语义层面，所以对问题的理解可能不够全面。

组合爆炸问题：随着问题复杂度的增加，逻辑表示法可能引发组合爆炸问题，即搜索空间的急剧扩大，从而影响了推理的效率。这一问题产生的原因在于逻辑规则的组合方式过于庞大，使得系统在搜索所有可能的推理路径时面临巨大的计算压力。

3.2　命题演算的归结方法

命题演算的基本
概念和归结步骤

若我们想要证明在 $A \wedge B \wedge C$ 成立的前提下 D 亦成立，即 $A \wedge B \wedge C \to D$ 为一个重言式（定理），其关键在于确立一套规则，能够自动证明该定理。通过数理逻辑，我们知道 $A \wedge B \wedge C \to D$ 为重言式等价于其否定 $\sim(A \wedge B \wedge C \to D)$ 为永假式。依据逻辑表示法的转换原理，在推导过程中，需证明 $A \wedge B \wedge C \wedge \sim D$ 为永假式。故需验证其否定与前提条件是否相矛盾，即采用反证法的思路。

归结推理方法即从 $A \wedge B \wedge C \wedge \sim D$ 出发，应用推理规则以寻找矛盾，从而证明 $A \wedge B \wedge C \to D$ 为一个定理，其中归结原理显得尤为关键。在定理机器证明的过程中，通过持续应用归结原理，逐渐简化命题，直至发现矛盾或获得空子句，从而证明 $A \wedge B \wedge C \to D$ 为一个重言式。

本节将详细探讨这一证明过程如何在计算机上实现。

3.2.1　基本概念

首先，让我们深入了解几个与归结相关的定义，这将有助于对这些概念的理解。

文字（literal）：指任意原子公式或其否定。例如，$\sim P$、Q、R 都是文字。

子句（clause）：由文字构成的析取范式。例如，$\sim P \vee Q \vee R$ 就是一个子句。

亲本子句（parent clauses）：指包含互补文字的两个子句，一个子句包含文字 L，另一个包含其否定 $\sim L$。这些亲本子句也被称为母子句。例如，$C_1 = \sim P \vee Q \vee R$，$C_2 = P \vee S$。$C_1$ 和 C_2 就可以作为亲本子句；其中，$\sim P$ 和 P 是互补文字。

归结式（resolvent）：在亲本子句中移除一对互补文字后，剩余部分的析取范式。例如，$P \vee Q$ 与 $\sim Q \vee R$ 进行归结后，得到的归结式为 $P \vee R$。

3.2.2 命题演算的归结步骤

接下来，我们来探讨命题演算中的归结步骤。

设定已知条件的集合为 F，而欲求证的命题为 G，进行归结的步骤如下。

（1）将集合 F 中的所有命题转换为子句形式。

（2）将命题 $\sim G$ 转换为一个或多个子句。

（3）将步骤（1）和步骤（2）中得到的子句合并成子句集合 S，并在出现矛盾或无法继续推导之前执行以下步骤。

① 选取子句集中的一对亲本子句。

② 对选取的亲本子句进行归结，得到一个归结式。

③ 如果归结式为非空子句，则将其加入子句集合 S；如果归结式为空子句，则归结过程结束。

在这个算法的步骤（1）和（2）中，将命题公式改写为子句时，并非一一对应。这是因为子句是析取式，而一个命题公式改写后可能是析取式，也可能是析取式的合取式。举例说明，考虑命题公式 $A \wedge B$，将其改写成子句后，会得到分别只含有文字 A 和只含有文字 B 的两个子句。

此外，由于公式集中的公式之间的关系都是合取关系，因此去掉一个公式的合取符号后，将其化为多个子句，这些子句之间放入子句集中后仍然保持合取关系。换句话说，将公式改写成子句后，并没有改变它们之间的逻辑关系。

【例 3.1】已知：$(P \to Q) \wedge (Q \to R)$，证明：$P \to R$

在这个示例中，我们首先将每个命题转化为子句形式。这个过程涉及将命题中的逻辑表达式转换为一个子句集合，表示为 $S = \{\sim P \vee Q, \sim Q \vee R, P, \sim R\}$。这种转换保持了逻辑表达式之间的关系，并将它们转化为可处理的形式。

例如，逻辑蕴含 $P \to Q$ 被转换为子句 $\sim P \vee Q$，逻辑蕴含 $Q \to R$ 被转换为子句 $\sim Q \vee R$ 反映了逻辑蕴含的含义。目标是证明 $P \to R$，它的否定是 $\sim(\sim P \vee R)$，即 $P \wedge \sim R$。

接下来，我们使用反证法来证明目标，即通过推理来找到与子句集合 S 产生矛盾的情况，从而找到一个空的归结式。这个过程通过对子句集合进行归结步骤来完成，如图 3.1 所示。

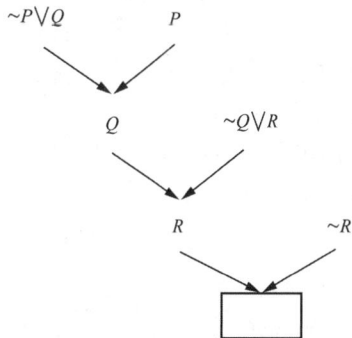

图 3.1　归结过程

3.3 谓词演算的归结方法

3.3.1 谓词演算的基本问题

谓词演算逻辑归结需要解决以下三个关键问题。

（1）如何将任意表达式（完形公式）转换为标准子句形式。

（2）如何确定哪两个子句作为亲本子句。

（3）如何有效地选择亲本子句进行归结操作。

第 2 个问题可以通过 3.3.3 节中的合一算法解决，而第 3 个问题则可以通过归结过程中的控制策略来解决。至于第 1 个问题，则可以通过 3.3.2 节中的方法来实现。

3.3.2 将谓词公式化成子句的步骤

谓词演算的归结需要机器自动处理，这要求谓词公式需要被转换为计算机可接受的标准形式。这一转换的目标是将一个公式变成析取式的合取式，然后将合取式的各个析取式视为一个独立的子句。以下是将公式转化为标准子句形式的算法步骤。

（1）用 $\sim A \lor B$ 取代 $A \to B$，消去"$\to$"符号。

（2）降低 $\sim$ 的辖域，直到原子公式之前或消去"$\sim$"符号。

例如，

① $\sim(A \land B)$ 可以用 $\sim A \lor \sim B$ 替换；

② $\sim(A \lor B)$ 可以用 $\sim A \land \sim B$ 替换；

③ $\sim\sim A$ 可以用 A 替换；

④ $\sim(\forall x)A(x)$ 可以用 $(\exists x)(\sim A(x))$ 替换；

⑤ $\sim(\exists x)A(x)$ 可以用 $(\forall x)(\sim A(x))$ 替换。

（3）变量标准化。重新命名一个子句中的相同变量，以保证每个量词有自己唯一的变量名。例如，对 $(\forall x)P(x) \lor (\exists x)Q(x)$ 进行变量标准化时，可将其改为：$(\forall x)P(x) \lor (\exists y)Q(y)$。

（4）将公式变为前束范式（prefix notation）。即将所有量词移到公式的前部，使后部变成无量词的公式，即母式（matrix），将上述第（3）步的 $(\forall x)P(x) \lor (\exists y)Q(y)$ 改为：$\forall x \exists y(P(x) \lor Q(y))$。

（5）消去存在量词，用 Skolem 函数代替存在量词所量化变量的每个出现。Skolem 函数的变量是存在量词之前的所有全称量词中的变量。

注：Skolem 函数是一种用于消除存在量词的技术，在一阶谓词逻辑的背景下，如果一个前束范式只包含全称量词，则被称为符合 Skolem 范式。对一个公式进行 Skolem 化，意味着消除其中的存在量词，并生成与原始公式等价的形式。Skolem 化是二阶谓词逻辑中的等价操作，其基本形式如下所示。

$$\forall x \exists y R(x, y) \Leftrightarrow \forall x R(x, f(x))$$

Skolem 化的核心观点是针对下述形式的公式。

$$\forall x_1 \cdots \forall x_n \exists y R(x_1, \cdots, x_n, y)$$

在某个模型中是可满足的，其中对于所有的 $x_1, \cdots, x_n$，存在某些 y 使得 $R(x_1, \cdots, x_n, y)$ 成

立，并且必定存在某个函数 $y = f(x_1, \cdots, x_n)$ 使得公式 $\forall x_1 \cdots \forall x_n R(x_1, \cdots, x_n, f(x_1, \cdots, x_n))$ 成立。这里的函数 f 被称为 Skolem 函数。

举例来说，对于公式 $\forall x \forall y \exists z R(x, y, z)$，Skolem 化可以表述为

$$\forall x \forall y R(x, y, f(x, y))$$

其中，$f(x, y)$ 被称为 Skolem 函数，它的选择是由于存在量词 $\exists z$ 出现在全称量词 $\forall x \forall y$ 的范围内，因此在去除 $\exists z$ 量词时，x 和 y 被用作 f 的参数，并且用 $f(x, y)$ 替代 z 的出现。在 Skolem 函数的选择中，需要使用公式中尚未出现的符号，并且要替换受存在量词约束的所有量词。

（6）消去全称量词，因为全称量词的次序无关紧要，只要简单消去就行了，这样公式变成无量词公式了。

（7）重复利用分配律，变公式为析取式的合取式。例如用 $(A \lor B) \land (A \lor C)$ 代替 $A \lor (B \land C)$。

（8）消去"$\land$"连接词，使公式成为若干子句。例如 $(A \lor B) \land (A \lor C)$ 消去"$\land$"连接词就成为两个子句 $A \lor B$ 和 $A \lor C$。

（9）将变量换名，使一个变量符不会出现在两个或两个以上的子句中。该步骤称为变量分离标准化。

下面，我们将介绍一个经典的例子，演示如何从一个命题推导出其完全的逻辑表达式，并演示如何对其进行变量标准化。

【例3.2】考虑如下命题所组成的集合。

（1）马科斯是人。

Man(Marcus)

（2）马科斯是庞贝人。

Pompeian(Marcus)

（3）所有庞贝人都是罗马人。

$\forall x \, \text{Pompeian}(x) \rightarrow \text{Roman}(x)$

（4）恺撒是一位统治者。

Ruler(Caesar)

（5）所有罗马人或忠于或仇恨恺撒。

$\forall x \, \text{Roman}(x) \rightarrow \text{LoyalTo}(x, \text{Caesar}) \lor \text{Hate}(x, \text{Caesar})$

（6）每个人都忠于某个人。

$\forall x \exists y \, \text{LoyalTo}(x, y)$

（7）人们只想暗杀他们不忠于的统治者。

$\forall x \forall y \, \text{man}(x) \land \text{Ruler}(y) \land \text{TryAssassinate}(x, y) \rightarrow \sim \text{LoyalTo}(x, y)$

（8）马科斯试图谋杀恺撒。

TryAssassinate(Marcus, Caesar)

将上述逻辑公式转换成如下的标准子句形式：

（1）Man(Marcus)

（2）Pompeian(Marcus)

（3）$\sim \text{Pompeian}(x_1) \lor \text{Roman}(x_1)$

（4）Ruler(Caesar)

（5）$\sim \text{Roman}(x_2) \lor (\text{LoyalTo}(x_2, \text{Caesar}) \lor \text{Hate}(x_2, \text{Caesar}))$

（6）LoyalTo$(x_3, f(x_3))$

（7）$\sim$Man$(x_4) \lor \sim$Rule$(y_1) \lor \sim$TryAssassinate$(x_4, y_1) \lor$LoyalTo(x_4, y_1)

（8）TryAssassinate(Marcus,Caesar)

3.3.3 合一算法

在谓词演算的归结中，要解决第二个问题就涉及确定哪两个子句可作为亲本子句。以 $L(f(x)) \lor L(A)$ 与 $\sim L(B)$ 为例，须判定它们是否可以成为亲本子句。问题的关键在于确定谓词演算中哪两个文字是互补文字，以及这些文字的变量之间是否存在联系。

在谓词逻辑中，一个表达式的项可以是常量符号、变量符号或函数式。表达式的示例（instance）指用项代换变量而得到特定表达式的过程，而用于代换的项称为置换项。在归结过程中，寻找合适的变量代换使得表达式一致的过程称为合一过程，简称合一（unify）。

如果存在一个代换 s，使得两个文字 L_1 和 L_2 经过代换后相等，即 $L_1s = L_2s$，则 L_1 和 L_2 是可合一的。这时，L_1 和 $\sim L_2$ 是互补文字，并且这个代换 s 被称为合一元（unifier）。

当两个子句分别包含一个互补文字时，它们被视为可合一。然而，对于前文提到的子句 $L(f(x)) \lor L(A)$ 与 $\sim L(B)$，它们之间是否存在可合一性呢？换言之，它们的变量是否具有代换关系？答案是否定的，因为其中的 A 和 B 是常量，无法被代换。而函数 $f(x)$ 表示特定的值，与常量类似，同样不可代换。在使用代换时，需要注意以下几点。

（1）代换只能用项（常量、变量或函数符号）t 来代换变量 x，并且必须代换公式中 x 的所有出现。代换表示为 $s = t/x$，对公式 F 进行 s 的代换表示为 Fs。在这种情况下，$f(x)$、A、B 之间不存在代换的可能。

（2）任何被代换的变量不能出现在用于代换的表达式中。例如，$g(x)/x$ 不是一个有效的代换，因为被代换的变量 x 出现在了用于代换的表达式 $g(x)$ 中。

（3）代换并不唯一，可以有多种选择。

【例 3.3】对于 $F = P(x, f(y), B)$，存在四种代换：

对 $s_1 = \{z/x, w/y\}$，存在 $Fs_1 = P(z, f(w), B)$ （较一般的代换）

对 $s_2 = \{A/y\}$，存在 $Fs_2 = P(x, f(A), B)$

对 $s_3 = \{g(z)/x, A/y\}$，存在 $Fs_3 = P(g(z), f(A), B)$

对 $s_4 = \{C/x, A/y\}$，存在 $Fs_4 = P(C, f(A), B)$ （限制最严的代换）

s_4 称为基示例，因为代换后 F 不再含有变量。

（4）复合置换 $Es_1s_2 = (Es_1)s_2$

通常情况下，我们更倾向于选择较一般的代换，因为这样的限制最少，可以产生更一般化的实例，从而有助于生成更多的置换项。

对于一个表达式集合 $\{E_1, \cdots, E_r\}$，若一个合一元 σ 能够满足集合中的每一个合一元 θ，都存在一个代换 λ，使得 $\theta = \sigma \cdot \lambda$，则 σ 被称为最一般合一元（most general unifier，简写为 mgu）。举例来说，对于表达式集合 $\{P(x), P(f(y))\}$，其可合一，其最一般合一元为 $\{f(y)/x\}$。这是因为对于此集合的合一元 $\theta = \{f(a)/x, a/y\}$，存在代换 $\lambda = \{a/y\}$，使得 $\theta = \sigma \cdot \lambda = \{f(y)/x\}.\{a/y\}$。追求最一般合一元的重要性体现在合一过程中，尽可能使用最一般的代换是非常关键的。

【例 3.4】求证 $\{\sim P(x, y) \lor \sim Q(y, z), P(A, W)\} \rightarrow \sim Q(B, C)$

首先将 $Q(B, C)$ 加入到子句集，再使用最一般的代换进行归结，如图 3.2 所示。

若使用限制较严格的代换进行归结，如图 3.3 所示。

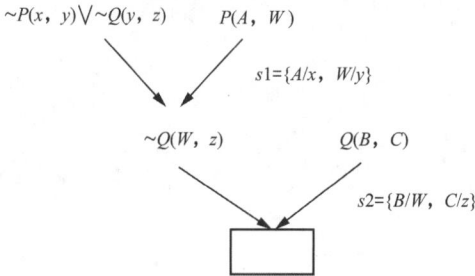

图 3.2　最一般的代换　　　　图 3.3　限制较严格的代换

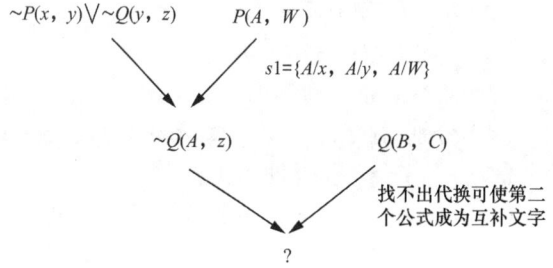

对于合一运算算法的实现，以下是相关说明。

（1）为了方便实现，我们可以规定将每个文字和函数符表示为一个表，其中第一个元素是谓词名，其余元素是变元。例如，$P(x,y)$ 用表可以表示为 $(P\ x\ y)$。如果变元是一个函数，则该变元是一个子表，子表的第一个元素是函数名。例如，$P(f(x),y)$ 被表示为 $(P(f\ x)\ y)$，这样，谓词和函数都可以用表的形式统一表示。

（2）要判断两个文字是否能够合一，需要判断它们对应的表项能否匹配。判断两个表项匹配的规则如下：

① 变量可以与常量、函数或变量匹配（因为常量、函数或变量可以代换变量）；

② 常量与常量、函数与函数、谓词与谓词相等才能匹配。

（3）要判断两个文字是否能够合一，还必须确定表示文字的表的长度是否相等，并且谓词是否相同。例如，$P(x,y)$ 表示为 $(P\ x\ y)$，其长度为 3；而 $Q(x,y,g(z))$ 表示为 $(Q\ x\ y\ (g\ z))$，其长度为 4。因此，在表的长度上它们不相等。

合一过程 Unify(L_1,L_2) 返回一个表作为其结果。算法中的空表格 NIL 表示可以匹配，但不需要任何代换。如果返回一个由 F 值组成的表，则意味着合一过程失败。

合一算法 Unify(L_1,L_2)

（1）若 L_1 或 L_2 为一原子，则执行

① 若 L_1 或 L_2 恒等，则返回 NIL。

② 否则若 L_1 为一变量，则执行

若 L_1 出现在 L_2 中，则返回 F；否则返回 (L_2/L_1)。

③ 否则若 L_2 为一变量，则执行

若 L_2 出现在 L_1 中，则返回 F；否则返回 (L_1/L_2)。

④ 否则返回 F。

（2）若 length(L_1) 不等于 length(L_2)，则返回 F。

（3）置 SUBST 为 NIL，在结束本过程时，SUBST 将包含用来合一 L_1 和 L_2 的所有代换。

（4）对于 $i=1$ 到 L_1 的元素数 $|L_1|$，执行

① 对合一 L_1 的第 i 个元素和 L_2 的第 i 个元素调用 Unify，并将结果放在 S 中。

② 若 $S=F$，则返回 F。

③ 若 S 不等于 NIL，则执行

把 S 应用到 L_1 和 L_2 的剩余部分；

SUBST=APPEND$(S,$SUBST$)$，

返回 SUBST。

【例 3.5】设 $L_1 = (f\text{Marcus})$，$L_2 = (f\text{Caesar})$。利用合一算法判断是否可以进行合一。

（1）L_1，L_2 都不为原子。

（2）$\text{Length}(L_1) = \text{Length}(L_2)$。

（3）置 SUBST 为 NIL。

（4）分别对 (ff)、(Marcus Caesar) 进行合一。

（5）f 与 f 合一，返回 NIL。

（6）Marcus 与 Caesar 调用合一算法，返回 F。

（7）SUBST=F。

（8）所以不能合一。

3.3.4　变量分离标准化

在第 3.3.2 小节中，将公式转化为子句形式的步骤中，第（9）步的变量分离标准化显得尤为重要。

【例 3.6】设知识库中有如下知识。

（1）若 x 是 y 的父亲，则 x 不是女人；

$\text{father}(x, y) \rightarrow \sim \text{woman}(x)$

（2）若 x 是 y 的母亲，则 x 是女人；

$\text{mother}(x, y) \rightarrow \text{woman}(x)$

（3）Chris 是 Mary 的母亲；

$\text{mother}(\text{Chris,Mary})$

（4）Chris 是 Bill 的父亲；

$\text{father}(\text{Chris,Bill})$

求证这些断言包含有矛盾。将上述公式化成如下子句集。

（1）$\sim \text{father}(x, y) \vee \sim \text{woman}(x)$

（2）$\sim \text{mother}(x, y) \vee \text{woman}(x)$

（3）$\text{mother}(\text{Chris,Mary})$

（4）$\text{father}(\text{Chris, Bill})$

其中将（2）进行分离标准化后为：$\sim \text{mother}(w, y) \vee \text{woman}(w)$

如图 3.4（a）所示为做了分离标准化的归结；如图 3.4（b）所示为未做分离标准化的归结。由对比可知，分离标准化可以完成正常的归结流程。

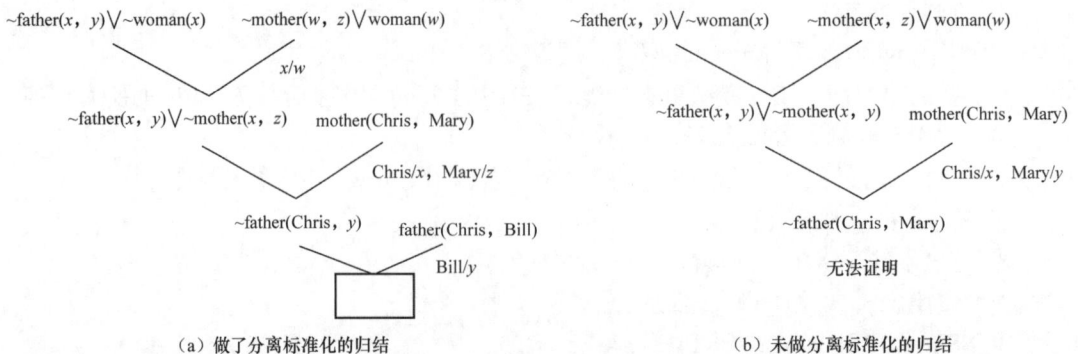

（a）做了分离标准化的归结　　　　　　（b）未做分离标准化的归结

图 3.4　是否做标准化的归结比较

3.3.5 谓词演算的归结算法

完成上述论述后，接下来我们可以着手实现谓词演算的自动归结证明。假设 $F=(F_1,\cdots,F_n)$ 是给定的公理集，而 G 是要求证的定理。自动归结证明的过程如下：

（1）将 F 中的所有公式转换为子句形式。

（2）将 $\sim G$ 转换为子句形式，并将其与 F 的子句组成子句集合 $S^* = \{C_1, C_2, \cdots, C_n\}$。

（3）在出现矛盾（空子句）或无法进展之前执行以下步骤：

① 从 S^* 中选取一对子句 C_1 与 C_2，并找出一个最一般合一元 s，使得当

$C_1 s = (L_1 \lor P)s = L_1 s \lor Ps$，$C_2 s = (\sim L_2 \lor Q)s = \sim L_2 s \lor Qs$ 时，有 $L_1 s = L_2 s$ 成立

② 令 $C_{12} = Ps \lor Qs$ 作为 C_1 与 C_2 的归结式（resolvents）。

③ 若 C_{12} 为空子句，即找到矛盾，G 得证；若 C_{12} 为非空子句，则将其加入 S^*。

现在，我们将探讨如何使用上述的归结算法对【例 3.2】中的子句表示的知识进行归结。从【例 3.2】中得到的 S^* 中包含了 9 个子句，其中包括 8 个已知命题和被证明的命题"马科斯仇恨恺撒"的否定。通过追踪算法的有效归结步骤，我们得到了图 3.5 所示的归结树。

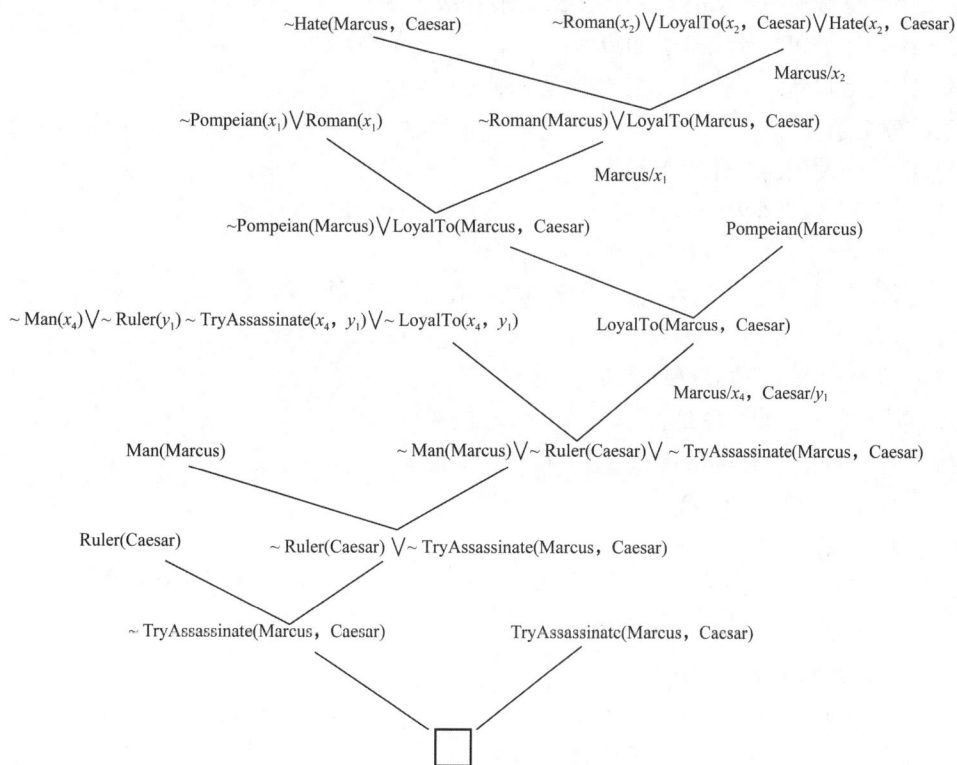

图 3.5 【例 3.2】的归结树

习题

一、选择题

1. 归结推理的基本方法就是反证法（　　　）。

A. 正确　　　　　　　　　　　　　B. 错误

2. 以下不属于一阶谓词逻辑可以使用的连接词是（　　　）。

A. 否定　　　　　B. 合取　　　　　C. 蕴含　　　D. 存在

3. 合式公式常用的性质不包括（　　　）。

A. 摩根定律　　　B. 分配律　　　　C. 结合律　　　D. 转换推理

4. 命题逻辑中错误的概念是（　　　）。

A. 文字是一个原子公式或原子公式的非　　　B. 子句是文字的析取范式

C. 命题逻辑的公式都是子句　　　　　　　　D. 亲本子句包含互补文字

5. 在谓词演算中，下列各式中，哪式是正确的（　　　）。

A. $\exists x \forall y A(x,y) \Leftrightarrow \forall y \exists x A(x,y)$　　　　B. $\exists x \exists y A(x,y) \Leftrightarrow \exists y \exists x A(x,y)$

C. $\exists x \forall y A(x,y) \Leftrightarrow \forall x \exists y A(x,y)$　　　　D. $\forall x \forall y A(x,y) \Leftrightarrow \forall y \forall x B(x,y)$

6. 谓词演算公式 $P(x,a,y)$ 和 $P(z,z,b)$ 的最一般合一式是（　　　）。

A. $\{a/z,b/y\}$　　　　　　　　　B. $\{a/x,a/z,b/y\}$

C. $\{x/z,b/y\}$　　　　　　　　　D. 不可合一，所以没有最一般合一式

二、简答题

1. 什么是置换？什么是合一？什么是最一般合一？

2. 什么是子句？什么是子句集？

3. 什么是归结演绎推理？它的推理规则是什么？

三、应用题

1. 把下列谓词公式化成子句集。

（1）$(\forall x)(\forall y)P(x,y) \to Q(x,y)$　　　　（2）$(\forall x)(\forall y)P(x,y) \wedge Q(x,y)$

（3）$(\forall x)(\exists y)(P(x,y) \vee (Q(x,y) \to R(x,y)))$

2. 判断下列公式是否为可合一，若可合一，求出其最一般合一。

（1）$P(a,b),P(x,y)$　　　　　　　　（2）$P(f(x),b),P(y,z)$

（3）$P(f(y),y,x),P(x,f(a),f(b))$

3. 对下列各题证明 G 是否是 $F_1,F_2,\cdots,F_n$ 的逻辑结论。

（1）$F_1 : (\forall x)(P(x) \wedge Q(a) \vee Q(x))$

　　　$G : (\exists x)(P(x) \wedge Q(x))$

（2）$F_1 : (\exists x)(\exists y)P(x,y)$

　　　$G : (\forall y)(\exists x)P(x,y)$

（3）$F_1 : (\forall x)(P(x)) \to (Q(x) \wedge R(x))$

　　　$F_2 : (\exists x)(P(x) \wedge S(x))$

　　　$G : (\exists x)(S(x) \wedge P(x))$

4. 说明下列文字能合一和不能合一的理由。

（1）$\{P(f(x,x),A),P(f(y,f(y,A)),A)\}$

（2）$\{P(A),P(f(x))\}$

（3）$\{P(f(A),x),P(x,A)\}$

（4）$\{P(x,f(y,z)),P(x,f(g(a),h(b)))\}$

（5）$\{P(x,f(y,z)),P(x,a),P(x,g(h(k(x))))\}$

第4章 不确定性推理与专家系统

【本章导读】

本章旨在探讨不确定性推理及其在专家系统中的应用。作为智能问题的一项固有特征，众多需要智能行为的任务都伴随着一定程度的不确定性。因此，现实世界中，要解决智能问题往往需要有效地处理这种不确定性。可以说，智能的表现在很大程度上取决于解决不确定性问题的能力。在本章中，我们将简要探讨不确定性推理形成的原因，以及处理证据、规则和结论不确定性推理的方法。此外，我们还将介绍专家系统的特点，并详细介绍专家系统发展历程中非常著名的用于血液感染病诊断的 MYCIN 专家系统。

4.1 不确定性推理

不确定性推理方法的起源可以追溯到 20 世纪 70 年代。1975 年，爱德华·汉斯·肖特利夫（Edward Hance Shortliffe）等人在建立 MYCIN 专家系统时提出了确定性理论；与此同时，理查德·O. 杜达（Richard O. Duda）等人在 1976 年结合 PROSOECTOR 系统提出了主观概率法。同年，登普斯特·莎弗（Glenn Shafer）引入了证据理论，而洛特菲·阿斯克·扎德（Lotfi Asker Zadeh）在 1978 年提出了可能性理论，1983 年又引入了模糊逻辑。艾伦·邦迪（Alan Bundy）于 1984 年提出了关联值计算，而保罗·R.科恩（Paul R. Cohen）在 1985 年讨论了一种名为批注理论的非数值方法。随后，尼尔斯·J.尼尔森（Nils J. Nilsson）在 1986 年提出了概率逻辑，同年，尤迪亚·珀尔（Judea Pearl）等人提出了信任网络。这些方法提供了多种理论框架来处理不确定性推理，尽管在实际应用中，不确定性推理有时可能显得不够严谨，甚至可能出现错误，但它们仍然能够有效地解决一些实际问题。

4.1.1 不确定性推理形成的原因

在第 3 章中，我们深入探讨了基于一阶谓词逻辑的归结推理方法。这种方法以确定性证据为基础，即谓词所陈述的断言只能是真或假。其推理过程建立在数理逻辑的基础上，具有严密性，所得出的结论也是确定的，只有真假之分。因此，基于一阶谓词逻辑的归结推理方法属于确定性推理的范畴。然而，在现实世界中，我们经常面对不确定性，主要体现在以下几个方面。

（1）领域知识的不完整性和理解不精确性是我们在解决特定问题时经常面临的挑战之

一。我们往往无法获取到所需的全部知识，而问题相关的信息或知识可能存在不完整、不全面或不充分的情况，这使得我们难以确定这些知识的真实性。

（2）知识描述的模糊性也是一种常见现象。知识的界限通常不够明确，例如，"好""很好""比较好"等描述可能会导致知识描述的模糊性，缺乏量化性指标。

（3）随机性是不确定性的另一个来源。命题的真实性往往无法完全确定，我们只能对其可能为真的程度给出某种估计。

（4）一个结论可能有多种原因，这增加了推理过程的不确定性。我们只能基于结论进行猜测，而这样的推理往往不可能是精确的。

（5）不一致性也是不确定性的体现之一。在推理过程中，可能会出现前后矛盾的结论，或者随着时间推移或范围扩大，原本成立的命题变得不成立或不适用。

（6）解决问题的方案往往并不唯一。一个问题可能存在多个不同的解决方案，而我们通常会选择主观认为相对较优的方案。

因此，当获得的知识（或规则）和观察到的证据都具有不确定性时，就会形成不确定的知识和不确定的证据。在日常生活中，我们常常利用这种不确定性的知识进行思考和推理，以解决问题。不确定性推理是建立在不确定性知识和证据基础上的推理过程，通过应用这些不确定性知识和证据基础，最终得出具有一定程度的不确定性但合理或近似合理的结论。这代表了人们在解决实际问题时的一般思维方式。

值得注意的是，经验性知识通常伴随着一定程度的不确定性。如果我们仍然采用经典逻辑进行精确处理，就会将事物本身的不确定性以及事物之间客观存在的不确定性关系转化为确定性。这种做法会人为地设定事物原本不存在的明确类别界限，从而削弱事物的某些重要属性，导致失去其真实性。因此，在人工智能的推理研究中，不应仅限于确定性推理的范畴。为了解决实际问题，必须进行对不确定性的表示和处理的研究，以使计算机更接近于人类的思维。

4.1.2　不确定性推理方法

不确定性推理涉及多个基本问题，包括如何表示证据的不确定性、规则的不确定性以及如何计算不确定性。不同的方法被提出来解决这些问题，包括主观贝叶斯方法、可信度方法、证据理论和模糊推理等。主观贝叶斯方法在第六章会有详细介绍，本小节重点关注可信度方法。

1．关于证据的不确定性表示

在推理过程中，证据通常来自以下两个方面。

（1）初始证据：即解决问题所需的初始信息，该信息通过观察获得。例如，在医学诊断中，患者当前的某些症状和实验室检查结果就构成了初始证据。由于观察的不确定性，这些初始证据往往具有一定程度的不确定性。例如，在观察物体的颜色时，可能会描述为"看起来是白色的"，但实际可能是浅灰色的。这些初始证据通常由领域专家提供。

（2）推理过程中的新证据：在推理过程中，利用先前推理得出的结论作为当前的新证据。由于在前期推理中使用的初始证据存在不确定性，以及推理过程中使用的知识也具有不确定性，这些因素都会影响到所得结论的不确定性。

描述证据的不确定性是解决不确定推理的关键步骤。在此过程中，我们需要选择合适

可信度方法

的方法来表示证据的不确定性，这对推理的准确性和可靠性至关重要。通常，我们可以采用数值表示和非数值的语义表示方法来描述不确定性。这两种方法各有优缺点：数值表示便于计算和比较，而非数值的语义表示则更能准确地描述不确定性问题。对于一个命题或事实 E，我们常使用可信度因子（certainty factor，CF）来表示其不确定性程度。在 CF 模型中，这个可信度因子用于符号化表示不确定证据的可信度，对于初始证据，其值由用户提供；对于在推理中得出的结论作为当前推理的证据，其值则通过推理中的不确定性传递算法计算得到。

例如：$CF(E) = 0.6$ 表示命题 E 的可信度为 0.6。

对于证据 E 的可信度，其取值范围为：[-1, 1]。

对于初始证据，若所有观察 S 能够确信 E 为真，则 $CF(E) = 1$。

若所有观察 S 能够确认 E 为假，则 $CF(E) = -1$。

若观察 S 认为 E 存在，但不确定程度较高，则 $0 < CF(E) < 1$。

反之，若观察 S 认为 E 不成立，但不确定程度较高，则 $-1 < CF(E) < 0$。

如果没有相关观察，则 $CF(E) = 0$。

2．规则的不确定性表示

规则的不确定性指的是当规则的条件得到满足时，导致某一结论的不确定程度。举例来说，考虑规则："如果天空乌云密布，则下雨的可能性为 0.8"。

上述规则表明，如果"天空乌云密布"这一条件确实意味着下雨，那么结论的确定度就是 1.0。然而，当条件部分只能部分确定导致下雨时，即使结论仍然可能是下雨，但其确定度不再是 1.0，而是 0.8，这代表规则的条件部分并非完全确定，因此，会涉及下面即将讨论的不确定性传递问题。

在不确定性推理问题中，我们经常使用 CF 模型对规则的不确定性进行表示。这种模型表明规则的形式为"IF E THEN H (CF(H, E))"，其中 $CF(H, E)$ 表示前提条件 E 与结论 H 之间的联系强度。通常情况下，规则的不确定性由领域专家提供，这在当前专家系统的应用中是一种常见做法。稍后我们会更详细地介绍专家系统。

3．组合证据的不确定性

当我们有多个证据时，证据之间的相互关系决定了组合证据的不确定性值。

当组合证据为多个单一证据的合取时，

$$E = E_1 \text{ AND } E_2 \text{ AND} \cdots \text{AND } E_n$$

则 $CF(E) = \min\{CF(E_1), CF(E_2), \cdots, CF(E_n)\}$ （式 4.1）

当组合证据为多个单一证据的析取时，

$$E = E_1 \text{ OR } E_2 \text{ OR} \cdots \text{OR } E_n$$

则 $CF(E) = \max\{CF(E_1), CF(E_2), \cdots, CF(E_n)\}$ （式 4.2）

4．不确定性的传递推理

一种最简单的方法是将结论的可信度设为条件的可信度（即证据的不确定性）与规则的可信度的乘积。举例而言，假设条件的可信度为 0.6，规则的可信度为 0.8，则结论的可信度可计算为 0.6×0.8=0.48。

在 CF 模型中，不确定性推理是从不确定的初始证据出发，经过应用相关的不确定性知识，最终推导出结论，并确定结论的可信度值。结论 H 的可信度由以下公式计算：

$$CF(H) = CF(H,E) \times \max\{0, CF(E)\} \qquad （式 4.3）$$

5．结论不确定性的合成算法

下面我们来探讨结论不确定性的合成方法。

考虑如下两条规则。

规则 1：IF E_1 THEN H，可表示为 CF（H, E_1）。

规则 2：IF E_2 THEN H，可表示为 CF（H, E_2）。

对于每条规则而言，其对结论的可信度 CF（H）的计算采用以下公式。

$$CF_1(H) = CF(H, E_1) \times \max\{0, CF(E_1)\}$$

$$CF_2(H) = CF(H, E_2) \times \max\{0, CF(E_2)\}$$

求出 E_1 与 E_2 对 H 的综合影响所形成的可信度 $CF_{1,2}(H)$ 采用以下公式。

$$CF_{1,2}(H) = \begin{cases} CF_1(H) + CF_2(H) - CF_1(H)CF_2(H), & 若 CF_1(H) \geqslant 0, \ CF_2(H) \geqslant 0 \\[2mm] CF_1(H) + CF_2(H) + CF_1(H)CF_2(H), & 若 CF_1(H) < 0, \ CF_2(H) < 0 \\[2mm] \dfrac{CF_1(H) + CF_2(H)}{1 - \min\{|CF_1(H)|, |CF_2(H)|\}}, & 若 CF_1(H), \ CF_2(H) 异号 \end{cases} \qquad （式 4.4）$$

可信度方法实例

【例 4.1】设有如下一组规则：

r_1：IF E_1, THEN H(0.8)

r_2：IF E_2, THEN H(0.6)

r_3：IF E_3, THEN H(−0.5)

r_4：IF E_4 AND (E_5 OR E_6), THEN E_1(0.7)

r_5：IF E_7 AND E_8, THEN E_3(0.9)

已知：$CF(E_2) = 0.8$，$CF(E_4)=0.5$，$CF(E_5)=0.6$，$CF(E_6) = 0.7$，$CF(E_7) = 0.6$，$CF(E_8) = 0.9$。

求：$CF(H)$。

解：由已知条件，我们知道证据 E_2、E_4、E_5、E_6、E_7、E_8 的可信度，但是缺乏证据 E_1 和 E_3 的可信度，因此，首先需要求出 $CF(E_1)$ 和 $CF(E_3)$。

根据规则 r_4，

$$CF(E_1) = 0.7 \times \max\{0, CF[E_4 \text{ AND } (E_5 \text{ OR } E_6)]\} \qquad 根据（式 4.3）$$

$$= 0.7 \times \max\{0, \min\{CF(E_4), CF(E_5 \text{ OR } E_6)\}\} \qquad 根据（式 4.1）$$

$$= 0.7 \times \max\{0, \min\{CF(E_4), \max\{CF(E_5), CF(E_6)\}\}\} \qquad 根据（式 4.2）$$

$$= 0.7 \times \max\{0, \min\{0.5, \max\{0.6, 0.7\}\}\}$$

$$= 0.7 \times \max\{0, 0.5\}$$

$$= 0.35$$

根据规则 r_5，

$$\begin{aligned}
\mathrm{CF}(E_3) &= 0.9 \times \max\{0, \mathrm{CF}(E_7 \ \mathrm{AND} \ E_8)\} && \text{根据（式 4.3）}\\
&= 0.9 \times \max\{0, \min\{\mathrm{CF}(E_7), \mathrm{CF}(E_8)\}\} && \text{根据（式 4.1）}\\
&= 0.9 \times \max\{0, \min\{0.6, 0.9\}\}\\
&= 0.9 \times \max\{0, 0.6\}\\
&= 0.54
\end{aligned}$$

由已知规则 r_1、r_2 和 r_3，可以推出只有证据 E_1、E_2 和 E_3 能对结论产生影响，因此需要求出 $\mathrm{CF}_1(H)$、$\mathrm{CF}_2(H)$ 和 $\mathrm{CF}_3(H)$。

根据规则 r_1，

$$\begin{aligned}
\mathrm{CF}_1(H) &= 0.8 \times \max\{0, \mathrm{CF}(E_1)\} && \text{根据（式 4.3）}\\
&= 0.8 \times \max\{0, 0.35\}\\
&= 0.28
\end{aligned}$$

根据规则 r_2，

$$\begin{aligned}
\mathrm{CF}_2(H) &= 0.6 \times \max\{0, \mathrm{CF}(E_2)\} && \text{根据（式 4.3）}\\
&= 0.6 \times \max\{0, 0.8\}\\
&= 0.48
\end{aligned}$$

根据规则 r_3，

$$\begin{aligned}
\mathrm{CF}_3(H) &= -0.5 \times \max\{0, \mathrm{CF}(E_3)\} && \text{根据（式 4.3）}\\
&= -0.5 \times \max\{0, 0.54\}\\
&= -0.27
\end{aligned}$$

最后，根据结论不确定性的合成算法得到：

$$\begin{aligned}
\mathrm{CF}_{1,2}(H) &= \mathrm{CF}_1(H) + \mathrm{CF}_2(H) - \mathrm{CF}_1(H) \times \mathrm{CF}_2(H) && \text{根据（式 4.4）}\\
&= 0.28 + 0.48 - 0.28 \times 0.48\\
&= 0.63
\end{aligned}$$

$$\begin{aligned}
\mathrm{CF}_{1,2,3}(H) &= \frac{\mathrm{CF}_{1,2}(H) + \mathrm{CF}_3(H)}{1 - \min\{|\mathrm{CF}_{1,2}(H)|, |\mathrm{CF}_3(H)|\}} && \text{根据（式 4.4）}\\
&= \frac{0.63 - 0.27}{1 - \min\{0.63, 0.27\}}\\
&= \frac{0.36}{0.73}\\
&= 0.49
\end{aligned}$$

即根据大量现象，根据规则得到结论 H 的可信度：$\mathrm{CF}(H) = 0.49$。

4.2 专家系统

专家系统作为人工智能领域中的一个重要且充满活力的研究领域之一，自 1965 年斯坦福大学推出第一个专家系统 DENDRAL 以来，取得了迅速的发展。特别是在 20 世纪 80 年代中期以后，随着知识工程的不断成熟，各种实用的专家系统如雨后春笋般在全球范围内涌现，取得了显著的成功。专家系统的奠基人费根鲍姆曾强调："专家系统的强大之处在于其处理知识的能力，而不仅仅是其形式化或采用的模式。"这一观点突显了专家系统在高效处理领域知识方面的核心优势。那么，什么是专家系统呢？让我们深入探讨一下。

4.2.1 专家系统的定义

专家系统（expert system，ES）是一种计算机软件系统，其目的在于在特定领域中模拟人类专家的思维和解决问题的能力。这种系统有效地利用了专家长期积累的经验和专业知识，通过模仿专家的思维过程来解决需要专业知识才能解决的复杂问题。建立 ES 的过程涉及特定的知识获取方法，将专家知识存储在知识库中，并利用推理机和人机交互界面进行操作。

通常所称的"专家"是指在某一特定领域具有丰富经验的行业内熟练人士。他们之所以被称为专家，是因为他们在问题解决方面展现出了杰出的能力和水平。这种杰出表现主要归因于以下两个方面。

（1）专家具备广泛的理论和实践知识，积累了丰富的专业知识和实践经验。他们的知识覆盖了广泛的领域，尤其是实践经验，这使得他们能够更好地理解和解决复杂的问题。

（2）专家拥有独特的思考方式，这体现在他们独特的问题分析和解决方法以及策略上。他们能够以与一般人不同的视角审视问题，并提出创新性的解决方案。

这两个要素构成了专家的基本特征，同时也被认为是 ES 需要具备的基本要素。考虑到专家通常是某一领域的从业者，其解决问题的效果往往达到较高水平。因此，ES 应当具备以下四个基本要素。

（1）专业领域应用：ES 应用于特定的专业领域，以解决该领域内的问题。

（2）专家级别的知识：ES 应具备专家级别的知识，包括广泛的理论和实践知识，以及丰富的专业经验。

（3）模拟专家的思维方式：ES 应能够模拟专家的思维方式，包括独特的问题分析和解决方法以及策略。

（4）达到专家级别的水平：ES 解决问题的效果应当达到专家级别的水平，以提供高质量的解决方案。

ES 是人工智能领域的一个重要分支，其发展始于 1968 年，当时费根鲍姆等人成功地研制出了第一个 ES。从那时起，ES 领域经历了迅速的发展，国内外都涌现出了许多具有重要价值的专家系统。

国外研制的 ES 如下。

（1）MYCIN 系统（斯坦福大学）：血液感染病诊断 ES

（2）PROSPECTOR 系统（斯坦福研究所）：探矿 ES

（3）CASNET 系统（拉特格尔大学）：用于青光眼诊断与治疗的专家系统。

（4）AM 系统（斯坦福大学）：模拟人类进行概括、抽象和归纳推理，发现某些数论的概念和定理的专家系统。

（5）HEARSAY 系统（卡内基梅隆大学）：语音识别 ES

我国研制的 ES 如下。

（1）施肥 ES（中国科学院合肥智能机械研究所）。

（2）新构造找水 ES（南京大学）。

（3）勘探 ES 及油气资源评价 ES（吉林大学）。

（4）服装剪裁 ES 及花布图案设计 ES（浙江大学）。

（5）关幼波肝病诊断 ES（北京中医学院）。

ES 可被界定为一种智能化的计算机程序，具备专家级水平，并内含大量特定领域的专业知识与经验。其运作机理为借鉴人类专家的知识与问题解决方法，以处理复杂的领域问题。换言之，ES 是一类程序系统，以人工智能技术和计算机技术为基础，在特定领域进行推理和判断，模拟人类专家的决策过程，以解决需要人类专家处理的问题。目前，ES 已被广泛应用于全球的各个领域，包括但不限于化学分析、医疗诊断、地质勘探、气象预测、故障诊断、语音识别、图像处理、过程控制、农业、经济和军事领域。

4.2.2 专家系统的特征

相对于一般的计算机应用系统（例如数值计算、数据处理系统等），ES 具备以下特征。

（1）问题性质：ES 适用于解决那些具有不确定性、结构不清晰、难以通过传统算法解决或难以在现有计算机系统上解决的问题。典型问题包括军事指挥、天气预报、医疗诊断、地质勘探和市场预测等领域的挑战。

（2）问题解决方法：ES 采用知识和推理作为问题解决的方法，与传统的软件系统使用预先定义算法的方式不同。因此，ES 属于一种基于知识的智能问题解决系统。

（3）系统结构：ES 强调知识和推理的分离，这使得系统具备良好的灵活性和可扩展性。系统的结构设计注重知识表示的有效性和推理机制的优化。

（4）交互性：ES 通常具备解释功能，能够在运行过程中向用户解释问题的解决过程和最终结果，提高用户对系统的理解和信任度。这种交互性使得用户能够与系统进行有效的沟通和互动。

（5）自学习能力：一些 ES 具备自学习的能力，能够根据新的数据和经验不断地完善和扩充自身的知识库，以提高性能和适应性。

鉴于知识的多样性和人类思维方式的复杂性，创建一个能够完全模拟人类思维方式的计算机系统仍然是一个极为复杂且艰巨的任务。因此，在构建 ES 时，有效地表示不确定的知识以及设计能够传递和匹配不确定性的算法都是相当复杂且充满挑战性的问题。通过对 ES 特性的分析，我们可以得出以下优势。

（1）透明性：ES 能够利用专家的知识和经验进行推理判断，并且能够解释其推理过程或行为，从而提高用户对系统的信任度，增加系统的透明度。

（2）推理有效性：ES 能够高效、稳定、快速地进行工作，不会像人类专家那样受到疲劳和不稳定性的影响。专家系统能够通过根据领域问题的特点选择不同的推理机制，确保问题求解过程中的推理有效性。

（3）稳定性：ES 不易受到疲劳、遗忘、环境和情绪等因素的影响，能够始终如一地以专家级水平解决问题，因此在某种程度上其稳定性超越了人类专家。

（4）实用性：ES 根据实际需求开发，具有坚实的应用背景，能够以高水平和高效率解决问题，从而在社会和经济层面产生巨大的效益，具有良好的实用性。

（5）易推广性：ES 突破了领域知识在时间和空间上的限制，程序可永久保存并通过网络供不同国家和地区的人们使用，这使专家的知识更易于推广和传播。

4.2.3 专家系统的分类

按照推理规则，ES 可分类为基于规则、基于案例和基于 ANN 等类型，下面将对其进行简要介绍。

1．基于规则的专家系统

基于规则的推理方法将专家所掌握的现有知识和经验转化为一系列规则，然后利用这些规则进行推理解决问题。这种方法通过明确的前提条件得出明确的结果，以启发式推理的方式进行。

举例而言，对动物的分类可以采用以下规则推理：

IF（有毛发 OR 能产乳）AND（（有爪子 AND 有利齿 AND 前视）OR 吃肉）AND 黄褐色 AND 黑色条纹，THEN 老虎；

IF（有蹄 OR 反刍动物）AND 暗斑点 AND 长腿 AND 长脖子，THEN 长颈鹿。

基于规则的专家系统是 ES 的最早类型之一，其推理过程相对直观清晰，只要规则正确，通常能够得出较为准确的结论。这类系统具有简单实用的特点，且在广泛的应用范围内发挥了重要作用，被认为是 ES 发展的先驱。

然而，基于规则的专家系统也存在一些缺陷。首先，规则的构建严重依赖于专家的经验积累，如果专家的经验不准确或不完整，系统得出的结论可能会出现偏差。其次，这类系统缺乏自主学习和更新的能力，需要专家不断更新和维护规则库。尽管如此，在系统开发和实际应用中，这些缺陷并没有对 ES 的构建产生太大的影响，因为 ES 通常经过持续迭代优化的过程，而且在许多情况下，开发者更倾向于保持系统的稳定性和可控性，而不是追求自主学习带来的潜在不确定性。

2．基于案例的专家系统

案例推理（case-based reasoning，CBR）方法通过检索先前解决的问题和与当前问题相似的案例，比较新旧问题之间的特征和条件，然后重新参考现有知识以推断新的问题解决方法。其推理过程始于获取当前问题信息，随后寻找最相似的过往案例。如果找到合理的匹配，就建议采用相同的解决方案；如果搜索相似案例失败，则将该案例视为新的案例。因此，CBR 的关键在于案例相似度的匹配问题，最常用的匹配算法包括最近邻方法和 K 近邻方法。

基于案例的专家系统不断从新经验中学习，以增强系统的问题解决能力。只要案例涵盖面足够广，基于案例的专家系统几乎总能提供相似的案例分析。在实际应用中，基于案例的专家系统常与基于规则的专家系统结合使用。这两种系统相辅相成，规则可以推导案例，而案例也有助于优化规则。

3．基于 ANN 的专家系统

基于 ANN 的专家系统可被视为基于规则的专家系统的升级版本。相较于基于规则的系统，它具有动态增长的特征值，不受固定推理逻辑的束缚，但需要大量数据进行训练。ANN 具备强大的学习能力和大规模并行处理能力，能够解决诸如无限推理和组合爆炸等问题，实现自适应和联想推理，从而显著提升了 ES 的处理能力和智能水平，并增强了系统的鲁棒性。

尽管基于 ANN 的专家系统是当前研究的热点，学者们提出了各种模型并取得了一定成果，但其也存在缺点。一方面，其需要大量训练数据，不利于冷启动；另一方面，其结论可能具有不确定性。虽然这种方法在研究上是可行的，但在项目实施时需要对其可行性进行充分验证。

除了上述常见的 ES 外，还存在一些应用较少的 ES 类型，简要介绍如下。

（1）**基于框架的专家系统**：框架是一种通用数据结构，能够整合某一类对象的全部知识，并将相互关联的框架组合在一起，构建成框架系统。

（2）**基于模糊逻辑的专家系统**：在某些情形下，ES 需要处理不完整、不确定的模糊数据，因此产生了基于模糊逻辑的专家系统的分支。模糊逻辑是一种不确定的多值逻辑，与布尔逻辑中的二值情况不同，模糊逻辑可能会呈现出多个介于 0 和 1 之间的值，表示"很少""较高""超高"等语义。

（3）**基于 D-S 证据理论的专家系统**：D-S（Dempster/Shafer）证据理论是早期应用于 ES 的一种不确定推理方法。在 D-S 证据理论中，将互不相容的基本命题构成完备的集合，作为识别框架，表示针对某一问题的所有可能性答案，其中仅有一个是正确的。

（4）**基于遗传算法的专家系统**：遗传算法是受生物进化规律启发演化而来的一种随机搜索方法，其主要特点是对结构对象进行直接分析，具有更好的全局搜索能力。此外，该算法采用基于概率的最优查询方法，能够自动获取和优化搜索空间，在不需要确定规则的情况下，自适应地调整搜索方向。

按功能分类，ES 可分为解释型、预测型、诊断型、设计型、规划型、监视型、控制型和调试型等多种类型。

（1）**解释型专家系统**：其任务是分析和解释已知信息和数据，以确定其含义。它具有处理不准确、错误或不完整数据的能力，并能够解释推理过程。例如语音理解、卫星云图分析等。

（2）**预测型专家系统**：其任务是通过分析过去和现在的已知情况来推断未来可能发生的情况。它需要处理随时间变化的数据，并利用动态模型进行预测。例如气象预报、人口预测等。

（3）**诊断型专家系统**：其任务是根据观察到的数据推测对象故障原因。它了解被诊断对象的特性，能够区分不同现象并提供测量数据，以尽可能正确地诊断问题。例如医疗诊断、软件故障诊断等。

（4）**设计型专家系统**：其任务旨在分解设计要求，找出满足设计问题约束的目标配置。它能够从多方面要求中得出设计结果，并能够分析子问题并易于修改设计方案。例如电路设计、机械产品设计等。

（5）**规划型专家系统**：其任务是找出达到给定目标的多步序列或寻找步骤。它处理动态或静态目标，抓住重点处理子目标关系和不确定数据，并通过试验性动作制定可行规划。例如机器人规划、工程项目论证等。

（6）**监视型专家系统**：其任务是不断观察系统、对象或过程，发现异常情况并发出警报。它具有快速反应、准确警报和动态处理输入信息的特点。例如安全监视、疫情监控等。

（7）**控制型专家系统**：其任务是以自适应方式管理受控对象的行为，以满足特定要求。它具有解释当前情况、预测未来情况、诊断问题并修正计划的功能。例如交通管控、生产过程控制等。

（8）**调试型专家系统**：其任务是提供处理意见和方法，具有规划、设计、预测、诊断等功能，可用于新产品调试和设备检修。

4.2.4 专家系统的结构

通常情况下，ES 模型包括以下 6 个核心模块，即人机界面、知识获取程序、知识库、解释器、推理机和综合数据库，如图 4.1 所示。

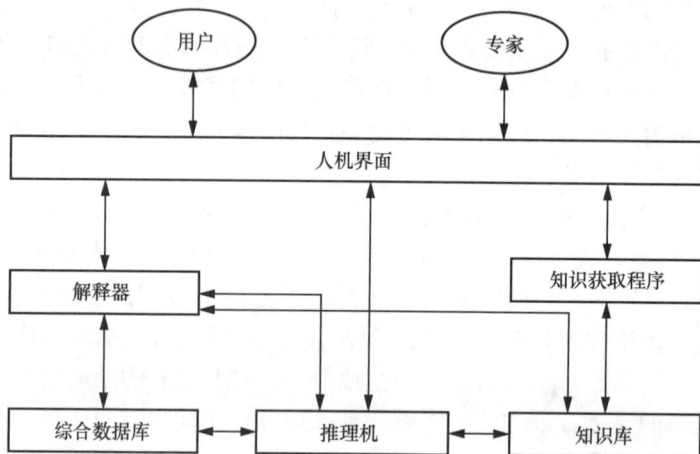

图 4.1 ES 的 6 个模块

（1）**知识库**是 ES 中的一个重要组成部分，用于存储专家提供的知识。ES 的问题解决过程通过模拟专家的思维方式来利用知识库中的知识。因此，知识库的质量和数量对于 ES 的性能至关重要。一般来说，知识库与程序是相互独立的，用户可以通过改进和完善知识库中的内容来提升 ES 的性能。

知识的表示方法是组织和形式化知识库中知识的方式。在 ES 中，常用的知识表示方法是产生式规则。产生式规则采用简单易懂的逻辑结构：如果满足前提条件，则执行相应的动作或得出结论。这些规则通常以 IF-THEN-ELSE 的形式呈现。ES 的成功与否很大程度上取决于知识库中信息的质量、完整性和准确性。

例如，对于动物识别 ES 而言，知识以规则的形式进行编码，每条规则都采用 IF-THEN 的格式。每条规则包括一个 IF 部分，用于表示规则的条件或前提，可以包含多个逻辑条件的组合；还有一个 THEN 部分，用于指定规则的结论或结果，同样可以包含多个结果的组合。例如以下三条规则。

规则 1：IF 该动物能产乳，
　　　　 THEN 该动物是哺乳动物。

规则 2：IF（该动物是哺乳动物）AND（有蹄），
　　　　 THEN 该动物是有蹄类。

规则 3：IF（该动物是有蹄类）AND（有长脖子）AND（有长腿）AND（有暗斑点），
　　　　 THEN 该动物是长颈鹿。

这三个规则依序执行，逐步推导出该动物的身份为长颈鹿。

（2）**解释器**具备向用户解释 ES 行为的能力，包括解释推理结论的正确性以及系统输出其他候选结果的原因等。在故障推理过程中，用户通常不仅希望了解推理的结果，还希望理解推理的过程和解释，因此需要通过解释器来详细说明推理的步骤和结论的推导。

（3）**推理机**是 ES 的核心组成部分，其内部包含解决特定问题的规则。这些规则是从知识库中获取的，用于回答用户的查询。在尝试解决问题时，推理机会选择适用的事实和规则，并通过推理过程来推导出知识库中的信息，以帮助解决问题并得出结论。通常情况下，推理机采用前向链和后向链等策略。接下来我们将详细解释前向链和后向链策略的工作原理。

前向链是一种 ES 用来回答"接下来会发生什么"类型问题的策略。在这种策略下，推理机遵循条件和派生链，最终推断出结果。它会考虑所有的事实和规则，并在解决问题之前对它们进行排序。这种策略通常适用于处理结论、结果或效果的问题，比如预测股市情况受利率变动的影响等情况。

后向链是一种 ES 用来回答"为什么会这样"类型问题的策略。在这种策略下，推理机试图找出已经发生情况的原因。它根据已知情况进行推理，以找出可能导致当前情况的过去事件。这种策略通常适用于找出问题的原因，比如诊断人类的血癌等情况。

（4）**人机界面**是 ES 与用户进行交流的关键接口。它允许用户输入基本信息、回答系统的提问，并获取推理结果及相关解释等。这种界面提供了 ES 与用户之间的交互功能，通常采用自然语言处理技术，以满足具有一定领域专业知识的用户需求。ES 的用户群体不一定是人工智能专家，而人机界面是实现系统与领域专家、知识工程师以及一般用户之间交互的重要界面。人机界面由一组程序及相关硬件组成，用于实现输入输出功能。知识获取机构通过人机界面与领域专家和知识工程师进行交互，更新、完善和扩充知识库。推理机也通过人机界面与用户进行交互，在推理过程中向用户提问，以获取所需的事实数据。推理结束后，系统通过人机界面向用户展示结果。解释器通过人机界面与用户交互，解释推理过程，并回答用户的问题。

（5）**知识获取程序**是 ES 构建和设计中的一个核心环节，同时也是当前构建专家系统所面临的主要挑战之一。知识获取程序的主要任务是从领域专家处获取知识，并建立起健全、完善、有效的知识库，以满足解决特定领域问题的需求。知识工程师的职责是从领域专家那里提取知识，并以适当的方式将其表达出来。知识获取程序负责将获得的知识转化为计算机可存储的内部形式，然后将其存入知识库。在存储过程中，需要对知识进行一致性和完整性的检查。

（6）**综合数据库**又称为动态数据库或黑板，用于保存初始事实、问题描述以及 ES 在运行中获取的中间和最终结果等信息。综合数据库需要配备相应的数据库管理系统，以便检索和维护其中的知识。从计算机技术的角度来看，知识库和综合数据库都属于数据库范畴。它们之间的区别在于：知识库的内容在 ES 运行期间保持不变，只有知识工程师通过人机界面对其进行管理；而综合数据库在 ES 运行期间是动态变化的，不仅可以接收用户输入的数据，还会根据推理的中间结果而对内容进行动态更新。

4.2.5　专家系统的优缺点

ES 具有以下优点：首先，它能够迅速而有效地提供专业领域问题的解决方案；其次，ES 能够积累并充分利用稀缺的专业知识；此外，对于重复性问题，ES 能够提供一致性的答案；最后，ES 具备稳定的工作性能，不受情绪、压力或疲劳等因素的影响。

然而，ES 也存在一些缺陷：当知识库不完备时，其判断的准确性无法得到保证；缺乏自我知识提炼的能力，需要专家不断地更新知识库；另外，ES 无法完全替代人类的智能和判断能力，因此需要与人类的决策相结合。

4.3 MYCIN 专家系统

由斯坦福大学开发的 MYCIN 系统是一款用于血液感染病诊断的专家系统。在接下来的部分，我们将详细介绍该系统的组成结构以及其用到的 MYCIN 模型。

4.3.1 MYCIN 系统概况

1976 年，美国斯坦福大学的爱德华·汉斯·肖特利夫等人首次将一种称为 MYCIN 模型的不确定性推理方法引入到 MYCIN 专家系统中。这一方法融合了确定性理论和概率论等理论，是早期不确定性推理方法之一，其简洁而有效的特性备受关注。MYCIN 专家系统用于诊断和治疗细菌感染患者。系统的建造始于 1972 年，于 1976 年完成，采用 INTER LISP 语言编写。MYCIN 的知识库包含 600 多条规则，并且能够正确处理 23 种抗生素。MYCIN 对于 ES 领域的发展具有重要影响，并被认为是 ES 设计的标杆之一。许多后续的 ES 设计都借鉴了 MYCIN 的设计理念和研发经验。

MYCIN 系统的设计目标是提供临床上实用的建议，必要时解释决策的依据，并且从医学专家那里直接获取领域知识。它的临床咨询过程模拟了人类的诊疗过程。MYCIN 系统中的医生用户提交患者数据，并接收临床建议和内部说明机制提供的反馈，例如普通问题解答器或推理状态检查器。所有的决策都基于医学专家的静态知识，即领域知识。系统使用一组计算机程序，即规则解析器，利用这些知识和患者数据，通过逻辑分析生成临床结论和治疗建议。MYCIN 系统的巨大影响力源自其知识表达和推理方面的强大功能。然而，随着 MYCIN 的发展，也出现了一些困难，其中最主要的是知识获取的瓶颈，即需要从医学专家的工作领域中提取所需知识并将其转化为规则库。随着新技术的出现，人们开始将更多注意力放在具有自学习能力的神经网络和深度学习等方向上，以解决知识获取的挑战。

4.3.2 MYCIN 系统组成

经过多年的演进，MYCIN 系统已经形成了一个功能完备、充分成熟的结构体系。目前，最新的系统组成要素经过了持续优化，MYCIN 系统包括咨询子系统、解释子系统、知识获取子系统、诊断信息库和诊断知识库，其配置如图 4.2 所示。

咨询子系统：类似于推理机，MYCIN 的咨询子系统采用知识库模式。其主要任务是利用系统中的知识和数据推断患者感染病情，并确定合适的药物治疗方案。

解释子系统：解释子系统采用解释器结构，通常采用多种解释方法，包括预制文本法与路径跟踪法、策略解释法和自动

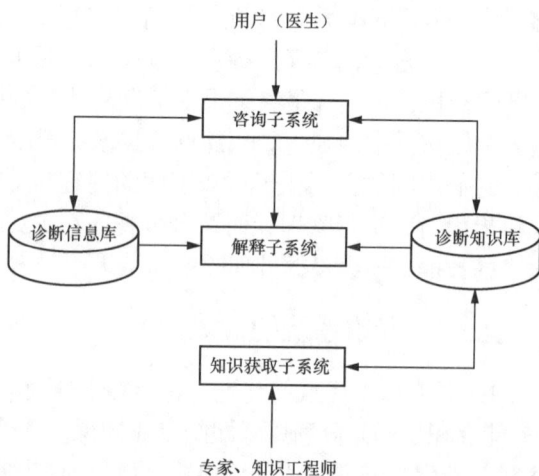

图 4.2　MYCIN 专家系统的组成

程序员方法。其中，预制文本法将问题答案预先编写在程序中，并通过呈现这些文本来回答用户的问题；路径跟踪法则通过推进过程和重新构造来解释系统的行为。在 MYCIN 系统中，采用的是预制文本法与路径跟踪法。

知识获取子系统：知识获取对解决知识不足问题至关重要，直接影响问题求解系统或 ES 的水平。该子系统通过与领域专家和知识工程师的互动，获取专家级别的知识，并不断优化系统性能。通过优化知识获取子系统，可以修改、充实和精炼诊断知识库中的知识。此外，知识获取子系统还具备自我学习功能，即能够从诊断信息库中提取相关知识，进一步完善 MYCIN 系统的性能。

鉴于领域专家通常缺乏对计算机程序的了解，因此构建 ES 需要知识工程师的参与，他们协助领域专家提取启发式知识，并设计知识库和推理程序，因此 ES 也被称为知识工程系统。

诊断信息库：采用基于事件驱动模式的结构，用于存储病人的症状、化验结果以及系统推导的结论等数据库信息。诊断信息库以动态数据库形式存在，其中的数据包括医生用户提供的数据和系统经过推理机推导、解释器解释后得出的数据，即系统推导出的数据。

诊断知识库：用于存储诊断和治疗方面的知识，同样采用基于事件驱动模式的结构。MYCIN 系统具备丰富的医学知识，覆盖了诊断和治疗领域，这使其在治疗感染性疾病方面达到专家水平。初始版本的 MYCIN 系统中，诊断知识库的知识主要来自知识工程师和感染性疾病诊断专家，以规则的形式表示医学知识。然而，每个对象都具有自身的特性表和一些静态知识，因此在设计诊断知识库时，使其具备自我学习功能至关重要。诊断知识库中的知识也应该来自诊断信息库，以便不断从诊断过程中提取知识，从而更新诊断知识库中的内容。

4.3.3　知识库构造

1．知识数据的表示

数据库中的知识数据以三元组的形式呈现，即（对象，属性，值）。

其中，"对象"又称为上下文，代表系统要处理的实体，例如病人。"属性"也称为临床参数，用于描述对象的特征，如病人的姓名、年龄、性别等。"值"则是属性的值，根据属性的类型可以是单一或多个。

举例来说，对于临床参数，三元组的表示为（对象，属性，值），例如（病原体 1，形态，杆状）和（病原体 2，染色体，革兰氏阴性）。

2．知识规则的表示

知识通常以规则的形式表示，其一般格式如下：

RULE NO. IF <条件> THEN <行为>

这里的 "NO." 是规则编号。

条件部分的一般形式是：（$AND <条件 1> <条件 2>…<条件 n>）

行为部分由行为函数表示，MYCIN 系统中主要采用 3 种行为函数：CONCLUDE，CONCLIST 和 TRANLIST。其中，CONCLUDE 是最为常用的，其格式为：

（CONCLUDE 对象　属性　值 TALLY CF）

3．推理可信度

医生在决定病人治疗方案时经常面临信息不完整或不十分准确的情况。在这种情况下，需要确定是否需要治疗，以及给出何种处方。因此，MYCIN 系统的一个重要特性是在处理不确定和不完整信息时进行推理。为了表示这种推理过程中的信任程度，MYCIN 引入了可信度因子 CF。

CF 的取值范围为[-1，1]。

当 CF>0 时，表示对相应属性值的信任程度较高；

当 CF<0 时，表示信任程度较低；

当 CF 为 1，-1 或 0 时，分别表示完全相信、完全不相信或不能确定相应属性值。

例如：RULE 047

如果：

（1）病原体的鉴别名不确定；

（2）病原体来自血液；

（3）病原体的染色是革兰氏阴性；

（4）病原体的形态是杆状的；

（5）病原体呈赭色。

那么该病原体的鉴别名是假单胞细菌，可信度为 0.4。

MYCIN 中的表达式如下：

RULE 047

PREMISE($ AND (NOTDEFINITE CNTXT IDENT)

(SAME CNTXT SITE BLOOD)

(SAME CNTXT STAIN GRAMNEG)

(SAME CNTXT MORPH ROD)

(SAME CNTXT BURNT))

ACTION (CONCLUDE CNTXT IDENT PSEUDOMONAS TALLY 0.4)

其中，NOTDEFINITE、SAME 是 MYCIN 中专门用于表示条件的函数，CONCLUDE 是表示动作的行为函数。

4.3.4　推理机制

MYCIN 的推理控制采用逆向推理和深度优先遍历搜索策略，其推理过程分为两个阶段，涵盖四个关键步骤。在诊断阶段，MYCIN 首先通过推理确定患者是否患有细菌感染，并精确识别导致感染的特定细菌种类。而在治疗阶段，MYCIN 则通过制订多种可能的治疗方案，进而从中筛选出最佳的综合治疗方案。

1．建树过程

病人作为上下文树的根节点，其属性包括姓名（NAME）、年龄（AGE）、性别（SEX）以及治疗方案（REGIMEN）。建树过程的目标是建立治疗方案（REGIMEN），医生可以通过询问病人获取前三个属性，而治疗方案（REGIMEN）需要由系统推理得出。在推理过程中，系统首先激活了第一条规则 RULE 092。然而，RULE 092 规则中的两个前提条件无法通过询问病人获得。因此，系统会再次激活新的规则，如 RULE 090 和 RULE 149。如果新的规则可以通过向病人询问或医生的观察得到，那么推理过程就终止。否则，系统会继续寻找可推导该参数的规则，如此反复，直到推导出结果为止。

RULE 092 规则的两个前提条件涉及病原体（TREAT FOR）和培养物（COVER FOR）。随着推导的进行，病人上下文树逐渐形成。推导过程的演化可以在图 4.3 和图 4.4 中观察到。

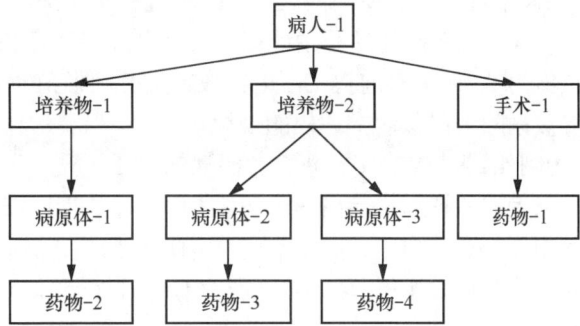

图 4.3 病人的上下文树

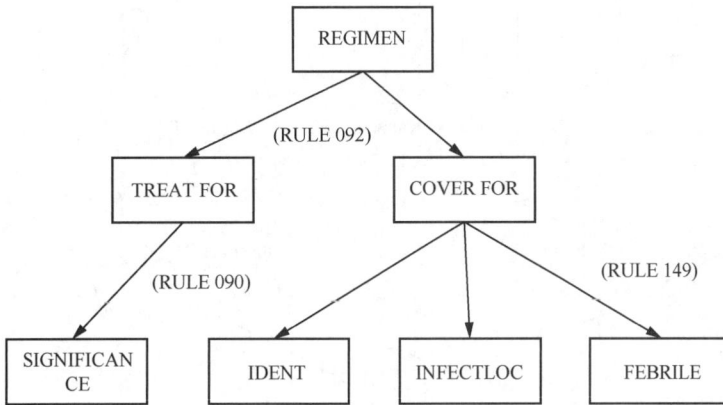

图 4.4 根据规则的推理过程

2．制订治疗方案

制订治疗方案的过程涉及治疗选择机制处理目标规则 RULE 092 的动作部分。首先，它建立了多种可能的治疗方案，然后综合考虑这些方案以制订最佳的治疗方案。治疗方案是根据推断出的可能病菌（病原体）来选择适当的治疗药物。

为了综合制订最佳治疗方案，MYCIN 遵循以下药物选配准则。

（1）细菌对药物的敏感性。

（2）药物是否已经给病人使用过。

（3）药物的相对功效，例如药物是杀菌性的还是抑菌性的，以及是否会引起病人的过敏反应等。

综合制订的最佳治疗方案一旦形成，就要根据病人的特殊信息（如药物敏感史、年龄等）进行禁忌检查。MYCIN 提供了一组规则用于自动检查治疗方案是否违反禁忌。如果发现违反禁忌的药物，就会将其排除，并重新开始综合制订治疗方案，直到找到不违反禁忌的治疗方案为止。

3．推理不确定性

MYCIN 中的推理过程以规则形式表示不确定性，通常形式为：IF E_1 AND E_2 AND $\cdots$ AND E_n THEN $H(X)$，其中 $E_i(i=1,2,\cdots,n)$ 代表证据，H 表示结论。MYCIN 采用了不精

不确定性推理与专家系统／第 4 章

确推理模型，用可信度 CF 来衡量原始证据和推理结论的不确定性，因此处理不确定性是 MYCIN 推理机的重要功能之一。推理过程采用深度优先策略，首先建立推理树的左部推理链。一旦推理链延伸到原始证据，就可以反向计算和传递 CF。MYCIN 系统规定了一个 CF 门槛值为 0.2，只有前提 CF 达到或超过此门槛值时才能激活规则。前提 CF 低于 0.2 时规则将被剔除，以限制推理树的规模。

【例 4.2】MYCIN 推断患者疾病的例子。

患者的数据和推导由一个树结构表示，如图 4.5 所示。该树结构与通常在计算机中的表示相反。在该树中，叶节点包含用户（医生）提供的症状、化验结果等数据，而通过规则生成新节点直至根节点，从而得出疾病的结论。

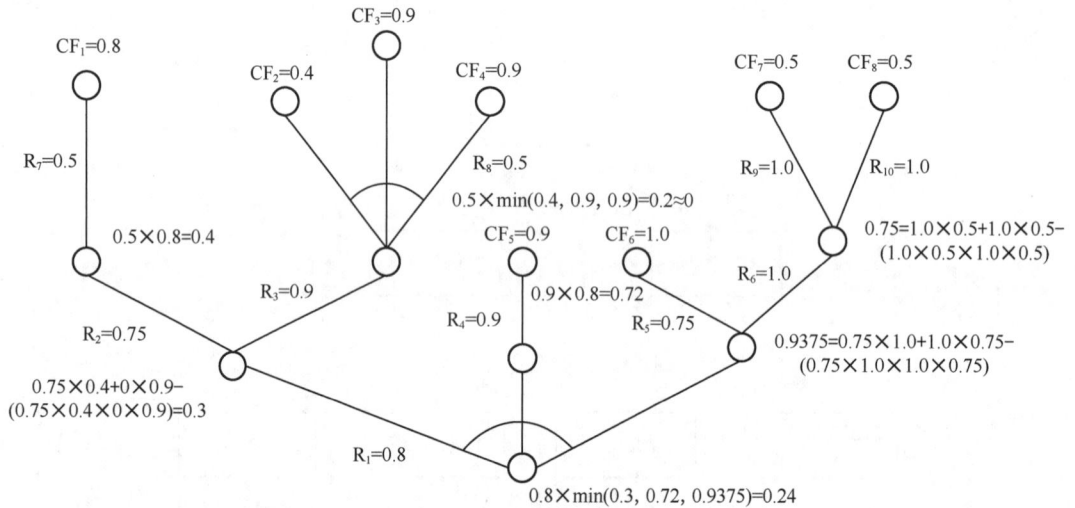

图 4.5　患者数据推导树

对于图 4.5 做以下几点说明。

（1）当 R_i 表示绝对信任观察值时，即代表对假设的信任程度。

（2）弧连接表示若干个前提支持同一结论，可使用（式 4.1）、（式 4.2）和（式 4.3）进行计算。

（3）或弧表示若干规则支持同一假设，可使用（式 4.4）进行计算。

（4）可信度被设定了一个阈值，所有不大于该阈值（例如 0.2）的值被视为不可信，并因此被置为 0。

习题

一、选择题

1. 专家系统是以（　　）为基础，推理为核心的系统。

A. 专家　　　　　　B. 软件　　　　　　C. 问题　　　　　　D. 知识

2. 不属于常见的不确定性推理方法有（　　）。

A. 可信度方法　　　　　　　　　　B. 自然演绎推理

C. 证据理论　　　　　　　　　　　D. 模糊推理方法

3. 证据的不确定性通常是一个数值表示，它代表相应证据的不确定性程度（　　　）。

A. 正确 B. 错误

4. 不确定推理过程的不确定性不包括（　　）。

A. 证据的不确定性 B. 规则的不确定性

C. 推理过程的不确定性 D. 知识表示方法的不确定性

5. 不确定性推理主要有两种不确定性，即关于结论的不确定性和关于（　　）的不确定性。

A. 结果 B. 过程 C. 证据 D. 推理

6. 下列有关专家系统的定义正确的是（　　）。

A. 专家系统是一类包含知识和推理的智能计算机程序，其内部包含某领域专家水平的知识和经验，具有解决专门问题的能力。

B. 专家系统是指由多个专家组成的控制系统，具有解决专门问题的能力。

C. 专家系统是一种专门的计算机程序，具有解决专门问题的能力。

D. 专家系统是具有推理能力的计算机程序，具有解决专门问题的能力。

7. 专家系统的结构组成不包括（　　）。

A. 知识库 B. 全局数据库 C. 推理机

D. 解释器 E. 程序

8. MYCIN 系统属于（　　）。

A. 评议系统 B. 咨询系统 C. 自动提示系统 D. 报警系统

9. MYCIN 是较早应用于（　　）领域的专家系统。

A. 数学 B. 农业 C. 医学 D. 语音识别

二、简答题

1. 什么是不确定性推理？不确定性推理中需要解决的基本问题是什么？

2. 请简述不确定性推理形成的原因。

3. 什么是可信度？可信度方法中证据不确定是如何表示的？

4. 请简述 MYCIN 系统的组成。

5. 专家系统按推理规则可以分为哪几类？

三、应用题

1. 设有如下一组知识：

r_1: IF E_1 THEN $H(0.9)$

r_2: IF E_2 THEN $H(0.6)$

r_3: IF E_3 THEN $H(-0.5)$

r_4: IF E_4 AND (E_5 OR E_6) THEN $E_1(0.8)$

已知：$CF(E_2)=0.8$，$CF(E_3)=0.6$，$CF(E_4)=0.5$，$CF(E_5)=0.6$，$CF(E_6)=0.8$，

求：$CF(H)=$？

2. 设有如下一组规则：

r_1: IF E_1 THEN $E_2(0.6)$

r_2: IF E_2 AND E_3 THEN $E_4(0.8)$

r_3: IF E_4 THEN $H(0.7)$

r_4: IF E_5 THEN $H(0.9)$

已知：$CF(E_1)=0.5$，$CF(E_3)=0.6$，$CF(E_5)=0.4$，

求：$CF(H)=$？

第5章 演化搜索和群集智能

【本章导读】

在人工智能领域，演化搜索和群集智能扮演着重要的角色，它们为解决优化问题、进行模型优化和参数调优以及神经网络结构搜索等提供了有效的方法和工具。本章旨在探讨几个应用广泛的算法原理，其中包括遗传算法、蚁群算法、鸟群算法和粒子群算法。

5.1 遗传算法

5.1.1 遗传算法的发展背景

在 20 世纪 50 年代和 60 年代初期，对于"人工进化系统"的研究已经开始。这些早期的研究主要依赖于计算机模拟生物系统，以生物学角度模拟进化和遗传过程。这些努力为遗传算法的形成奠定了基础。20 世纪 60 年代，密歇根大学的约翰·亨利·霍兰德（John Henry Holland）教授提出了在适应系统研究和设计中借鉴生物遗传机制的概念。他意识到了遗传运算策略在人工适应系统中的重要性，并对适应系统进行了深入研究。1967 年，霍兰德的学生 J.D.巴格利（J.D.Bagley）首次提出了"遗传算法"这一术语，并将复制、交叉、变异、倒位等遗传操作应用于国际象棋对局研究中。这些操作后来与遗传算法中使用的算子和方法相类似。巴格利还引入了遗传算法的自适应概念，将交叉与变异的概念融入个体编码中，对遗传算法的发展产生了深远影响。

1975 年，霍兰德教授发表了《自然界和人工系统的适应性》，他在该论文中系统地阐述了遗传算法的基本理论和方法，并提出了遗传算法的基本定理——模式定理。该定理揭示了群体中优秀个体的样本数量将以指数规律增长，从而确保了遗传算法在寻求最优可行解的优化过程中的有效性。与此同时，De Jong 在其博士论文中进行了大量的函数优化计算实验，结合模式定理进一步完善和系统化了选择、交叉、变异等遗传操作，为遗传算法及其应用奠定了坚实的基础。这些研究成果至今仍然具有重要的指导意义。

除了遗传算法，20 世纪 60 年代还涌现了一些几乎独立发展的演化算法，例如福格尔（Fogel）提出的进化规划（evolution programming，EP）以及雷兴伯格（Rechenberg）和舍费尔（Schefel）于 1963 年提出的进化策略（evolution strategy，ES）。1989 年，科扎（Koza）

对遗传算法在表达方面的局限性进行了分析，并提出了遗传规划（genetic programming，GP）的新概念，该概念使用层次化的计算机程序代替了字符串表达问题。这些算法共同构成了进化计算的基本研究分支。

20 世纪 80 年代，遗传算法成为人工智能研究的焦点，许多研究人员在理论和应用方面做出了大量研究。1989 年，大卫·E.戈德堡（David E.Goldberg）出版了专著《遗传算法——搜索、优化及机器学习》，总结了遗传算法的主要研究成果，全面论述了其基本原理及应用，从而推动了这一技术的普及与推广。1991 年，戴维斯（Davis）出版了《遗传算法手册》，详细介绍了遗传算法在科学计算、工程技术、社会经济等领域中的应用实例。在过去的 20 余年里，演化计算在理论和应用方面都取得了迅速的发展，形成了研究应用的热潮。演化计算与 ANN、模糊系统理论一起构成了新的研究方向——计算智能（computational intelligence），该研究方向受到了广泛关注。随着理论研究的深入和应用领域的不断拓广，计算智能技术将取得长足的发展。

5.1.2 遗传学与遗传算法的基本思想

自然界中的复杂生物群体是通过漫长的自我繁衍演化而形成的，其演化过程中存在的自然优化机制引起了人们的广泛关注。尽管对于生物进化存在多种解释，但达尔文提出的自然选择理论被广泛认可。1858 年，达尔文运用自然选择理论解释了物种的起源和生物的演化，包括遗传、变异以及优胜劣汰和适者生存等 3 个方面。遗传是指亲代将生物信息传递给子代的过程，使得子代与亲代具有相似的性状，这一特征有助于物种的稳定存在。变异则是指亲代和子代之间以及子代个体之间的差异，是生命多样性的根源。由于生存斗争的进行，适应性强的变异个体得以保留，而不适应的个体则被淘汰。通过这一代代的自然选择，物种的变异逐渐积累，形成新的物种。这一自然选择过程是一个长期、缓慢、连续的过程，其中遗传、变异、选择在生物进化中发挥着关键作用。这一机制使得生物能够保持自身的特性，并不断适应新的生存环境。

遗传算法是一种优化计算模型，其灵感源自自然界生物遗传和进化的机制，这些概念被引入到人工系统中。该算法以生物遗传和进化的概念为借鉴，通过繁殖、变异和竞争等方式实现优胜劣汰，逐步获取问题的最优解。因此，从这个角度来看，遗传算法也被称为演化计算。

遗传算法的起点是一个种群，其中包含了解集中的一个解，这个种群由一定数量的个体组成，每个个体都经过基因编码。实际上，每个个体都是一个带有特征的染色体，而染色体则是基因的集合，它们决定了个体的外部表现。一旦初始种群形成，就会根据适应度的大小来选择个体，并利用遗传算子进行组合交叉和变异，生成新的解集种群。这个过程模拟了自然进化，使得新一代种群更适应环境。最终，末代种群中的最优个体可以通过解码得到，作为问题的近似最优解。整个过程会循环执行，直到满足优化准则为止。算法的结束条件通常根据具体问题而定，可能包括是否包含满意解或最佳解、是否达到预先设定的遗传代数等。

遗传算法的基本流程如图 5.1 所示，值得注意的是，算法的终止条件取决于问题的性质。这可能包括种群中是否存在满意解或最佳解、是否达到预先设定的遗传代数，以及种群内个体是否逐渐趋于一致等多个条件。

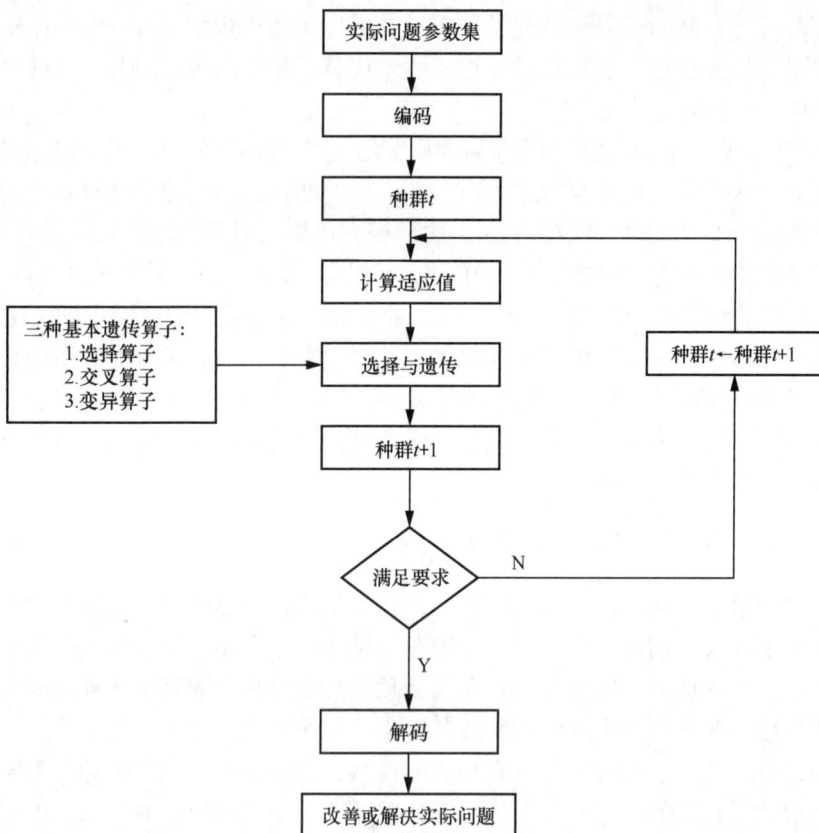

图 5.1　遗传算法的基本流程

根据上述流程图，遗传算法的运行过程呈现典型的迭代结构，其中必须完成以下基本步骤。

（1）选择适当的编码策略，将参数集合和域转换为相应的编码空间。

（2）定义适应值函数，以评估个体解的优劣。

（3）确定遗传策略，包括选择群体大小、选择、交叉、变异方法，以及确定交叉概率、变异概率等遗传参数。

（4）随机初始化生成初始群体。

（5）计算群体中每个个体的适应值。根据遗传策略，利用选择、交叉和变异操作作用于群体，形成下一代群体（$t+1$）。

（6）判断群体性能是否达到特定指标，或者是否已完成预设的迭代次数。若不满足条件，则回到步骤（5）继续迭代；若满足条件，则算法结束。

5.1.3　遗传算法常用术语介绍

（1）**染色体**（chromosome），也称为基因型个体（individual），是由一定数量的个体组成的群体（population）的基本组成单位。群体中个体的数量叫作群体大小（population size）。

（2）**位串**（bit string）是个体的一种表示形式，相当于遗传学中的染色体。

（3）**基因**（gene）是染色体中的基本元素，用于表征个体的特征。例如，在染色体 S=1011 中，每个元素 1 或 0 都被称为基因。

（4）**特征值**（feature）指的是基因的值与二进制数的权值的一致性。以染色体 S=1011 为例，从右到左基因位置 2 中的 1 对应的特征值为 $2^1=2$；从右到左基因位置 4 中的 1 对应的特征值为 $2^3=8$。

（5）**适应度**（fitness）指的是个体对环境的适应程度，通常用适应度函数来度量。适应度函数用于计算个体在群体中被选中的概率，以反映其适应能力。

（6）**遗传操作**是作用于群体以生成新群体的过程。标准的遗传操作包括**选择**（selection 或复制 reproduction）、**交叉**（crossover 或重组 recombination）及**变异**（mutation）这三种基本形式。

【例5.1】图 5.2 呈现了一个最简单的 4 位二进制编码的遗传操作示例，其中适应值根据 4 位二进制数计算。这种用于计算适应值的映射被称为适应值函数。

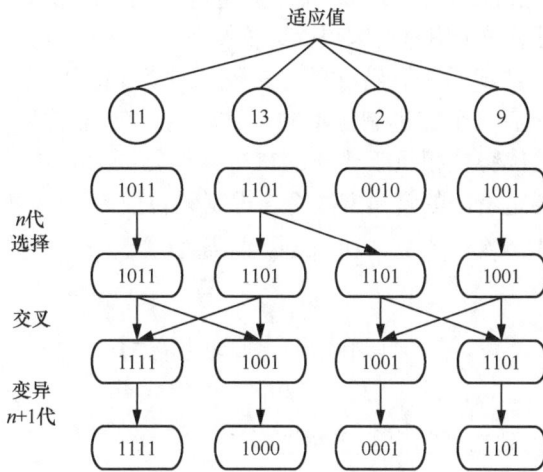

图 5.2　遗传算法简例

5.1.4　遗传算法的步骤

1．染色体编码

在遗传算法中，如何表示解空间中的解是一个重要问题。将问题的解（solution）映射到基因型的过程被称为编码，即将问题的可行解从解空间映射到遗传算法的搜索空间的转换方法。在搜索之前，遗传算法将解空间中的解表示为遗传算法的基因型串（即染色体）的结构数据，这些串结构数据的不同组合构成了不同的点。常见的编码方法包括二进制编码、格雷码编码、浮点数编码、各参数级联编码和多参数交叉编码等。接下来，我们主要介绍常用的二进制编码和格雷码编码。

（1）**二进制编码**是一种常用的编码方式，其中染色体的基因序列由二进制数表示。这种编码方法具有简单易用的编码解码过程以及易于程序实现的特点，使得交叉和变异操作相对容易实现。

在二进制编码过程中，首先需要确定二进制串的长度 l，其取决于变量的定义域以及计算所需的精度。

【例5.2】变量 x 的定义域为[−2,5]，要求其精度为 10^{-6}，则需将[−2,5]分成至少 7 000 000 个等长小区域，而每个小区域用一个二进制串表示，于是串长至少等于 23，这是因为

$$4\ 194\ 304 = 2^{22} < 7\ 000\ 000 < 2^{23} = 8\ 388\ 608$$

这样，计算中的任何一个二进制串$(b_{22}b_{21}\cdots b_0)$都对应[-2,5]中的一个点。其解码过程如下。

将二进制串$(b_{22}b_{21}\cdots b_0)$按下式转换成一个十进制整数：

$$x = \sum_{i=1}^{23} b_i \cdot 2^{i-1}$$

按下式计算对应变量x的值：

$$x = -2.0 + x^i \cdot \frac{7}{2^{23}-1}$$

当变量包含多个分量时，可以分别对每个分量进行编码，然后将它们合并成一个长串。在解码时，可以根据对应的子串进行解码，以恢复各个分量的值。

（2）**格雷（Gray）编码**是一种特殊的二进制编码方式，其特点是相邻的两个数在格雷编码中的表示方式只有一个二进制位不同。这种特性使得格雷编码在提高算法的局部搜索能力方面具有较大优势，相较于普通的二进制编码更为有效。

Gray编码是一种通过特定的转换方法将二进制码转换为Gray编码的编码方式。

假设一个二进制串$(\beta_1\beta_2\cdots\beta_n)$对应的Gray编码为$(\gamma_1\gamma_2\cdots\gamma_n)$，则从二进制码到Gray码的变换规则如下：

$$\gamma_k = \begin{cases} \beta_1 & \text{如果}k=1 \\ \beta_{k-1} \oplus \beta_k & \text{如果}k>1 \end{cases}$$

而从一个Gray编码到二进制串的变换规则为

$$\beta_k = \sum_{i=1}^{k} \gamma_i (\mathrm{mod}2)$$

举例来说，对于二进制串1101011，其对应的Gray编码为1011110。

遗传算法中，将染色体转换为问题解的过程被称为解码。假设对某个个体的编码，则其对应的解码公式为

$$X = U_1 + \left(\sum_{i=1}^{k} b_i \cdot 2^{i-1}\right) \cdot \frac{U_2 - U_1}{2^k - 1}$$

【例5.3】设有参数$X \in [2,4]$，现用5位二进制编码对X进行编码，得2^5=32位二进制串（染色体）如下所示：

00000,00001,00010,00011,00100,00101,00110,00111
01000,01001,01010,01011,01100,01101,01110,01111
10000,10001,10010,10011,10100,10101,10110,10111
11000,11001,11010,11011,11100,11101,11110,11111

针对任意给定的二进制串，只需按照上述公式进行计算，即可得到对应的解码结果。

例如，对于x_{22}=10101，其对应的十进制为$\sum_{i=1}^{5} b_i \cdot 2^{i-1} = 1 + 0 \times 2 + 1 \times 2^2 + 0 \times 2^3 + 1 \times 2^4 = 21$。因

此，参数 X 对应的数值为 $2 + 21 \times \dfrac{4-2}{2^5-1} = 3.3548$。

2．初始群体的生成

设置最大进化代数为 T，群体规模为 n，交叉概率为 p_c，变异概率为 p_m，然后随机生成 n 个个体作为初始化群体 p_0。

在没有先验知识的情况下，确定最优解的数量及其在可行解空间中的分布是很困难的。因此，通常希望在问题解空间均匀采样，并随机生成一定数量的个体（通常为群体规模的两倍，即 $2n$），然后从中选择出较优的个体组成初始群体。对于二进制编码，染色体上的每一位基因在 $\{0,1\}$ 上均匀随机选择，因此，群体的初始化至少需要进行 $L \times n$ 次随机取值，其中 L 为位串长度。可以证明，将初始群体的位串译码到问题实空间中也是均匀分布的。

在遗传算法的运行过程中，一组参数对其性能产生重大影响。在初始阶段或群体进化过程中，需要合理选择和控制这组参数，以使遗传算法以最佳的搜索轨迹达到最优解。主要的参数包括位串长度 L、群体规模 n、交叉概率 p_c、变异概率 p_m。根据大量的实验研究，人们给出了这些参数的最佳建议。

位串长度 L：取决于特定问题的精度要求。要求精度越高，位串长度就越长，但这也会增加计算时间。为了提高效率，可以采用变长度位串或重新编码当前较小可行域内的方法，这些方法在实践中表现出良好的性能。

群体规模 n：对于遗传算法的性能有着重大影响。更大的群体包含更多的模式，可以提供足够的模式采样容量，从而提高搜索质量并防止在成熟期之前就收敛。然而，较大的群体也增加了个体适应性评价的计算量，导致收敛速度减慢。一般建议将 n 取值在 20 到 200 之间。

交叉概率 p_c：控制着交叉算子的应用频率。在每一代新的群体中，需要对 $p_c \times n$ 个个体的染色体结构进行交叉操作。较高的交叉概率会加快新结构的引入速度，但也会增加已获得的优良基因结构的丢失速度。而较低的交叉概率可能导致搜索阻塞。一般建议将 p_c 取值在 0.6 到 1.0 之间。

变异概率 p_m：是保持多样性的有效手段。在交叉操作之后，交配池中的全部个体的位串上的每个基因以变异概率 p_m 随机改变，因此每一代中大约会发生 $p_m \times n \times L$ 次变异。较小的变异概率可能会导致某些基因位过早丢失的信息无法恢复，而较高的变异概率则会使遗传搜索变成随机搜索。一般建议将 p_m 取值在 0.005 到 0.01 之间。

在实践中，上述参数与问题的特性直接相关，特别是问题的目标函数复杂程度与参数选择的挑战密切相关。在理论上，并不存在一组适用于所有问题的最佳参数值。随着问题特征的不同，有效参数的选择往往有着显著差异。因此，设定遗传算法的控制参数以提高其性能需要结合实际问题的深入研究，同时也依赖于遗传算法理论研究的持续进展。

3．适应度值评估检测

适应值函数反映了个体或解决方案的优越性。不同问题可能采用不同形式的适应值函数定义。根据具体问题，我们计算群体 $p(t)$ 中每个个体的适应性。遗传算法将问题空间建模为染色体位串空间，并根据适者生存的原则评估个体位串的适应性。适应值函数构成了个体的生成环境，个体的生存能力在此环境中由其适应值决定。通常情况下，具有更高适应值的染色体位串被视为优秀，即受到更高评价并具有更强的生存能力。

适应值是群体中个体生存机会选择的唯一确定性指标，适应值函数的形式直接影响群体的进化行为。根据其在实际问题中的含义，适应值可以是销售收入、利润、市场份额或机器可靠性等。为了将适应值函数直接与群体中个体的优劣度联系起来，遗传算法中规定，适应值为非负值，并且在任何情况下都期望适应值越大越好。

在位串空间 S^L 上，适应值函数 $f(\cdot)$: $S^L \rightarrow \mathbf{R}+$是一个实值函数，其中 $\mathbf{R}+$表示非负实数集合。对于给定的优化问题 $\text{opt}g(x)$（其中 $x \in [u, v]$），目标函数可能具有正负之分，甚至可能是复数值，因此，通过建立适应值函数与目标函数之间的映射关系，确保映射后的适应值为非负数是必要的，同时，这也确保了目标函数的优化方向与适应值增大的方向一致。

适应度尺度变换通常是指在算法迭代的不同阶段，通过适当调整个体的适应度大小，以防止群体间适应度相近而导致竞争减弱，从而避免种群陷入局部最优解。

经典的尺度变换方法有以下几种，它们分别是**线性尺度变换**、**乘幂尺度变换**以及**指数尺度变换**。以下将逐一介绍这些方法。

线性尺度变换：采用函数 $F' = aF + b$ 来表示，其中 a 表示比例系数，b 表示平移系数。该变换通过对原适应度尺度 F 进行线性变换，得到新的适应度尺度 F'。

乘幂尺度变换：采用函数 $F' = F_k$ 来表示，其中 k 为幂。这意味着原适应度尺度 F 进行 k 次幂运算，从而实现适应度的尺度变换。该方法使在尺度上得到放大或缩小适应度的差异。

指数尺度变换：采用函数 $F' = \mathrm{e}^{-\beta F}$，其中 β 为控制参数。首先将原适应度尺度乘以 β，然后取反，并将其作为自然数 e 的幂。β 的大小决定了适应度尺度变换的强弱，影响适应度的分布情况。

4．遗传算子

遗传算法使用以下三种遗传算子。

（1）选择

选择操作是通过一定概率从旧群体中选取优秀个体，以形成新的种群，从而繁殖下一代个体。个体被选中的概率与其适应值相关，适应值较高的个体被选中的概率也较大。一旦确定了个体的选择概率，就可以通过生成[0,1]之间的均匀随机数来决定哪些个体参与繁殖。如果个体的选择概率较高，则有更大的机会被多次选中，因此其遗传信息在种群中的传播会更广泛；相反，如果个体的选择概率较低，则被淘汰的可能性较大。

① 基于适应值比例的选择

繁殖池选择。繁殖池选择是基于当前群体中个体的适应值进行选择的一种选择操作。

首先，我们按照以下方式计算每个个体的相对适应值：$\text{rel}_i = \dfrac{f_i}{\sum_{i=1}^{N} f_i}$，其中，$f_i$ 是群体中的第 i 个个体的适应值，N 是群体规模。每个个体的繁殖量为：$N_i = \text{round}(\text{rel}_i \cdot N)$，这里的 $\text{round}(x)$ 表示距离 x 最接近的整数。一旦计算出群体中每个个体的繁殖量，我们就可以将它们分别复制到繁殖池中，形成一个临时群体。然后，在繁殖池中选择个体进行交叉和变异，以形成下一代群体。显而易见，一个个体被复制到繁殖池的次数越多，它被选中进行遗传操作的机会也就越大。相对较差的个体其繁殖量较低，则可能被淘汰出进化过程。

轮盘赌选择（roulette wheel selection）是一种常用的选择策略，其过程如下。首先，将每个个体的相对适应值 $\dfrac{f_i}{\sum f_i}$ 记为 p，然后根据选择概率 $\{p_i, i=1,2,\cdots,N\}$，将圆盘分成 N 份，其中第 i 份的中心角度为 $2\pi p_i$。在进行选择时，可以想象将如图 5.3 所示的圆盘进行转动，如果某个参照点落入第 i 个扇形内，则选择其对应的个体 i。这种选择策略可以通过以下方式实现，首先生成一个 $[0,1]$ 内的随机数 r，然后选择满足条件 $p_1+p_2+\cdots+p_{i-1}<r\leqslant p_1+p_2+\cdots+p_i$ 的个体 i。

轮盘赌选择策略的特点在于，个体的适应值越高，其对应的扇形区域就越大，因此被选中的概率也越高。这意味着适应值越高的个体更有可能将其基因传递到下一代。

与繁殖池选择策略相比，轮盘赌选择策略的不同之处在于，所有群体成员都有机会被选择，而在繁殖池选择策略中，具有较低适应值的个体可能会失去生存的机会，但这些个体适应值的总和通常保持一定规模。

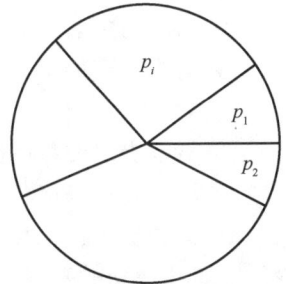

图 5.3　轮盘赌选择

② 基于排名的选择

基于适应值比例的选择策略往往会引发过早收敛和停滞现象。为了规避这些困扰，一种可行的方法是采用基于排名的选择（ranking selection）策略。在这种策略中，首先根据个体 i 在群体中的适应值排名来分配其选择概率 p_i，然后利用这些概率进行轮盘赌选择。排名选择策略下，个体的适应值不直接影响后代数量。而且无论是最小化问题还是最大化问题，都无需适应值的标准化和调节，可以直接使用原始适应值进行排名选择。

线性排名选择是一种常见的排名选择策略。首先，群体成员根据适应值从高到低依次排列为 $x_1, x_2, \cdots, x_N$，然后采用线性函数分配选择概率 p_i。有了选择概率后，可以类似于轮盘赌选择的方式来选择父体以进行遗传操作。

非线性排名选择是一种选择策略。其中群体成员按适应值从好到坏依次排列，并按照（式 5.1）进行分配概率的分配：

$$p_i = \begin{cases} q(1-q)^{i-1} & i=1,2,\cdots,N-1 \\ (1-q)^{N-1} & i=N \end{cases} \qquad （式 5.1）$$

这里的 q 是一个常数，代表最好个体的选择概率。

③ 基于局部竞争机制的选择

基于适应值比例的选择和基于排名的选择都是根据个体的适应值在种群中所占的比例或排名位置来确定选择概率，然后进行选择。因此，在群体规模很大时，这两种选择策略需要额外的计算量（如计算总体适应值或排序）。而基于局部竞争机制的选择策略能在一定程度上避免这些问题。

锦标赛选择（tournament selection）是一种有效的选择策略，其过程如下：首先，随机从群体中选择 k 个个体（可以重复选择或不重复选择），然后比较它们的适应值，选出适应值最好的个体作为生成下一代的父体。反复执行该过程，直到下一代个体数量达到预定的群体规模。参数 k 被称为竞赛规模，根据大量的实验总结，一般取 $k=2$。

(μ, λ) 和 $\mu+\lambda$ 选择：(μ, λ) 选择首先从规模为 μ 的种群中随机选择个体，通过交叉和变异生成 $\lambda(\lambda \geqslant \mu)$ 个后代，然后再从这些后代中选择 μ 个最优的后代作为新一代种群。而 $\mu+\lambda$

选择则是从这些后代与其父体共 $\mu+\lambda$ 个后代中选择 μ 个最优的后代。

（2）**交叉**

交叉操作是指从种群中随机选择两个个体，通过交换两个染色体的组合，将父串的优秀特征传递给子串，从而生成新的优秀个体。

在实际应用中，最常用的是**单点交叉算子**，该算子在配对的染色体中随机选择一个交叉位置，然后在该位置对配对的染色体进行基因位变换。其执行过程如下。

① 对种群个体执行随机配对操作。

② 逐一对配对的染色体，随机设置一个位置作为交叉点。

③ 根据设定的交叉概率 p 进行相互配对。

另有如下多种交叉算子可供选择。

① **双点交叉或多点交叉**：这种算子会随机选择两个或多个交叉点，然后对配对的染色体进行交叉运算，以改变染色体的基因序列。

② **均匀交叉**：使用此算子时，配对的染色体上的每个基因位置都以相同的概率进行交叉，从而生成新的基因序列。

图 5.4 中展示了单点交叉、双点交叉和均匀交叉的示例结果。

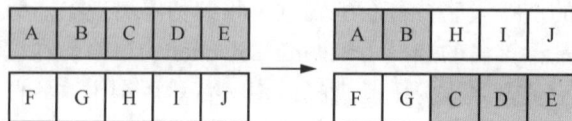

（a）单点交叉

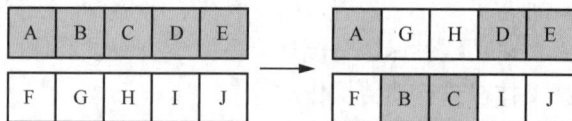

（b）双点交叉

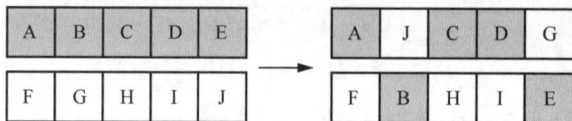

（c）均匀交叉

图 5.4　不同类型的交叉示例

（3）**变异**

为了避免遗传算法陷入局部最优解，需要对个体进行变异。在实际应用中，通常采用单点变异，也称为位变异。这意味着仅需对基因序列中的一个位进行变异，例如，在二进制编码中，将 0 变为 1，将 1 变为 0。

举例来说，对于基因序列 11011，若在从右到左第二位进行变异，则可以得到 11001。

在遗传算法的运行过程中，群体 $P(t)$ 经过选择、交叉、变异运算后得到下一代群体 $P(t+1)$。

5．终止判断条件

由于遗传算法（genetic algorithm，GA）中的许多控制转移规则是随机的，并未利用目标函数的梯度等信息，因此在演化过程中，难以确定个体在解空间的位置，也无法使用传统方法来判断算法是否收敛以终止算法。常用的终止算法方法包括如下几种。

（1）预先规定最大演化代数。

（2）如果连续多代后解的适应值没有明显改进，则终止算法。

（3）当达到明确的解目标时，终止算法。

从遗传算法的运算流程可以看出，进化操作过程简单易懂，为其他各种遗传算法提供了一个基本框架。

遗传算法简例

5.1.5 遗传算法应用举例

【例 5.4】用遗传算法求解一元函数最大值的优化问题为 $f(x)=x\sin(10\pi \cdot x)+2.0, x\in[-1,2]$。

1．编码

变量 x 为实数，并采用二进制编码形式。为了实现 6 位小数的求解精度，并考虑到区间长度为 $2-(-1)=3$，我们将 $[-1,2]$ 分为 3×10^6 等份。由于 $2\,097\,152=2^{21} < 3\times10^6 < 2^{22}=4\,194\,304$，因此，我们至少需要 22 位的二进制串来进行编码。

采用 22 位二进制编码，我们可以建立一个二进制串 $(b_{21}b_{20}\cdots b_0)$ 与区间 $[-1,2]$ 内对应的实数值之间的映射关系：

$$(b_{21}b_{20}\cdots b_0)_2 = \left(\sum_{i=0}^{21}b_i\cdot 2^i\right)_{10} = x'$$

$$x = -1.0 + x'\cdot\frac{2-(-1)}{2^{22}-1}$$

例如，一个二进制串 S_1=<1000101110110101000111>表示实数 0.637 197，

$$x' = \left(1000101110110101000111\right)_2 = 2\,288\,967$$

$$x = -1.0 + 2\,288\,967\times\frac{3}{2^{22}-1} = 0.637\,197$$

二进制串<0000000000000000000000>和<1111111111111111111111>，则分别表示区间的两个端点值-1 和 2。

2．产生初始种群

其过程是通过生成随机的二进制串来形成个体的染色体编码，每个个体的串长为 22 位。这些随机生成的二进制串将组成种群的初始个体。假设我们生成了 4 个初始个体，具体如下：

S_1=<1000101110110101000111>

S_2=<0000001110000000100000>

S_3=<1110000000111111000101>

S_4=<0010001000110111010010>

3．计算适应度

针对个体适应度的计算，考虑到在本例中目标函数在定义域内均大于 0，并且旨在求解函数的最大值，因此可以直接采用目标函数作为适应值函数，即 $f(s)=f(x)=x\sin(10\pi \cdot x)+2.0$。

在这里，二进制串 S 对应于变量 x 的值。初始种群中 4 个个体的适应值及其所占比例如表 5.1 所示。显然，4 个个体中 S_3 的适应值最大，因此被确定为最优个体。

表 5.1　初始种群中 4 个个体的适应值及其所占比例

编号	个体串	x	适应值	百分比/%	累计百分比/%
S_1	1000101110110101000111	0.637 197	2.586 345	29.1	29.1
S_2	0000001110000000100000	−0.958 973	1.078 878	12.1	41.2
S_3	1110000000111111000101	1.627 888	3.250 650	36.5	77.7
S_4	0010001000110111010010	−0.599 032	1.981 785	22.3	100

4．遗传操作

如果按轮盘赌方式选择子个体，并且生成的随机数为 0.35 和 0.72，则被选中的个体为 S_2 和 S_3。接下来，对 S_2 和 S_3 进行交叉操作，随机选择一个交叉点，例如，在从左到右的第 5 位和第 6 位之间进行交叉，产生新的子个体：

$S_2'=<00000|00000111111000101>$

$S_3'=<11100|01110000000100000>$

这两个子个体的适应值分别为

$f(S_2')=f(−0.998\ 113)=1.940\ 865$

$f(S_3')=f(1.666\ 028)=3.459\ 245$

交叉后，个体 S_3' 的适应值比其父个体的适应值高。

如果存在变异操作。假设以一小概率选择了 S_3 的从左到右的第 5 个遗传因子(即第 5 位)进行变异，遗传因子由原来的 0 变成 1，从而产生新的个体为

$S_3=<11101000001111111000101>$

计算新个体的适应值：$f(S_3')=f(1.721\ 638)=0.917\ 743$，发现个体的适应值比其父个体的适应值减少了，但是如果选择第 10 个遗传因子变异，产生的新个体为 $S_3''=<1110000001111111000101>$

$f(S_3'')=f(1.630\ 818)=3.343\ 555$

从变异结果可以看出，这个个体的适应值比其父个体的适应值提高了。这表明变异操作具有"扰动"作用。

5．模拟结果

设定种群大小为 50，交叉概率 $p_c=0.25$，变异概率 $p_m=0.01$，按照标准的遗传算法，在运行到第 89 代时可获得最佳个体为

$S_{max}=<1111001100111111001011>$，

$x_{max}=1.850\ 549$，$f(x_{max})=3.850\ 274$。

该个体对应的解与微分方程预计的最优解情况吻合，展示了遗传算法在求解非线性方程最优解方面的效果。

5.2 蚁群算法

蚁群算法（ant colony optimization，ACO）是一种群体智能算法，它源自蚂蚁寻找食物的行为，常用于解决组合优化问题，如旅行商问题（traveling salesman problem，TSP）和Job-shop 调度问题。其核心思想在于模拟蚂蚁释放信息素的过程，以引导整个蚁群在搜索空间中找到最优解。在接下来的内容中，我们将着眼于蚁群算法的模拟实验，深入探讨其运作原理。

5.2.1 蚁群算法的模拟实验和理论

（1）实验概述：在这项实验中，蚂蚁在未事先获知食物位置的情况下开始搜索食物，一旦发现食物，蚂蚁会通过释放信息素到周围环境中来吸引其他蚂蚁加入搜索，从而使得更多蚂蚁找到食物。然而，一些蚂蚁不会选择重复相同的路径，而是试图寻找更短的路径。如果新路径比之前的路径更短，那么更多的蚂蚁会被吸引到这条新路径上。最终，经过一段时间，可能会出现大多数蚂蚁在接近最短路径的地方被重复寻找。

这个问题引发了对蚂蚁是否具有智能的更深入思考，以及如果要设计这样的智能程序，需要设置哪些功能。值得注意的是，该实验中每只蚂蚁的核心程序编码不超过 100 行。为什么这样简单的程序能够让蚂蚁一起完成如此复杂的任务呢？答案在于：通过巧妙地利用简单规则来实现集体智慧。

（2）集体智慧规则：每只蚂蚁实际上不需要了解整个环境的信息，它们只能观察到很小范围内的信息，并根据这些局部信息使用几条简单的规则做出决策。这些规则包括如下几个。

① **观察范围**：蚂蚁的视野受速度半径 v 限制，通常设置在 3 到 5 之间。在这个范围内，蚂蚁能够观察到一个 $v \times v$ 的方格世界，并且它的移动范围也受此限制。

② **环境**：蚂蚁生活在一个虚拟环境中，其中包括障碍物、其他蚂蚁和信息素。信息素分为两种类型。一种是食物信息素，由发现食物的蚂蚁释放；另一种是巢穴信息素，由找到巢穴的蚂蚁释放。每只蚂蚁只能感知到其周围环境中的信息，并且信息素会以一定速率逐渐消失。

③ **觅食规则**：蚂蚁在其感知范围内寻找食物的行为策略。当蚂蚁探测到食物时，会直接向其移动；若未探测到食物，则会探查周围环境是否存在信息素，并选择感知范围内信息素浓度最高的位置作为移动目标。此外，蚂蚁还会以一定概率进行随机移动，不一定始终朝着信息素浓度最高的方向移动。对于寻找巢穴的规则，虽然类似，但是探查的是巢穴释放的信息素而不是食物释放的信息素。

④ **移动规则**：指导着蚂蚁的移动行为。蚂蚁倾向于选择周围信息素浓度最高的方向进行移动。当周围没有信息素引导时，蚂蚁会根据其当前的运动方向进行惯性移动，并在移动路径上引入微小的随机扰动，以增加搜索的多样性。为了避免在同一地点徘徊，它们会记忆最近经过的位置，并尽可能避免重复经过这些区域。

⑤ **避障规则**：指导蚂蚁在遭遇障碍物时的行动策略。当蚂蚁面临障碍时，它将随机选择另一个方向进行移动以避开障碍。

⑥ **信息素释放规则**：规定了蚂蚁在发现食物或巢穴时释放的信息素浓度最高，随着距

离的增加，信息素的浓度逐渐降低。

基于这些规则，尽管蚂蚁之间不存在直接的通信渠道，但它们通过与环境的交互和信息素的释放相互联系。当一只蚂蚁发现食物时，并非直接向其他蚂蚁传达信息，而是通过向周围环境释放信息素来间接沟通。其他蚂蚁在经过时会察觉到这些信息素的存在，并根据信息素的浓度分布来确定食物的位置。

（3）实验的参数设置对于完成模拟实验至关重要，以下是必须设定的参数。

① **最大信息素**：蚂蚁在开始时释放的信息素总量，该参数决定了系统中信息素的存在程度，对实验结果产生重要影响。

② **食物释放信息素半径**：在食物点和巢穴点附近释放信息素的范围，较大的半径可增加蚂蚁发现这些点的机会。

③ **信息素消减速度**：环境中已有信息素随时间消减的速度，该参数决定了信息素的持久性，数值越大表示信息素消减越快。

④ **错误概率**：蚂蚁不按照信息素最大区域移动的概率，该值的增加会促使蚂蚁更频繁地尝试新的路径。

⑤ **速度半径**：蚂蚁每次移动的最大距离，也是其感知范围的大小，直接影响了蚂蚁在环境中的搜索能力。

⑥ **记忆能力**：蚂蚁能够记住最近经过的点的数量，该参数的调整可以防止蚂蚁陷入原地打转的状态，但也会影响系统的运行速度。

（4）实现原理如下。

① 蚂蚁如何找到食物？

当环境中缺乏蚂蚁发现食物的情况下，信息素在环境中稀缺。蚂蚁之所以能够相对有效地找到食物，主要归因于其移动规则，特别是在缺乏信息素的情况下的移动规则。首先，蚂蚁倾向于保持一定的惯性，以尽量向前移动，即使初始前进方向是随机固定的。其次，蚂蚁的运动具有一定的随机性，它们不会一直沿直线移动，而是受到随机扰动的影响。这样的移动模式使得蚂蚁的行动具有一定的目的性，虽然它们保持原始方向，但也会进行新的尝试，尤其是在遇到障碍物时会立即改变方向。这种行为能够解释为什么单只蚂蚁能够在复杂的迷宫中找到非常隐蔽的食物。一旦有蚂蚁发现了食物，其他蚂蚁便能够通过信息素迅速找到食物的位置。

② 蚂蚁如何找到最短路径？

在这个过程中，信息素扮演着关键角色，其影响力不可低估。同时，环境因素也在其中发挥重要作用，包括计算机时钟的作用。信息素密集的区域通常会吸引更多的蚂蚁聚集，因为这些地方经常被蚂蚁经过，导致信息素不断被释放。假设存在两条路径从巢穴通向食物源，初始时，这两条路径上的蚂蚁数量相等。当蚂蚁沿着一条路径到达目的地后，它们会立即返回，导致短路径上的蚂蚁往返时间更短，重复频率更高。因此，在单位时间内，短路径上的蚂蚁数量和释放的信息素都更多，从而吸引更多的蚂蚁前来。长路径上的情况则相反。因此，越来越多的蚂蚁会聚集在较短的路径上，逐渐揭示出最短路径。

例如，假设蚂蚁从点 A 出发，而食物位于点 D。考虑到蚂蚁的速度相同，蚂蚁可能随机选择路径 ABD 或 ACD。在初始时刻，每条路径分配一只蚂蚁，并且在每个时间单位，蚂蚁前进一步。经过 4 个时间单位后，蚂蚁的位置情况如下：走路径 ABD 的蚂蚁已经到达终点，而走路径 ACD 的蚂蚁刚好到达点 C，距离点 D 的距离是路径 ACD 长度的一半，如图 5.5 所示。

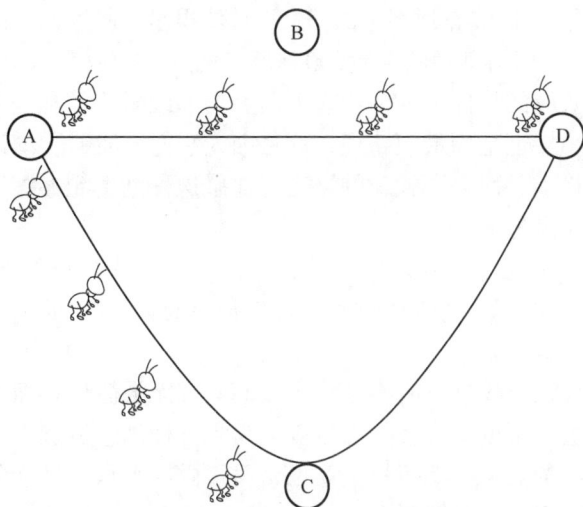

图 5.5　4 个时间单位后蚂蚁的分布

图 5.6 显示了经过 8 个时间单位后蚂蚁的位置情况：那些选择路径 ABD 的蚂蚁已经抵达终点并成功获取食物，然后返回到起点 A，而选择路径 ACD 的蚂蚁目前位于 D 点。

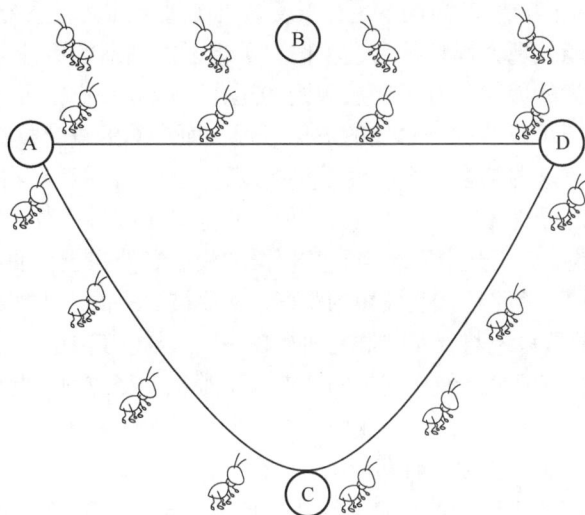

图 5.6　8 个时间单位后蚂蚁的分布

　　蚂蚁每经过一个位置都会释放一个单位的信息素，假设不考虑信息素的衰减情况。经过 16 个时间单位后，所有初始同时出发的蚂蚁都通过不同的路径从点 D 取得了食物。此时，路径 ABD 上的蚂蚁已经完成了两次往返，每个位置的信息素浓度为 4 个单位；而路径 ACD 上的蚂蚁只完成了一次往返，每个位置的信息素浓度为 2 个单位。因此，路径 ABD 上的信息素浓度将会大于路径 ACD 上的信息素浓度，其比值为 2∶1。

　　在持续寻找食物的过程中，根据信息素浓度吸引蚂蚁的原则，蚁群在 ABD 路径上增加了一只蚂蚁（共 2 只），而 ACD 路径上仍然只有一只蚂蚁。另外经过 16 个时间单位，ABD 路径和 ACD 路径上的信息素单位积累分别为 12 和 4，比值为 3∶1。根据上述规则继续进行，蚁群在 ABD 路径上将再增加一只蚂蚁（共 3 只），而 ACD 路径上仍然只有一只蚂蚁。再经过 16 个时间单位后，ABD 路径和 ACD 路径上的信息素单位积累分别为 24 和 6，比值为 4∶1。

若持续这一过程，根据信息素的引导，最终所有蚂蚁将会放弃 ACD 路径，而选择 ABD 路径，表现出正反馈效应的特性。或许会有人质疑局部最短路径和全局最短路径之间的差异。实际上，蚂蚁逐步接近全局最短路径，这是因为它们会犯错，即以一定概率不朝着信息素浓度最高的方向移动，而去寻找新的路径。如果这种创新能够缩短路径，根据前述原理，更多的蚂蚁会被吸引过来。

（5）模拟试验结果的思考：在蚂蚁群的整个活动过程中，蚂蚁所表现出的智能行为完全源自其简单的行为规则。这些规则的综合特征具有两个方面的重要性：**多样性**和**正反馈**。

多样性确保了蚂蚁在寻找食物时不会陷入死胡同或无限循环；而正反馈机制则确保了相对有效的信息能够被保留下来。多样性可以被视为一种创造性能力，而正反馈则是一种强化学习能力。正反馈的效应类似于权威意见，而多样性则是通过创新性打破权威。只有这两者相互结合，智能行为才能够产生。

从更广泛的角度来看，自然的进化、社会的进步以及人类的创新，都与多样性和正反馈密切相关。多样性保证了系统的创新能力，而正反馈则强化了优良特性。这两个因素必须恰到好处地结合。如果多样性过于丰富，系统将变得过于活跃，类似于蚂蚁的随机移动过多，导致混乱；相反，如果多样性不足，正反馈机制过于强大，系统将变得呆滞无生气。在蚁群系统中，这可能表现为蚂蚁行为过于僵化，难以发现新的更佳路径。

复杂性和智能行为的展现是基于底层规则的运作，因此我们需要深入探究这些规则的起源。这些规则的来源可以追溯到自然的进化过程，而自然的进化规律则以多样性和正反馈的巧妙结合为体现。这种结合为系统赋予了高度适应性和智能行为的特征。

通过模拟真实蚁群寻找食物的过程，我们能够建立人工蚁群系统，用于解决各种最优化问题，比如旅行商问题。人工蚁群系统与真实蚁群的相似之处在于它们都倾向于选择信息素浓度较高的路径，通常这些路径代表较短的距离，从而被更多的人工蚂蚁选择，实现最优化的结果。然而，人工蚁群系统与真实蚁群之间存在一些差异。其中之一在于人工蚁群系统具备一定的记忆能力，能够记录已经访问过的节点，以避免重复访问。此外，在选择下一条路径时，人工蚁群系统会按照特定的算法规则有意识地寻找最短路径，而非盲目选择。

综上所述，蚁群算法具备以下优势。

（1）并行性：蚁群算法是一种本质上的并行算法，每只蚂蚁都独立搜索路径。

（2）自组织性：蚁群算法是一种自组织的算法，即系统在没有外部干预的情况下，能够自行从无序状态向有序状态演变。

（3）鲁棒性：蚁群算法具备较强的鲁棒性，能够适应不同的问题领域和复杂环境。

（4）正反馈性：蚁群算法采用正反馈机制，蚂蚁根据路径上信息素的堆积情况做出决策，从而找到最优路径。

5.2.2　基本蚁群算法及流程

下面我们将运用基础的蚁群算法来解决具有 n 个城市的旅行商问题。算法初始化时，我们假设将 m 只蚂蚁随机分布在 n 座城市中，并将每只蚂蚁的禁忌表（tabu list）的第一个元素设置为其当前所在的城市。此时，所有路径上的信息素量相等，我们设定 $\tau_{ij}(0)=c$，其中 c 为一个较小的常数。接着，每只蚂蚁将独立根据路径上的残留信息素量和启发式信息（即两城市之间的距离）选择下一个要前往的城市。在时刻 t，蚂蚁 k 从城市 i 移动到城市 j 的概率 $p_{ij}^k(t)$ 可以表示为：

$$p_{ij}^k(t) = \begin{cases} \dfrac{[\tau_{ij}(t)]^\alpha \cdot [\eta_{ij}(t)]^\beta}{\sum_{s \in J_k(i)} [\tau_{is}(t)]^\alpha \cdot \eta_{is}{}^\beta}, & \text{当} j \in J_k(i) \text{时} \\ 0, & \text{其他} \end{cases} \qquad (\text{式 5.2})$$

（式 5.2）中，$J_k(i) = \{1, 2, \cdots, n\} - \text{tabu}_k$ 表示蚂蚁 k 下一步允许选择的城市集合，其中禁忌表 tabu_k 记录了蚂蚁 k 当前已经访问过的城市。当所有 n 座城市都被添加到禁忌表 tabu_k 中时，蚂蚁 k 完成一次周游，此时蚂蚁 k 所走过的路径即为 TSP 的一个可行解。式中的 η_{ij} 是一个启发式因子，表示蚂蚁从城市 i 转移到城市 j 的期望程度。在蚁群算法中，η_{ij} 通常取城市 i 与城市 j 之间距离的倒数。α 和 β 分别表示信息素和期望启发式因子的相对重要程度。当所有蚂蚁完成一次周游后，各路径上的信息素根据（式 5.3）进行更新：

$$\tau_{ij}(t+n) = (1-\rho) \cdot \tau_{ij}(t) + \Delta\tau_{ij} \qquad (\text{式 5.3})$$

在（式 5.3）中，符号 ρ 代表了路径上信息素的蒸发系数，其取值范围为 $0<\rho<1$，而其补数 $1-\rho$ 则表示了信息素的持久性系数。另外，符号 $\Delta\tau_{ij}$ 表示本次迭代中边 ij 上信息素的增量，即 $\Delta\tau_{ij} = \sum_{k=1}^{m} \tau_{ij}^k$。

其中，$\Delta\tau_{ij}^k$ 表示第 k 只蚂蚁在当前迭代中在边 ij 上的信息素增量。如果蚂蚁 k 没有经过边 ij，则 $\Delta\tau_{ij}^k$ 的值为零。$\Delta\tau_{ij}^k$ 的表达式如下所示：

$$\Delta\tau_{ij}^k = \begin{cases} \dfrac{Q}{L_k}, & \text{当蚂蚁 } k \text{ 在本次周游中经过边 } ij \text{ 时} \\ 0, & \text{其他} \end{cases} \qquad (\text{式 5.4})$$

其中，Q 代表一个常数，L_k 表示第 k 只蚂蚁在本次周游中所走过的路径长度。

蚁群算法实际上是一种将正反馈原理与启发式算法结合的算法。在选择路径时，蚂蚁不仅利用了路径上的信息素，还考虑了以城市间距离的倒数作为启发式因子。基本蚁群算法的具体实现步骤如下。

（1）参数初始化。设定时间 t=0 和循环次数 N=0，设定最大循环次数 G，将 m 只蚂蚁放置于 n 个城市上，并初始化有向图中每条边（i, j）上的信息素量 $\tau_{ij}(t)$ 为常数 c，初始时刻 $\Delta\tau_{ij}(0)$=0。

（2）增加循环次数：N=N+1。

（3）设置蚂蚁的禁忌表索引号：k=1。

（4）增加蚂蚁个体计数：k=k+1。

（5）蚂蚁个体根据状态转移概率公式（式 5.2）计算元素 j 的选择概率，其中 $j \in \{J_k(i)\}$。

（6）更新禁忌表，将选择的元素添加到蚂蚁个体的禁忌表中，并移动蚂蚁到新的元素位置。

（7）如果蚂蚁个体尚未遍历完所有元素，即 k<m，则返回步骤（4）；否则执行步骤（8）。

（8）记录本次最佳路线。

（9）根据（式5.3）和（式5.4）更新每条路径上的信息素量。

（10）如果满足结束条件，即数 $N \geq G$，则循环结束并程序输出优化结果；否则清空禁忌表并返回步骤（2）。

蚁群算法的运算流程如图5.7所示。

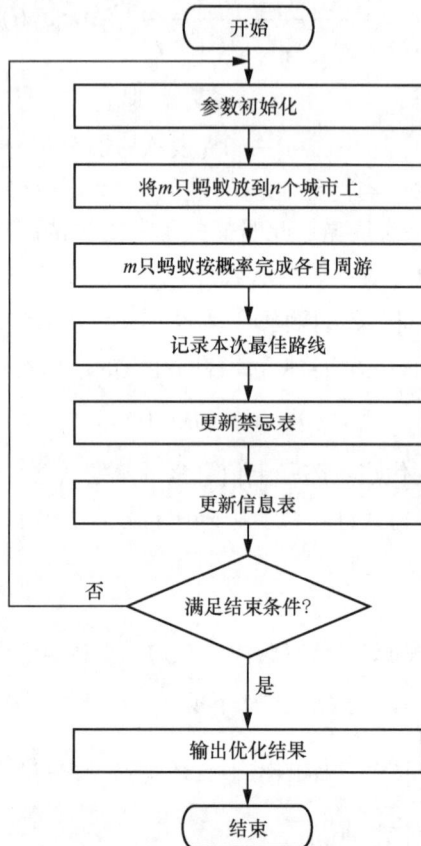

```
        ┌──────────┐
        │   开始    │
        └────┬─────┘
             ↓
    ┌─────────────────┐
    │    参数初始化     │
    └────────┬────────┘
             ↓
    ┌─────────────────┐
    │ 将m只蚂蚁放到n个城市上 │
    └────────┬────────┘
             ↓
    ┌─────────────────┐
    │ m只蚂蚁按概率完成各自周游 │
    └────────┬────────┘
             ↓
    ┌─────────────────┐
    │   记录本次最佳路线   │
    └────────┬────────┘
             ↓
    ┌─────────────────┐
    │    更新禁忌表      │
    └────────┬────────┘
             ↓
    ┌─────────────────┐
    │    更新信息表      │
    └────────┬────────┘
             ↓
  否   ◇─────────────◇
 ◁─────│  满足结束条件?  │
       ◇──────┬──────◇
              │ 是
              ↓
    ┌─────────────────┐
    │    输出优化结果     │
    └────────┬────────┘
             ↓
        ┌──────────┐
        │   结束    │
        └──────────┘
```

图 5.7　蚁群算法的运算流程

5.3　鸟群算法

鸟群算法是一种集智技术，最早由克雷格·W.雷诺兹（Craig W.Reynolds）在1987年的 SIGGRAPH（special interests group for computer graphics，计算机图形图像特别兴趣小组）论文 "Flocks, Herds, and Schools: A Distributed Behavioral Model" 中提出。该技术包括三个简单的规则，当这些规则结合在一起时，能够模拟出类似鸟群、鱼群或蜂群等自治体群体行为的真实形式。假设存在 N 个智能体（也称为个体或实体），每个智能体 i 的位置由二维向量 $P_i = (x_i, y_i)$ 表示，速度由向量 V_i 表示。现在我们来详细了解一下这些由 Reynolds 称为"定向行为"的规则。

（1）**分离**（separation）：分离规则是鸟群算法中的一项关键行为，其目的在于确保每个个体都能避免与周围其他个体过于接近，从而避免碰撞，如图5.8所示。这一规则的实现方式是使每个智能体尽可能与其邻近的智能体保持一定距离，模拟真实世界群体的自然排列状态，以避免拥挤现象的发生。智能体 i 通过计算与其他所有智能体的距离，然后选择一个远离距离过近的智能体的向量来实现分离效果。这个分离向量 $\boldsymbol{S}_i$ 可以通过（式 5.5）得到：

$$S_i = \sum_{j=1,j\neq i}^{N} \frac{\boldsymbol{P}_j - \boldsymbol{P}_i}{|\boldsymbol{P}_j - \boldsymbol{P}_i|^2} \qquad （式 5.5）$$

这个公式中的分子表示智能体 i 与其他智能体 j 之间的距离向量，而分母则代表智能体 i 与智能体 j 之间的距离的平方。这个公式实际上是在对所有的智能体 j 进行求和，但要排除 i 自身(即 $j \neq i$)。

（2）对齐（alignment）：每个个体都试图将其速度和方向与周围个体的平均速度和方向相对齐，如图 5.9 所示，这是对齐规则的关键。该规则使得智能体能够与其周围的邻近主体保持一致的方向或速度。智能体 i 计算所有其他智能体的平均速度（排除了自身），然后调整其速度以与该平均速度保持一致。这种对齐向量 $\boldsymbol{A}_i$ 可以通过（式 5.6）得到：

$$A_i = \frac{(\sum_{j=1,j\neq i}^{N} V_j)}{N-1} \qquad （式 5.6）$$

该公式的分子表示所有智能体（除了自身）的速度向量之和，分母表示除自身外的智能体的总数。

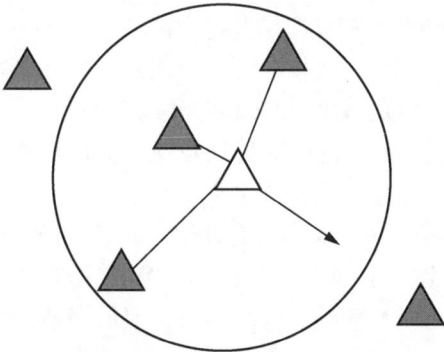

图 5.8　分离规则

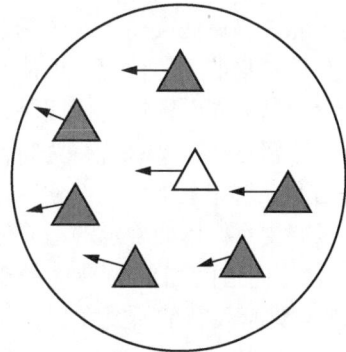

图 5.9　对齐规则

（3）**凝聚**（cohesion）：每个个体都努力靠近并保持在周围个体的平均位置附近，这一规则赋予了主体与周围邻近主体"凝聚"的能力，模拟了自然界中类似的行为，如图 5.10 所示。智能体 i 会计算所有其他智能体的平均位置（排除了自身），然后试图移动到这个平均位置附近。这个凝聚向量 $\boldsymbol{C}_i$ 可以通过（式 5.7）计算得到：

$$C_i = \frac{(\sum_{j=1,j\neq i}^{N} \boldsymbol{P}_j)}{N-1} - \boldsymbol{P}_j \qquad （式 5.7）$$

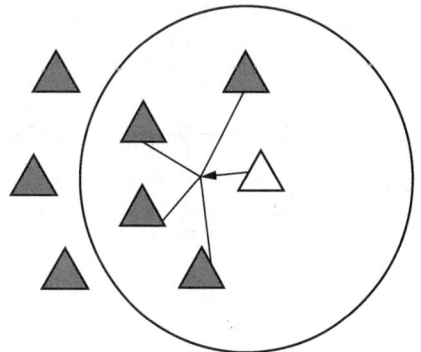

图 5.10　凝聚规则

该公式的分子表示所有智能体（除了智能体 i 自身）的位置向量之和，分母则表示除自身外的智能体总数。

然后，基于这3个向量，我们可以计算智能体 i 的新速度向量 V_i'，其可由（式5.8）得到：

$$V_i' = V_i + w_1 \times S_i + w_2 \times A_i + w_3 \times C_i \qquad (式5.8)$$

在这种情况下，w_1，w_2 和 w_3 是权重，它们的值决定了分离、对齐和凝聚规则对速度更新的相对影响程度。接着，我们可以根据新的速度向量来更新智能体 i 的位置，其更新规则如（式5.9）所示：

$$P_i' = P_i + V_i' \times \Delta t \qquad (式5.9)$$

其中，Δt 是时间步长。

这构成了鸟群算法的基本数学表述。然而，需要注意的是，为了防止智能体的速度过快，我们通常会对速度设置一个上限。此外，分离、对齐和凝聚规则通常仅考虑邻近的智能体，即在一定范围内距离智能体 i 的其他智能体。

5.4 粒子群算法

5.4.1 粒子群算法的发展背景

粒子群（particle swarm optimization，PSO）算法最早由罗素·C.埃伯哈特（Russell C. Eberhart）和詹姆斯·肯尼迪（James Kennedy）于1995年提出，其基本概念源于对鸟群觅食行为的研究。该算法设想了一个场景：一群鸟在随机搜寻食物，区域内只有一块食物，鸟群并不知道食物的具体位置，但能感知当前位置与食物的距离。因此，最优策略便是在离食物最近的鸟的周围区域进行搜寻，这被认为是最简单有效的方法。

PSO算法汲取了生物种群行为特性的启发，并用于解决优化问题。在PSO中，将每个优化问题的潜在解想象为多维搜索空间上的一个点，我们称之为"粒子"（particle）。这些粒子不仅具有由目标函数确定的适应值（fitness value），还具有速度，决定它们飞行的方向和距离。粒子们追随当前的最优粒子在解空间中搜索。克雷格·W.雷诺兹（Craig W. Reynolds）对鸟群飞行的研究发现，鸟仅仅追踪其有限数量的邻居，但最终整个鸟群好像受到一个中心的控制。通俗的解释是，复杂的全局行为是由简单规则相互作用产生的。适应度函数用来判断当前位置对粒子的吸引力，适应度函数值越大，表示位置越好，对粒子的吸引力也越大，因此适应度函数值越有可能是最优解。

5.4.2 粒子群算法的基本思想

PSO的核心原理在于利用个体间的信息共享和协作筛选来寻找最优解。每个粒子都具有速度和位置两个属性，其中速度包括大小和方向，而位置表示粒子在搜索空间中的当前坐标。

算法首先初始化一个包含多个粒子的种群，每个粒子都被赋予初始位置和速度，并根据适应度函数计算其适应度值，同时将其标记为当前个体的历史最优解。随后，粒子们通过共享信息协作，以获取全局历史最优解，并进行迭代更新自身的速度和位置，同时计算新的适应度函数值。在这个过程中，若某个粒子的新适应度函数值大于其个体历史最优解，则更新该粒子的个体历史最优解。当所有粒子的个体历史最优解都更新完毕后，一并更新全局历史最优解，并继续迭代以获得新的速度和位置。图5.11展示了粒子群算法的流程。

速度和位置更新公式如下：

$$v_{i+1} = v_i + c_1 \times \text{rand}() \times (pbest_i - x_i) + c_2 \times \text{rand}() \times (gbest_i - x_i) \quad \text{（式 5.10）}$$

$$x_{i+1} = x_i + v_i \quad \text{（式 5.11）}$$

（式 5.10）中的第一部分被称为"惯性项"（inertia term），它反映了上一时刻速度对当前速度的影响；第二部分被称为"个体认知项"（cognitive term），它代表粒子朝着其个体历史最优解的方向搜索的趋势；第三部分称为"群体认知项"（social term），它表示粒子在解空间中向整个邻域中曾经发现的最优解搜索的趋势，体现了粒子间的协同合作和知识共享。这些项综合考虑了粒子自身经验和邻近粒子的最佳经验，从而指导粒子进行下一步的运动。（式 5.11）用新的速度来更新当前粒子的位置信息。

1998 年，史玉辉和詹姆斯·肯尼迪（James Kennedy）引入了惯性权重 w，并提出了标准 PSO 算法，该算法动态调整惯性权重，以平衡全局搜索和收敛速度。

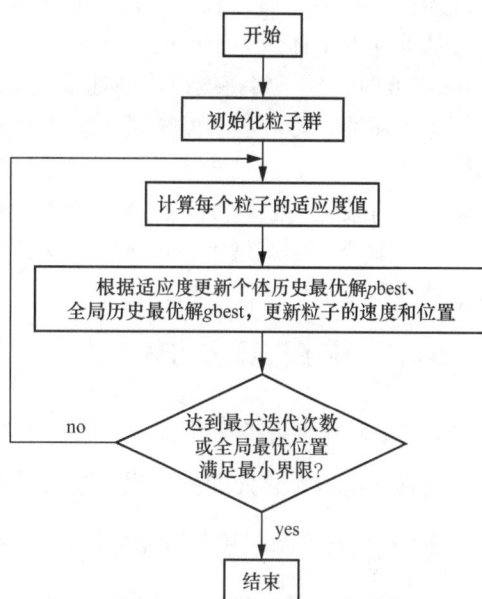

图 5.11　粒子群算法的流程

$$v_{i+1} = w \times v_i + c_1 \times \text{rand}() \times (pbest_i - x_i) + c_2 \times \text{rand}() \times (gbest_i - x_i) \quad \text{（式 5.12）}$$

在（式 5.12）中，个体规模 N 表示粒子群中的总粒子数，通常取值在 20 到 40 之间。对于更具挑战性或特定类型的问题，可考虑将其值设定在 100 到 200 之间。粒子的速度 v_i 代表其运动速度。若速度 v_i 过快，可能会增强搜索能力，但也会增加错过最优解的风险；若速度 v_i 较小，则会增强局部搜索的能力，但也容易陷入局部最优解。而 x_i 则表示粒子的当前位置，而 rand() 则是指 0 到 1 之间的随机数。

惯性因子 w 是一个非负值，用以表示上一代速度对当前速度的影响。当 w 值较大时，粒子具有较强的全局寻优能力但较弱的局部寻优能力；反之，当 w 值较小时，粒子则表现出较强的局部寻优能力但较弱的全局寻优能力。

因此，采用动态惯性因子能够获得比固定值更优的寻优结果。动态惯性因子的调整可以通过线性变化实现，也可以根据 PSO 性能的某个测度函数进行动态改变。目前较为常见的做法是采用线性递减权重策略。

$$w = w_{\max} - (w_{\max} - w_{\min}) \times \frac{\text{run}}{\text{run}_{\max}} \quad \text{（式 5.13）}$$

在这里，$w_{\max}$ 代表最大惯性权重，$w_{\min}$ 表示最小惯性权重，run 表示当前迭代次数，$\text{run}_{\max}$ 表示算法迭代总次数。对于较大的问题空间，随着迭代次数的增加，惯性系数应逐渐减小，以使粒子群算法在初始阶段具有较强的全局搜索能力，能够探索之前未达到的区域；而在后期则具有较强的局部寻优能力，以进行精细搜索，提高算法的收敛速度。

下面我们对（式 5.12）中的个体认知因子 c_1 和群体认知因子 c_2 进行分析。若 c_1 选取过大，将使得个体认知对粒子速度产生过大影响，导致粒子更倾向于优先考虑自身认为的最佳位置；相反，若 c_2 选取过大，则会使群体认知对粒子速度的影响更大，使粒子更倾向于

演化搜索和群集智能　第 5 章

优先考虑整个群体的最佳位置。若 c_1 和 c_2 同时选取过小，则表明粒子当前的飞行速度的大小和方向将更为稳定。当 $c_1 = 0$ 时，表明只有群体认知，而没有个体认知，即粒子过度依赖于群体；当 $c_2 = 0$ 时，表明只有个体认知，而没有群体影响，使得粒子都认为自己是最优的，从而朝着个体认为正确的方向飞行，这将直接导致粒子群算法失去整体寻优能力。当 $c_1 = c_2 = 0$ 时，粒子将持续以当前速度飞行，难以找到最优解。

综上所述，影响粒子群算法效率和精度的主要参数包括惯性权重 w、个体认知因子 c_1 和群体认知因子 c_2。一般情况下，初始时设置 w 较大，c_1 较大，c_2 较小，以使得算法在初始阶段具有较强的全局搜索能力，能够探索未开发的区域；而随着迭代的进行，w 逐渐减小，c_1 也减小，c_2 则增大，以增强算法的局部寻优能力，促使粒子在当前解的周围进行更精细地搜索，加快算法的收敛速度。

5.4.3 粒子群算法的基本流程

1．粒子群初始化阶段

在这一阶段，首先随机生成一组粒子，每个粒子具有随机确定的初始位置和速度。

2．初始化个体最优位置和群体最优位置

针对每个粒子，我们记录其当前位置作为个体最优位置。同时，初始化群体最优位置为所有粒子中适应度最佳的位置。

3．更新粒子位置和速度

基于当前位置、速度、个体最优位置和群体最优位置，更新每个粒子的速度和位置。

4．适应度评估

对每个粒子计算适应度值，以评估其在问题空间中的表现。

5．更新个体最优位置和群体最优位置

对于每个粒子，比较其当前位置的适应度和个体最优位置的适应度，并相应更新个体最优位置。随后，比较所有粒子的适应度，以更新群体最优位置。

6．重复迭代

我们重复以上步骤，直到满足预定的终止条件，例如达到最大迭代次数或满足某个收敛标准。

在连续迭代过程中，粒子群算法会自适应地调整粒子的位置，逐渐朝向最小值靠拢。在实际应用中，粒子群算法的具体实现可能因问题的特性而异，包括速度和位置的更新规则以及惯性权重等参数的选择。

5.4.4 粒子群算法和遗传算法的比较

大多数演化计算技术都遵循以下类似的过程。

（1）种群的随机初始化：首先对种群中的个体进行随机初始化。

（2）适应值的计算：针对每个个体，计算其适应值，该适应值通常与其与最优解的距离直接相关。

（3）遗传操作：根据个体的适应值进行遗传操作，即繁衍下一代。这可能涉及选择、交叉和变异等操作。

（4）终止条件的检查：检查是否满足终止条件，如果满足则停止算法；否则返回步骤（2）。

这些步骤揭示了粒子群算法和遗传算法之间的许多相似之处。两种算法都以随机方式初始化种群，并使用适应值来评估个体。此外，它们都根据适应值进行一定程度的随机搜索。然而，需要注意的是，粒子群算法不涉及遗传、交叉和变异操作，而是根据粒子自身的速度来确定搜索方向。此外，粒子还具有记忆能力。

与遗传算法相比，粒子群算法的信息共享机制存在显著差异。在遗传算法中，通过染色体互相共享信息，使得整个种群在向最优区域移动时移动相对均匀。而在粒子群算法中，信息主要通过全局最优解传递给其他粒子，呈单向流动。整个搜索更新过程则是跟随当前最优解运动的过程。与遗传算法相比，在大多数情况下，粒子群算法能够更快地收敛于最优解。

习题

一、选择题

1. 遗传算法用于解决（　　　）。
A. 排序问题　　　　　B. 规划问题　　　　C. 最优化问题　　　　D. 决策问题

2. 遗传算法中不属于遗传操作的是（　　　）。
A. 选择-复制　　　　　B. 交叉　　　　　C. 变异　　　　　D. 遗传

3. 以下有关遗传算法错误的说法是（　　　）。
A. 遗传算法是利用几种遗传算子不断提升种群的适应度，从而达到适应度的最优值
B. 基因变异一定会产生更高适应度的种群个体
C. 基因浮点编码的计算速度一般高于二进制编码
D. 在函数优化问题中，适应度函数一般是与需要优化的函数对应的

4. 以下不属于遗传算法的编码方法常用编码方式的是（　　　）。
A. 二进制编码　　　　　　　　　B. 浮点数编码方法
C. 格雷码　　　　　　　　　　　D. 谓词演算编码

5. 遗传算法中，（　　　）体现了个体被选择的概率与其适应度值大小成比例。
A. 轮盘赌选择　　　　　　　　　B. 排序选择
C. 最优保存策略　　　　　　　　D. Boltzmann 选择

6. 遗传算法是迭代计算求解的方法。如何终止遗传算法，下列说法正确的是（　　　）。
A. 当适应度已经达到饱和，继续进化不会产生适应度更好的近似解时，可终止遗传算法。
B. 当某一个可行解已经满足满意解的条件，即满意解已经找到，可终止遗传算法。
C. 当进化到指定的代数（进化次数限制）或者当达到一定的资源占用量（计算耗费的资源限制，如计算时间、计算占用的内存等）时可终止算法，如当产生超过一定数量的不重复可行解后即可终止。
D. 仅有上述 A、B、C 几种终止遗传算法的情况。

7. 蚁群算法具有三种特征，以下不正确的是（　　　）。

A. 分布计算　　　B. 启发式搜索　　　C. 随机搜索　　　D. 信息正反馈

8. 蚁群算法的英文缩写是（　　　）。

A. ACO　　　　　B. PSO　　　　　C. PSG　　　　　D. PGV

9. 下列关于蚁群算法的说法不正确的是（　　　）。

A. 蚁群算法中每只人工蚂蚁都根据自己的情况释放信息素

B. 蚁群算法受到蚂蚁觅食过程中寻找巢穴-食物最短路径的启发

C. 单个蚂蚁的寻路具有很大的随机性，群体蚂蚁能够依靠单个蚂蚁释放的信息素来选择信息素浓度最高的道路

D. 蚁群算法适合解决两点之间距离最短的问题

10. 关于蚁群算法，下面叙述错误的是（　　　）。

A. 蚁群算法是一种应用于组合优化问题的启发式搜索算法。

B. 蚁群算法中，蚂蚁选择路径的原理是一种负反馈机制。

C. 蚁群算法是通过人工模拟蚂蚁搜索食物的过程，即通过个体之间的信息交流与相互协作最终找到从蚁穴到食物源的最短路径的。

D. 蚂蚁系统是一种增强型学习系统。

11. 下给出的智能算法中，不属于群体智能算法的是（　　　）。

A. 遗传算法　　　B. 蚁群算法　　　C. 粒子群算法　　　D. 深度优先搜索算法

12. 遗传算法中，变异算子的作用是（　　　）。

A. 模拟进化论中"优胜劣汰"的自然选择原则

B. 保证种群个体多样性

C. 产生后继节点

D. 避免搜索空间过大

13. 关于遗传算法的说法错误的是（　　　）。

A. 遗传算法是一种群搜索算法

B. 遗传算法是一种启发式算法

C. 遗传算法一定能找到最优解

D. 遗传算法中适应度可理解为生物群体中个体适应生存环境的能力

14. 在遗传算法中，对交叉概率，说法错误的是（　　　）。

A. 表示当代群中选中的染色体将会执行交叉算子的概率

B. 交叉概率越大，种群的多样性越高

C. 交叉概率越大，解的收敛性能越稳定

D. 交叉概率的值可以随种群进化而变化

二、简答题

1. 请简述遗传算法的步骤。

2. 请简要描述鸟群算法的"定向行为"规则。

3. 请简述蚁群算法优化过程的本质。

4. 请简述蚁群算法的基本思想。

5. 请简述粒子群和遗传算法的区别。

第6章 机器学习

【本章导读】

机器学习作为人工智能领域的一个分支，专注于通过从数据中学习经验来不断提升计算机系统的性能。其核心目标在于使计算机系统能够从数据中自主学习，并在此基础上改进其性能。在本章中，我们将深入研究监督学习和无监督学习的概念，以及这些方法在解决分类、回归和其他问题时的应用。我们将重点讨论几种经典算法，包括 K 近邻算法、决策树、朴素贝叶斯、支持向量机、聚类算法、回归分析、降维模型、关联分析、PageRank 算法以及马尔可夫模型，以深入了解它们的原理和特点。

6.1 机器学习与监督学习

机器学习作为一种技术，旨在通过学习获得能力，解决那些直接编程难以有效实现的复杂问题。在实践中，机器学习依赖于数据驱动的方法，通过对训练数据的学习来构建和优化模型，从而应用这些模型进行各种预测和决策。机器学习与模式识别、数据挖掘、统计学习、计算机视觉、语音识别以及自然语言处理等领域密切相关，这些领域共同构成了人工智能技术的核心组成部分。这些领域之间的关系可简明概括如下。

（1）模式识别 = 机器学习

模式识别和机器学习被视为同一领域的两个方面，尽管前者更多地应用于工业界，而后者源自计算机学科。

（2）数据挖掘 = 机器学习 + 数据库

数据挖掘被视为一种思维模式，其目的在于从数据中发掘知识，尽管并非所有的数据都具备挖掘出有用信息的潜力。大多数数据挖掘算法都是在数据库环境下优化了的机器学习算法。

（3）统计学习 ≈ 机器学习

统计学习与机器学习领域存在高度的重叠，因为大多数机器学习方法都植根于统计学的理论基础。因此，可以合理地认为统计学对机器学习的发展起到了促进作用。

（4）计算机视觉 = 图像处理 + 机器学习

计算机视觉涵盖了图像处理和机器学习两个方面，前者用于对输入图像进行预处理，以便适应机器学习模型，而后者则负责从图像中提取相关特征。计算机视觉的应用范围涵盖图像识别、图像风格转换、目标跟踪和语义分割等领域。

（5）语音识别 = 语音处理 + 机器学习

语音识别是音频处理技术与机器学习相结合的产物，通常与自然语言处理相关技术相互融合。

（6）自然语言处理 = 文本处理 + 机器学习

自然语言处理的目标在于使机器能够理解人类语言，其主要涵盖文本处理和机器学习两个方面。

目前，机器学习可被划分为三大范畴：监督学习、无监督学习和半监督学习。

（1）监督学习

监督学习（supervised learning）是利用已标记样本进行模型训练的一种方法，旨在通过学习已知输入和对应输出的关系来实现对未标记数据的准确预测。这种方法类似于通过解答已知问题的练习来提高考试成绩。在监督学习中，训练样本包含了输入和对应的输出标签信息，模型通过这些信息来学习输入和输出之间的关联，并在面对新的输入时进行准确的输出预测。其数学描述为训练数据由输入和输出对组成，而测试数据也由相应的输入输出对组成。

监督学习是机器学习中的一种核心范式，其典型问题包括回归问题和分类问题。回归问题涉及通过学习输入和输出之间的关系来预测连续变量的输出，而分类问题则涉及通过学习数据的特征来对离散变量进行分类。

在实践中，常见的监督学习算法包括线性回归、BP 神经网络、决策树、支持向量机、K 近邻等。

（2）无监督学习

无监督学习（unsupervised learning）的核心任务在于从未标记样本中挖掘数据的潜在结构和规律，通常通过聚类和降维技术来实现。聚类旨在将相似的样本聚合在一起，通常通过计算它们之间的距离来完成。而降维则旨在将高维数据映射到一个更低维的空间，以便保留原始数据的重要属性，最好是保持接近其固有维度。

常见的无监督学习算法包括密度估计、层次聚类、期望最大化（expectation maximization，EM）算法、k-means 以及 DBSCAN（density-based spatial clustering of application with noise）等。

（3）半监督学习

半监督学习（semi-supervised learning）位于监督学习和无监督学习之间，其核心特点是训练数据集一部分带有标签，而另一部分则没有标签。通常情况下，未标记数据的数量远远超过已标记数据的数量。半监督学习的基本原理在于，数据的分布往往呈现出一定的结构，因此通过利用有标签数据的局部特征以及更多无标签数据的整体分布，可以获得令人满意甚至优良的分类结果。

接下来，我们进行监督学习和无监督学习的对比分析。

（1）对比一：有标签 vs 无标签

在监督学习中，数据集通常被视为带有标签的，这种学习被形象地描述为"有老师指导的学习"，其中"老师"指的是标签。在这个学习范式中，首先利用已知的训练样本（例如配对的输入和输出数据）进行模型训练，优化模型参数，以期获得最佳模型表现。然后，这个经过训练的模型可以用于新数据的预测，从而生成输出结果。这个过程使得模型具备了泛化能力。

相对于监督学习，无监督学习被描述为"没有外部指导的学习"。在无监督学习中，数据直接用于模型构建和分析，这意味着这些过程是由机器自主学习和探索的。这个过程类似于人类认知世界的方式，因为我们的认知过程也可以用无监督学习的方式来描述。举例来说，当我们参观画展时，可能对艺术一无所知，但在观赏多幅作品后，我们能够粗略地将它们分成不同的派别，如抽象派和写实派。尽管我们对这些派别的具体含义不甚了解，但至少我们能够将它们大致归类为两个类别。

（2）对比二：分类 vs 聚类

在监督学习中，核心任务是进行分类，而无监督学习的核心则在于聚类。在监督学习中，主要挑战在于选择适当的分类器以及确定相应的权重，以便将数据样本准确地划分到不同的类别中。而在无监督学习中，重点是进行密度估计，即寻找一种方法来描述数据的统计特征，以便将数据集合分成由相似对象组成的多个类别。这意味着无监督学习算法只需了解如何计算相似度就能够开始工作。

（3）对比三：同维 vs 降维

在监督学习中，对于 n 维输入数据，特征被视为 n 维，并且通常表示为 $y = f(x_i)$ 或 $p(y \mid x_i)$，其中 $i=n$。然而，监督学习方法在处理高维数据时常缺乏有效的降维能力。

而无监督学习通常倾向于采用深度学习技术进行特征提取，或者直接运用层次聚类或项聚类等方法，以降低数据的特征维度，从而实现 $i<n$ 的目标。实际上，无监督学习常被应用于数据预处理阶段，采用某种平均-保留的方式对数据进行压缩，例如使用主成分分析（principal component analysis，PCA）或奇异值分解（singular value decomposition，SVD）等方法。随后，这些经过降维处理的数据可供深度卷积神经网络或其他监督学习算法使用。

（4）对比四：分类同时定性 vs 先聚类后定性

在监督学习中，输出结果直接与标签相对应，明确地指示其属性是好还是坏。一旦分类任务完成，标签也随之确定。这类似于中药铺中的药匣，药剂师采购回来一批药材，只需将每颗药材放入贴有标签的药匣中即可。

相对而言，无监督学习的结果呈现为一群群的聚类形式，类似于混合在一起的多种中药。对于一个外行来说，其主要任务在于将看似相似的药材挑选出来，并聚集成多个小堆。若要进一步识别这些小堆，则需要老中医的指导。因此，无监督学习可归类为先聚类后定性的范畴。

（5）对比五：独立 vs 非独立

在不同情境下，正负样本的分布可能会存在偏移，包括大的或较小的偏移。举例来说，考虑手动标注的数据用作训练样本，并将这些样本绘制在特征空间中，可能会观察到线性关系十分良好，但在分类界面上，仍可能存在一些混淆的数据样本。

这种现象的解释之一是，不论作为训练样本（监督学习）还是待分类的数据（无监督学习），并非所有数据都是相互独立分布的。换言之，数据之间存在关联性。在训练样本中，大的偏移可能会引入较大的噪声到分类器中，而在无监督学习中，情况则会相对较好。

因此，可以观察到，对于独立分布的数据，监督学习更为适用；而对于非独立分布的数据，无监督学习更为合适。

（6）对比六：不透明 vs 可解释性

由于监督学习最终输出一个结果或标签，通常为"是"或"否"，因此存在明显的倾向性。然而，如果你希望深入了解产生这一结果的原因，监督学习会告诉你："因为我们为每个字段乘以一组参数 $[w_1, w_2, w_3, \cdots, w_n]$。"但当你继续提问为何选择这个参数组，或者为何第一个字段乘以的是 0.01 而不是 0.02 时，监督学习会回答："这是我通过学习计算得出的。"然后，它将拒绝再回答你的任何问题。是的，监督学习的分类原因缺乏可解释性，或者说是不透明的，因为这些规则是通过人为建模得出的，它无法自动生成规则。因此，在需要明确规则的场景中，例如反洗钱，应用监督学习会变得非常困难。

相较于监督学习的不透明性，无监督聚类方法通常具有较强的解释性。当向无监督算法询问其将样本归为一组的原因时，它会解释这些样本在多个特征上的一致性，这种一致性使得它们被聚类在一起。这种解释有助于我们理解和解释聚类结果。通过进一步将这些特征组总结为规则，我们可以更清晰地理解聚类的原因。

鉴于前述对比，如何在监督学习和无监督学习之间做出选择呢？一旦我们理解了上述特点，便能够在进行数据分析时更有效地做出决策，如图 6.1 所示。首先，我们需要详细审查现有数据情况。如果缺乏标签和训练数据，那么无监督学习无疑是最佳选择。此外，全面了解数据将有助于提高模型准确性并缩短学习时间。因此，我们应关注数据的特征，如特征值类型（离散型或连续型）、是否存在缺失值及其原因、是否存在异常值以及各个特征值的频率分布等方面。

其次，需要考虑是否可以改善数据条件。在实际应用中，即使缺乏现成的训练样本，通过人工标注一些样本也可改善数据条件，从而进行监督学习。然而，某些数据表达可能非常隐晦，导致人工分类的困难。例如，在词袋模型中，我们使用 k-means 算法进行聚类，因为手头有大量高维度数据，所以若试图人工分类为50 类将十分困难。设想一下，一个淘气的孩子将 50 个 1 000 块的拼图混合在一起，你是否能够再次将这 50 000 个凌乱的小方块区分开呢？因此，面对此类情况，我们只能选择无监督学习。

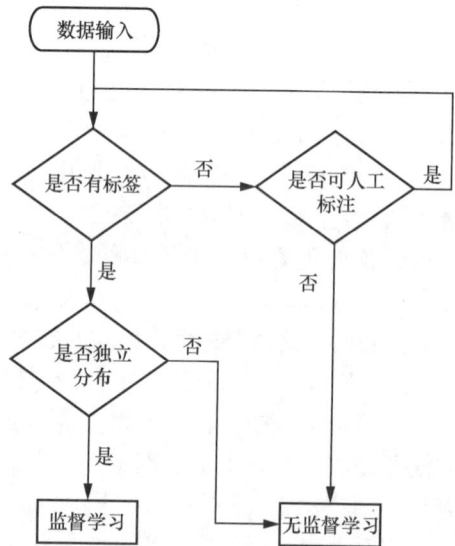

图 6.1 监督学习和无监督学习的选择流程

最后，需要考虑样本是否独立分布的情况。在有训练样本的情况下，监督学习通常优于无监督学习。然而，监督学习类似于使用安全绳探索悬崖，可以提供一定程度的指导。然而，对于非独立分布的数据，可能存在内在的未知联系，仅追求"标准答案"可能会忽略数据背后的隐藏关联。例如，在反欺诈领域中，这些隐藏关联往往涉及未知的欺诈团伙活动，因此，无监督机器学习能够更准确和广泛地实现欺诈检测。

表 6.1 是本章涉及算法在监督学习和无监督学习上的分类。

表 6.1 本章涉及算法在监督学习和无监督学习上的分类

监督学习	无监督学习
K 近邻算法、决策树、朴素贝叶斯、支持向量机、回归分析	k-means、DBSCAN、mean shift 聚类、主成分分析、关联分析、PageRank

6.2 KNN 算法

K 近邻（K nearest neighbors，KNN）算法是被广泛认可的最简单和最常用的分类算法之一，通常被归类为监督学习的一种。尽管在外观上，KNN 算法与另一种机器学习算法 K 均值（k-means）有些相似（k-means 是一种无监督学习算法），但它们在基本原理和应用方式上存在着根本性的差异。接下来，我们将深入探讨 KNN 算法的工作原理和应用领域。

6.2.1 KNN 算法介绍

KNN 算法中的 K 代表 K 个最近的邻居。这个命名反映了 KNN 算法的重要特征，即 K 的选择对算法性能至关重要。"最近邻"指的是当预测新值 x 时，根据其与 K 个最近数据点的距离来确定 x 所属的类别。我们可以通过图 6.2 更直观地理解这一概念。

举例来说，若考虑预测点用五角星表示，假设 K=2，即仅考虑最近的两个邻居。KNN 算法会寻找与该点距离最近的两个邻居，并以五角星为圆心绘制一个圆圈，接着观察这两个邻居所属的类别。在图 6.3 的示例中，菱形所在类别占据较大比例，因此新加入的五角星点将被归类到菱形所属的类别中，从而完成对五角星的分类。

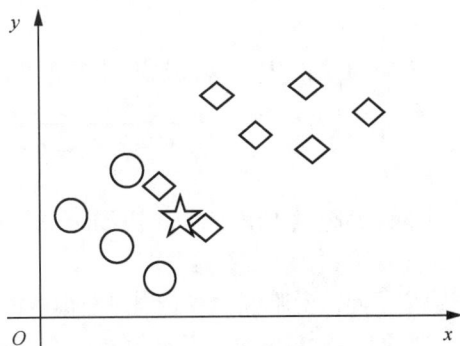

图 6.2　KNN 算法示例（一）

然而，当 K=5 时，分类结果会发生改变，具体如图 6.4 所示。在以五角星为圆心的圆圈内包含 5 个最近的点，这导致圆形的数量增多。因此，在这种情况下，新到达的五角星点将被分类到圆形所属的类别中。这个例子揭示了 K 值的不同选择对分类结果的影响。

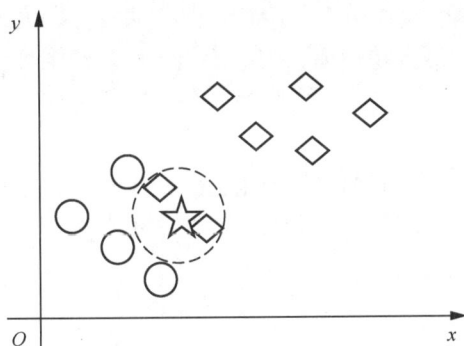

图 6.3　KNN 算法示例（二）

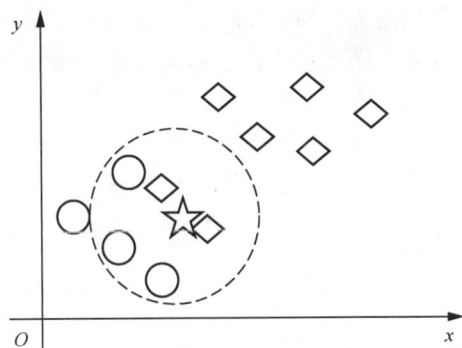

图 6.4　KNN 算法示例（三）

在熟悉了 KNN 算法的基本原理之后，下一步我们将深入探讨其两个关键要素：K 值的选取以及点与点之间距离的计算方法。

6.2.2 距离计算

空间中点之间的距离可以通过多种方式来衡量，包括欧氏距离、曼哈顿距离、马氏距离以及切比雪夫距离等方法。

欧几里得度量（Euclidean metric），又称为欧氏距离，是指在 m 维空间中两个点之间的实际距离，或者说是向量的自然长度。在二维和三维空间中，欧氏距离即为两点之间的实际距离。例如，在二维空间中，欧氏距离可表示为：

$$\rho = \sqrt{(x_2 - x_1)^2 + (y_2 - y_1)^2}$$

$$|X| = \sqrt{x_2^2 + y_2^2}$$

其中，ρ 为点 (x_2, y_2) 与点 (x_1, y_1) 之间的欧氏距离；$|X|$ 为点 (x_2, y_2) 到原点的欧氏距离。在三维空间中，欧式距离可表示为：

$$\rho = \sqrt{(x_2 - x_1)^2 + (y_2 - y_1)^2 + (z_2 - z_1)^2}$$

$$|X| = \sqrt{x_2^2 + y_2^2 + z_2^2}$$

在 n 维空间中，欧式距离可表示为：

$$d(x, y) = \sqrt{(x_1 - y_1)^2 + (x_2 - y_2)^2 + \cdots + (x_n - y_n)^2} = \sqrt{\sum_{i=1}^{n}(x_i - y_i)^2}$$

曼哈顿距离（Manhattan distance），又称为"城市街区距离"（city block distance），其名称源于曼哈顿街区的行车情景，即从一个十字路口到另一个十字路口的实际驾驶距离。与直线距离不同，曼哈顿距离是通过在街区内沿着水平和垂直轴移动来测量两点之间的距离。

例如，二维平面两点 a(x_1, y_1) 与 b(x_2, y_2)间的曼哈顿距离：

$$d_{12} = |x_1 - x_2| + |y_1 - y_2|$$

n 维空间两点 a($x_{11}, x_{12}, \cdots, x_{1n}$) 与 b($x_{21}, x_{22}, \cdots, x_{2n}$)的曼哈顿距离：

$$d_{12} = \sum_{k=1}^{n} |x_{1k} - x_{2k}|$$

马氏距离（Mahalanobis distance）是一种基于样本分布的距离度量方法，由印度统计学家马哈拉诺比斯提出。该距离用于衡量数据的协方差距离，被广泛用于计算两个位置样本集的相似度。相对于欧式距离，马氏距离的独特之处在于它考虑了各种特征之间的相关性，因此在度量尺度上具有更好的适应性。

马氏距离定义：设总体 G 为 m 维总体(考察 m 个指标)，均值向量为 $\boldsymbol{\mu} = (\mu_1, \mu_2, \cdots, \mu_m)$，协方差矢阵为 $\boldsymbol{\Sigma} = (\sigma_{ij})$，则样本 $\boldsymbol{X} = (X_1, X_2, \cdots, X_m)$ 与总体 G 的马氏距离定义为：

$$d^2(\boldsymbol{X}, G) = (\boldsymbol{X} - \boldsymbol{\mu})' \boldsymbol{\Sigma}^{-1} (\boldsymbol{X} - \boldsymbol{\mu})$$

当 $m = 1$ 时，$d^2(x, G) = \dfrac{(x - \mu)'(x - \mu)}{\sigma^2} = \dfrac{(x - \mu)^2}{\sigma^2}$

马氏距离还可被定义为两个随机变量之间的差异度量，它们服从相同分布且其协方差矩阵为 $\boldsymbol{\Sigma}$。若协方差矩阵为单位矩阵，则马氏距离简化为欧式距离；若协方差矩阵为对角矩阵，则称为归一化的欧式距离。

在计算马氏距离时，要求总体样本数大于样本的维数，否则总体样本协方差矩阵的逆矩阵不存在。若总体样本数小于样本的维数，可使用欧式距离进行计算。

切比雪夫距离（Chebyshev distance）作为一种向量空间中的度量方法，其定义涉及两个点在各个坐标数值上的绝对值差的最大值。在数学上，切比雪夫距离被认为是一致范数（又称为上确界范数）的一种度量方式，并且被视为超凸度量空间的一种重要表示。

二维平面两点 $a(x_1, y_1)$ 与 $b(x_2, y_2)$ 间的切比雪夫距离：

$$d_{12} = \max(|x_1 - x_2|, |y_1 - y_2|)$$

n 维空间两点 $a(x_{11}, x_{12}, \cdots, x_{1n})$ 与 $b(x_{21}, x_{22}, \cdots, x_{2n})$ 的切比雪夫距离：

$$d_{12} = \max(|x_{1i} - x_{2i}|)$$

在 KNN 算法中，一般采用欧式距离进行距离的度量，以计算预测点与所有数据点之间的距离。这些距离值随后被存储并进行排序。接着，从排序后的距离值中选取前 K 个最小值，并统计它们所对应的类别。最终，预测点将被归类到其中出现频率最高的类别中。

6.2.3　K 值选择

通过 6.2.1 小节中的案例探讨，我们认识到了 K 值的重要性。因此，准确确定 K 值是一项关键问题。为解决这一问题，我们可以应用交叉验证技术。该技术将数据集按照预定比例分割为训练集和验证集，例如 7∶3 或 6∶4 的比例。随后，从一个较小的 K 值开始，逐步增加 K 的值，并计算验证集的误差方差，以找到一个更为合适的 K 值。

通过交叉验证并计算方差，我们能够建立 K 值与误差之间的关系图。这种关系的变化趋势相对容易理解：随着 K 值的增加，通常误差会先下降，因为周围有更多的样本类别可供参考，从而改善了分类效果。然而，当 K 值进一步增大时，误差会开始上升。这是合理的，比如，如果训练集很小，只有 30 个数据样本，那么当 K 增加到 20 时，KNN 算法基本上失去了意义。因此，在选择 K 值时，可以尝试选择一个较大的临界值，使得在此值继续增大或减小时，误差都会上升。例如，在图 6.5 中，K=10 可能是一个相对合适的 K 值的选择点。

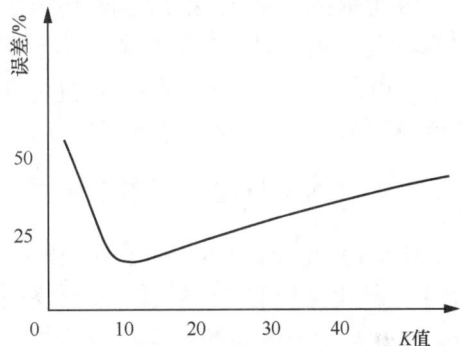

图 6.5　KNN 算法中 K 值变化的规律示例

6.2.4　KNN 算法的特点

KNN 算法被归类为一种非参数且具有惰性的机器学习模型。非参数性质并非意味着该算法无需参数，而是指其不对数据做出特定的先验假设。相对于线性回归等假设数据服从特定数学形式的模型而言，KNN 模型的结构由数据本身的分布决定，更贴近实际情况，因为实际数据往往不完全符合理论假设。

惰性学习的概念在 KNN 算法中显著体现。以逻辑回归为例，该算法需要大量的训练数据来建立模型，然后才能进行预测。相比之下，KNN 算法的训练过程非常快速，甚至可以说是无需显式的训练过程。它属于一种惰性学习算法，在进行预测时，不会对数据进行明确的学习或训练，而是简单地将新实例与已知数据进行比较，并根据最近邻的类别进行分类。

因此，我们可以进一步探讨 KNN 算法的优点和缺点，以更明智地选择学习算法。

KNN 算法有如下优点。

（1）思想简单：其基于实例的学习思想，通过寻找输入实例的最近邻居及其对应的标签来进行预测，具有直观易懂的特点。

（2）无须训练：该算法无须进行显式的训练过程，可直接对新数据进行分类，节省了训练时间和资源。

（3）适应性强：KNN 算法适用于多种类型的数据集，包括分类和回归任务，并且能够有效处理非线性的分类问题，具有广泛的适用性。

（4）鲁棒性好：由于不对数据分布做出特定的假设，因此 KNN 算法在一定程度上具有对异常点和离群值的鲁棒性，能够有效应对复杂数据情况。

（5）可扩展性强：KNN 算法不仅适用于单一类别的分类，还适用于多类别问题，特别适用于多模态分类场景，具有良好的可扩展性和泛化能力。

KNN 算法有如下缺点。

（1）计算资源消耗大：随着数据特征维度的增加，KNN 的计算量和所需的内存也会显著增加，特别是在高维特征下，这可能导致计算资源的大量消耗。

（2）样本不平衡问题：当某些类别的样本数量远远超过其他类别时，KNN 可能在少数类别上表现出较低的预测准确性，特别是在稀有类别上，因为 KNN 倾向于预测出现频率较高的类别。

（3）可解释性较差：KNN 的结果通常难以解释，这可能限制了其在一些需要解释性的应用领域的使用，因为它仅依赖于最近邻的标签，而无法提供背后的决策过程。

（4）预测速度慢：KNN 未经过优化，相较于经过优化的机器学习算法（如支持向量机），其预测速度较慢，因为在预测时需要遍历所有训练数据来计算最近邻。

6.2.5 KNN 算法的应用举例

【例 6.1】展示了 KNN 算法在经典的鸢尾花数据集分类问题中的应用。鸢尾花数据集涵盖了 3 种鸢尾花的 4 个特征，具体为花萼长度、花萼宽度、花瓣长度和花瓣宽度，如图 6.6 所示。此外，该数据集还包括每个样本的类别标签，即图 6.7（a）所示的山鸢尾（Iris-setosa）、图 6.7（b）所示的变色鸢尾（Iris-versicolor）和图 6.7（c）所示的维吉尼亚鸢尾（Iris-virginica），如图 6.7 所示。

有一个新的鸢尾花样本需要判断其所属的类别，其特征包括花萼长度为 5cm，花萼宽度为 3cm，花瓣长度为 1.5cm，花瓣宽度为 0.5cm。

利用 KNN 算法对其进行类别预测的具体步骤如下。

第 1 步，需要选择一个合适的 K 值，即最近邻的样本个数。通常情况下，K 值的选择对模型的复杂性和拟合程度有重要影响。较小的 K 值可能导致过拟合，而较大的 K 值可能导致欠拟合。因此，可以通过交叉验证方法或者基于经验规则（例如，取训练样本数的平方根）来选择最佳的 K 值。假设在此例中，选取 K 为 5。

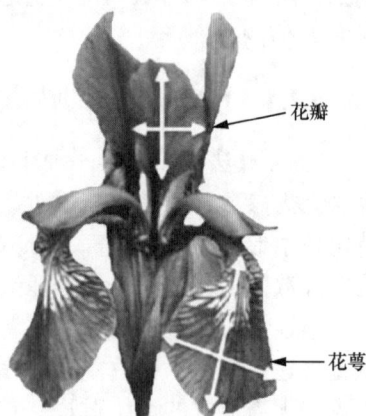

图 6.6 鸢尾花的 4 个特征

| （a）山鸢尾 | （b）变色鸢尾 | （c）维吉尼亚鸢尾 |

图 6.7　3 种类别的鸢尾花

第 2 步，需要计算新样本与训练数据集中所有样本在 4 个特征上的欧式距离，以衡量它们之间的相似度。例如，新样本与第一个训练样本之间的距离为：

$$d_1 = \sqrt{(5-5.1)^2 + (3-3.5)^2 + (1.5-1.4)^2 + (0.5-0.2)^2} \approx 0.54$$

第 3 步，对所有距离进行排序，找出最近的 K 个样本。假设得到的排序结果如下：
$d_1=0.54$，$d_2=0.56$，$d_3=0.58$，$d_4=0.61$，$d_5=0.64$，

第 4 步，确定这 K 个样本的类别以及它们的出现频率。例如，假设得到的结果是：
d_1:Iris-setosa，d_2:Iris-setosa，d_3:Iris-setosa，d_4:Iris-versicolor，d_5:Iris-versicolor

根据统计，假设 Iris-setosa 的频率为 3/5，高于 Iris-versicolor 的频率为 2/5，因此可以推断出新样本的类别为 Iris-setosa。

6.3　决策树

在日常生活中，我们常需要做出各种决策，比如银行在评估是否应该发放贷款时，会综合考虑多个因素，如申请人的就业状况、房产情况以及个人信用等。然后，通过综合考虑这些因素，给出贷款结果，即批准或拒绝。实际上，贷款结果并非由单一因素决定，而是受到各个因素的综合影响，每个因素的权重不同会对贷款结果产生不同的影响。

是否有一种方法可以快速判断客户是否有资格获得贷款呢？这是一个涉及多个因素的二分类问题。在这种情况下，利用已有的贷款数据构建决策树可以有效地解决这个问题。接下来，我们将首先介绍决策树的概念。

6.3.1　决策树的基本理论

决策树（decision tree）是一种决策分析方法，其基于已知各种情况发生概率的基础上，通过构建决策树来评估项目风险，判断其可行性。它直观地利用概率分析，通过构建决策分支图解法来确定净现值大于或等于零的概率。

以上概念可能有些抽象，为了更好地理解决策树的原理和应用，下面我们将通过一个打篮球的例子来阐述决策树的构建过程。问题是这样的：当我们决定是否出门打篮球时，通常会考虑"天气""温度""湿度""刮风"等条件，最终根据这些条件来决定是否出门打篮球。因此，这是一个二分类问题。图 6.8 展示了打篮球问题的决策树示例。

决策树的基本理论

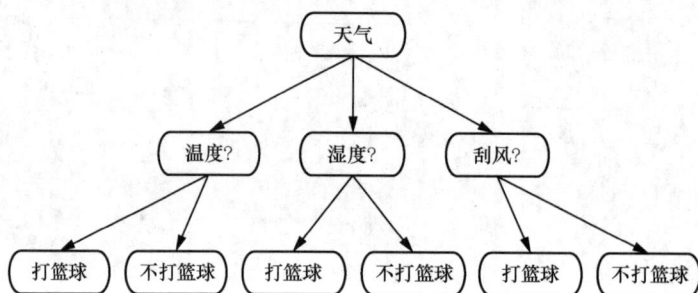
图 6.8　打篮球问题的决策树示例

在构造决策树的过程中，需要明确选择哪些属性作为节点。在这个过程中，涉及三种类型的节点。

（1）根节点：位于树的顶端，如在图 6.8 中，"天气"就是一个根节点。

（2）子节点：紧随根节点之后，位于树的中间部分，例如"温度""湿度"和"刮风"等属性。

（3）叶节点：位于树的末端，即决策的结果，如打篮球或不打篮球。

这些节点之间存在明确的父子关系：根节点会有子节点，子节点可能还有其自己的子节点，但是叶节点是没有子节点的。树的构造过程需要解决两个重要问题。

（1）属性选择：确定哪个属性作为根节点，以及哪些属性作为后续节点，他们之间的顺序是什么？

（2）停止构造：确定何时停止构建并获得最终的目标值。

【例 6.2】假设已经有一个关于 4 个特征的打篮球数据集，如表 6.2 所示。

表 6.2　打篮球数据集

天气	温度	湿度	刮风	是否打篮球
晴天	高	中	否	否
晴天	高	中	是	否
阴天	高	高	否	是
小雨	高	高	否	是
小雨	低	高	否	否
晴天	中	中	是	是
阴天	中	高	是	否

要解决是否去打篮球的问题，我们需要建立一个决策树。明显地，确定哪个属性（如天气、温度、湿度、刮风）作为根节点是一个至关重要的问题。为了更有效地评估每个属性的决策能力，我们引入了一个能够量化信息决策能力的概念，即信息熵。信息熵被用来度量信息的不确定性，其值越大表示不确定性越高，而值越小则表示不确定性越低。

接下来，让我们首先了解一下信息量及其分歧问题。在判断是否去打篮球的例子中，信息量越少，决策分歧越小。我们假设有 3 个集合。

集合 1：4 次都去打篮球。

集合 2：3 次去打篮球，1 次不去打篮球。

集合 3：2 次去打篮球，2 次不去打篮球。

按照分歧度来说，集合 3 > 集合 2 > 集合 1。因为按照信息熵的概念，集合 3 表示信息的不确定度最大，而集合 1 没有不确定度。

在信息论中，随机离散事件的出现概率存在着不确定性，这种不确定性导致了信息的不确定性。为了准确衡量这种信息的不确定性，信息论的奠基人克劳德·香农提出了计算信息熵的数学公式：

$$\text{Entropy}(t) = -\sum_{i=0}^{c-1} p(i|t)\log_2 p(i|t)$$

在此公式中，$p(i|t)$ 代表节点 t 属于分类 i 的概率，而 $\log_2$ 则是以 2 为底的对数。这个公式是一种度量方法，用于反映信息的不确定性程度。当不确定性越大时，包含的信息量也就越大，因此信息熵也越高。

让我们考虑一个简单的示例，假设存在两个集合。

集合 1：其中有 3 次选择打篮球和 1 次选择不打篮球。

集合 2：其中有 2 次选择打篮球和 2 次选择不打篮球。

对于集合 1，总共进行了 4 次决策，其中 3 次选择打篮球，1 次选择不打篮球。因此，我们可以假设类别 1 代表"打篮球"，出现次数为 3；类别 2 代表"不打篮球"，出现次数为 1。根据这些信息，我们可以计算出节点被划分为类别 1 的概率为 3/4，被划分为类别 2 的概率为 1/4。将这些概率代入信息熵的公式中，我们可以得到：

$$\text{Entropy}(t) = -\frac{3}{4}\log_2\frac{3}{4} - \frac{1}{4}\log_2\frac{1}{4} \approx 0.19$$

在集合 2 中，同样存在 4 次决策。其中，类别 1 "打篮球"的次数为 2，而类别 2 "不打篮球"的次数也为 2。因此，计算其信息熵的公式如下：

$$\text{Entropy}(t) = -\frac{2}{4}\log_2\frac{2}{4} - \frac{2}{4}\log_2\frac{2}{4} = 1$$

通过以上计算结果可知，信息熵越小，表示分歧越小。当样本集合中的样本均匀混合时，信息熵最大，分歧也最大。具体而言，当概率 p_i 等于 1 或 0 时，信息熵等于 0，这表示随机变量没有不确定性；而当概率 $p = 0.5$ 时，信息熵最大为 1，表示随机变量的不确定性达到最大值。

在构建决策树时，常会考虑分歧度来进行构建。经典的分歧度衡量方法包括信息增益（ID3 算法）、信息增益率（C4.5 算法）以及基尼数（CART 算法）。

6.3.2　ID3 算法

ID3 算法计算的是信息增益，即通过划分数据减少分歧问题，从而使得信息熵下降。其计算公式为父节点的信息熵减去所有子节点的信息熵。在计算过程中，会计算每个子节点的归一化信息熵，即根据子节点在父节点中出现的概率来计算其信息熵。因此，信息增益的公式可以表示为

决策树
（ID3 算法）

$$\text{Gain}(D,a) = \text{Entropy}(D) - \sum_{i=1}^{k}\frac{|D_i|}{|D|}\text{Entropy}(D_i) \qquad （式 6.1）$$

其中，D 表示父亲节点，而 D_i 表示其子节点。在（式 6.1）中，$\text{Gain}(D,a)$ 中的 a 代表

父节点 D 所选择的属性。

基于 ID3 算法的规则，在【例 6.2】的训练集中，总共包含 7 条数据，其中有 3 条选择打篮球，4 条选择不打篮球，因此根节点的信息熵可以计算如下：

$$\text{Entropy}(D) = -\sum_{k=1}^{2} p_k \log_2 p_k = -\left(\frac{3}{7}\log_2\frac{3}{7} + \frac{4}{7}\log_2\frac{4}{7}\right) = 0.985$$

首先，若以**天气**为属性进行划分，则将形成三个叶子节点 D_1、D_2 和 D_3，分别对应晴天、阴天和小雨。在此说明，使用"+"表示打篮球，"−"表示不打篮球。例如，第一条记录表明在晴天时不打篮球，可记录为 1−。那么 D_1、D_2 和 D_3 的记录如下：

D_1(天气 = 晴天)={1−,2−,6+}；

D_2(天气 = 阴天)={3+,7−}；

D_3(天气 = 小雨)={4+,5−}。

接下来，我们将分别计算这三个叶子节点的信息熵。

$$\text{Entropy}(D_1) = -\left(\frac{1}{3}\log_2\frac{1}{3} + \frac{2}{3}\log_2\frac{2}{3}\right) = 0.918$$

$$\text{Entropy}(D_2) = -\left(\frac{1}{2}\log_2\frac{1}{2} + \frac{1}{2}\log_2\frac{1}{2}\right) = 1.0$$

$$\text{Entropy}(D_3) = -\left(\frac{1}{2}\log_2\frac{1}{2} + \frac{1}{2}\log_2\frac{1}{2}\right) = 1.0$$

由于 D_1 拥有 3 条记录，D_2 拥有 2 条记录，D_3 拥有 2 条记录，因此父节点 D 中的总记录数为 7。据此，D_1 在父节点 D 中的概率为 3/7，D_2 在父节点中的概率为 2/7，D_3 在父节点中的概率为 2/7。因此，作为子节点的归一化信息熵为：归一化信息熵 = 3/7×0.918+ 2/7×1.0+2/7×1.0=0.965。

根据 ID3 算法中的信息增益思想，需要计算每个节点的信息增益。根据（式6.1），以天气作为属性节点的信息增益为：Gain(D,天气) = 0.985−0.965 = 0.020。

同样地，我们可以计算出其他属性作为根节点的信息增益。

若以**温度**为属性进行划分，同样会产生三个叶子节点 D_1、D_2 和 D_3，分别对应高温、中温和低温。因此，D_1、D_2 和 D_3 可以按以下方式记录：

D_1(温度=高)={1−,2−,3+,4+}

D_2(温度=中)={6+,7−}

D_3(温度=低)={5−}

$$\text{Entropy}(D_1) = -\left(\frac{1}{2}\log_2\frac{1}{2} + \frac{1}{2}\log_2\frac{1}{2}\right) = 1.0$$

$$\text{Entropy}(D_2) = -\left(\frac{1}{2}\log_2\frac{1}{2} + \frac{1}{2}\log_2\frac{1}{2}\right) = 1.0$$

$$\text{Entropy}(D_3) = 0$$

因此，如果以温度作为属性进行划分，则归一化信息熵为：

归一化信息熵 = 4/7×1.0+2/7×1.0+1/7×0 =0.857

而以温度作为属性节点的信息增益为：

Gain(D,温度)=0.985-0.857=0.128

若以**湿度**作为属性进行划分，则会产生两个叶子节点 D_1 和 D_2，分别对应高湿度和中湿度。因此，D_1 和 D_2 可以按以下方式记录：

D_1(湿度=高)={3+,4+,5-,7-}

D_2(湿度=中)={1-,2-,6+}

$$\text{Entropy}(D_1) = -\left(\frac{1}{2}\log_2\frac{1}{2} + \frac{1}{2}\log_2\frac{1}{2}\right) = 1.0$$

$$\text{Entropy}(D_2) = -\left(\frac{1}{3}\log_2\frac{1}{3} + \frac{2}{3}\log_2\frac{2}{3}\right) = 0.918$$

因此，若以湿度作为属性进行划分，则归一化信息熵为：

归一化信息熵 = 4/7 × 1.0+3/7 × 0.549=0.965

而以湿度作为属性节点的信息增益为：

Gain(D,湿度)=0.985-0.965=0.020

同理，可以算出以刮风作为属性节点的信息增益为：Gain(D, 刮风) = 0.020。根据上述分析结果，可以确定将温度作为属性的信息增益最大。在 ID3 算法中，选取信息增益最大的属性作为根节点，以构建具有更高纯度的决策树。因此，我们将温度作为根节点。其决策树的分裂如图 6.9 所示。

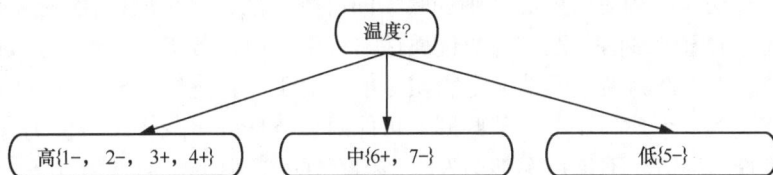

图 6.9　以温度为根节点的决策树分裂过程

在确定了根节点后，我们将第一个叶节点 D_1={1-,2-,3+,4+}进一步分裂，将其作为嵌套的根节点，并计算不同属性（天气、湿度、刮风）的信息增益如下。

对于高温属性：

Gain(高温)=-(1/2)$\log_2$(1/2) - (1/2)$\log_2$(1/2) = 1.0

如果以湿度作为属性进行划分，那么高温的子节点又会有两个叶子节点 D_1 和 D_2，分别对应湿度高和湿度中。因此，D_1 和 D_2 可以记录如下：

D_1(湿度=高)={3+,4+}

D_2(湿度=中)={1-,2-}

此时，D_1 和 D_2 的信息熵分别为 0。

因此，湿度作为属性对高温进行划分的归一化信息熵为：

归一化信息熵 = 2/4 × 0+2/4 × 0=0

因此，湿度对高温的信息增益为：

Gain(D_1,湿度)=1-0=1

同样地，我们可以计算天气和刮风对高温进行划分的信息增益：

Gain(D_1,天气)=1

Gain(D_1,刮风)=0.3115

可以观察到，湿度或天气作为 D_1 的节点都可以获得最大的信息增益。因此，在湿度或天气中随机选择湿度作为节点属性进行划分。按照以上计算步骤，最终的决策树结果如图 6.10 所示。

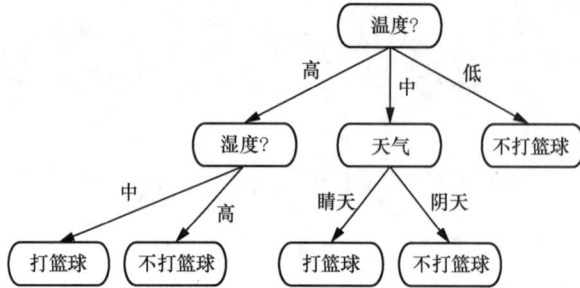

图 6.10 【例 6.2】基于 ID3 算法的完整决策树

以上述例子为基础，我们系统总结了 ID3 算法在递归构建决策树过程中的具体步骤：首先，从根节点开始，对每个节点计算各个可能特征的信息增益，选择信息增益最大的特征作为该节点的特征，并基于该特征的不同取值建立子节点；然后，对每个子节点递归地调用相同的方法，构建决策树，直至所有特征的信息增益较小或没有可用特征为止，从而得到一个完整的决策树。

尽管 ID3 算法具有相对简单的规则和强大的可解释性，但它也存在一些缺陷。例如，算法倾向于选择取值较多的属性作为最优属性。举例来说，若将"编号"作为一个属性，可能在某些情况下被选为最优属性，尽管实际上它对于"打篮球"分类任务的影响较小。因此，ID3 算法的一个缺陷在于，某些属性可能对分类任务贡献较小，但仍有可能被选为最优属性。尽管这种情况不是每次都会发生，但存在一定概率。通常情况下，ID3 算法能够生成具有良好分类性能的决策树。为解决这一潜在缺陷，后续研究提出了多种改进算法。

6.3.3 C4.5 算法

C4.5 算法与 ID3 算法相似，但在 ID3 的基础上进行了改进。它采用信息增益比来选择属性，与 ID3 选择属性的方式不同。ID3 算法使用的是子树的信息增益，而 C4.5 算法则使用信息增益率。信息增益率是信息增益 $\mathrm{Gain}(D,a)$ 与属性 a 对应的"固有值(intrinsic value)"的比值共同定义的。属性 a 的可能取值数目越多，其固有值 $\mathrm{IV}(a)$ 通常会越大。

$$\mathrm{Gain\_ratio}(D,a) = \frac{\mathrm{Gain}(D,a)}{\mathrm{IV}(a)} \qquad （式 6.2）$$

$$\mathrm{IV}(a) = -\sum_{v=1}^{V} \frac{D^v}{D} \log \frac{D^v}{D} \qquad （式 6.3）$$

为了综合考虑某一属性进行分裂时的分支数量信息和尺寸信息，我们引入了分裂信息度量，该度量包括了与结果分支相关的数量和规模信息。这些度量共同构成了属性的内在信息。信息增益率是通过将信息增益除以内在信息而得出的，随着内在信息的增加，属性的重要性会降低。换言之，如果属性本身的不确定性较大，那么其被选取的可能性就会降低。这种方法对纯粹使用信息增益进行补偿。

首先，我们计算出【例 6.2】中不同属性 a 的取值结果统计，如表 6.3 所示。

表 6.3 不同属性 a 的取值结果统计

属性	值	打篮球数量	不打篮球数量	汇总
整体	整体	4	3	7
天气	晴天	1	2	3
	阴天	1	1	2
	小雨	1	1	2
温度	高	2	2	4
	中	1	1	2
	低	0	1	1
湿度	高	2	2	4
	中	1	2	3
刮风	是	2	1	3
	否	2	2	4

$$\text{IV}(天气) = -\left(\frac{3}{7}\log\frac{3}{7} + \frac{2}{7}\log\frac{2}{7} + \frac{2}{7}\log\frac{2}{7}\right) = 0.468$$

$$\text{IV}(温度) = -\left(\frac{4}{7}\log\frac{4}{7} + \frac{2}{7}\log\frac{2}{7} + \frac{1}{7}\log\frac{1}{7}\right) = 0.415$$

$$\text{IV}(湿度) = -\left(\frac{4}{7}\log\frac{4}{7} + \frac{3}{7}\log\frac{3}{7}\right) = 0.297$$

$$\text{IV}(刮风) = -\left(\frac{3}{7}\log\frac{3}{7} + \frac{4}{7}\log\frac{4}{7}\right) = 0.297$$

由（式 6.2）计算信息增益率

$$\text{Gain\_ratio}(D,天气) = \frac{\text{Gain}(D,天气)}{\text{IV}(天气)} = \frac{0.020}{0.468} = 0.043$$

$$\text{Gain\_ratio}(D,温度) = \frac{\text{Gain}(D,温度)}{\text{IV}(温度)} = \frac{0.128}{0.415} = 0.308$$

$$\text{Gain\_ratio}(D,湿度) = \frac{\text{Gain}(D,湿度)}{\text{IV}(湿度)} = \frac{0.020}{0.297} = 0.067$$

$$\text{Gain\_ratio}(D,刮风) = \frac{\text{Gain}(D,刮风)}{\text{IV}(刮风)} = \frac{0.020}{0.297} = 0.067$$

温度的信息增益率最高，因此选择温度为分裂属性。发现分裂了之后，温度是"低"的条件下，类别是"纯"的，所以把它定义为叶子节点，选择不"纯"的节点继续分裂。

C4.5 算法是一种用于构建决策树的经典算法，它是 ID3 算法的一种改进和扩展。C4.5 算法对 ID3 算法做出了以下几点改进。

（1）算法通过信息增益率来选择分裂属性，这克服了 ID3 算法倾向于选择具有多个属性值的属性作为分裂属性的不足。

（2）算法能够处理离散型和连续型的属性类型，即它可以将连续型的属性进行离散化处理。

（3）算法采用了二分法来处理连续特征。它将连续特征进行排序，并将连续两个值的中间值作为分裂节点，然后将小于该值和大于该值的样本分为两个类别。通过找到信息增益最大的分裂点，C4.5算法实质上仍然使用离散特征。需要注意的是，与离散属性不同，如果当前节点划分属性是连续属性，则该属性仍然可以作为其后代节点的划分属性。

然而，C4.5算法也存在一些缺点。例如，信息增益率的计算涉及大量的对数计算，导致算法效率较低。此外，多叉树的计算效率不如二叉树高。

6.3.4　CART算法

CART算法是基于基尼系数（Gini coefficient）的算法，基尼系数（以下Gini）用于衡量数据的纯度，其含义类似于信息熵。其计算公式如下：

$$\text{Gini}(D) = \sum_{k=1}^{N} \frac{C_k}{D}\left(1 - \frac{C_k}{D}\right) = 1 - \sum_{k=1}^{n}\left(\frac{C_k}{D}\right)^2 \qquad （式6.4）$$

其中，D表示数据集的总体规模，C_k表示数据中属于第k类别的样本数量。

CART算法在每次迭代中，会选取基尼系数最小的特征以及相应的切分点进行数据分类。不同于ID3和C4.5算法，CART构建的是一棵二叉树，采用的是二元切割方法，在每一步中，根据特征A的取值将数据分成两部分，分别进入左右子树。特征A的基尼系数定义如下：

$$\text{Gini}(D \mid A) = \sum_{i=1}^{n} \frac{|D_i|}{|D|} \text{Gini}(D_i) \qquad （式6.5）$$

针对【例6.2】，采用CART分类规则，根据（式6.4）计算整个数据集的基尼系数为：

$$\text{Gini}(D) = \frac{3}{7} \times \frac{4}{7} + \frac{4}{7} \times \frac{3}{7} = \frac{24}{21}$$

（1）对于**天气**特征，可分成三组。

针对晴天，利用（式6.4）得到基尼系数 $\text{Gini}(D \mid D_{天气=晴天}) = \frac{1}{3} \times \frac{2}{3} + \frac{2}{3} \times \frac{1}{3} = \frac{4}{9}$

针对阴天，利用（式6.4）得到基尼系数 $\text{Gini}(D \mid D_{天气=阴天}) = \frac{1}{2} \times \frac{1}{2} + \frac{1}{2} \times \frac{1}{2} = \frac{1}{2}$

针对小雨，利用（式6.4）得到基尼系数 $\text{Gini}(D \mid D_{天气=小雨}) = \frac{1}{2} \times \frac{1}{2} + \frac{1}{2} \times \frac{1}{2} = \frac{1}{2}$

再利用（式6.5），得到天气特征下的基尼系数：

$$\text{Gini}(D \mid D_{天气}) = \frac{|D_{天气=晴天}|}{|D|}\text{Gini}(D \mid D_{天气=晴天}) + \frac{|D_{天气=阴天}|}{|D|}\text{Gini}(D \mid D_{天气=阴天}) +$$

$$\frac{|D_{天气=小雨}|}{|D|}\text{Gini}(D \mid D_{天气=小雨})$$

$$= \frac{3}{7} \times \frac{4}{9} + \frac{2}{7} \times \frac{1}{2} + \frac{2}{7} \times \frac{1}{2}$$

$$= \frac{10}{21}$$

（2）对于**温度**特征，可分成三组。

针对高温，利用（式 6.4）得到基尼系数 $\text{Gini}(D\,|\,D_{温度=高}) = \dfrac{2}{4} \times \dfrac{2}{4} + \dfrac{2}{4} \times \dfrac{2}{4} = \dfrac{1}{2}$

针对中温，利用（式 6.4）得到基尼系数 $\text{Gini}(D\,|\,D_{温度=中}) = \dfrac{1}{2} \times \dfrac{1}{2} + \dfrac{1}{2} \times \dfrac{1}{2} = \dfrac{1}{2}$

针对低温，利用（式 6.4）得到基尼系数 $\text{Gini}(D\,|\,D_{温度=低}) = 0 \times 1 + 1 \times 0 = 0$

再利用（式 6.5），得到温度特征下的基尼系数：

$$\text{Gini}(D|D_{温度}) = \frac{|D_{温度=高}|}{|D|}\text{Gini}(D\,|\,D_{温度=高}) + \frac{|D_{温度=中}|}{|D|}\text{Gini}(D\,|\,D_{温度=中}) + \frac{|D_{温度=低}|}{|D|}\text{Gini}(D\,|\,D_{温度=低})$$

$$= \frac{4}{7} \times \frac{1}{2} + \frac{2}{7} \times \frac{1}{2} + \frac{1}{7} \times 0$$

$$= \frac{3}{7}$$

（3）对于**湿度**特征，可分成两组。

针对高湿度，利用（式 6.4）得到基尼系数 $\text{Gini}(D\,|\,D_{湿度=高}) = \dfrac{2}{4} \times \dfrac{2}{4} + \dfrac{2}{4} \times \dfrac{2}{4} = \dfrac{1}{2}$

针对中湿度，利用（式 6.4）得到基尼系数 $\text{Gini}(D\,|\,D_{湿度=中}) = \dfrac{1}{3} \times \dfrac{2}{3} + \dfrac{2}{3} \times \dfrac{1}{3} = \dfrac{4}{9}$

再利用（式 6.5），得到温度特征下的基尼系数：

$$\text{Gini}(D\,|\,D_{湿度}) =$$

$$\frac{|D_{湿度=高}|}{|D|}\text{Gini}(D\,|\,D_{湿度=高}) + \frac{|D_{湿度=中}|}{|D|}\text{Gini}(D\,|\,D_{湿度=中})$$

$$= \frac{4}{7} \times \frac{1}{2} + \frac{3}{7} \times \frac{4}{9}$$

$$= \frac{10}{21}$$

（4）对于**刮风**特征，可分成两组。

针对有刮风，利用（式 6.4）得到基尼系数 $\text{Gini}(D\,|\,D_{刮风=是}) = \dfrac{2}{3} \times \dfrac{1}{3} + \dfrac{1}{3} \times \dfrac{2}{3} = \dfrac{4}{9}$

针对无刮风，利用（式 6.4）得到基尼系数 $\text{Gini}(D\,|\,D_{刮风=否}) = \dfrac{2}{4} \times \dfrac{2}{4} + \dfrac{2}{4} \times \dfrac{2}{4} = \dfrac{1}{2}$

再利用（式 6.5），得到温度特征下的基尼系数：

$$\text{Gini}(D\,|\,D_{刮风}) =$$

$$\frac{|D_{刮风=是}|}{|D|}\text{Gini}(D\,|\,D_{刮风=是}) + \frac{|D_{刮风=否}|}{|D|}\text{Gini}(D\,|\,D_{刮风=否})$$

$$= \frac{3}{7} \times \frac{4}{9} + \frac{4}{7} \times \frac{1}{2}$$

$$= \frac{10}{21}$$

对比以上四组特征，$\text{Gini}(D\,|\,D_{温度})$ 最小，所以选择温度这个特征作为分类依据。

6.3.5　三种决策树算法的对比

对比三种决策树的构造准则以及在相同案例中的表现，我们可以总结这三种方法之间的差异。

首先，ID3 算法以信息增益作为评价标准，除了关注显著特征外，它还倾向于选择具有较多取值的特征。这是因为信息增益反映了在给定条件下不确定性的减少程度，而较多取值的特征意味着更高的确定性，从而导致条件熵更小、信息增益更大。然而，在实际应用中，这种倾向性存在缺陷。例如，假设我们引入特征个体编号，每个个体的编号都是独一无二的，如果 ID3 算法按照个体编号特征进行划分，那么条件熵将为 0，这看似是最优的划分方式，但可能导致模型的泛化能力较弱。因此，C4.5 算法实际上是对 ID3 算法的优化，通过引入信息增益比对具有较多取值的特征进行惩罚，以避免 ID3 算法过度倾向于这些特征，从而提高了决策树的泛化能力。

其次，从样本类型的角度来看，ID3 算法仅适用于处理离散型变量，而 C4.5 算法和 CART 算法则能够处理连续型变量。在 C4.5 算法中，处理连续型变量时，首先对数据进行排序，然后找到不同类别之间的分割线作为切分点。接着，根据这些切分点，将连续属性转换为布尔型，将连续型变量转换为多个取值区间的离散型变量。而对于 CART 算法，在构建树的过程中，每次都会对特征进行二值划分，因此很适合处理连续性变量。

再者，从应用角度看，ID3 和 C4.5 算法仅适用于分类任务，而 CART 算法则不仅适用于分类任务，还可用于回归任务（回归树使用最小平方误差准则）。

最后，在实现细节和优化过程方面，这三种决策树存在一些差异。例如，ID3 算法对样本特征缺失值较为敏感，而 C4.5 算法和 CART 算法可以采用不同的方式处理缺失值。另外，ID3 算法和 C4.5 算法在每个节点上可以生成多叉分支，且每个特征在层级之间不会重复使用，而 CART 算法每个节点只会生成两个分支，最终形成二叉树结构，并且允许重复使用特征。此外，ID3 算法和 C4.5 算法通过剪枝来平衡树的准确性和泛化能力，而 CART 算法直接利用全部数据来发现所有可能的树结构，并进行对比。

总结一下，三种决策树算法的应用差异如表 6.4 所示。

表 6.4　三种决策树算法的应用差异

名称	离散变量	连续变量	分类任务	回归任务
ID3	是	否	适合	不适合
C4.5	否	是	适合	不适合
CART	是	是	适合	适合

综上所述，我们从构建、应用和实现等方面对比了 ID3、C4.5 和 CART 这三种经典的决策树模型。这些模型在构造准则、样本类型处理、应用范围以及实现细节等方面存在差异，因此在实际应用中，读者需要根据具体情况灵活运用，以充分发挥其优势并应对不同的问题场景。

6.4　朴素贝叶斯

在本节中，我们将研究朴素贝叶斯模型，它与 KNN 算法和决策树同属于分类模型算

法。但与 KNN 算法和决策树不同的是，朴素贝叶斯属于生成方法，其直接推导特征输出 Y 和特征 X 的联合分布 $P(Y|X)$，而非直接学习特征 Y 输出和特征 X 之间的关系。具体而言，朴素贝叶斯通过计算条件概率 $P(Y|X)$ 来判断结果，其中 $P(Y|X) = \dfrac{P(X,Y)}{P(X)}$。

6.4.1 朴素贝叶斯算法的核心思想

贝叶斯分类是一种广泛应用于机器学习中的分类方法，其基于贝叶斯定理，因此被称为贝叶斯分类。在贝叶斯分类中，朴素贝叶斯（naive Bayes）算法是最简单和最常见的一种方法。所谓"朴素"是指该算法假设所有输入事件之间相互独立。其核心思想是通过考虑特征的概率来进行分类预测。对于给定的待分类样本，该算法计算在该样本出现的条件下各个类别出现的概率，并选择概率最大的类别作为该样本的分类结果。

接下来，我们将以一个典型的西瓜分类案例来说明朴素贝叶斯分类的应用。假设我们有 100 个西瓜，其中成熟和未成熟的数量大致相等，如图 6.11 所示。我们的目标是训练一个分类器，通过对西瓜进行特征判断来预测其成熟程度。在这个例子中，我们将采用朴素贝叶斯算法来实现这一目标。

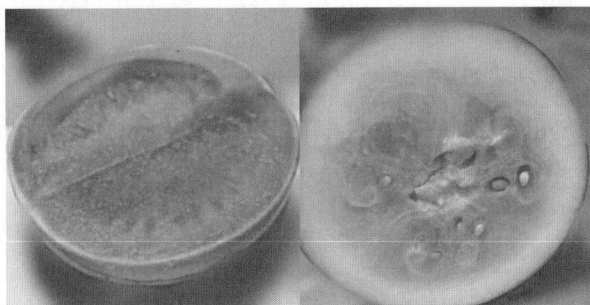

图 6.11　朴素贝叶斯算法对西瓜成熟与否的概率预测

首先，让我们回顾一下在实际购买西瓜时我们通常会关注的特征。一般来说，在挑选西瓜时，我们会敲击一下它，听声音来判断其成熟程度。根据经验，敲击声音"清脆"通常表示西瓜尚未完全成熟，而"沉闷"的声音则意味着西瓜较为成熟，如图 6.12 所示。因此，我们可以初步考虑将敲击声音作为判断西瓜成熟度的一个特征。

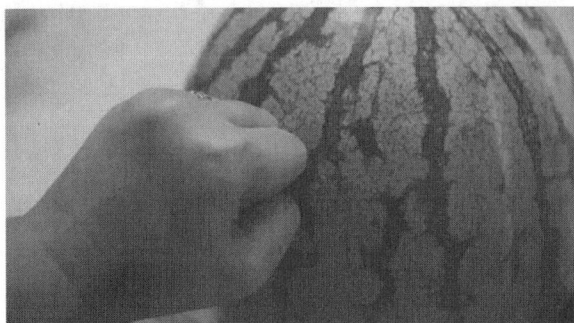

P（未成熟瓜声音清脆）
概率大

P（成熟瓜声音沉闷）
概率大

图 6.12　通过敲击声判断西瓜成熟与否

然而，这种判断方法并不总是可靠的，因为有时候即使敲击声为"沉闷"，西瓜也可能并未完全成熟，这就是噪声数据的存在。当然，在实际挑选西瓜的过程中，除了敲击声，我们还可以利用其他特征来辅助判断，比如纹理、根蒂和品类等。

朴素贝叶斯算法将类似敲击声这样的特征转化为概率形式，将描述西瓜品质的特征向量和相应的成熟/未成熟标签进行概率建模。通过训练数据生成的概率模型，利用特征概率的统计信息来进行判断。因此，当面对未知品质的西瓜时，只需快速获取特征信息，分别输入到成熟和未成熟的概率模型中，即可获得每个模型的预测概率值。如果未成熟瓜模型输出的概率值较高，则表明该西瓜很可能是未成熟的，如图 6.13 所示。

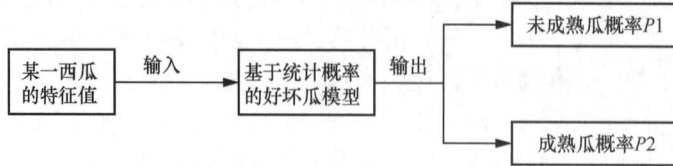

图 6.13 利用朴素贝叶斯算法判断瓜成熟与否的流程

6.4.2 贝叶斯公式与条件独立假设

接下来我们将对贝叶斯定理中的重要概念进行详细探讨，包括先验概率、后验概率和条件概率。

1．先验概率、后验概率和条件概率

先验概率指的是在事件发生之前的预测概率，通常基于历史数据的统计、背景知识、个人主观观点等因素进行估计。这种概率通常与单个事件相关。例如，假设在对西瓜的纹理和根蒂等特征一无所知的情况下，按照一般常理来看，西瓜是成熟的概率可能为 60%，这个概率 P 被称为先验概率。

后验概率则是在事件发生后计算得到的反向条件概率，或者说是基于先验概率计算得到的反向条件概率。其形式与条件概率相同。例如，假设我们已经了解到判断西瓜是否成熟的另一个指标是纹理。一般来说，纹理清晰的西瓜成熟的概率较高，约为 75%。如果将纹理清晰作为一种结果来推测瓜成熟的概率，那么这个概率 P(瓜成熟|纹理清晰)被称为后验概率。

条件概率指的是在一个事件已经发生的条件下另一个事件发生的概率。通常以 $P(B\,|\,A)$ 的形式表示，表示在事件 A 发生的条件下事件 B 发生的概率，可表示为：$P(B\,|\,A)=\dfrac{P(AB)}{P(A)}$。

2．贝叶斯公式

贝叶斯定理（Bayes' theorem），也称贝叶斯公式，其提供了计算后验概率的一种方法，它基于"假设的先验概率"，即在给定假设下观察到不同数据的概率。在人工智能领域，一些概率模型依赖于贝叶斯定理，比如我们将在本节介绍的朴素贝叶斯模型。因此，后验概率的计算公式如下所示：

$$P(A\,|\,B)=\frac{P(B\,|\,A)P(A)}{P(B)}$$

$P(A)$是先验概率，通常由主观评估得出。在贝叶斯推断中，此概率通常指的是先验信息。

$P(B)$也是一个先验概率，在许多贝叶斯应用中并不是关键，如果需要，可以使用全概率公式计算。

$P(B|A)$是条件概率，通常可以通过历史数据的统计得到。

$P(A|B)$是后验概率，是推断的目标，通常通过贝叶斯公式计算得出，用来反映在给定观察到的数据 B 后，关于假设 A 的概率。

3．条件独立假设与朴素贝叶斯

在假设待分类项的各个属性相互独立的前提下，朴素贝叶斯算法得以构建。该算法的核心思想是，针对给定的待分类项 $X(a_1, a_2, a_3, \cdots, a_n)$，计算在该项出现的条件下各个类别 y_i 出现的概率 $P(y_i|X)$，其中具有最大概率的类别 $P(y_k|X)$ 将被确定为待分类项的归属类别。具体而言，假设 $X(a_1, a_2, a_3, \cdots, a_n)$ 表示一个待分类项，每个 a_i 为 X 的一个特征属性，且这些特征属性之间相互独立。设 $C=\{y_1, y_2, y_3, \cdots, y_n\}$ 为一个类别集合，然后计算 $P(y_1|X), P(y_2|X)$，$P(y_3|X), \cdots, P(y_n|X)$，并选取 $P(y_k|X) = \max\{P(y_1|X), P(y_2|X), P(y_3|X), \cdots, P(y_n|X)\}$，从而确定 $X \in y_k$，进而确定 X 的分类归属。

为了计算后验概率 $P(y_k|X)$，需要分别计算 X 在各个概率模型中的条件概率。该过程包括以下步骤。

首先，获取一个已知分类的待分类项集合，将其作为训练样本集。

然后，对于每个类别，统计在该类别下每个特征属性的条件概率估计。

$$P(a_1|y_1), P(a_2|y_1), \cdots, P(a_n|y_1)$$
$$P(a_1|y_2), P(a_2|y_2), \cdots, P(a_n|y_2)$$
$$\vdots$$
$$P(a_1|y_n), P(a_2|y_n), \cdots, P(a_n|y_n)$$

最后，对于待分类项 X，在每个类别下计算其对应的条件概率，即 $P(y_1|X), P(y_2|X)$，$P(y_3|X), \cdots, P(y_n|X)$，并选择其中概率最大的作为 X 的所属类别。

在朴素贝叶斯算法中，贝叶斯公式的分母代表了数据集中 X 特征属性存在的概率，对于任何一个待分类项而言，$P(X)$ 是一个固定的常数。因此，在求解后验概率 $P(y_i|X)$ 时，只需考虑公式的分子部分。此外，待分类项的每个特征属性都是条件独立的，根据贝叶斯公式可以推出

$$P(y_i|X) = \frac{P(X|y_i)P(y_i)}{P(X)}$$

$$\rightarrow P(X|y_i)P(y_i) = P(a_1|y_i)P(a_2|y_i)\cdots P(a_n|y_i)P(y_i) = P(y_i)\prod_{j=1}^{n}P(a_j|y_i)$$

$P(y_i)$ 表示在训练样本中类别 y_i 出现的概率，可以通过近似求解为：

$$P(y_i) = \frac{|y_i|}{D}$$

其中，$|y_i|$ 表示类别 y_i 在训练样本中出现的次数，而 D 则是训练样本的总数。

综上所述，朴素贝叶斯模型的分类过程如图 6.14 所示。

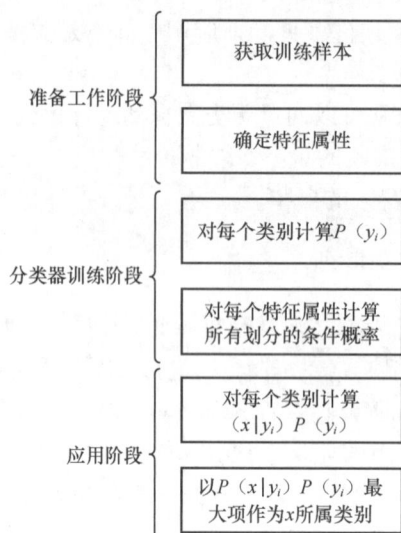

图 6.14 朴素贝叶斯模型的分类过程

6.4.3 朴素贝叶斯分类实例

【例 6.3】针对表 6.5 所提供的训练数据，运用朴素贝叶斯分类方法对未知样本 X=(age ="≤30", income = "medium", student = "no")进行商品购买行为的预测。

表 6.5　商品购买行为的样本数据

id	age	income	student	buys
1	≤30	medium	yes	no
2	≤30	high	no	yes
3	31~40	high	no	yes
4	>40	medium	no	yes
5	>40	low	yes	yes
6	>40	low	no	no
7	31 ~ 40	low	yes	yes
8	≤30	low	yes	yes
9	>40	medium	yes	yes

在此示例中，每个数据元组包含三个特征属性：age、income 和 student（需要注意的是，id 仅表示序号，而非实验数据），以及一个标签属性 buys。age 特征有三个类别，分别表示年龄分布为 "≤30""31~40"">40"；income 特征也分为三个类别，分别表示收入水平为 "low""medium" 和 "high"；student 特征有两个类别，分别表示是否为学生的情况为 "no" 和 "yes"。而标签属性 buys 则指示对应特征条件下的购买行为，其取值为 "no" 和 "yes" 分别代表不购买和购买。

我们的目的在于评估对于未知样本 X=(age ="≤30", income = "medium", student ="no")购买某种商品的概率，即确定在给定条件下购买和不购买的概率大小。考虑到 age、income 和 student 之间的独立性，我们采用朴素贝叶斯方法来计算这一概率。根据朴素贝叶斯公式，我们可以表示为 $P(a_j) = P(y_i)\prod_{j=1}^{m} P(a_j \mid y_i)$。

计算 $P(y_i)$ 和 $P(a_j | y_i)$

P(buys = "no") = 2 / 9 = 0.222

P (buys = "yes") = 7 / 9 = 0.778

P (ages = "<=30" | buys = "no") = 1 / 2 = 0.5

P (ages = "<=30" | buys = "yes") = 2 / 7 = 0.286

P (income = "medium" | buys = "no") = 1 / 2 = 0.5

P (income = "medium" | buys = "yes") = 2 / 7 = 0.286

P (student = "no" | buys = "no") = 1 / 2 = 0.5

P (student = "no" | buys = "yes") = 3 / 7 = 0.429

计算 $\prod_{j=1}^{m} P(a_j | y_i)$

P (X | buys = "no") = 0.5 ×0.5 × 0.5 = 0.125

P (X | buys = "yes") = 0.286 ×0.286 × 0.429 = 0.035

计算 $P(y_i | x)$

P (buys = "no"| X) = 0.222 × 0.125 = 0.028

P (buys = "yes"| X) = 0.778 × 0.035 = 0.027

比较后得到

P (buys = "no"| X) = 0.028 > P(buys = "yes"| X) = 0.027

即样本对应顾客不会购买某种商品。

6.4.4　朴素贝叶斯与连续值特征

在以往的概率统计方法中，我们已经注意到这些方法都是基于离散值的。然而，当我们遇到连续型变量特征时，例如人的身高或物体的长度，需要采取不同的处理方法。

举例而言，一种常见的处理方式是将连续型变量转换为离散型的值，比如按照特定的区间进行划分。例如，对于身高，可以将其划分为多个区间，然后将每个区间映射为一个离散值。另一种处理方式是将连续型变量转换为多个离散特征。举例而言，对于身高，可以将其转换为三个特征：f_1，f_2，f_3，其中 f_1 表示身高在 160cm 以下的情况，f_2 表示身高在160cm 和 170cm 之间的情况，f_3 表示身高在 170cm 以上的情况。这样的转换方法提供了更多的灵活性，并且能够更好地反映出数据的特征。

然而，上述的划分方式都相对粗糙，而且划分规则是人为设定的，同时在同一区间内的样本（例如，根据第一种变换规则，身高为 150cm 和 155cm 的样本）很难进行区分。为了解决这个问题，我们可以采用高斯朴素贝叶斯模型。当特征是连续变量时，我们面临如何估计其似然度 $P(x_i | y_k)$ 的问题。高斯模型提供了一种解决方案，即假设在 y_k 的情况下，特征 x_i 服从高斯分布（正态分布）。根据正态分布的概率密度函数，我们可以计算如下公式：

$$P(x_i | y_k) = \frac{1}{\sqrt{2\pi\sigma_{k,i}^2}} e^{-\frac{(x_i - \mu_{k,i})^2}{2\sigma_{k,i}^2}}$$

式中，$\mu_{k,i}$ 可以通过类别 y_k 的所有训练样本关于特征 x_i 的样本均值来进行估计；$\sigma_{k,i}^2$ 则可以通过对该类别 y_k 的所有训练样本关于特征 x_i 的样本方差来进行估计。

考虑到之前的例子，假设身高是我们用来区分人性别（男/女）的特征之一。我们可以假定男性和女性的身高分布符合正态分布。通过样本数据计算身高的均值和方差，并将其代入上述公式以得出正态分布的概率密度函数。一旦我们获得了概率密度函数，当遇到新的身高值时，我们可以直接将其代入并计算得出概率密度函数的值。

6.5 支持向量机

在介绍支持向量机（support vector machine，SVM）之前，我们可以先讲一个通俗的童话故事。在很久以前的情人节，有位大侠为了拯救他的爱人，被魔鬼设下了一个游戏。魔鬼在桌子上放置了两种颜色的球（灰色和白色），如图 6.15 所示。要求大侠用一根木棍将它们分开，并尽量在放更多的球之后仍然适用。

于是，大侠放置了木棍，如图 6.16 所示。

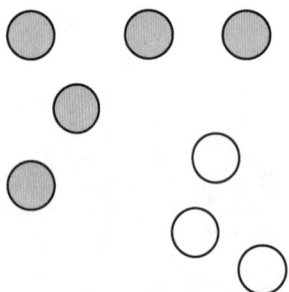

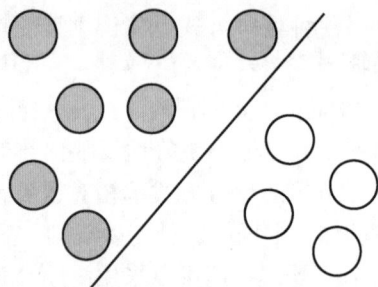

图 6.15　SVM 示例一　　　　　　图 6.16　SVM 示例二

随后，魔鬼又在桌上放置了更多的球，但由于先前的木棍位置，导致一个灰球被错误地分到了另一边，如图 6.17 所示。

支持向量机实际上是在为大侠找到最佳的木棍位置，使得两侧的球都远离分隔木棍，即使有更多的球放置，木棍仍然是一个有效的分界线，如图 6.18 所示。

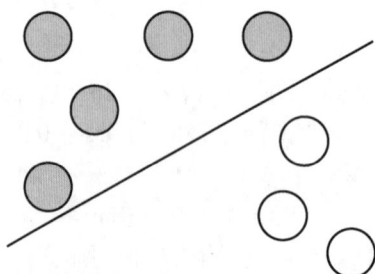

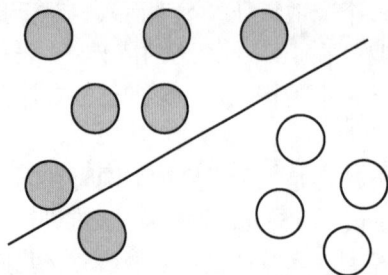

图 6.17　SVM 示例三　　　　　　图 6.18　SVM 示例四

然而，魔鬼又给了大侠一个新的挑战。在这个挑战中，球的摆放方式使得没有一根木棒可以完美地将它们分开。但是，大侠凭借法力一拍桌子，将球们飞到空中，然后用一张纸片插在两类球之间，从而完美地将它们分开。从魔鬼的角度来看，这些球像是被一条曲线完美地切开了，如图 6.19 所示。

后来，科学家们将这些球称为"数据"，木棍称为"分类面"，找到最大间隔木棍位置的过程称为"优化"，一拍桌子将球飞到空中的法力称为"核映射"，而在空中分隔球的纸片则称为"分类超平面"，这便是 SVM 的童话故事。

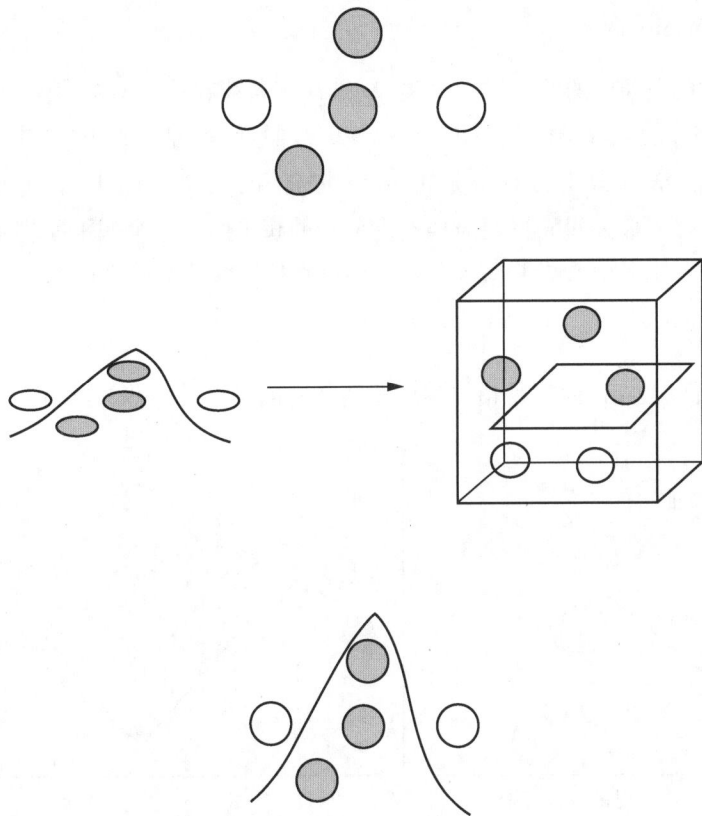

图 6.19　SVM 示例五

　　SVM 的主要意义在于处理一组需要进行分类的数据。对于一维数据而言，其目标是寻找一个可分离数据的分界点；对于二维数据而言，其目标是找到一个可分离数据的分界线；对于三维数据而言，其目标是找到一个可分离数据的平面。这个分界线与两类数据中最接近的点之间的距离称为最大边缘（max-margin）。一般来说，我们希望最大边缘越大越好，因为这代表着找到的最佳分界线是最优的。换句话说，这样的分界线能够有效地将两类数据进行分离。我们选择数据进行训练是为了找到一个优秀的分界线，因此，当有新的测试数据输入时，我们可以根据这个分界线进行分类。给定一组这样的数据，并且我们事先知道它们的分类方式，这就是为什么 SVM 被视作一种监督学习方法。

　　现在，我们面临的关键问题是如何找到这个分界线。

6.5.1　支持向量的概念

　　首先，我们需要深入了解以下几个概念：线性可分、最大间隔超平面、支持向量以及 SVM 最优化问题。

1．线性可分

　　在二维空间中，若存在一条直线能够完全将两类样本点分开，则称该情况为线性可分，如图 6.20 所示。而在三维空间中，若存在一个平面能够完全分开两类样本点，则同样称之为线性可分。在更高维度的情况下，若存在一个超平面能够将两类样本点完全正确划分开，则同样称之为线性可分。

2. 最大间隔超平面

设在 n 维欧氏空间中的两个样本点集 D_0 和 D_1。若存在一个 n 维向量 w 和一个实数 b，使得所有属于 D_0 的点 x_i 满足条件 $wx_i + b > 0$，而所有属于 D_1 的样本点 x_j 满足条件 $wx_j + b < 0$，则称 D_0 和 D_1 是线性可分的。为了提高超平面的鲁棒性，需要找到一个最大间隔超平面，即能够以最大间隔将两类样本点分开的超平面。这个超平面将两类样本点分别位于其两侧，并且使得距离超平面最近的样本点到超平面的距离被最大化。

3. 支持向量

如图 6.21 所示，支持向量是指样本中距离超平面最近的一些样本点。

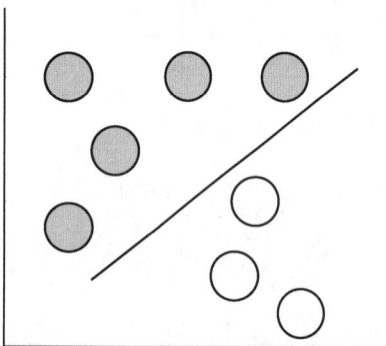

图 6.20 二维空间的线性可分

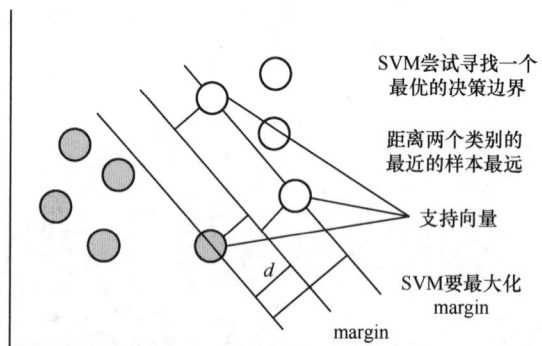

图 6.21 支持向量

4. SVM 最优化问题

SVM 的目标是寻找使得各类样本点到超平面距离最远的情况，即找到最大间隔超平面。任意超平面都可以用下面的线性方程来描述：

$$w^{\mathrm{T}}x + b = 0$$

例如，在二维空间中，点 (x, y) 到直线 $Ax + By + C = 0$ 的距离可以用公式 $\dfrac{|Ax + By + C|}{\sqrt{A^2 + B^2}}$ 来计算；而将其扩展到 n 维空间后，点 $x = (x_1, x_2, \cdots, x_n)$ 到直线 $w^{\mathrm{T}}x + b = 0$ 的距离可以表示为：$\dfrac{|w^{\mathrm{T}}x + b|}{\|w\|}$，其中 $\|w\| = \sqrt{w_1^2 + \cdots + w_n^2}$。

根据支持向量的定义，如图 6.22 所示，我们可以确定支持向量到达超平面的距离为 d，而其他点到超平面的距离则大于 d。

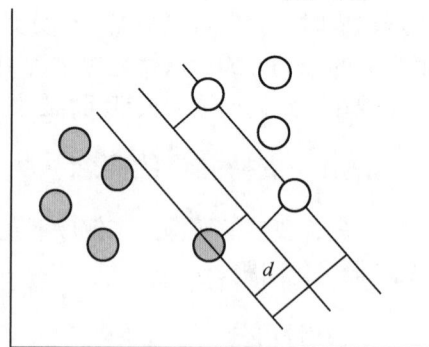

图 6.22 支持向量到达超平面的距离

因此，我们可以得到以下公式：

$$\begin{cases} \dfrac{w^{\mathrm{T}}x + b}{\|w\|} \geqslant d, & y = 1 \\[2mm] \dfrac{w^{\mathrm{T}}x + b}{\|w\|} \leqslant -d, & y = -1 \end{cases}$$

稍作变形可以得到：

$$\begin{cases} \dfrac{w^{\mathrm{T}}x+b}{\|w\|d} \geqslant 1, & y=1 \\[3mm] \dfrac{w^{\mathrm{T}}x+b}{\|w\|d} \leqslant -1, & y=-1 \end{cases}$$

为了便于推导和优化，我们先假设 $\|w\|d$ 为 1，然后可以得到以下不等式：$\begin{cases} w^{\mathrm{T}}x+b \geqslant 1, & y=1 \\ w^{\mathrm{T}}x+b \leqslant -1, & y=-1 \end{cases}$，因为在支持向量机等监督学习算法中，$y$ 为样本的类别。当 x 为正例时，$y=+1$；当 x 为负例时，$y=-1$；

将这两个不等式合并，我们可以得到：$y(w^{\mathrm{T}}x+b) \geqslant 1$

至此，我们可以得到最大间隔超平面的上下两个超平面，如图 6.23 所示。

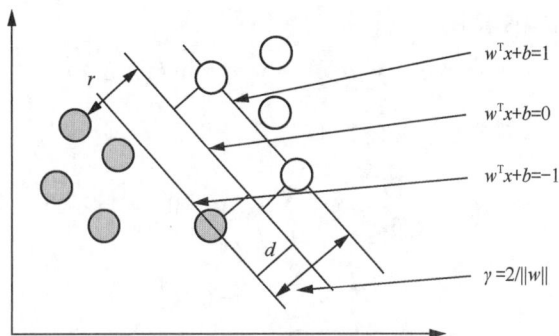

图 6.23　超平面的确立

每个支持向量到超平面的距离可以表示为：$d = \dfrac{|w^{\mathrm{T}}x+b|}{\|w\|}$

由于 $y(w^{\mathrm{T}}x+b) \geqslant 1 > 0$，我们得到 $y(w^{\mathrm{T}}x+b) = |w^{\mathrm{T}}x+b|$，因此我们可以得到：

$$d = \frac{y(w^{\mathrm{T}}x+b)}{\|w\|}$$

因此，为了最大化超平面两侧支持向量的距离，我们可以表达为：$\max 2 \times \dfrac{y(w^{\mathrm{T}}x+b)}{\|w\|}$，

这并不影响目标函数。由于支持向量 $y(w^{\mathrm{T}}x+b)=1$，我们得到：$\max \dfrac{2}{\|w\|}$，再进行转换得到：

$$\min \frac{1}{2}\|w\|^2$$

因此，我们得到的最优化问题是：$\min \dfrac{1}{2}\|w\|^2$ 限制条件为：$y_i(w^{\mathrm{T}}x_i+b) \geqslant 1$

从这个优化问题中，我们可以看出这是在满足一定条件下求解极值的问题。在数学领域，这类问题通常用拉格朗日乘数法进行求解。

6.5.2　支持向量机优化

已知 SVM 优化的主问题是：

$$\min_{w} \frac{1}{2} \| w \|^2$$

$$\text{s.t.} g_i(w,b) = 1 - y_i(w^{\mathrm{T}} x_i + b) \leqslant 0, i = 1, 2, \cdots, n$$

求解线性可分的 SVM 的步骤如下。

步骤 1：构造拉格朗日函数

$$\min_{w,b} \max_{\lambda} L(w,b,\lambda) = \frac{1}{2} \| w \|^2 - \sum_{i=1}^{n} \lambda_i [y_i(w^{\mathrm{T}} x_i + b) - 1]$$

$$\text{s.t.} \lambda_i \geqslant 0$$

步骤 2：利用强对偶性转化

$$\min_{w,b} \max_{\lambda} L(w,b,\lambda) \to \max_{\lambda} \min_{w,b} L(w,b,\lambda)$$

由于需要求极值，现对参数 w 和 b 求偏导数：

$$\frac{\partial L}{\partial w} = w - \sum_{i=1}^{n} \lambda_i x_i y_i = 0$$

$$\frac{\partial L}{\partial b} = \sum_{i=1}^{n} \lambda_i y_i = 0$$

得到：

$$\sum_{i=1}^{n} \lambda_i x_i y_i \quad = w$$

$$\sum_{i=1}^{n} \lambda_i y_i \quad = 0$$

我们将这个结果代回到函数中可得：

$$L(w,b,\lambda) = \frac{1}{2} \sum_{i=1}^{n} \sum_{j=1}^{n} \lambda_i \lambda_j y_i y_j (x_i \cdot x_j) + \sum_{i=1}^{n} \lambda_i - \sum_{i=1}^{n} \lambda_i y_i \left(\sum_{j=1}^{n} \lambda_j y_j (x_i \cdot x_j) + b \right)$$

$$= \frac{1}{2} \sum_{i=1}^{n} \sum_{j=1}^{n} \lambda_i \lambda_j y_i y_j (x_i \cdot x_j) + \sum_{i=1}^{n} \lambda_i - \sum_{i=1}^{n} \sum_{j=1}^{n} \lambda_i \lambda_j y_i y_j (x_i \cdot x_j) - \sum_{i=1}^{n} \lambda_i y_i b$$

$$= \sum_{j=1}^{n} \lambda_i - \frac{1}{2} \sum_{i=1}^{n} \sum_{j=1}^{n} \lambda_i \lambda_j y_i y_j (x_i \cdot x_j)$$

也就是说：$\min_{w,b} L(w,b,\lambda) = \sum_{j=1}^{n} \lambda_i - \frac{1}{2} \sum_{i=1}^{n} \sum_{j=1}^{n} \lambda_i \lambda_j y_i y_j (x_i \cdot x_j)$

步骤 3：由步骤 2 得

$$\max_{\lambda} \left[\sum_{j=1}^{n} \lambda_i - \frac{1}{2} \sum_{i=1}^{n} \sum_{j=1}^{n} \lambda_i \lambda_j y_i y_j (x_i \cdot x_j) \right]$$

$$\text{s.t.}\sum_{i=1}^{n}\lambda_i y_i = 0 \ \& \ \lambda_i \geqslant 0$$

为便于计算，接下来将极大值问题转换成求极小值问题。

$$\min_{\lambda}\left[\frac{1}{2}\sum_{i=1}^{n}\sum_{j=1}^{n}\lambda_i\lambda_j y_i y_j (x_i \cdot x_j) - \sum_{j=1}^{n}\lambda_i\right]$$

$$\text{s.t.}\sum_{i=1}^{n}\lambda_i y_i = 0 \ \& \ \lambda_i \geqslant 0$$

该问题可被看作一个二次规划问题，其规模与训练样本数量成正比。为了应对这一挑战，通常会采用序列最小优化（sequential minimal optimization, SMO）算法。SMO算法的核心思想在于其简洁的迭代优化策略：每次仅优化一个参数，同时固定其他参数，以高效地逐步求解每个参数的最优值。

6.5.3 软间隔

在实际应用中，完全线性可分的样本相对较少。如果遇到不能完全线性可分的情况，例如数据中存在噪点，如图6.24所示，我们需要采取适当的处理方法。

因此，SVM提出了软间隔的概念，相较于硬间隔的严格条件，软间隔允许个别样本点位于间隔带内部，如图6.25所示：

为了允许部分样本点不满足约束条件，以衡量间隔的软性程度，我们为每个样本引入了一个松弛变量 ξ_i，其中 $\xi_i \geqslant 0$，并确保条件 $1 - y_i(w^{\mathrm{T}}x_i + b) - \xi_i \leqslant 0$ 成立。具体对应如图6.26所示：

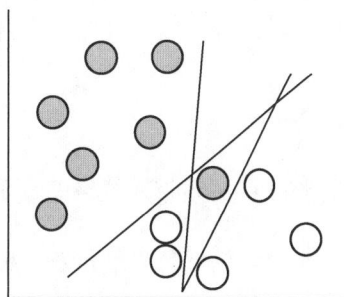

图6.24　数据中存在噪声点的情况

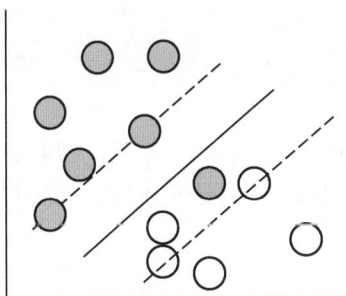

图6.25　软间隔

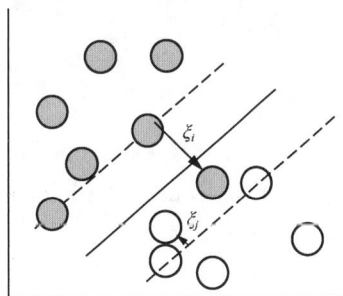

图6.26　松弛变量 ξ_i

增加软间隔后优化的目标变成了：

$$\min_{w}\frac{1}{2}\|w\|^2 + C\sum_{i=1}^{m}\xi_i$$

$$\text{s.t.}g_i(w,b) = 1 - y_i(w^{\mathrm{T}}x_i + b) - \xi_i \leqslant 0, \xi_i \geqslant 0, i = 1,2,\cdots,n$$

其中，参数C是一个大于零的常数，可视为对错误样本的惩罚程度。若C取无穷大，则要求分类严格无错误；而当C较小时，则意味着容许更多的错误分类。因此，C是我们需要指定的一个重要参数。接下来，我们将针对新的优化目标求解最优化问题。

步骤 1：构造拉格朗日函数。

$$\min_{w,b,\xi}\max_{\lambda,\mu} L(w,b,\xi,\lambda,\mu) = \frac{1}{2}\|w\|^2 + C\sum_{i=1}^{m}\xi_i + \sum_{i=1}^{n}\lambda_i[1-\xi_i-y_i(w^\mathrm{T}x_i+b)] - \sum_{i=1}^{n}\mu_i\xi_i$$

$$\mathrm{s.t.}\lambda_i \geqslant 0\mu_i \geqslant 0$$

其中 λ_i 和 μ_i 是拉格朗日乘子，w、b 和 ξ_i 是主问题参数。

根据强对偶性，将对偶问题转换为：

$$\max_{\lambda,\mu}\min_{w,b,\xi} L(w,b,\xi,\lambda,\mu)$$

步骤 2：分别对主问题参数 w、b 和 ξ_i 求偏导数，并令偏导数为 0，得出如下关系。

$$w = \sum_{i=1}^{m}\lambda_i y_i x_i$$

$$0 = \sum_{i=1}^{m}\lambda_i y_i$$

$$C = \lambda_i + \mu_i$$

将这些关系带入拉格朗日函数中，得到：

$$\min_{w,b,\xi} L(w,b,\xi,\lambda,\mu) = \sum_{j=1}^{n}\lambda_i - \frac{1}{2}\sum_{i=1}^{n}\sum_{j=1}^{n}\lambda_i\lambda_j y_i y_j (x_i \cdot x_j)$$

最小化结果只有 λ 而没有 μ，所以只需要最大化 λ：

$$\max_{\lambda}[\sum_{j=1}^{n}\lambda_i - \frac{1}{2}\sum_{i=1}^{n}\sum_{j=1}^{n}\lambda_i\lambda_j y_i y_j (x_i \cdot x_j)]$$

$$\mathrm{s.t.}\sum_{i=1}^{n}\lambda_i y_i = 0, \lambda_i \geqslant 0, C - \lambda_i - \mu_i = 0$$

可以看到软间隔和硬间隔的形式类似，只是增加了额外的约束条件。接着，我们可以利用序列最小优化（sequential minimal optimization，SMO）算法来求解，从而得到最优化问题的拉格朗日乘子 λ^*。

步骤 3：

$$w = \sum_{i=1}^{m}\lambda_i y_i x_i$$

$$b = \frac{1}{|S|}\sum_{s \in S}(y_s - wx_s)$$

随后，通过上述两个方程求解，得到参数 w 和 b，并进而确定超平面的表达式 $w^\mathrm{T}x+b=0$。在此过程中，需要注意一个关键问题，间隔内的样本点是否属于支持向量？从求解参数 w 的方程可以观察到，只要拉格朗日乘子 $\lambda_i > 0$，即可影响超平面的位置，因此这些样本点都被视为支持向量。

6.5.4 核函数

之前的讨论是建立在样本完全线性可分或大部分样本点线性可分的假设之上。然而，实际情况下，我们可能会面临样本点不是线性可分的情况，如图 6.27 所示。

在这种情况下，一种解决方法是将二维线性不可分样本点映射到高维空间中，从而使得样本点在高维空间中变得线性可分，如图 6.28 所示。

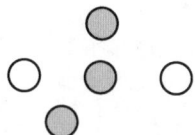

图 6.27　样本点线性不可分　　　　图 6.28　样本点在高维空间线性可分

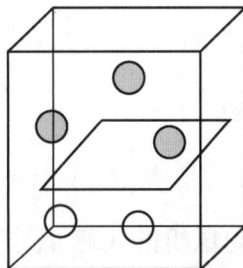

针对在有限维度向量空间中线性不可分的样本点，我们采用将其映射到更高维度的向量空间的方法，然后通过最大化间隔的方式来训练支持向量机，这即是非线性支持向量机（nonlinear SVM）的基本思想。在这一过程中，我们用符号 x 表示原始样本点，而用符号 $\phi(x)$ 表示 x 映射到新特征空间后得到的新向量。因此，分割超平面的表达式为：$f(x) = w\phi(x) + b$。对于非线性支持向量机的对偶问题，则转化为：

$$\min_{\lambda} \left[\frac{1}{2} \sum_{i=1}^{n} \sum_{j=1}^{n} \lambda_i \lambda_j y_i y_j (\phi(x_i) \cdot \phi(x_j)) - \sum_{j=1}^{n} \lambda_i \right]$$

$$\text{s.t.} \sum_{i=1}^{n} \lambda_i y_i = 0, \lambda_i \geqslant 0, C - \lambda_i - \mu_i = 0$$

而将低维空间映射到高维空间后，可能导致维度急剧增加。这种情况下要计算所有样本点之间的内积会带来巨大的计算量。

然而，若存在一个核函数 $k(x, y) = (\phi(x), \phi(y))$，使得样本点 x_i 和 x_j 在特征空间中的内积等于它们在原始样本空间中通过核函数 $k(x, y)$ 计算得到的结果，那么我们就无须计算高维甚至无穷维空间中的内积。

举个例子，假设我们有一个多项式核函数：

$$k(x, y) = (x \cdot y + 1)^2$$

将核函数代入样本点后的表达式为：

$$k(x, y) = \left(\sum_{i=1}^{n} (x_i \cdot y_i) + 1 \right)^2$$

其展开项为：

$$\sum_{i=1}^{n} x_i^2 y_i^2 + \sum_{i=2}^{n} \sum_{j=1}^{i-1} (\sqrt{2} x_i x_j)(\sqrt{2} y_i y_j) + \sum_{i=1}^{n} (\sqrt{2} x_i)(\sqrt{2} y_i) + 1$$

若没有核函数，我们需要将向量映射为：

$$x' = (x_1^2, \cdots, x_n^2, \cdots \sqrt{2}x_1, \cdots, \sqrt{2}x_n, 1)$$

然后进行内积计算，才能达到与多项式核函数相同的效果。因此，核函数的引入不仅减少了计算量，还减少了存储数据所需的内存使用量。

我们常用的核函数包括以下几种。

（1）线性核函数：$k(x_i, x_j) = x_i^\mathrm{T} x_j$

（2）多项式核函数：$k(x_i, x_j) = (x_i^\mathrm{T} x_j)^d$

（3）高斯核函数：$k(x_i, x_j) = \exp\left(-\dfrac{\| x_i - x_j \|}{2\delta^2}\right)$

在这三种常用的核函数中，只有高斯核函数需要进行参数调整。

6.5.5 支持向量机的优缺点分析

SVM 具有以下优点。

（1）具备严格的数学理论支持，并具有高度解释性。其结果为全局最优解，相比于某些为简化复杂性而仅提供局部最优解的算法（如前文所述的决策树算法），SVM 的最优化求解过程总能够获得全局最优解。

（2）算法具备出色的鲁棒性。由于计算主要依赖于关键的支持向量，只要这些支持向量保持不变，样本发生变化对算法基本没有影响。

SVM 具有如下缺点。

（1）训练过程需要大量资源。由于计算和存储需求较高，SVM 的训练成本较高。因此，支持向量机适用于相对较小的样本量，如几千条数据。当样本量过大时，训练的资源开销会变得过于庞大。

（2）仅适用于二分类问题。经典的 SVM 算法非常简洁，通过绘制一条线来分割两个类别。如果需要处理多类别的分类问题，则需要采用一些组合手段。

（3）模型预测时间与支持向量的数量成正比。当支持向量的数量较大时，模型预测的计算复杂度会增加。因此，目前支持向量机只适用于处理小规模样本任务，难以胜任百万甚至上亿样本的大规模任务。

6.6 聚类算法

常言道："物以类聚，人以群分"，这一格言在自然科学和社会科学领域得到了广泛的应用。它指出了对事物进行分类的重要性，其中，"类"即为相似元素的集合。从人类出生开始，便接受着对事物的分类教育，这体现在父母教导孩子辨认物体的过程中。从汽车、飞机到鱼类、鸟类，再到形状的分类如圆形和长方形，这些都是我们早期接触的分类方式。然而，在科学史上，许多重要的进步都源于对新事物的发现和分类。尽管我们熟悉的分类多是基于常识和经验，但对于计算机而言，分类是通过算法将相似的数据聚类在一起的过程。因此，本节的主要任务之一就是将给定的数据划分为不同的类别，以最小化类别间的相似度。

在机器学习中，我们将数据划分为不同的类别，并引入了一个新的术语——簇，用以描述这一过程。将具有 M 个样本的数据划分为 k 个簇，其中 k 必然小于或等于 M。簇需满足如下条件。

（1）每个簇至少包含一个对象。

（2）每个对象有且仅属于一个簇。

在给定的类别数目 k 下，我们首先给定初始划分，通过迭代地改变样本和簇之间的隶属关系，使得每次处理后得到的划分方式比上一次更优（即总的数据集之间的距离和减小了）。接下来，我们将介绍 k-means 算法、DBSCAN 算法和 mean shift 聚类算法。聚类是一个将数据集中在某些方面相似的数据成员进行分类组织的过程，聚类是一种发现这种内在结构的技术，也是无监督学习中的一种重要方法。

6.6.1 K 均值算法

K 均值算法，又称为 k-means 算法，是一种被广泛使用的聚类算法，在许多情况下被视为接触聚类算法的首选。该算法根据给定的数据点集合以及用户指定的聚类数目 K，通过定义的距离度量函数将数据反复分配到 K 个聚类中。

鸢尾花 K 均值聚类实例分析

k-means 算法构建步骤如下。

假设输入样本集合为 $T=\{X_1, X_2, \cdots, X_m\}$，在使用欧几里得距离公式的前提下，算法步骤为：

（1）初始化 K 个类别中心 $a_1, a_2, \cdots, a_K$；

（2）对于每个样本 X_i，将其标记为距离类别中心 a_j 最近的类别 j；

（3）通过计算隶属该类别的所有样本的均值，更新每个类别的中心点 a_j；

（4）重复执行第 2 步和第 3 步操作，直到达到某个终止条件。

终止条件可以规定为：

$$\text{label}_i = \underset{1 \leqslant j \leqslant k}{\arg\min} \left\{ \sqrt{\sum_{i=1}^{n}(x_i - a_j)^2} \right\}$$

其中，k 表示中心点的个数，n 表示样本点的个数，簇中心点的更新规则为 $a_j = \dfrac{1}{N(c_j)} \sum_{i \in c_j} x_i$。

k-means 算法的过程如图 6.29 所示，其中五角星表示了两个聚类中心的变化过程。

对图 6.29 的过程解释如下。

原始数据集包含 N 个样本，初始时随机选择了两个中心点。

计算每个样本到两个中心点之间的欧几里得距离，其计算公式如下：

$$d = \sqrt{(x_1 - x_2)^2 + (y_1 - y_2)^2}$$

根据每个样本到两个中心点的距离，把样本分配到两个簇中。每个簇的中心点更新为该簇中所有样本点的均值。具体地，簇中心点的更新公式如下：

$$a_j = \frac{1}{N(c_j)} \sum_{i \in c_j} x_i$$

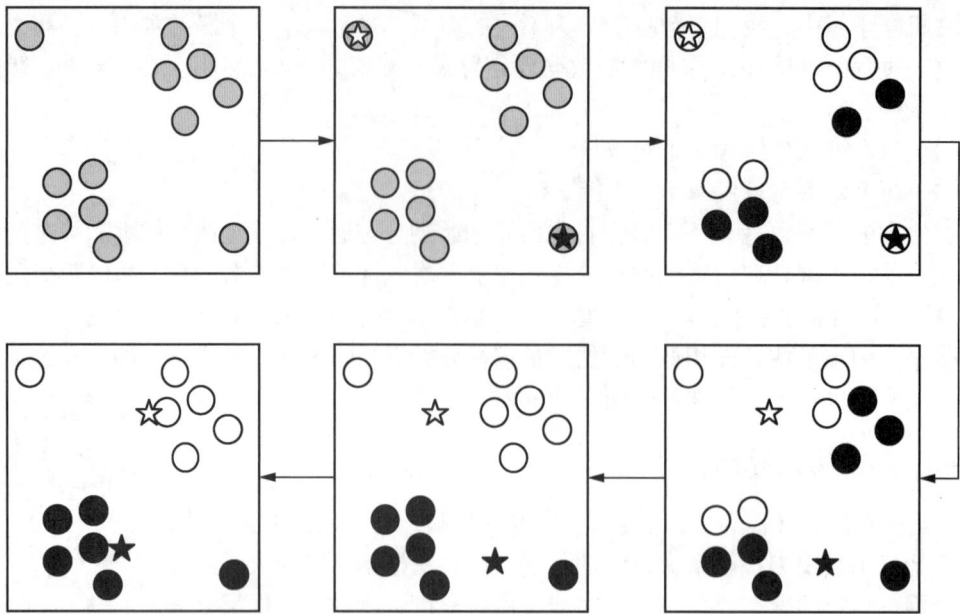

图 6.29　*k*-means 算法过程

重复上述步骤，直到满足终止条件。

根据 *k*-means 算法的原理，以下两个问题可能会严重影响其性能。

（1）离群点对均值影响大：在 *k*-means 算法在迭代过程中，使用所有点的均值来更新质心。然而，如果某个簇中存在离群点，这将导致均值受到较大的偏差影响。举例来说，假设一个簇包含数据点 2、4、6、8、100，那么新的质心为 24，与绝大多数点相距较远。在这种情况下，使用中位数 6 可能比使用均值更合适，这种聚类方式称为 *k*-medoids 聚类，又称为 K 中值聚类。

（2）初始值敏感：*k*-means 算法对初始质心的选择非常敏感。不同的初始质心可能导致不同的簇划分结果。为了避免这种初始值的敏感性带来的异常结果，可以采用多组初始质心构造不同的分类规则，然后选择最优的分类规则。

如图 6.30 所示，可以看出 *k*-means 算法对初始值敏感。给定一组数据点如图所示，明显呈现出四个区域聚类的趋势。

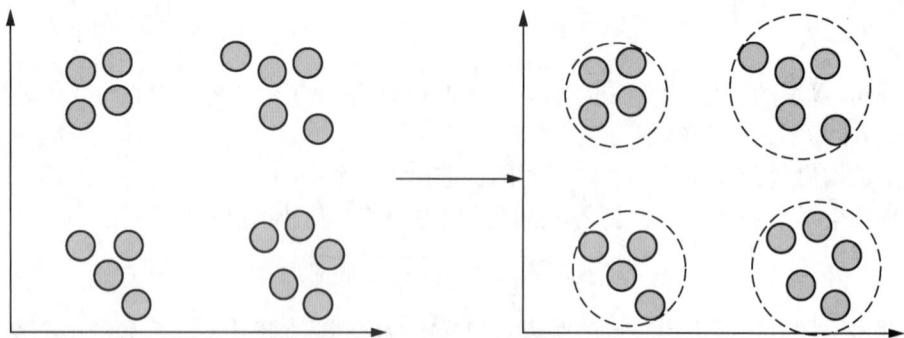

图 6.30　*k*-means 算法对初始值敏感（一）

假如随机给定四个中心点，用五角星表示，如图 6.31 所示。

按照 *k*-means 算法划分的结果如图 6.32 所示。

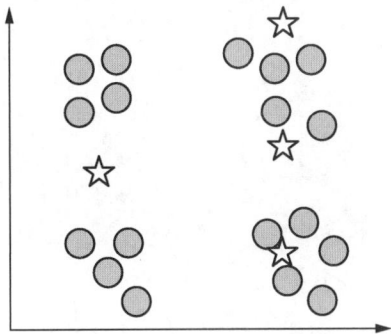

图 6.31　*k*-means 算法对初始值敏感（二）

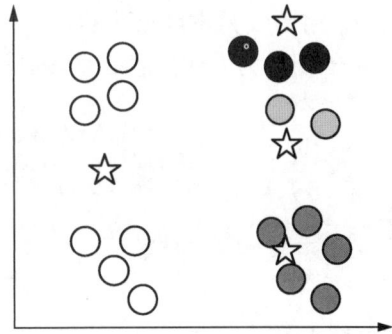

图 6.32　*k*-means 算法对初始值敏感（三）

6.6.2　DBSCAN 聚类算法

DBSCAN（density-based spatial clustering of applications with noise）是一种基于密度空间的聚类算法，在机器学习和数据挖掘领域被广泛应用。其聚类原理简而言之是：每个簇类的密度高于该簇类周围的密度，而噪声的密度低于任一簇类的密度。举例来说，如图 6.33 所示，簇类 *A* 和簇类 *B* 的密度高于其周围的密度，而噪声的密度则低于任一簇类的密度。由于这种特性，DBSCAN 算法还能够用于异常点检测。在本节中，我们将对 DBSCAN 算法进行介绍。

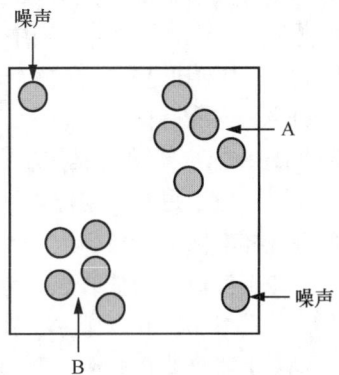

图 6.33　簇类间密度的不平衡

DBSCAN 算法的样本点可以被分为核心点（core points）、边界点（border points）和噪声点（noise）三类。

核心点：对于给定数据集 *D* 中的样本点 *p*，若其 ε-邻域内包含至少 MinPts 个样本（包括样本 *p*），则称样本 *p* 为核心点。换言之，若满足 $N_\varepsilon(p) \geq$ MinPts 的条件，其中 ε-邻域 $N_\varepsilon(p)$ 定义为 $N_\varepsilon(p) = \{q \in D \mid \text{dist}(p,q) \leq \varepsilon\}$，则样本 *p* 被归类为核心点。

边界点：在给定数据集中，非核心点 *b* 若处于任意核心点 *p* 的 ε-邻域内，则样本 *b* 称定义为边界点。换句话说，若样本 *b* 满足：*p*，*b* 分别为核心点与非核心点，且 $b \in N_\varepsilon(p)$，则样本 *b* 被归类为边界点。

噪声点：如果一个样本 *n* 不在任何核心点 *p* 的 ε-领域内，则该样本 *n* 被定义为噪声点。换句话说，如果 *p* 和 *n* 分别是核心点与非核心点，并且 $n \notin N_\varepsilon(p)$，则样本 *n* 被归类为噪声点。

假设 MinPts=4，图 6.34 所示为核心点、边界点与噪声点的分布情况。

根据前述定义，DBSCAN 算法将数据集 *D* 划分为核心点、边界点和噪声点，并根据一定的连接规则形成簇类。在介绍连接规则之前，我们先明确以下几个概念。

密度直达（directly density-reachable）：若点 *q* 位于点 *p* 的 ε-邻域内，且点 *p* 为核心点，则称点 *q* 由点 *p* 密度直达。

密度可达（density-reachable）：若点 *q* 位于点 *p* 的 ε-邻域内，且点 *p* 和点 *q* 均为核心点，则称点 *q* 由点 *p* 密度可达。

密度相连（density-connected）：若点 *p* 和点 *q* 均为非核心点，并且它们属于同一个簇类，则称点 p 和点 q 是密度相连的。

如图 6.35 所示为上述概念的直观显示。

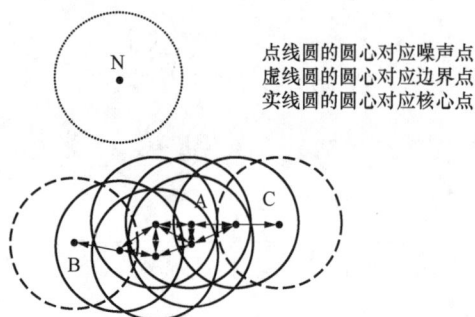

图 6.34 核心点、边界点与噪声点的分布

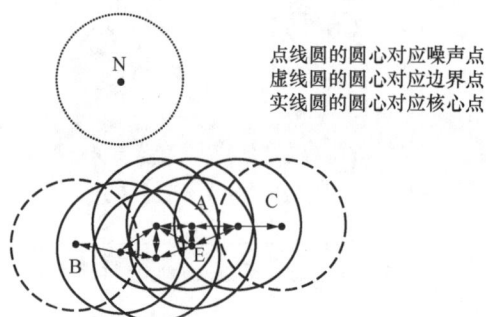

图 6.35 密度直达、密度可达和密度相连

DBSCAN 算法的核心概念在于密度直达和密度可达的关系以及密度相连的定义。在给定的样本集合中，如果两个样本点之间的关系是密度直达或密度可达，那么它们被归为同一簇类。在图 6.35 中，样本点 E 通过密度直达与核心点 A 相连，而边界点 B 通过密度可达与核心点 A 相连。边界点 B 与边界点 C 之间则通过密度相连。因此，样本点 A、B、C、E 属于同一簇类。此外，图中的样本点 N 为孤立的噪声点。因此，DBSCAN 算法首先从数据集 D 中随机选择一个核心点作为"种子"，然后通过该种子点开始确定相应的聚类簇，直到遍历完所有核心点为止，算法结束。

DBSCAN 算法的操作步骤如下。

（1）对于每个数据样本，计算其 ε-邻域内的样本数量，若数量不少于预设的 MinPts，则将该样本标记为核心点。

（2）针对每个核心点，寻找其密度直达和密度可达的样本，将这些样本同样视为核心点，并且将非核心点排除在外。

（3）对于非核心点，若其位于某个核心点的 ε-邻域内，则被视为边界点，否则被归类为噪声点。

DBSCAN 算法的参数估计是一项关键任务，其主要考虑两个参数：ε 和 MinPts。

ε 参数代表着两个样本之间的最小距离阈值，其意义在于：如果两个样本的距离小于或等于 ε，那么他们可以彼此相邻。

MinPts 参数则是形成一个簇所需的最小样本数，即簇的形成至少需要具有 MinPts 个样本在其 ε-邻域内。为了有效地估计 ε 和 MinPts 参数，当 ε 过小时，部分样本可能被误分类为噪声点（白色），如图 6.36（a）所示；而当 ε 值过大时，大部分样本可能会合并成一个簇类，如图 6.36（c）所示。

同样地，如果 MinPts 值过小，则可能导致所有样本都被视为核心点（较大的圆圈个体、三角形和菱形）如图 6.37（a）所示；当 MinPts 值过大时，部分样本可能被错误地识别为噪声点（白色），如图 6.37（c）所示。

根据经验，MinPts 的最小值可以从数据集的维度 D 中确定，即 MinPts$\geq D+1$。如果 MinPts=1，则意味着数据集中的所有样本都被视为核心点，即每个样本都属于一个簇类；如果 MinPts≤ 2，则结果与单连接的层次聚类相同。因此，MinPts 必须大于或等于 3，一般认为 MinPts=2×dim，其中 dim 表示数据集的维度。随着数据集大小的增加，MinPts 的值也应相应增加。

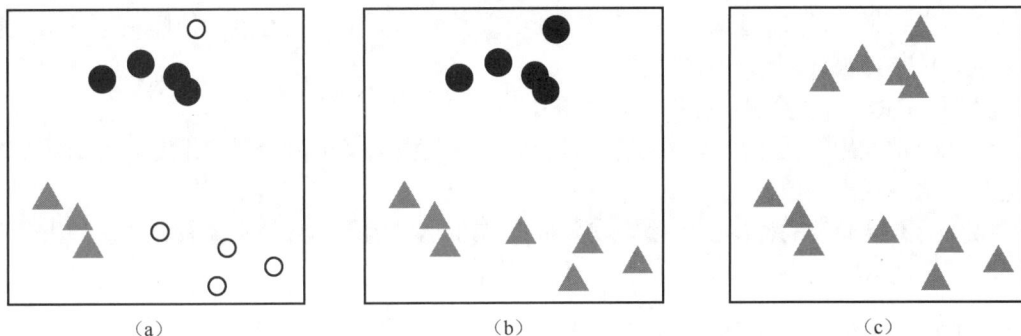

图 6.36　参数 ε 对聚类的影响

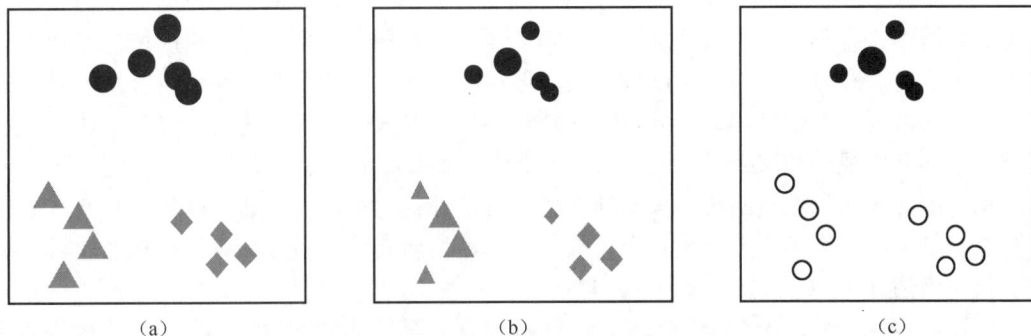

图 6.37　参数 MinPts 对聚类的影响

通常情况下，我们会利用 k-距离曲线（k-distance graph）来确定 ε 的值。该过程涉及计算每个样本点与数据集中所有其他样本点之间的距离，并选择第 k 个最近邻的距离。然后，将这些距离按照从大到小的顺序排列，得到 k-距离曲线。曲线中的拐点对应的距离即被设置为 ε。

根据图示或者 k-距离曲线的定义，我们可以确定：当样本点的第 k 个最近邻距离小于 ε 时，将其归为簇类；而当距离大于 ε 时，则将其标记为噪声点。根据经验，一般使 ε 的值等于第(MinPts-1)个最近邻的距离。在计算样本间的距离之前，通常需要对数据进行归一化处理，以确保所有特征值都处于相同的尺度范围，这有助于设置 ε 参数。

如果(k+1)-距离曲线和 k-距离曲线之间没有明显差异，那么可以将 MinPts 设置为 k 的值。例如，当 k =4 时，与 k >4 的距离曲线相比，没有显著的差异，而且 k>4 的算法计算量要大于 k=4 的情况，因此可以将 MinPts 设置为 4，如图 6.38 所示。

最后，我们总结一下 DBSCAN 算法的优缺点。

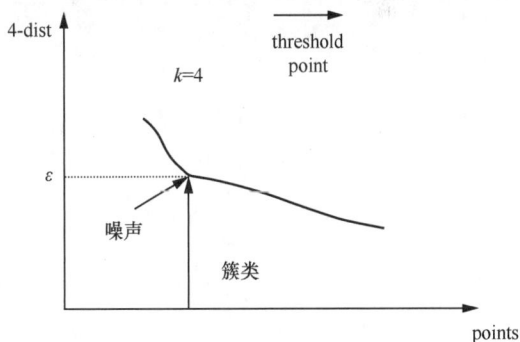

图 6.38　参数 ε 的确定

DBSCAN 算法的优点包括：

（1）无须事先确定簇类的数量；

（2）能够适应各种形状的簇类；

（3）能够有效地识别和处理数据集中的噪声，对异常点具有一定的鲁棒性；

（4）算法对于数据集中样本的随机排列不敏感。然而，不同的样本排列顺序可能导致不同的聚类结果。例如，若非核心点位于两个聚类的边界上，核心点的抽样顺序不同，可能导致非核心点被分配到不同的簇类中。

然而，DBSCAN 算法也存在以下缺点：

（1）通常使用欧氏距离作为距离度量，对于高维数据集可能会遇到维度灾难问题，难以选择合适的距离阈值；

（2）当不同簇类的样本密度差异较大时，DBSCAN 的聚类效果可能较差。这是由于难以选择合适的 MinPts 和 ε 值以适应所有簇类的特性。

6.6.3 均值漂移聚类算法

均值漂移（mean shift）是一种基于密度的非参数聚类算法，其核心思想在于假设不同簇类的数据集符合不同的概率密度分布。其工作原理是通过找到数据点密度增加最快的方向来实现聚类。在该过程中，密度较高的区域对应于概率密度分布的最大值，最终导致样本点向局部密度最大值处移动，并将收敛到相同局部最大值的点视为同一簇类的成员。均值漂移在计算机视觉领域得到广泛应用，本节将详细介绍其算法原理。

均值漂移算法利用核函数对样本的密度进行估计，通常使用高斯核函数。其基本原理是为数据集中的每个样本点分配一个核函数，然后将所有核函数进行叠加，从而获得数据集的核密度估计（kernel density estimation）。

假设我们有一个包含 n 个样本、每个样本具有 d 维特征的数据集 $\{x_i\}$，并且核函数 K 的带宽参数为 h。数据集的核密度估计可以表示为：

$$f(x) = \frac{1}{nh^d} \sum_{i=1}^{n} K\left(\frac{x - x_i}{h}\right)$$

其中，$K(x)$ 是径向对称函数（radially symmetric kernels），满足核函数条件的定义为：$K(x) = c_{k,d} \cdot k(\|x\|^2)$，其中系数 $c_{k,d}$ 是归一化常数，使 $K(x)$ 的积分等于 1。

如图 6.39 所示，我们使用高斯核对一维数据集进行密度估计。每个样本点都被赋予以该样本点为中心的高斯分布，然后将所有这些高斯分布累加起来，得到该数据集的密度。

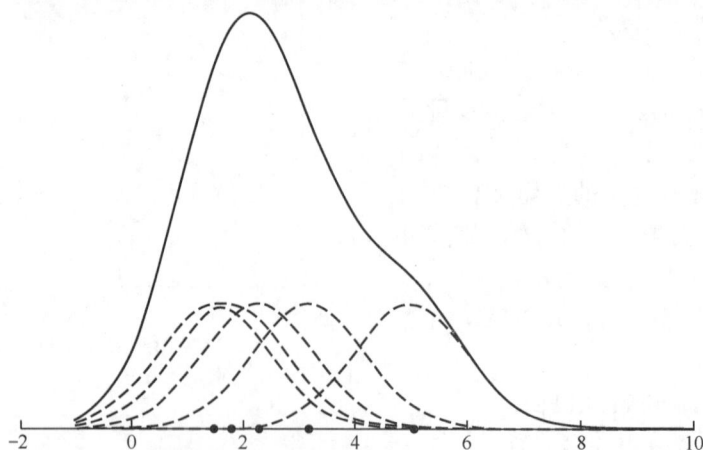

图 6.39　高斯核累加后数据集的密度

图 6.39 中的虚线表示每个样本点的高斯核，而实线表示将所有样本的高斯核累加后得

到的数据集密度。因此，通过高斯核的累加，我们可以得到数据集的密度。

均值漂移算法的核心目标是将样本点移动到局部密度增加最快的方向。通常所指的均值漂移向量即指示着这一局部密度增长最快的方向。在先前的介绍中，我们通过引入高斯核来了解数据集的密度情况。在这种情况下，梯度代表着函数增长最快的方向，因此，数据集密度的梯度方向即为密度增长最快的方向。

由 6.6.3 小节可知，数据集密度：$f(x) = \dfrac{1}{nh^d}\sum_{i=1}^{n}K\left(\dfrac{x - x_i}{h}\right)$

上式的梯度为：

$$\nabla f(x) = \frac{2c_{k,d}}{nh^{d+2}}\sum_{i=1}^{n}(x_i - x)g\left(\left\|\frac{x - x_i}{h}\right\|^2\right)$$

$$= \frac{2c_{k,d}}{nh^{d+2}}\left[\sum_{i=1}^{n}g\left(\left\|\frac{x - x_i}{h}\right\|^2\right)\right]\left[\frac{\sum_{i=1}^{n}x_i g\left(\left\|\frac{x - x_i}{h}\right\|^2\right)}{\sum_{i=1}^{n}g\left(\left\|\frac{x - x_i}{h}\right\|^2\right)} - x\right]$$

其中 $g(s) = -k'(s)$，上式的第一项为实数值，因此第二项的向量方向与梯度方向一致，

第二项的表达式为：$m_h(x) = \dfrac{\sum_{i=1}^{n}x_i g\left(\left\|\frac{x - x_i}{h}\right\|^2\right)}{\sum_{i=1}^{n}g\left(\left\|\frac{x - x_i}{h}\right\|^2\right)} - x$。

上述方程表明了均值漂移算法的基本原理。具体而言，该算法首先计算每个样本点的均值漂移向量，并在接下来的步骤中将每个样本点沿着其对应的均值漂移向量进行平移。不断迭代这一过程，直到样本点收敛于密度增加最大的位置。一旦样本点达到收敛状态，即均值漂移向量为零，算法停止迭代，并将收敛到相同位置的样本点归类为同一簇类的成员。

均值漂移算法的簇类个数受带宽参数的影响，该参数用于调整核概率密度。下面将从核概率密度的角度来解释带宽对均值漂移算法的影响。

如图 6.39 所示为一维数据集的核概率密度。虚线代表每个样本的核函数，实线表示将每个样本的核函数叠加后得到的数据集概率密度。由于该数据集的概率密度只有一个局部最大值，因此均值漂移算法的簇类个数为 1。

若我们将带宽设置为 0，数据集样本的核函数类似于冲激函数，如图 6.40（a）所示。将每个样本的核函数叠加后，得到的数据集概率密度如图 6.40（b）所示。

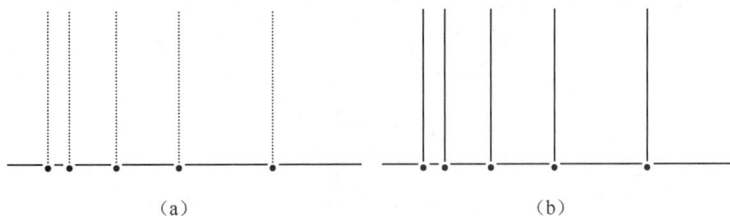

（a）　　　　　　　　　　（b）

图 6.40　带宽设置为 0 后数据集的概率密度

当带宽接近于 0 时，数据集的概率密度具有 5 个局部最大值，因此均值漂移算法的簇

类个数为 5。因此，带宽决定了数据集的概率密度，进而影响了聚类结果。

最后，我们来总结一下均值漂移算法的优缺点。

优点：

（1）无须事先确定簇类数量；

（2）能够有效地处理各种形状的簇类；

（3）算法只需设定一个参数，即带宽，该参数直接影响了数据集的核密度估计；

（4）算法的结果较为稳定，无须像 K 均值算法那样进行样本初始化。

缺点：

（1）聚类结果依赖于带宽的设置，若带宽设置过小，可能导致收敛速度缓慢，且可能产生过多的簇类；若带宽设置过大，则可能导致一些簇类丢失；

（2）针对较大的特征空间，计算量非常庞大。

6.7 回归分析

回归分析是一种统计建模方法，用于探索和描述因变量（目标）与自变量（预测器）之间的关系，通常应用于预测分析、时间序列模型以及发现变量之间的因果关系。例如，在研究司机的鲁莽驾驶与道路交通事故数量之间的关系时，回归分析是一种常用的方法。该方法通过拟合曲线或直线到数据点，以最小化曲线或直线与数据点之间的距离差异，来建立变量之间的关系，如图 6.41 所示。接下来将详细阐述此过程。

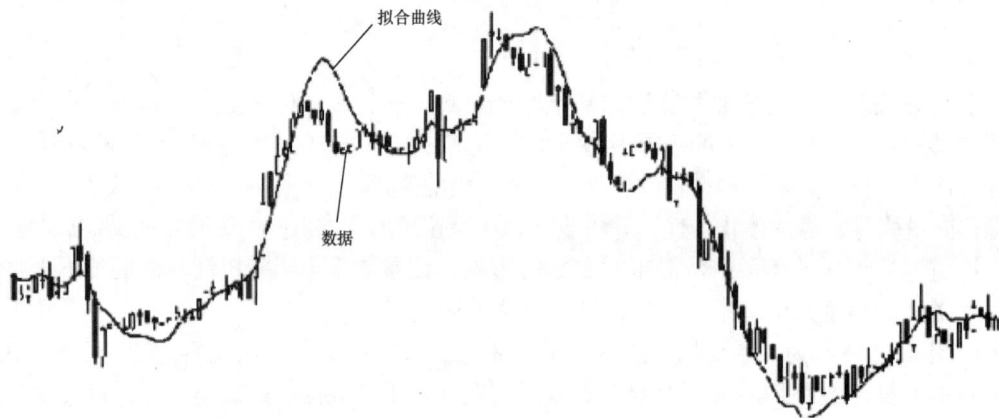

图 6.41　回归分析拟合曲线和数据之间的举例差异

回归分析的应用背景是为了估计变量之间的关系，并在预测性建模中发挥关键作用。举例来说，假设我们想要了解某公司的销售额增长在当前经济环境下的表现。通过回归分析，我们可以利用已有的数据，如销售额和经济增长率之间的关系，来预测未来的销售情况。回归分析的优势包括揭示自变量与因变量之间的显著关系，并评估多个自变量对因变量的影响程度。

回归分析提供了一种方法，可以比较和衡量不同尺度变量之间的相互关系，例如价格变动和促销活动数量之间的关联。这对于市场研究人员、数据分析师和数据科学家来说具有重要意义，因为它们能够帮助确定并估计出最佳的变量组合，用于构建预测模型。

针对回归技术的分类，存在多种不同的方法，其主要取决于三个方面的度量，即自变量的数量、因变量的类型以及回归线的形状。在接下来的部分，我们将详细探讨这些最常用的回归方法。

6.7.1 线性回归

在多个自变量的情况下，可以采用向前选择、向后剔除和逐步回归等方法来选择回归方法。线性回归是一种广为人知的回归方法，通常是学习预测模型时的首选方法之一。在线性回归中，因变量是连续的，而自变量可以是连续或离散的，回归线的性质是线性的。通过最佳拟合线（即回归线），线性回归建立了因变量（y）与一个或多个自变量（x）之间的关系，其表达式为 $y = ax + b$，其中 b 表示截距，a 表示斜率，如图 6.42 所示。

一元线性回归和多元线性回归之间的主要区别在于自变量的数量不同。在多元回归中，自变量的数量大于 1，而在一元回归中，自变量的数量仅为 1。

关于如何获取最佳拟合线（即确定参数 a 和 b 的值），最常用的方法是最小二乘法。该方法通过最小化每个数据点到最佳拟合线的垂直距离的平方和来确定最佳拟合线，从而确保正负偏差不会在相加时抵消。

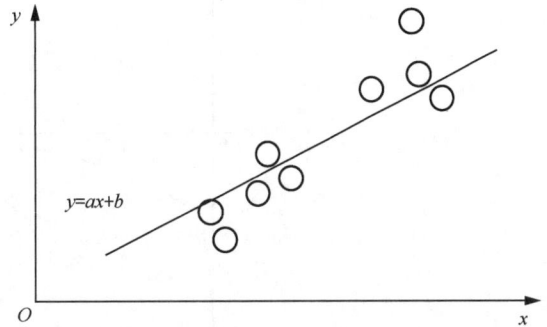

图 6.42　线性回归

我们可以使用 R 方（R-square）指标来评估模型的性能，该指标可以提供对模型拟合程度的度量。线性回归的特点如下。

（1）估计值方差的增加会使得模型对微小变化非常敏感，最终导致系数估计值的不稳定性。

（2）在线性回归中，自变量和因变量之间的关系必须是线性的。

（3）多元回归模型可能存在多重共线性、自相关性和异方差性等问题。

（4）线性回归对异常值非常敏感，异常值可能会严重影响最佳拟回线的拟合效果，进而影响预测结果的准确性。

（5）多重共线性可能导致系数估最重要的自变量。

6.7.2 逻辑回归

逻辑回归广泛应用于计算"事件=成功"和"事件=失败"的概率。当因变量为二元变量（例如 1 或 0，真或假，是或否）时，逻辑回归成为首选的回归方法。在逻辑回归中，因变量的取值范围介于 0 和 1 之间，可通过以下方程表示。

$$\begin{aligned}
\text{odds} &= \frac{p}{1-p} \\
&= \frac{\text{probability of event occurrence}}{\text{probability of not event occurrenceln(odds)}} \\
&= \left(\ln \frac{p}{1-p} \right) \times \text{logit}(p) \\
&= \ln \frac{p}{1-p} \\
&= b_0 + b_1 x_1 + b_2 x_2 + b_3 x_3 + \cdots + b_k x_k
\end{aligned}$$

在上述方程中，变量 p 表示某一特定事件发生的概率。或许你会提出疑问："为什么要在公式中使用 Logit 函数呢？"这是因为我们采用的是二项分布作为因变量，因此需要选择一个最适合该分布的链接函数，即 Logit 函数，如图 6.43 所示。在上述方程中，我们通过观察样本的最大似然估计值来确定参数，而不是像普通的回归那样通过最小化平方误差和来确定参数。

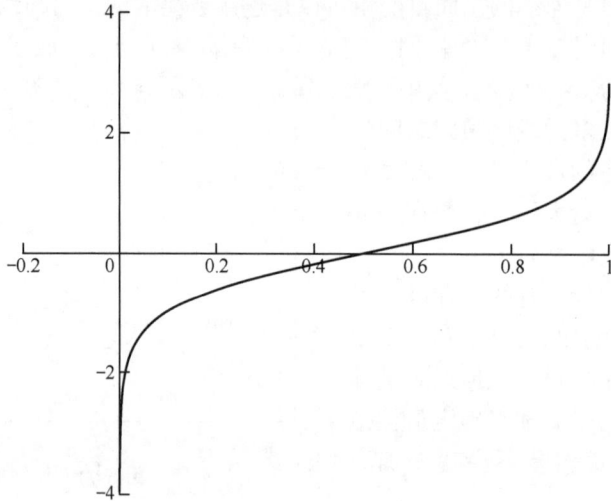

图 6.43　Logit 函数

线性回归在某些情况下难以较好拟合数据，例如 $\min_{w} \| wx - y \|_2^2$，如图 6.44 所示。

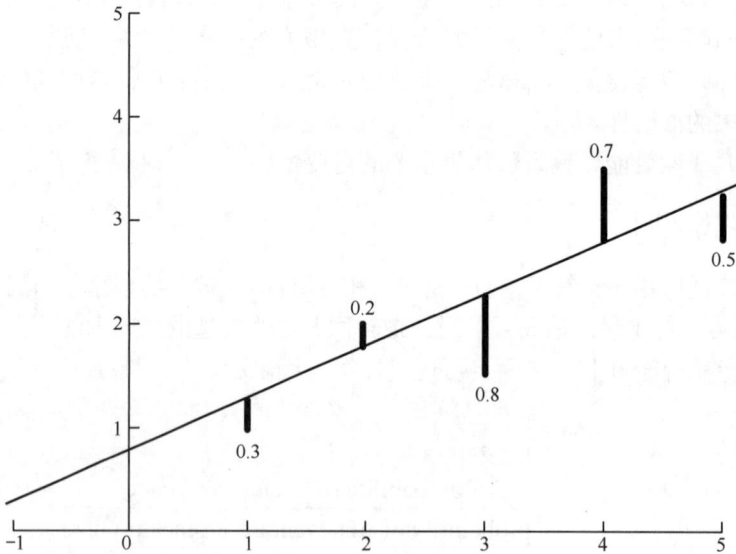

图 6.44　线性回归的拟合

逻辑回归的特点如下。

（1）逻辑回归是一种广泛应用于分类问题的统计方法。

（2）与线性回归不同，逻辑回归不要求自变量和因变量之间呈线性关系。它能够处理各种类型的关系，因为它利用非线性的对数转换来预测相对风险指数。

（3）为了避免过拟合或欠拟合，逻辑回归应该确保包含所有重要的变量。逐步筛选法是一种估计逻辑回归模型并确保模型充分学习的方法。

（4）逻辑回归需要大量的样本，因为在样本数量较少的情况下，最大似然估计的效果不如普通的最小二乘法。

（5）自变量之间不能相互关联，即不能存在多重共线性。然而，在分析和建模中，我们可以选择包含分类变量相互作用的影响。

（6）如果因变量是有序变量，则适用有序逻辑回归。如果因变量有多个类别，则适用多元逻辑回归。

6.7.3　多项式回归

多项式回归是一种回归分析方法，其特点是回归方程中自变量的指数大于 1。典型的多项式回归方程为 $y = a + bx^2$，在这种回归分析方法中，拟合数据点的最佳拟合线不再是直线，而是多项式回归曲线，如图 6.45 所示。

虽然通过拟合高阶多项式可以达到较低的误差，但这可能会导致过拟合问题。因此，需要经常绘制关系图以检查拟合情况，并确保拟合是合理的，既不会过拟合也不会欠拟合。如图 6.46 所示，为欠拟合的示例图。

在面对多种回归方法时，正确选择适合的回归方法变得更为复杂。以下是选择回归方法的关键因素。

（1）数据探索在构建预测模型过程中至关重要。在选择适当的模型之前，需要进行数据探索，以识别变量之间的关系和影响。

（2）交叉验证是评估预测模型性能的最佳方法之一。该方法将数据集分成训练集和验证集，使用观测值和预测值之间的均方差来衡量预测的准确性。

（3）对于包含多个混合变量的数据集，不应该采用自动模型选择方法，因为不同变量不应该同时纳入同一模型中。

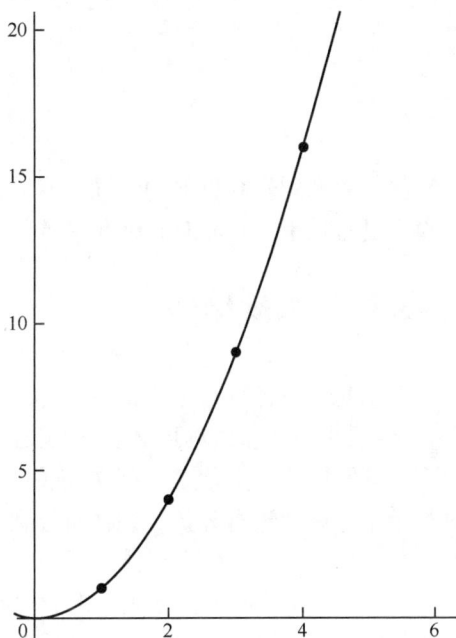

图 6.45　多项式回归曲线

图 6.46　数据欠拟合

如图 6.47 所示，为数据正常拟合的示意图。

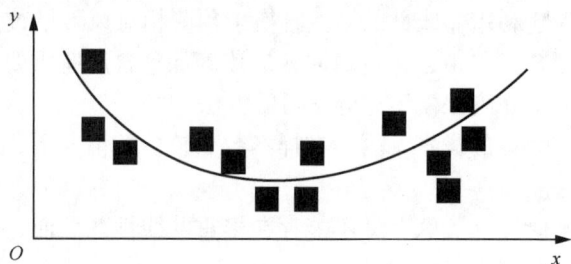

图 6.47　数据正常拟合

如图 6.48 所示，为数据过拟合的示意图。

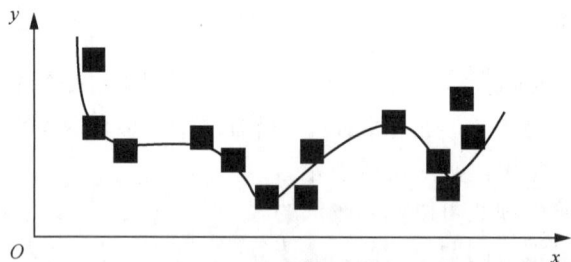

图 6.48　数据过拟合

（4）考虑到研究目的的不同，有时候相对简单且易于实施的模型可能比高度统计显著的模型更为实用。在面对高维和多重共线性的数据集时，回归正则化方法通常表现良好。

6.8　降维模型

在不同领域进行数据收集或采样时，通常会使用多个指标或特征以评估某一现象。然而，高维数据不仅难以可视化，而且在分析过程中增加了复杂性。更重要的是，在许多情况下，问题描述的变量之间存在相关性，这进一步提高了问题分析的难度。然而，如果仅对每个指标单独进行分析，往往会导致分析结果的片面性，因为它们被视为独立而非相关的。过于盲目地减少指标可能会导致信息丢失，从而产生错误的结论。

通常情况下，展示二维或三维数据能够更直观地呈现结果，但展示四维及以上的数据，则比较困难。以评估和展示地铁拥堵情况为例，需考虑诸如日期、天气情况、湿度、风级、降水量、体感温度、节假日波动系数、突发事件和客流量等 9 个指标。然而，对于以上 9 个指标的数据，通过效果图展示十分困难。在实际问题分析中，高维数据不易展示的问题经常会遇到。因此，在特征工程领域，对高维数据进行降维操作已变得十分普遍，而主成分分析（principal component analysis，PCA）作为一种常用的特征降维方法，被广泛应用于对数据特征集的降维处理，并可用于数据集的可视化操作。

6.8.1　PCA 算法简介

PCA 是一种统计方法，其主要目标是通过重新组合原始变量，生成一组相互无关的新变量，同时尽可能地保留原始数据的信息。PCA 通常被用于数据降维的目的是将高维数据转换为低维数据，以便更有效地进行分析和可视化。简而言之，PCA 可以被视为将原始数据映射到一个新的坐标系中的过程，该方法实现了数据的降维和信息的最大化保留，如图 6.49 所示。

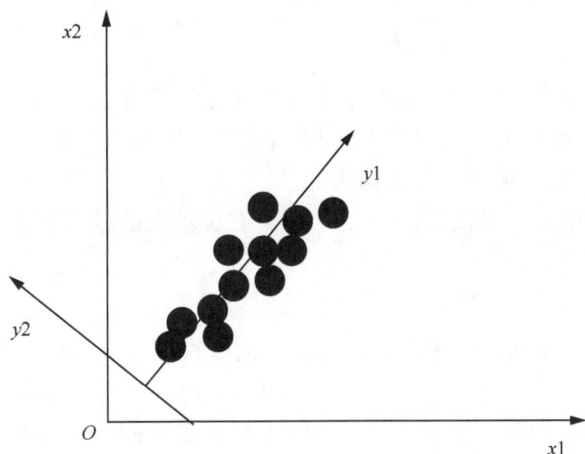

图 6.49 主成分分析的坐标变换

假设我们有一个二维数据集，其中每个样本由两个特征表示。然而，我们希望用更少的特征来描述这些数据，以减少复杂性并提高效率。然而，在原始的特征空间中，无论我们们删除哪个特征，都无法完整地捕捉数据的主要特征。因此，PCA 提供了一种方法，通过将数据从原始的特征空间转换到一个新的特征空间，从而更好地表达数据的结构和变化。在这个新的特征空间中，每个新的特征都是原始特征的线性组合，被称为主成分。第一个主成分是原始数据中方差最大的方向，而随后的主成分依次是与之正交且具有最大方差的方向。这一过程持续进行，直到覆盖原始数据集中所有的方差。通过这一过程，我们建立了一个新的特征空间，使得数据的变化主要集中在前几个主成分所定义的方向上，而其他方向上的变化则相对较小。在极端情况下，如果某个主成分的方差远远大于其他主成分，那么我们可以将数据降至更低维度的空间，以减少特征的数量并保留大部分数据的方差。

接下来，我们将探讨 PCA 算法的原理。

6.8.2　PCA 算法的原理

PCA 算法的原理需要对以下概念有所了解：投影、基、基变换的矩阵表示、方差、协方差、协方差矩阵、特征值和特征向量和协方差矩阵的对角化。

1．投影

首先，在直角坐标系中，点可以用二维向量表示。对于 n 维向量而言，其等价于 n 维空间中从原点出发的一条有向线段。假设我们处于二维直角坐标系中，有点 $A(x_1, y_1)$ 和点 $B(x_2, y_2)$，它们可以分别表示为两条有向线段。

假设向量 A 与 B 的夹角为 α，点 A 在向量 B 上的投影长度为 $|A|\cos(\alpha)$。其中，$|A|$ 表示 A 点在向量 B 上的投影，即向量 A 的标量长度。同时，两个向量的内积 $A \cdot B = |A||B|\cos(\alpha)$。若向量 B 的模为 1，则可得：$A \cdot B = |A|\cos(\alpha)$，如图 6.50 所示。

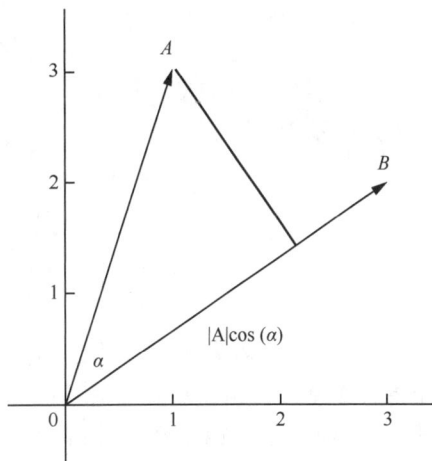

图 6.50　二维向量的投影

2. 基

一个二维向量对应着二维直角坐标系中由原点指向特定点的有向线段。

假设存在一个点 $A(3,2)$，它对应的向量是从原点到坐标（3,2）的有向线段，该向量在 x 轴上的投影值为 3，在 y 轴上的投影值为 2。

当我们将 x 轴的单位向量设定为（1,0）时，在 x 轴上的基可以表示为（1,0）。

同样地，当我们将 y 轴的单位向量设定为（0,1）时，在 y 轴上的基可以表示为（0,1）。

因此，向量（3,2）可以用这两个基的线性组合来表示：$3\times(1,0)^T + 2\times(0,1)^T$。

容易证明，所有二维向量都可以表示为这样的线性组合，其中（1,0）和（0,1）就构成了二维空间的一组基。通常情况下，我们将（1,0）和（0,1）作为二维空间的默认基。当然，也可以选择其他向量作为基，比如（1,1）和（1,-1）也能构成一组基。因此，为了准确描述一个向量，首先需要确定一组基，然后给出该向量在基所在直线上的投影值。

一般而言，基的长度被规定为 1，以便通过向量的内积与基来轻松获得向量在新基上的坐标。事实上，对于任何向量，都可以找到与其同方向切长度为 1 的向量，只需将其各个分量除以其长度即可得到。举例来说，对于向量（1,1）和（1,-1），可以归一化为：$\left(\dfrac{1}{\sqrt{2}}, \dfrac{1}{\sqrt{2}}\right)$ 和 $\left(\dfrac{-1}{\sqrt{2}}, \dfrac{1}{\sqrt{2}}\right)$。

例如，若欲获取向量（3,2）在新基上的坐标，只需计算其与这两个基向量的内积即可得到新的坐标值：$\left(\dfrac{5}{\sqrt{2}}, \dfrac{-1}{\sqrt{2}}\right)$。接下来，我们将具体探讨基变换的矩阵表示。

3. 基变换的矩阵表示

将点（3,2）变换为新基上的坐标，需将其与新基的两个向量进行内积运算，从而得到在新基下的坐标分量。这个变换可以以矩阵乘法的形式表示：

$$\begin{pmatrix} \dfrac{1}{\sqrt{2}} & \dfrac{1}{\sqrt{2}} \\ \dfrac{-1}{\sqrt{2}} & \dfrac{1}{\sqrt{2}} \end{pmatrix}\begin{pmatrix} 3 \\ 2 \end{pmatrix} = \begin{pmatrix} \dfrac{5}{\sqrt{2}} \\ \dfrac{-1}{\sqrt{2}} \end{pmatrix}$$

对于多个二维向量，比如（1,1），（2,2），（3,3），如果要将它们变换为新基上的坐标，则可以表示为：

$$\begin{pmatrix} \dfrac{1}{\sqrt{2}} & \dfrac{1}{\sqrt{2}} \\ \dfrac{-1}{\sqrt{2}} & \dfrac{1}{\sqrt{2}} \end{pmatrix}\begin{pmatrix} 1 & 2 & 3 \\ 1 & 2 & 3 \end{pmatrix} = \begin{pmatrix} \dfrac{2}{\sqrt{2}} & \dfrac{4}{\sqrt{2}} & \dfrac{6}{\sqrt{2}} \\ 0 & 0 & 0 \end{pmatrix}$$

一般而言，若有 M 个 N 维向量 a，欲将其变换到由 R 个 N 维向量表示的新空间中，首先将 R 个基按行组成矩阵 A，然后将向量 a 按列组成矩阵 B，则矩阵乘积 AB 即为变换结果。其中，矩阵 AB 的第 m 列为矩阵 A 中第 m 列的变换结果。数学上表示为：

$$\begin{pmatrix} p_1 \\ p_2 \\ \vdots \\ p_R \end{pmatrix} \begin{pmatrix} a_1 & a_2 & \cdots & a_M \end{pmatrix} = \begin{pmatrix} p_1 a_1 & p_1 a_2 & \cdots & p_1 a_M \\ p_2 a_1 & p_2 a_2 & & p_2 a_M \\ \vdots & \vdots & \ddots & \vdots \\ p_R a_1 & p_R a_2 & \cdots & p_R a_M \end{pmatrix}$$

在这种情况下，R 可以是小于 N 的，R 决定了数据在变换后的维度。这意味着可以将一个 N 维数据变换到维度更低的空间中，其维度取决于所选基的数量。因此，矩阵相乘的表示方式可用于进行降维变换。

4．方差

利用基变换的矩阵表示，可以将原始特征集合（矩阵）投影到不同的基上，从而构建新的特征，并通过这种变换实现降维。然而，如何选择适当的基来实现降维呢？在进行投影变换后，我们希望新的向量在新的空间中能够更好地区分，即数据点尽可能地分散。因此，我们可以通过方差来衡量这种特性。

方差可被视为每个元素与该特征的均值之差的平方和的平均值，其数学表达式为：

$$\mathrm{Var}(a) = \frac{1}{m} \sum_{i=1}^{m} (a_i - \mu)^2$$

然而，按照方差的定义进行计算显然更加复杂。因此，我们可以在处理数据之前进行预处理，确保每个字段的均值为零。例如，如果数据由五条记录组成，表示为矩阵形式如下：

$$\begin{pmatrix} 1 & 1 & 2 & 4 & 2 \\ 1 & 3 & 3 & 4 & 4 \end{pmatrix}$$

通过减去均值，我们可以得到如下形式：

$$\begin{pmatrix} -1 & -1 & 0 & 2 & 0 \\ -2 & 0 & 0 & 1 & 1 \end{pmatrix}$$

这样，每个字段的均值变为 0。接下来，我们可以直接用每个元素的平方和除以元素个数来表示方差：

$$\mathrm{Var}(a) = \frac{1}{m} \sum_{i=1}^{m} a_i^2$$

于是，我们的问题可以转换为：寻找一个一维基，使得所有数据变换到这个基上后，坐标的方差值最大。

5．协方差

面对多维空间数据降维的挑战时，我们首先选择第一个新的坐标轴进行映射。然而，仅仅简单地选择具有最大方差的方向作为第二个新坐标轴是不合适的，因为它很可能与第一个方向重合。因此，为了更好地指导第二个新坐标轴的选择，需要引入额外的约束条件。

在数学上，我们通常使用两个字段的协方差来衡量它们之间的相关性。协方差是衡量两个随机变量关系的统计量。然而，协方差的计算仅适用于处理二维问题，并且需要计算均值。

对于两个随机变量 X 和 Y 的协方差，记为 $\text{Cov}(X,Y)$ ，其中 $\text{Cov}(X,Y) = \text{E}\{[X - \text{E}(X)]$ $[Y - \text{E}(Y)]\}$ ，而 $\rho_{XY} = \dfrac{\text{Cov}(X,Y)}{\sqrt{\text{D}(X)}\sqrt{\text{D}(Y)}}$ 称为随机变量 X 与 Y 的相关系数。

如果进行了特征均值为 0 的预处理，则协方差可以表示为：$\text{Cov}(a,b) = \dfrac{1}{m}\sum\limits_{i=1}^{m} a_i b_i$

在处理具有零均值的字段时，两个特征之间的协方差可通过它们的内积除以元素数 m 来表示。协方差的绝对值越大，表示两个变量之间的相互影响程度越大。当协方差为零时，表示两个字段是完全独立的。为了确保协方差为零，我们在选择第二个维度时必须选取与第一个基向量正交的方向。因此，在最终选取的两个方向中，它们一定是正交的。

综上所述，我们的降维优化目标是将 N 维向量组降维至 k 维（其中 k 大于 0 且小于 N）。我们的目标是选择 k 个单位（模为 1）正交基，使得原始数据经过变换后，各字段之间的协方差为零，并在正交约束下最大化各字段的方差（即在正交约束下选择最大的 k 个方差）。

$$X = \begin{pmatrix} a_1 & a_2 & ... & a_m \\ b_1 & b_2 & ... & b_m \end{pmatrix}$$

接下来，我们将原始数据矩阵 X 与其转置进行乘积运算，并乘以系数 $\dfrac{1}{m}$ ：

$$\frac{1}{m}XX^{\text{T}} = \begin{pmatrix} \dfrac{1}{m}\sum\limits_{i=1}^{m} a_i^2 & \dfrac{1}{m}\sum\limits_{i=1}^{m} a_i b_i \\ \dfrac{1}{m}\sum\limits_{i=1}^{m} a_i b_i & \dfrac{1}{m}\sum\limits_{i=1}^{m} b_i^2 \end{pmatrix}$$

该矩阵的对角线元素对应于各个字段的方差，而非对角线元素则代表不同字段之间的协方差。根据矩阵相乘的法则，这一结论可以轻松推广到一般情况：假设我们拥有 m 个 n 维数据记录，将它们以列形式排列成一个 n 乘以 m 的矩阵 X ，则矩阵 $C = \dfrac{1}{m} \times X \times X^{\text{T}}$ 为一个对称矩阵，其对角线元素表示各字段的方差，而非对角线元素表示不同字段之间的协方差。

6. 协方差矩阵

假设我们仅有两个字段，分别标记为 a 和 b。我们将它们按行排列形成矩阵 X ：

$$X = \begin{pmatrix} a_1 & a_2 & ... & a_m \\ b_1 & b_2 & ... & b_m \end{pmatrix}$$

协方差矩阵是适用于多维问题的工具，它呈现对称结构，其中对角线元素反映各维度的方差。协方差矩阵的计算针对不同维度之间的协方差，而非样本之间的协方差。因此，若样本矩阵的每一行代表一个样本，则在计算协方差时需按列计算均值。对于三维数据集而言，协方差矩阵可表示为：

$$C = \begin{pmatrix} \text{cov}(x,x) & \text{cov}(x,y) & \text{cov}(x,z) \\ \text{cov}(y,x) & \text{cov}(y,y) & \text{cov}(y,z) \\ \text{cov}(z,x) & \text{cov}(z,y) & \text{cov}(z,z) \end{pmatrix}$$

7．特征值和特征向量

假设矩阵 A 为 n 阶矩阵，若存在数 λ 和 n 维非零向量 $\boldsymbol{x}$，使得方程 $A\boldsymbol{x}=\lambda\boldsymbol{x}$ 成立，则该数 λ 被称为矩阵 A 的特征值，而非零向量 $\boldsymbol{x}$ 称为 A 对应于特征值 λ 的特征向量。

方程 $A\boldsymbol{x}=\lambda\boldsymbol{x}$ 也可以表示为：$(A-\lambda\mathbf{E})\boldsymbol{x}=0$，这是一个关于 n 个未知数的 n 个方程的齐次线性方程组。该方程组有解的充分必要条件是其系数行列式为零，即 $|A-\lambda\mathbf{E}|=0$。这个方程称为矩阵 A 的特征方程，而左端的 $|A-\lambda\mathbf{E}|$ 是 λ 的 n 次多项式，称为矩阵 A 的特征多项式。显然，A 的特征值就是特征方程的解。

假设 n 阶矩阵 $A=(a_{ij})$ 的特征值为 $\lambda_1,\lambda_2,\cdots,\lambda_n$，可以证明

$$\lambda_1+\lambda_2+\cdots+\lambda_n=a_{11}+a_{22}+\cdots+a_{nn}$$

$$\lambda_1\lambda_2\cdots\lambda_n=|A|$$

设 $\lambda=\lambda_i$ 为矩阵 A 的一个特征值，则由方程 $(A-\lambda_i\mathbf{E})\boldsymbol{x}=0$，可解得非零解 $\boldsymbol{x}=\boldsymbol{p}_i$，那么 $\boldsymbol{p}_i$ 即为 A 对应于特征值 λ_i 的特征向量。

【例6.4】给定矩阵 $A=\begin{pmatrix}3 & -1\\-1 & 3\end{pmatrix}$，我们要求其特征值和特征向量。

首先，求解矩阵 A 的特征多项式：

$$|A-\lambda\mathbf{E}|=\begin{vmatrix}3-\lambda & -1\\-1 & 3-\lambda\end{vmatrix}=(3-\lambda)^2-1=8-6\lambda+\lambda^2=(4-\lambda)(2-\lambda)$$

因此，矩阵 A 的特征值为 $\lambda_1=2$ 和 $\lambda_2=4$

当 $\lambda_1=2$ 时，相应的特征向量需满足：

$$\begin{pmatrix}3-2 & -1\\-1 & 3-2\end{pmatrix}\begin{pmatrix}x_1\\x_2\end{pmatrix}=\begin{pmatrix}0\\0\end{pmatrix}$$

解得 $x_1=x_2$，故可选取特征向量为

$$\boldsymbol{p}_1=\begin{pmatrix}1\\1\end{pmatrix}$$

对于 $\lambda_2=4$ 时，相应的特征向量需满足：

$$\begin{pmatrix}3-4 & -1\\-1 & 3-4\end{pmatrix}\begin{pmatrix}x_1\\x_2\end{pmatrix}=\begin{pmatrix}0\\0\end{pmatrix}$$

解得 $x_1=-x_2$，因此可选取特征向量为

$$\boldsymbol{p}_2=\begin{pmatrix}-1\\1\end{pmatrix}$$

显然，若 $\boldsymbol{p}_i$ 是矩阵 A 的对应于特征值 λ_i 的特征向量，则 $k\boldsymbol{p}_i(k\neq 0)$ 也是对应于 λ_i 的特征向量。

8．协方差矩阵的对角化

假设原始数据矩阵 X 的协方差矩阵为 C，并且 P 是一组按行排列的基向量组成的矩

145

阵，设 $Y = PX$，则 Y 表示经过基变换后的数据。假设 Y 的协方差矩阵为 D，那么 D 与 C 的关系可如下推导：

$$D = \frac{1}{m}YY^{\mathrm{T}}$$

$$= \frac{1}{m}(PX)(PX)^{\mathrm{T}}$$

$$= \frac{1}{m}PXX^{\mathrm{T}}P^{\mathrm{T}}$$

$$= P\left(\frac{1}{m}XX^{\mathrm{T}}\right)P^{\mathrm{T}}$$

$$= PCP^{\mathrm{T}}$$

目前的优化目标已经演变为寻找一个矩阵 P，以使得变换后的协方差矩阵 PCP^{T} 成为对角矩阵，并且其对角元素按从大到小的顺序排列。因此，矩阵 P 的前 k 行即为所需的基。通过将 P 的前 k 行组成的矩阵与 X 相乘，可以将原始数据矩阵 X 从 N 维降至 k 维，并满足上述优化条件。

协方差矩阵 C 是一个对称矩阵，在线性代数中，实对称矩阵具有一个重要性质：不同特征值对应的特征向量是正交的。

设特征值 λ 的重数为 r，则存在 r 个线性无关的特征向量对应于 λ，因此可以对这 r 个特征向量进行单位正交化处理。

一个 n 行 n 列的实对称矩阵必然存在 n 个单位正交特征向量，将这 n 个特征向量按列排列形成矩阵 E：

$$E = (e_1 \quad e_2 \quad ... \quad e_n)$$

则对协方差矩阵 C 有以下结论：

$$E^{\mathrm{T}}CE = \wedge = \begin{pmatrix} \lambda_1 & & & \\ & \lambda_2 & & \\ & & \ddots & \\ & & & \lambda_n \end{pmatrix}$$

其中 $\wedge$ 为对角矩阵，其对角元素为各特征向量对应的特征值。

现在已找到了需要的矩阵 P，可表示为：$P = E^{\mathrm{T}}$。

矩阵 P 是由协方差矩阵的特征向量进行单位化后按行排列形成的，每一行代表了 C 的一个特征向量。按照特征值 λ_i 从大到小的顺序排列 P，将特征向量从上到下排列，然后将 P 的前 k 行组成的矩阵与原始数据矩阵 X 相乘，从而得到我们所需的降维后的数据矩阵 Y。

因此，PCA 降维的流程如下：

（1）将原始数据按列组成 n 行 m 列矩阵 X；

（2）对 X 的每一行（表示一个属性字段）进行零均值化，即减去该行的均值；

（3）求取协方差矩阵 $C = 1/m \times X \times X^{\mathrm{T}}$；

（4）计算协方差矩阵的特征值及对应的特征向量；

（5）将特征向量按照对应特征值大小从上到下按行排列成矩阵，选取前 k 行形成矩

阵 P（保留最大的 k 个特征向量）；

（6）计算 $Y = PX$，即为降维至 k 维后的数据。

以上即为 PCA 的数学原理。

6.8.3　PCA 算法的应用实例

【例 6.5】PCA 应用实例。

（1）原始数据集矩阵 X 如下所示：

$$X = \begin{pmatrix} 1 & 1 & 2 & 4 & 2 \\ 1 & 3 & 3 & 4 & 4 \end{pmatrix}$$

（2）给定均值为 $(2, 3)$，减去均值后得到：

$$X' = \begin{pmatrix} -1 & -1 & 0 & 2 & 0 \\ -2 & 0 & 0 & 1 & 1 \end{pmatrix}$$

（3）计算协方差矩阵得：$C = \dfrac{1}{5} \begin{pmatrix} -1 & -1 & 0 & 2 & 0 \\ -2 & 0 & 0 & 1 & 1 \end{pmatrix} \begin{pmatrix} -1 & -2 \\ -1 & 0 \\ 0 & 0 \\ 2 & 1 \\ 0 & 1 \end{pmatrix} = \begin{pmatrix} \dfrac{6}{5} & \dfrac{4}{5} \\ \dfrac{4}{5} & \dfrac{6}{5} \end{pmatrix}$

（4）特征值为：$\lambda_1 = 2, \lambda_2 = \dfrac{2}{5}$。

（5）对应的特征向量为：$c_1 = \begin{pmatrix} \dfrac{1}{\sqrt{2}} \\ \dfrac{1}{\sqrt{2}} \end{pmatrix}$ 和 $c_2 = \begin{pmatrix} \dfrac{-1}{\sqrt{2}} \\ \dfrac{1}{\sqrt{2}} \end{pmatrix}$。

标准化得：$P = \begin{pmatrix} \dfrac{1}{\sqrt{2}} & \dfrac{1}{\sqrt{2}} \\ \dfrac{-1}{\sqrt{2}} & \dfrac{1}{\sqrt{2}} \end{pmatrix}$

选择较大特征值对应的特征向量：$\begin{pmatrix} \dfrac{1}{\sqrt{2}} & \dfrac{1}{\sqrt{2}} \end{pmatrix}$

执行 PCA 变换，$Y = PX$ 得到降维后的数据矩阵：

$$Y = \begin{pmatrix} \dfrac{1}{\sqrt{2}} & \dfrac{1}{\sqrt{2}} \end{pmatrix} \begin{pmatrix} -1 & -1 & 0 & 2 & 0 \\ -2 & 0 & 0 & 1 & 1 \end{pmatrix} = \begin{pmatrix} \dfrac{-3}{\sqrt{2}} & \dfrac{-1}{\sqrt{2}} & 0 & \dfrac{3}{\sqrt{2}} & \dfrac{1}{\sqrt{2}} \end{pmatrix}$$

6.9　关联分析

　　啤酒与尿布的关联分析故事源自 1998 年刊登在《哈佛商业评论》上的沃尔玛案例。该案例描述了 20 世纪 90 年代美国沃尔玛超市的一项调查，超市管理人员在分析销售数据时意外发现了一个引人注目的现象：购物篮中同时出现了看似毫不相关的商品——啤酒和尿布。经过深入调查后，他们发现这种现象主要出现在年轻的父亲身上。在一些美国家庭中，通常是母亲负责照顾婴儿，而年轻的父亲则承担购买尿布的任务。当父亲前往超市购买尿布时，常常顺便购买啤酒，因此啤酒和尿布这两种看似无关的商品会频繁地出现在同一个购物篮中。如果这些父亲在超市只能购买其中一种商品，他们很可能会放弃购物，寻找一家能同时购买到啤酒和尿布的商店。沃尔玛发现了这一现象后，开始在超市中将啤酒和尿布摆放在相同的区域，以便年轻的父亲们能够一次购买到这两种商品，从而提高了商品销售收入。这就是"啤酒与尿布"故事的由来。

大型超市积累了大量的交易数据，这对于商家而言是极为珍贵的资源，因为他们可以通过对这些交易数据进行深入分析来洞察顾客的购买行为。利用聚类算法，商家能够发现购买相似物品的顾客群体，从而为特定的顾客提供更加个性化的服务。

然而，对于商家来说，更加重要的是发现商品之间的隐藏关联，这一发现可以应用于商品定价、市场促销、库存管理等一系列关键环节，进而增加营业收入。然而，如何从庞大而复杂的交易数据中准确提取商品之间的关联呢？尽管可以尝试使用穷举法，但这种方法耗时且计算成本高昂。因此，我们需要在合理的时间范围内采用更为智能的方法来解决这个问题，于是关联分析应运而生。

6.9.1　关联分析的原理

关联分析是一种无监督学习算法，其目的在于从大规模数据中发现事务之间的关联关系。这些关联关系可以以两种形式呈现：**频繁项集**和**关联规则**。频繁项集指的是经常同时出现在一起的物品集合，而关联规则则暗示了两种物品之间可能存在着密切的联系。

购物篮分析作为关联分析的典型案例，具有重要的实际应用。接下来，我们将共同探讨一个简单的示例。

【例 6.6】数据如表 6.6 所示。

表 6.6　购物篮分析的简单数据集

TID	Items
T1	{牛奶，面包}
T2	{面包，尿布，啤酒，鸡蛋}
T3	{牛奶，尿布，啤酒，可乐}
T4	{面包，牛奶，尿布，啤酒}
T5	{面包，牛奶，尿布，可乐}

在进行关联分析之前，我们需要对以下几个概念进行明确定义。

事务（transaction）：指每一条交易数据，它代表了一次完整的购物行为。例如，在【例 6.6】中，包含了 5 个独立的事务。

项（item）：交易中的每个商品被称为一个项，例如牛奶、尿布等。

项集（itemset）：包含零个或多个项的集合，称为项集。例如，{牛奶，面包}是一个项集。

k-项集（k-itemset）：包含 k 个项的项集称为 k-项集。例如，{牛奶}是一个 1-项集，而{面包，牛奶，尿布，啤酒}是一个 4-项集。

前件和后件：（antecedent and consequent）：在关联规则中，规则的形式通常为"$A \rightarrow B$"，其中"A"是前件，而"B"是后件。例如，在规则{尿布} $\rightarrow$ {啤酒}中，"尿布"是前件，"啤酒"是后件。

频繁项集（frequent itemset）：指经常一起出现的商品项的集合。然而，当数据量庞大时，人工无法仅凭眼睛识别出这些频繁项集。因此，需要使用关联规则挖掘算法，例如 Apriori、PrefixSpan、CBA 等。

在关联分析中，一个问题是我们缺乏评估频繁项集的标准。例如，在 5 条记录中，如果 A 和 B 同时出现了 3 次，我们是否可以说 A 和 B 一起构成频繁项集呢？为了解答这一问题，我们需要建立一套评估频繁项集的标准。

常用的频繁项集评估标准包括支持度、置信度和提升度。

支持度是指关联规则中数据项集出现的频率，即数据项集的出现概率。对于待分析的两个数据项 X 和 Y，其支持度定义为：

$$Support(X,Y)=P(XY)=(X \text{ 和 } Y \text{ 同时出现的次数})/(\text{所有样本数})$$

例如，在【例 6.6】中，{尿布，啤酒}的组合在 5 条交易记录中共出现了 3 次，因此，Support(尿布，啤酒)=3/5=0.6。同样地，对于想要分析关联性的三个数据项 X、Y 和 Z，其支持度定义为：Support(X,Y,Z)=P(XYZ)=(XYZ 同时出现的次数)/(所有样本数)。

一般而言，支持度高的数据项未必构成频繁项集，但支持度过低的数据项则不可能构成频繁项集。鉴于支持度是对项集而言的，因此可以设定一个最小支持度阈值，只有满足最小支持度的项集才会被保留，以实现项集的筛选和过滤。

置信度是一个数据项出现后另一个数据项出现的概率，即数据项的条件概率。对于所需分析的两个数据项 X 和 Y，X 对 Y 的置信度定义为：

$$Confidence(X \rightarrow Y) = P(X \mid Y) = P(XY) / P(Y)$$

例如，在【例 6.6】中，牛奶对面包的置信度为：

$$P(\text{牛奶} \times \text{面包}) = \frac{3}{5} = 0.6$$

$$P(\text{面包}) = \frac{4}{5} = 0.8$$

$$Confidence(\text{牛奶} \rightarrow \text{面包}) = \frac{P(\text{牛奶} \times \text{面包})}{P(\text{面包})} = 0.75$$

除了两个数据项的置信度之外，也可以推广到多个数据项的情况。例如，对于三个数据 X、Y 和 Z，我们可以定义 X 对于 Y 和 Z 的置信度为：$Confidence(X \rightarrow YZ) = P(X \mid YZ) = P(XYZ) / P(YZ)$

支持度和置信度在关联分析中扮演着重要的角色，它们是评估关联规则质量的关键指标。支持度的作用在于衡量关联规则的普遍性，而低支持度的关联规则可能只是偶然出现，因此通常被视为无意义的。通过支持度的筛选，可以过滤掉这些无意义的关联规则，使得分析结果更具实际意义。同时，支持度也有助于发现潜在的关联规则，因为它能够识别出在数据集中出现频率较高的项集。

与支持度不同，置信度衡量的是关联规则中蕴含的因果关系的可靠性。对于给定的关联规则 $X \rightarrow Y$，其置信度越高，意味着当前件 X 出现时后件 Y 出现的可能性越大。因此，高置信度的关联规则更具有推荐的可靠性，可以帮助商家更准确地预测顾客的购买行为或制定相应的营销策略。

然而，需要注意的是，关联规则的分析结果仅限于表面相关性，而不代表因果关系。

因此，即使某条关联规则的支持度和置信度很高，也不能轻易推断其具有因果关系。必须结合背景知识和实际情况，谨慎解释关联规则的结果，避免误导性的推断。

提升度是一项关键的指标，用于评估关联规则中 X 和 Y 之间的相关性。它是指在给定条件下，X 的出现概率相对于总体的概率的比值，即：

$$\text{Lift}(X \to Y) = \frac{P(X \mid Y)}{P(X)} = \frac{\text{Confidence}(X \to Y)}{P(X)}$$

提升度的意义在于衡量了给定条件下 X 和 Y 的相关性程度。当提升度大于 1 时，表示 X 和 Y 之间存在有效的强关联规则；而当提升度小于或等于 1 时，则表示 X 和 Y 之间的关联较弱。特殊情况下，若 X 和 Y 相互独立，则提升度为 1，因为此时条件概率等于总体概率。

通常情况下，选择数据集中的频繁项集需要根据事先定义的评估标准进行。最常用的评估标准包括自定义的支持度、置信度以及它们的组合等。

6.9.2 Apriori 算法

基于先验原则，若某项集频繁，则其所有子集也必定频繁。假设我们经营的是一家杂货店，商品种类有限，只考虑 4 种商品：商品 0、商品 1、商品 2 和商品 3。那么，哪些商品组合可能会一起购买呢？这些组合可能包括单一商品，如商品 0，也可能涉及两种、三种甚至全部四种商品。事实上，我们关注的不是数量，而是各类商品的集合。

图 6.51 展示了物品之间所有可能的组合。为了更易于理解，我们使用物品的编号来代替物品本身，例如使用"01"表示物品 0 和物品 1 的组合。图中从上到下的第一个集合是 Φ，表示空集或不包含任何物品的集合。图中的连线表示两个或更多集合可以组合形成一个更大的集合。

根据先验原理，如果 {1,2} 是频繁项集，那么它的所有子集（如图 6.51 所示的灰色项集）一定也是频繁的。

尽管这个先验原理在直观上可能并不直接提供太大的帮助，但从逆向思考的角度来看却具有重要意义，即如果一个项集是非频繁项集，那么它的所有超集也一定是非频繁的，这一点在图 6.51 中得以展示。

在图 6.51 中，我们已知非阴影项集 {0} 是非频繁的。基于这一信息，我们可以推断出项集 {0,1} 和 {0,2} 也是非频繁的。换句话说，一旦我们计算出了 {0} 的支持度，并确认它是非频繁的，就无须再计算 {0,1} 和 {0,2} 的支持度，因为我们知道这些集合不符合我们的要求。利用这个原理，我们可以避免项集数目的指数增长，从而在合理的时间内计算出频繁项集，图 6.52 所示为频繁项集的递进确定过程。

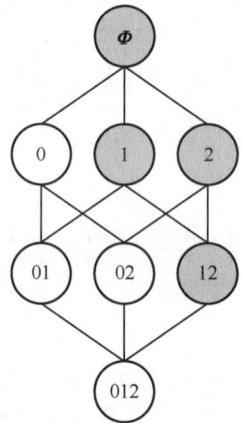

图 6.51 频繁项集的组合例子

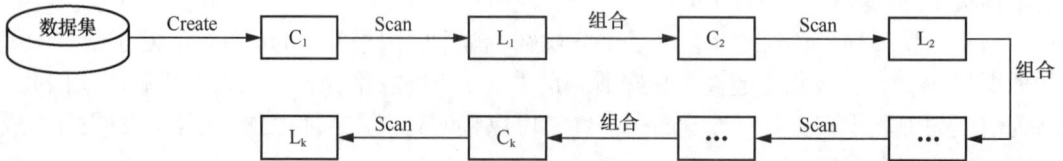

图 6.52 频繁项集的递进确定过程

（1）C_1，C_2，…，C_k分别表示1-项集，2-项集，…，k-项集。

（2）L_1，L_2，…，L_k分别表示有k个数据项的频繁项集。

（3）Scan表示数据集扫描函数。该函数起到的作用是支持度过滤，满足最小支持度的项集才留下，不满足最小支持度的项集直接舍掉。

Apriori算法的流程如下。

（1）生成候选项集：首先，生成所有可能的单个项集，即1-项集。然后，通过对先前生成的项集进行连接和剪枝操作，依次生成2-项集、3-项集，直至k-项集。

（2）支持度计数：对数据集进行扫描，统计每个项集在数据集中的出现次数，即支持度计数。

（3）支持度过滤：对于每个项集，判断其支持度是否满足预先设定的最小支持度阈值。不满足最小支持度的项集将被舍弃，只有满足最小支持度的项集才会被保留下来。

（4）生成频繁项集：将通过支持度过滤后剩余的项集称为频繁项集，即满足最小支持度要求的项集。

（5）迭代：重复以上步骤，直到不能再生成新的频繁项集为止。

关联规则的挖掘过程可归纳如下。

（1）从频繁项集开始，首先生成包含单个元素的关联规则列表，并计算这些关联规则的置信度。

（2）接着，合并尚未处理的关联规则，创建包含两个元素的关联新规则列表，并计算这些关联规则的置信度。

（3）迭代执行步骤1和2，遍历所有可能的关联规则。

在上述购物篮数据集中，每行代表一次购物清单，其中每个商品称为一个项，而任意项的组合称为项集，所有项的集合称为总项集。在【例6.6】中，总项集为$S =$ {牛奶，面包，尿布，啤酒，鸡蛋，可乐}。

根据支持度和置信度的定义：

啤酒的支持度为　　　　　　　　　$\text{Support}(啤酒) = \dfrac{3}{5} = 0.6$

尿布和啤酒的支持度为　　　　　　$\text{Support}(尿布，啤酒) = \dfrac{3}{5} = 0.6$

啤酒到尿布的置信度为　　　$\text{Confident}(啤酒 \rightarrow 尿布) = \dfrac{\text{Support}(啤酒，尿布)}{\text{Support}(啤酒)} = \dfrac{0.6}{0.6} = 1$

我们对支持度和置信度进行分析。支持度的高低反映了商品在购物篮数据集中出现的频繁程度，即商品的销售频率，也反映了商品的受欢迎程度。而置信度高则表示一项出现时，通常伴随着其他项的出现，就像前述示例中尿布购买常伴随啤酒购买一样。对于超市经营者而言，了解支持度较高的商品相当于了解哪些商品的销量较高，可以增加对这些商品的投入。此外，进一步了解哪些商品经常与销量较高的商品一起购买，可以考虑调整这些商品在超市中的物理位置，如将它们摆放在邻近的货架上，也可以考虑实施捆绑销售的促销策略，以期获得更高的收益。

以表6.6中的购物篮数据为例进行频繁项集挖掘，我们设定最小支持度阈值α=0.6。具体挖掘流程如图6.53所示。

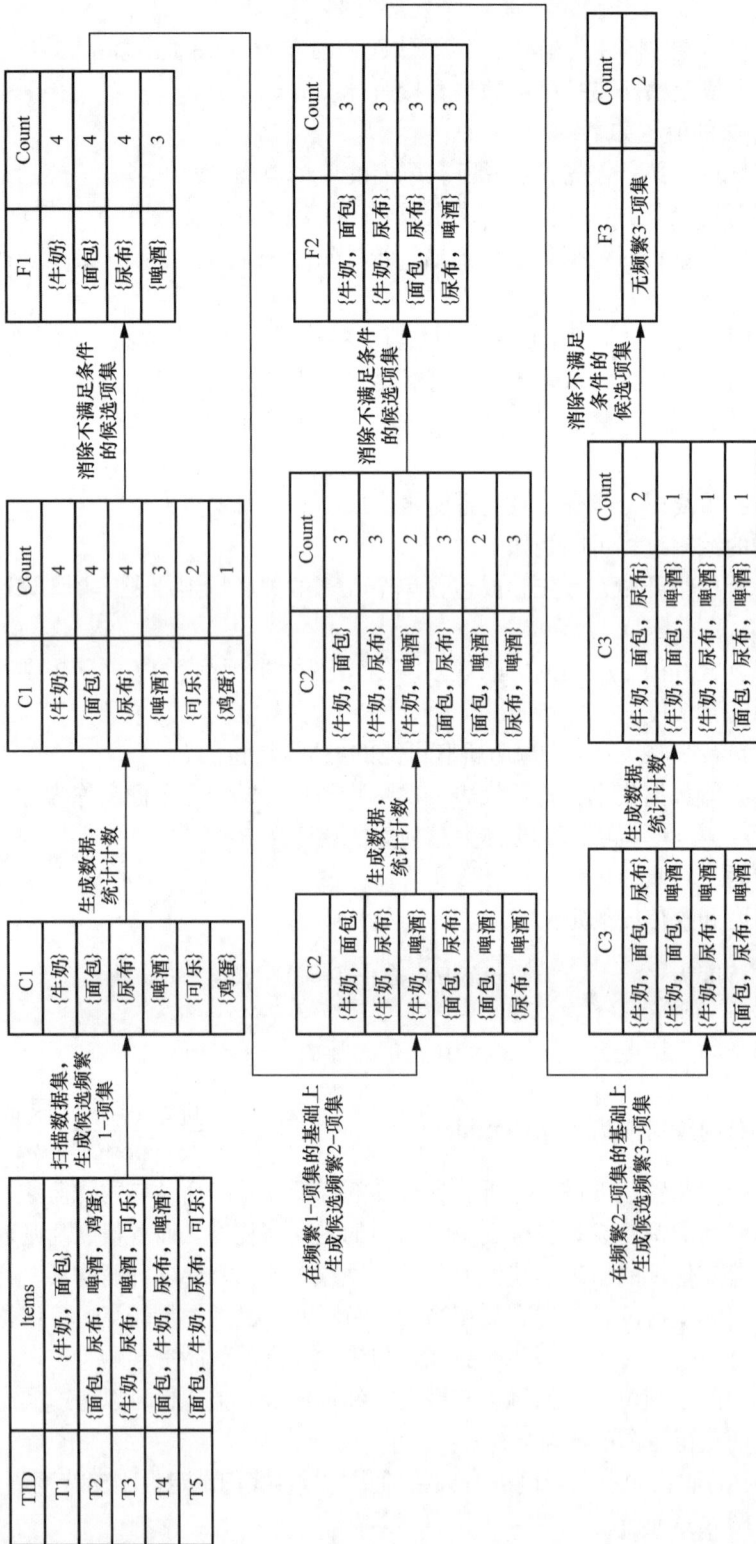

图 6.53　超市购物篮的频繁项集挖掘流程

在最小支持度阈值 $\alpha=0.6$ 时，我们未发现频繁 3-项集，因此该数据集的最大频繁 k-项集为频繁 2-项集，即 F2。

值得注意的是，在从频繁 2-项集 F2 生成候选频繁 3-项集的过程中，我们未包含{牛奶，面包，啤酒}，{牛奶，尿布，啤酒}，{面包，尿布，啤酒}这三种组合。这是因为{牛奶，啤酒}和{面包，啤酒}并非频繁项集。

6.10 PageRank 算法

PageRank 算法是 Google 创始人于 1997 年构建早期搜索系统原型时提出的链接分析算法，用于确定网页的重要性和等级。它是 Google 评估网站质量的主要标准之一。例如，PageRank 值（简称 PR 值）为 1 的网站相对不太受欢迎，而 PR 值在 7 到 10 之间的网站则表明其备受欢迎（或者说极其重要）。一般而言，PR 值达到 4 就被认为是一个不错的网站。该算法将网页视为图中的节点，被视为图分析中的重要算法也是一种抽象的方法。在实际应用中，许多数据以图的形式呈现，例如互联网和社交网络，这些数据的机器学习在理论和应用上都具有重要意义。PageRank 是图链接分析的典型代表，属于图数据上的无监督学习方法。

6.10.1 PageRank 算法的定义和推导

PageRank 算法的核心思想是在有向图上定义一个随机游走模型，该模型描述了游走者在有向图中随机访问节点的行为，相当于一阶马尔可夫链。在一定条件下，随着时间的推移，游走者访问每个节点的概率会收敛到一个稳定的分布，这个分布即为 PageRank 值，代表了每个节点的重要性。PageRank 值是递归定义的，并可通过迭代算法进行计算。

假设我们将互联网视为一个有向图，在此基础上定义了随机游走模型，即一阶马尔可夫链，用以模拟网络浏览者在互联网上随机浏览网页的过程。假定浏览者在每个网页上根据超链接以等概率跳转到其他网页，然后持续进行这种随机跳转，这一过程形成了一阶马尔可夫链。PageRank 值则反映了这一马尔可夫链的稳态分布，即每个网页的平稳概率值。

PageRank 算法的提出旨在解决基于网页的搜索推荐问题，其背后依赖于两个基本假设，即数量假设和质量假设。

数量假设表明，在网页模型图中，一个网页接收到的其他网页指向的入链（in-links）数量越多，该网页的重要性越高。

质量假设则认为，当一个网页接收到质量高的网页的出链（out-links）时，即一个质量高的网页指向另一个网页时，被指向的网页也具备较高的质量。

这就好比求职过程中写推荐信的情况，推荐信数量的增加会直接影响到个人竞争力的排序；但是为你写推荐信的人写出的推荐信越多，其推荐信的权威性和可信度也会降低。

基于这些假设，我们可以给出每个网页（节点）PR 值的迭代计算公式：

$$\text{PR}(a)_{i+1} = \sum_{i=0}^{n} \frac{\text{PR}(T_i)_i}{L(T_i)}$$

其中，$PR(T_i)_i$ 表示在第 i 次迭代中其他节点（指向节点 a 的节点）的 PR 值，而 $L(T_i)$ 则代表其他节点（指向节点 a 的节点）的出链数，体现了数量假设和质量假设的考量。

在算法开始迭代之前，需要初始化每个网页（图中节点）的 PR 值，一般情况下，所有网页的 PR 值初始化为 $\frac{1}{N}$，其中 N 表示所有网页的数量。

因此，PageRank 算法实际上是一种基于已知网页间超链接跳转关系的无监督迭代算法，通过不断迭代计算每个网页的重要程度，直至收敛。

【例 6.7】假设初始时有 4 个网页，因此每个网页的初始 PR 值为 $\frac{1}{4}$。

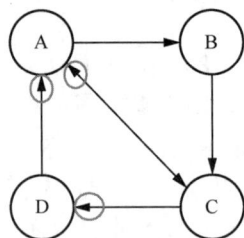

图 6.54　网页 A 的入链和出链示意图

首先，我们着手计算网页 A 的 PageRank 值，如图 6.54 所示。对于网页 A 而言，我们仅需考虑指向该网页的外部链接，即网页 C 和网页 D。根据 PageRank 算法的原理，网页 C 指向网页 A 的出链数（即 $L(C)$）为 2，而网页 D 指向网页 A 的出链数（即 $L(D)$）为 1。因此，在第一轮迭代中，我们可以确定网页 A 的 PageRank 值，见表 6.7。

$$i=1, PR(A)_1 = \frac{PR(C)_0}{L(C)} + \frac{PR(D)_0}{L(D)} = \frac{\frac{1}{4}}{2} + \frac{\frac{1}{4}}{1} = \frac{3}{8}$$

表 6.7　第一轮迭代中网页 A 的 PageRank 值

循环次数	PR(A)	PR(B)	PR(C)	PR(D)
$i=0$，PR 值初始化$=\frac{1}{N}$	$\frac{1}{4}$	$\frac{1}{4}$	$\frac{1}{4}$	$\frac{1}{4}$
$i=1$	$\frac{3}{8}$			

进一步，我们转向计算网页 B 的 PageRank 值，如图 6.55 所示。对于网页 B 而言，我们只需考虑指向它的外部链接，即网页 A。根据 PageRank 算法，网页 A 指向网页 B 的出链数（即 $L(A)$）为 2。因此，在第一轮迭代中，我们可以确定网页 B 的 PageRank 值，见表 6.8。

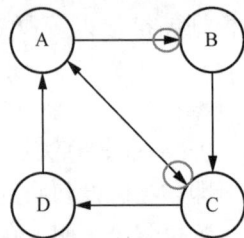

图 6.55　网页 B 的入链和出链示意图

$$i=1, PR(B)_1 = \frac{PR(A)_0}{L(A)} = \frac{\frac{1}{4}}{2} = \frac{1}{8}$$

表 6.8　第一轮迭代网页 B 的 PageRank 值

循环次数	PR(A)	PR(B)	PR(C)	PR(D)
$i=0$，PR 值初始化$=\frac{1}{N}$	$\frac{1}{4}$	$\frac{1}{4}$	$\frac{1}{4}$	$\frac{1}{4}$
$i=1$	$\frac{3}{8}$	$\frac{1}{8}$		

继而，我们着手计算网页 C 的 PageRank 值，如图 6.56 所示。对于网页 C 而言，我们需要考虑指向它的外部链接，即网页 A 和网页 B。根据 PageRank 算法，网页 A 指向网页 C 的出链数（即 $L(A)$）为 2，而网页 B 指向网页 C 的出链数（即 $L(B)$）为 1。因此，在第一轮迭代中，我们可以确定网页 C 的 PageRank 值，见表 6.9。

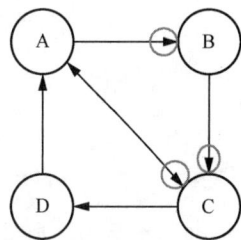

图 6.56　网页 C 的入链和出链示意图

$$i=1, PR(C)_1 = \frac{PR(A)_0}{L(A)} + \frac{PR(B)_0}{L(B)} = \frac{\frac{1}{4}}{2} + \frac{\frac{1}{4}}{1} = \frac{3}{8}$$

表 6.9　第一轮迭代网页 C 的 PageRank 值

循环次数	PR(A)	PR(B)	PR(C)	PR(D)
$i=0$，PR 值初始化=$\frac{1}{N}$	$\frac{1}{4}$	$\frac{1}{4}$	$\frac{1}{4}$	$\frac{1}{4}$
$i=1$	$\frac{3}{8}$	$\frac{1}{8}$	$\frac{3}{8}$	

最后，我们计算网页 D 的 PageRank 值，如图 6.57 所示。对于网页 D 而言，我们只需考虑指向它的外部链接，即网页 C。根据 PageRank 算法，网页 C 指向网页 D 的出链数（即 $L(C)$）为 2。因此，在第一轮迭代中，我们可以确定网页 D 的 PageRank 值，见表 6.10。

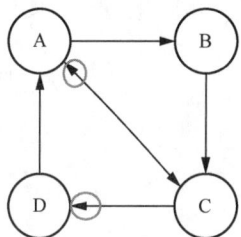

图 6.57　网页 D 的入链和出链示意图

$$i=1, PR(D)_1 = \frac{PR(C)_0}{L(C)} = \frac{\frac{1}{4}}{2} = \frac{1}{8}$$

表 6.10　第一轮迭代网页 D 的 PageRank 值

循环次数	PR(A)	PR(B)	PR(C)	PR(D)
$i=0$，PR 值初始化=$\frac{1}{N}$	$\frac{1}{4}$	$\frac{1}{4}$	$\frac{1}{4}$	$\frac{1}{4}$
$i=1$	$\frac{3}{8}$	$\frac{1}{8}$	$\frac{3}{8}$	$\frac{1}{8}$

经过一次迭代后，节点 A、B、C、D 的 PageRank 值分别为 3/8、1/8、3/8、1/8。因此，第一次迭代后，根据 PageRank 值进行排名为：第一名为 A、C；第二名为 B、D。继续进行多次迭代，直至所有网页的 PageRank 值收敛，即可确定网页的最终排名。这里的收敛条件可以理解为当每个网页的 PageRank 值都不再变化时，就可以认为计算已经收敛。

6.10.2　PageRank 算法的矩阵化分析

如前所述，PageRank 算法的核心思想是在有向图上定义一个随机游走模型，这个模型描述了游走者在有向图中随机访问节点的行为，相当于一阶马尔可夫链。下面是这个随机游走模型的详细定义，这有助于理解 PageRank 算法的矩阵化分析。

随机游走模型（一阶马尔可夫链）：给定一个含有 n 个节点的有向图，在有向图上定义随机游走模型，即一阶马尔可夫链，其中节点表示状态，有向边表示状态之间的转移，假设从一个节点到通过有向边相连的所有节点的转移概率相等。具体地，转移概率矩阵是一个 n 阶矩阵。

$$\boldsymbol{M} = [m_{ij}]_{n \times n}$$

第 i 行第 j 列的元素 m_{ij} 取值规则如下：如果节点 j 有 k 个有向边连出，并且节点 i 是其连出的一个节点，则 $m_{ij} = \dfrac{1}{k}$，否则 $m_{ij} = 0$，$i, j = 1, 2, \cdots, n$。

转移概率矩阵 $\boldsymbol{M}$ 的性质如下：每个元素 m_{ij} 均为非负数，且每行元素之和等于 1，即

$$\sum_{i=1}^{n} m_{ij} = 1$$

这使得转移概率矩阵 $\boldsymbol{M}$ 成为随机矩阵（stochastic matrix）。在有向图上进行的随机游走形成了马尔可夫链。换言之，如果在当前时刻游走者位于第 j 个节点（状态），则下一个时刻位于第 i 个节点（状态）的概率由 m_{ij} 确定。这一转移概率仅依赖于当前状态，与过去状态无关，表现出马尔可夫性质。

矩阵化表达：使用转移概率矩阵/马尔可夫矩阵从 A 将跳转到 B 或 C 的概率为 1/2；

$$\begin{bmatrix} 0 & 0 & \dfrac{1}{2} & 1 \\ \dfrac{1}{2} & 0 & 0 & 0 \\ \dfrac{1}{2} & 1 & 0 & 0 \\ 0 & 0 & \dfrac{1}{2} & 0 \end{bmatrix}$$

通过矩阵化表达，快速计算 PR 值：$\mathrm{PR}(a) = \boldsymbol{M} \times V$，初始化的 PR 值=$1/N$=$1/4$；

$$\begin{bmatrix} 0 & 0 & \dfrac{1}{2} & 1 \\ \dfrac{1}{2} & 0 & 0 & 0 \\ \dfrac{1}{2} & 1 & 0 & 0 \\ 0 & 0 & \dfrac{1}{2} & 0 \end{bmatrix} \times \begin{bmatrix} \dfrac{1}{4} \\ \dfrac{1}{4} \\ \dfrac{1}{4} \\ \dfrac{1}{4} \end{bmatrix} = \begin{bmatrix} \dfrac{3}{8} \\ \dfrac{1}{8} \\ \dfrac{3}{8} \\ \dfrac{1}{8} \end{bmatrix}$$

$$0 \times \dfrac{1}{4} + 0 \times \dfrac{1}{4} + \dfrac{1}{2} \times \dfrac{1}{4} + 1 \times \dfrac{1}{4} = \dfrac{3}{8}$$

在公式 $\mathrm{PR}(a) = \boldsymbol{M} \times V$ 中，矩阵 $\boldsymbol{M}$ 是根据网页之间的链接关系得到的一阶马尔可夫转移概率矩阵，而 V 则表示每次迭代计算得到的各个网页的 PageRank 值。例如，$i=1$，

$$\mathrm{PR}(A)_1 = \dfrac{\mathrm{PR}(C)_0}{L(C)} + \dfrac{\mathrm{PR}(D)_0}{L(D)} = \mathrm{PR}(C)_0 \times \dfrac{1}{L(C)} + \mathrm{PR}(D)_0 \times \dfrac{1}{L(D)} = \dfrac{1}{2} \times \dfrac{1}{4} + 1 \times \dfrac{1}{4} = \dfrac{3}{8}$$

$$\begin{bmatrix} 0 & 0 & \frac{1}{2} & 1 \\ \frac{1}{2} & 0 & 0 & 0 \\ \frac{1}{2} & 1 & 0 & 0 \\ 0 & 0 & \frac{1}{2} & 0 \end{bmatrix} \times \begin{bmatrix} \frac{1}{4} \\ \frac{1}{4} \\ \frac{1}{4} \\ \frac{1}{4} \end{bmatrix} = \begin{bmatrix} \frac{3}{8} \end{bmatrix}$$

最后，我们总结一下 PageRank 的优缺点。

其优点在于：

（1）利用网页间的链接关系来衡量网页的重要性，从而在一定程度上消除了对搜索结果的主观影响；

（2）通过离线计算 PageRank 值，提升了搜索引擎的查询效率。

其缺点在于：

（1）存在时间较长的网站，其 PageRank 值可能会持续增长，因为其入链数会逐渐增多，而新网站的 PageRank 值增长缓慢，因为初始入链较少且增长速度缓慢；

（2）存在非查询相关的特征，可能导致搜索结果与用户的实际搜索内容不符；

（3）存在"僵尸网站"或人为链接的情况，可能导致人为刷高 PageRank 值的情况。

6.11 马尔可夫模型

6.11.1 马尔可夫模型的原理和概念

马尔可夫过程是一种具有特定特性的随机过程，由俄国数学家安德烈·马尔可夫(A.A.Markov)于 1907 年提出。其特点在于，在已知当前状态的条件下，未来的演变不受过去演变的影响。举例而言，森林中动物数量的变化可以被视为马尔可夫过程。实际中，许多现象都可被描述为马尔可夫过程，如液体中微粒的布朗运动、传染病的感染人数以及车站的候车人数。

在马尔可夫过程中，最关键的几个概念包括过去、现在和将来。其中，"现在"的理解在马尔可夫性的定义中至关重要，它指代着一个固定的时刻点。然而，在实际问题中，常常需要将马尔可夫性中的"现在"概念推广为停时（见随机过程）。举例来说，考虑平面上从圆心出发的布朗运动，若要研究首次到达圆周的时刻之前和之后事件的条件独立性，此时停时被视作"现在"。将"现在"推广为停时的情形，则在已知当前时刻的条件下，"将来"与"过去"无关，这种特性被称作强马尔可夫性。强马尔可夫过程指的是具备这一特性的马尔可夫过程。长期以来，许多人普遍认为马尔可夫过程必然是强马尔可夫过程。然而，对强马尔可夫性的严格证明首次由约瑟夫·李奥·杜布(Joseph Leo Doob)提出。直至 1956 年，人们才发现了马尔可夫过程不一定是强马尔可夫过程的例子。马尔可夫过程理论的进一步发展揭示了强马尔可夫过程才是真正值得研究的对象。

因此，马尔可夫过程指的是过程中每个状态的转移仅取决于之前的 n 个状态，这被称为 n 阶马尔可夫模型，其中 n 是影响转移状态的数量。最简单的马尔可夫过程是一阶过程，即每个状态的转移仅依赖于其前一个状态，这也是后续许多模型讨论的基础。许多情况下，马尔可夫链和隐马尔可夫模型仅讨论一阶模型，甚至一些文献将一阶模型称为马尔可夫模型。因此，我们要明白一阶模型仅是一种特例。

对于一阶马尔可夫模型，其特性为第 i 时刻的状态取值仅与其前一时刻的状态取值有关，即

$$P(x_i, x_{i-1}, x_{i-2}, \cdots, x_1) = P(x_i | x_{i-1})$$

由此可见，当前状态 x_i 仅与前一状态 x_{i-1} 相关，与之前的状态无关，这即为一阶过程的特征。综上所述，马尔可夫过程是指状态不断演变的过程，对其进行建模就形成了马尔可夫模型，在某种程度上，马尔可夫过程与马尔可夫链可以相互等价。

在马尔可夫过程中，具备马尔可夫性，即在已知当前信息的情况下，过去（即当前之前的历史状态）对于预测未来（即当前之后的状态）是无关的。这一性质被称为无后效性，简而言之，即未来状态不受过去影响，而受当前状态影响，形成了一种不断向前推进的过程。

当时间和状态都是离散的情况下，我们所研究的主要焦点就是马尔可夫链，简记为 $X_n = X(n)$，其中 $n = 0, 1, 2, \cdots$ 马尔可夫链是由随机变量 $X_1, X_2, X_3, \cdots, X_n$ 所组成的序列。在这种离散情况下，通常直接称之为马尔可夫模型。

接下来，我们了解一下马尔可夫链中的几个关键概念。

1. 状态空间

马尔可夫链是由随机变量 $X_1, X_2, X_3, \cdots, X_n$ 组成的序列构成，其中每个变量 X_i 都可取多种不同的值，这些值的集合被称为"状态空间"，而 X_n 代表时刻 n 的状态。

2. 转移概率

马尔可夫链可由条件概率模型描述，其中我们将前一时刻某一取值下当前时刻取值的条件概率称为转移概率（transition probability），表示为 $P_{st} = P(x_i = t | x_{i-1} = s)$。这个条件概率反映了在前一个状态为 s 的情况下，当前状态为 t 的概率。

3. 转移概率矩阵

很显然，由于每个时刻存在多种不同的状态，因此从前一个时刻的状态转移到当前时刻的任意一种状态都会产生多种可能的情况。因此，所有这些条件概率将形成一个矩阵，通常被称为"转移概率矩阵"。例如，若每个时刻存在 n 种状态，那么前一时刻的每一种状态都有可能转移到当前时刻的任意一种状态，从而产生了 $n \times n$ 种可能的情况，这些情况可以组织成一个矩阵形式：

$$\begin{bmatrix} P_{11} & P_{12} & \cdots & P_{1j} & \cdots \\ P_{21} & P_{22} & \cdots & P_{2j} & \cdots \\ \cdots & \cdots & \cdots & \cdots & \cdots \\ P_{i1} & P_{i2} & \cdots & P_{ij} & \cdots \\ \cdots & \cdots & \cdots & \cdots & \cdots \end{bmatrix}$$

马尔可夫模型是一种统计模型，在多个自然语言处理应用领域如语音识别、词性自动标注、音字转换、概率文法以及序列分类中得到广泛应用。其在语音识别领域的长期成功应用，使其成为一种通用的统计工具。迄今为止，马尔可夫模型一直被认为是实现快速且

准确的语音识别系统的最成功方法之一。

【例 6.8】天气预报 在下面的天气预报示例中为马尔可夫模型，考虑到第一天为雨天的情况下，第二天依然是雨天的概率为 0.8，而变为晴天的概率为 0.2；相应地，若第一天为晴天，则第二天持续为晴天的概率为 0.6，转为雨天的概率为 0.4。在此背景下，我们可推导出若第一天为雨天,则第二天仍为雨天的概率为多少,以及第十天为晴天的概率为多少?另外，经过长时间的演变后，雨天和晴天的出现率会分别趋于何值?

解:

首先，我们建立转移概率矩阵，考虑到每天的状态仅有两种可能性，如表 6.11 所示，即晴天或下雨，因此该矩阵为一个 2×2 的矩阵:

表 6.11　天气的转移概率

	雨天	晴天
雨天	0.8	0.4
晴天	0.2	0.6

在转移概率矩阵中，每一行的元素和为 1，即代表着不同天气状态的转移概率:

$$A = \begin{bmatrix} 0.8 & 0.4 \\ 0.2 & 0.6 \end{bmatrix}$$

假设初始状态为雨天，我们用状态向量 $P_0 = \begin{bmatrix} 1 \\ 0 \end{bmatrix}$ 表示，其中 1 和 0 分别对应雨天和晴天的概率。

首先，我们计算第二天仍为雨天的概率，记为 P_1，使用矩阵乘法计算: $P_1 = A \times P_0$。

得到的结果为 $P_1 = [0.8, 0.2]$，符合雨天转换为雨天概率为 0.8 的条件。接下来，我们计算第十天为晴天的概率，记为 P_9，通过多次矩阵相乘得到:

$$P_9 = A \times P_8 = \cdots = A^9 \times P_0$$

第十天为雨天的概率为 0.6 668，而为晴天的概率为 0.3 332。

现在我们将计算在经过很长一段时间后雨天和晴天的概率。这显然可以通过以下递推公式来计算: $P_n = A^n \times P_0$

6.11.2　递推公式的改进

虽然我们已经推导出了一个递推公式，但直接计算矩阵 A 的 n 次方是一项非常困难的任务。为了解决这个问题，我们将矩阵 A 进行特征分解，即谱分解，以获得更为便捷的计算方法。通过特征分解，我们得到了矩阵 A 可表示为:

$$A = TDT^{-1}$$

$$T = \begin{bmatrix} 2 & 1 \\ 1 & -1 \end{bmatrix}$$

$$D = \begin{bmatrix} 1 & 0 \\ 0 & 0.4^n \end{bmatrix}$$

其中，T 是特征向量矩阵，D 是对角矩阵，而 n 则代表时间经过的步数。

现在，我们的递推公式变为：

$$P_n = A^n \times P_0 = TD^nT^{-1}P_0$$

$$= \frac{1}{3}\begin{bmatrix} 2 & 1 \\ 1 & -1 \end{bmatrix}\begin{bmatrix} 1 & 0 \\ 0 & 0.4^n \end{bmatrix}\begin{bmatrix} 1 & 1 \\ 1 & -2 \end{bmatrix}\begin{bmatrix} 1 \\ 0 \end{bmatrix}$$

$$= \begin{bmatrix} 2+0.4^n & 2-2\times0.4^n \\ 1-0.4^n & 1+2\times0.4^n \end{bmatrix}\begin{bmatrix} 1 \\ 0 \end{bmatrix}$$

$$= \frac{1}{3}\begin{bmatrix} 2+0.4^n \\ 1-0.4^n \end{bmatrix}$$

当时间步数 n 趋近于无穷大时，即经过很长一段时间后，我们发现 P_n =[0.67 0.33]，表明雨天的概率为 0.67，晴天的概率为 0.33。此外，我们还注意到当初始状态为 $P_0 = \begin{bmatrix} 1 \\ 0 \end{bmatrix}$ 时，最终结果仍为 $P_n = \begin{bmatrix} 0.67 \\ 0.33 \end{bmatrix}$。这一发现表明，马尔可夫过程的最终状态与初始状态无关，而与转移概率矩阵相关联。

马尔可夫模型与时间序列之间存在着密切的关系，有时甚至会有人将马尔可夫过程的状态序列视为时间序列。尽管在时间推移的角度上，这种表述似乎合理，但实际上它们之间存在着显著的区别。其区别总结如下。

（1）马尔可夫模型是一种概率模型，其每个时间点的观测值被视为状态值，这些状态值表示了各个类别的概率分布。这与时间序列的特性明显不同。

（2）在马尔可夫模型中，当前状态与之前状态之间的关系是通过转移概率或转移概率矩阵来确定的，这是马尔可夫模型与时间序列最大的不同之处。

习题

一、选择题

1. 下列（　　）不是监督学习？

A. K 近邻算法　　　B. 支持向量机　　　C. 决策树　　　D. k-means

2. 聚类是一种（　　）方法。

A. 监督学习　　　B. 无监督学习　　　C. 强化学习　　　D. 半监督学习

3. 有特征，有部分标签的机器学习属于（　　）。

A. 监督学习　　　B. 半监督学习　　　C. 无监督学习　　　D. 强化学习

4. 无监督学习的特点是（　　）。

A. 需要标记的训练数据　　　　　　　B. 通过试错进行学习

C. 不需要标记的训练数据　　　　　　D. 通过自主观察进行学习

5. K 近邻算法和决策树算法属于常见的（　　）。

A. 分类算法　　　B. 回归算法　　　C. 聚类算法　　　D. 强化学习算法

6. 对于 K 近邻算法，关于 K 值，以下说法正确的是（　　）。

A. K 越小越好　　　　　　　　　　B. K 越大越好

C. K 的最佳值是 10   D. 最佳 K 值与数据集的特性有关

7. ID3 决策树使用（   ）来选择划分属性。

A. 信息熵   B. 信息增益   C. 信息增益率   D. 基尼指数

8. ID3 算法中，如果某特征对应的信息增益越大，表明该特征具有越小的分类能力
（   ）。

A. 正确   B. 错误

9. 以下哪个算法不是分类算法   （   ）。

A. ID3 算法   B. K 近邻算法

C. Apriori 算法   D. 支持向量机算法

10. 决策树分类方法中，C4.5 算法使用的分裂准则是（   ）。

A. 信息增益   B. 增益比率   C. 基尼指数   D. 分类错误率

11. 以下选项哪些不属于决策树算法？（   ）

A. C4.5 算法   B. SVM 算法   C. ID3 算法   D. CART 算法

12. 关于朴素贝叶斯，下列说法错误的是（   ）。

A. 它是一个分类算法

B. 朴素的意义在于它的一个天真的假设：所有特征之间是相互独立的

C. 它实际上是将多条件下的条件概率转换成了单一条件下的条件概率，简化了计算

D. 朴素贝叶斯不需要使用联合概率

13. 下列朴素贝叶斯估计描述错误的是（   ）。

A. 条件概率是所有属性上的联合概率   B. 假设属性之间是相关的

C. 假设属性之间相互独立   D. 采用属性条件独立性假设

14. 支持向量机的简称是？（   ）

A. PCA   B. ML   C. ANN   D. SVM

15. 缓解过拟合的一个办法是允许支持向量机在一些样本上出错，以下哪种形式适合
这种方法。（   ）

A. 硬间隔支持向量机   B. 多项式核函数支持向量机

C. 软间隔支持向量机   D. 线性核函数支持向量机

16. 对于线性不可分的数据，持向量机的解决方式是（   ）。

A. 硬间隔   B. 软间隔

C. 核函数   D. 以上选项均不正确

17. 以下不属于聚类算法有哪些？（   ）

A. 密度聚类   B. 层次聚类   C. k-means   D. K 近邻算法

18. 有关 k-means 算法，正确的说法是（   ）。

A. k-means 算法对异常样本非常敏感，因此在聚类前要把异常样本直接删除。

B. k-means 聚类的过程与初始的 k 个假设的聚类中心的选择无关。

C. k-means 只能处理凸分布的非数值型样本。

D. k-means 算法需要在聚类前确定类数 k，这个 k 值需要有助于解释各类的业务含义。

19. 聚类的类型被称为（   ）。

A. 维   B. 数据   C. 特征   D. 簇

20. （　　　）是求解凸二次规划的最优化算法。

A. 回归算法　　　　B. 支持向量机算法　　C. 聚类算法　　　　D. 统计方法

21. 聚类算法没有（　　　）过程，这是和分类算法最本质的区别。

A. 训练　　　　　　B. 模型　　　　　　　C. 预测　　　　　　D. 测试

22. 关于 DBSCAN 算法，以下说法正确的是（　　　）。

A. 在 DBSCAN 算法中，将点分为核心点、边界点和噪声点三类

B. DBSCAN 算法，需要指定聚类后簇的个数

C. DBSCAN 算法是一种基于划分的聚类算法

D. DBSCAN 算法是一种基于密度的分类算法

23. 逻辑回归与线性回归的区别中错误的是（　　　）。

A. 逻辑回归用于分析离散变量，线性回归用于连续变量

B. 逻辑回归可以用于多分类模型

C. 线性回归是利用数理统计中的回归分析，来确定两种或两种以上变量间相互依赖的定量关系的一种统计分析方法

D. 逻辑回归与多元线性回归都可以使用梯度下降法求最优解

24. 下列属于无监督学习算法的是（　　　）。

A. K 近邻算法　　　B. 线性回归　　　　　C. 多层感知机　　　D. PCA 降维

25. 尿布与啤酒是大数据分析的（　　　）。

A. A/B 测试　　　　B. 分类　　　　　　　C. 关联规则挖掘　　D. 数据聚类

26. 频繁项集、频繁闭项集、最大频繁项集之间的关系是（　　　）。

A. 频繁项集频繁闭项集=最大频繁项集　　　B. 频繁项集=频繁闭项集最大频繁项集

C. 频繁项集频繁闭项集最大频繁项集　　　　D. 频繁项集=频繁闭项集=最大频繁项集

27. 下列不属于关联分析的关键要素的是（　　　）。

A. 支持度　　　　　B. 置信度　　　　　　C. 满意度　　　　　D. 提升度

28. Apriori 算法是一种常见的（　　　）。

A. 关联规则发现算法　　　　　　　　　　　B. 聚类分析算法

C. 分类算法　　　　　　　　　　　　　　　D. 序列模式发现算法

29. 以下哪项不是 Apriori 算法所面临的主要的挑战（　　　）。

A. 会消耗大量的内存　　　　　　　　　　　B. 会产生大量的候选项集

C. 对候选项集的支持度计算非常繁琐　　　　D. 要对数据进行多次扫描

30. 关于 PageRank 算法的认识错误的是（　　　）。

A. 是一个与查询无关的静态算法

B. 有效减少在线查询时的计算量，极大降低了查询响应时间

C. 忽略了主题相关性，导致结果的相关性和主题性降低

D. 对新网页没有歧视

31. 下面关于 PageRank 算法的描述哪个是错误的？（　　　）

A. PageRank 算法利用等级权威对网页排序

B. PageRank 算法是查询相关的

C. PageRank 算法能够处理悬垂节点

D. PageRank 算法是可收敛的

32. 下列不用隐马尔可夫模型来分析的是？（　　　）

A. 基因序列数据　　　B. 单独的图像数据　　　C. 股价数据　　　D. 小说数据

二、简答题。

1. 监督学习与无监督学习的区别。

2. 什么是决策树？

3. 为什么朴素贝叶斯分类称为"朴素"的？简述朴素贝叶斯分类的优缺点。

4. 简述支持向量机的基本思想。

5. 简单描述 ID3 算法的过程。

6. 请简述 PageRank 算法的原理。

三、应用题

1. 请用 ID3 算法、C4.5 算法和 CART 算法构造表 6.12 的决策树。

表 6.12　应用题 1 对应实例

编号	年龄	长相	工资	编程	类别
1	老	帅	高	不会	不见
2	年轻	一般	中等	会	见
3	年轻	丑	高	不会	不见
4	年轻	一般	高	会	见
5	年轻	一般	低	不会	不见

2. 下面以一个简单的例题来说明 Pagerank 算法的计算过程。

假设有如下 5 个网页的超链接关系：

A–>B, A–>C, B–>C, C–>A, D–>A,

其中关系 "–>" 表示一个网页通过超链接指向另一个网页。

3. 某地有甲、乙、丙三个厂家生产某种商品，近两个月市场状况及各自顾客的变化统计如表 6.13 所示，假设顾客的流动是按月统计的，试用马尔可夫模型预测求 8 月份甲、乙、丙三厂家产品的市场占有率。

表 6.13　应用题 3 对应实例

厂家	6 月底拥有客户数	7 月份转移客户数		
		甲	乙	丙
甲	400	160	120	120
乙	300	180	90	30
丙	300	180	30	90

第7章 神经生理基础和神经网络

【本章导读】

神经生理学为 ANN 的设计提供了重要的灵感和基础。ANN 旨在模拟生物神经系统的结构和功能，以实现类似的信息处理和学习能力。其设计原则和算法常受到生物神经系统的启发。本章将首先介绍脑系统、神经系统和突触传递的基本知识，然后深入探讨 ANN 以及反向传播算法，最后详细讨论卷积神经网络（convolutional neural network，CNN）以及常见的深度卷积模型。

7.1 脑系统

人脑的解剖结构可分为前脑、中脑和后脑三大主要部分，它们呈现出差异化的结构和功能，并以层次性组织结构存在，如图 7.1 所示。这三大部分与大脑皮质相互连接，通过这些连接将来自各个脑区域的信息集中传递至大脑皮质，进行后续的信息加工和处理。前脑主要包括端脑和间脑。

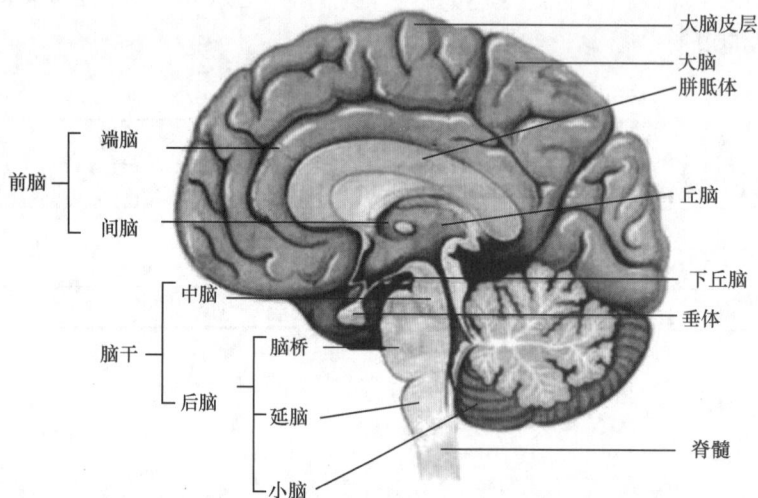

图 7.1 脑结构

大脑由左右两个大脑半球组成，它们通过胼胝体相互连接。每个半球内部含有侧脑室，其表面层被称为大脑皮质，其中包含着灰质、沟和回；而内层则是髓质，内含基底神经节、海马和杏仁核。大脑皮质进一步分为枕叶、顶叶、颞叶和额叶。

间脑环绕着第三脑室，上壁由第三脑室脉络丛构成。两侧壁上部的灰质团称为丘脑，丘脑内部包括带状层、内髓板等核团，这些核团的功能涉及信息编码和将信息传输至大脑皮质。下丘脑则主要负责协调植物性功能、内分泌功能和内脏功能。

中脑由大脑脚和四叠体组成，其功能在于协调感觉和运动。

后脑由桥脑、小脑和延脑构成。小脑由蚓部和两侧的小脑半球组成，其主要功能是协调运动。桥脑连接着两侧小脑半球，主要承担着从大脑半球传递到小脑的信息传输任务。延脑位于桥脑与脊髓之间，主要控制着心跳、呼吸和消化等植物性神经中枢的功能。

作为一个高度复杂且功能分化的系统，人类大脑的各个区域之间相互协作，形成了对外界刺激的统一认知。在对大脑半球整体结构的观察中，不同的脑区域承担着特定类型信息的加工任务。枕叶位于大脑半球后部，主要负责视觉信息的处理和综合；顶叶位于枕叶之前，处理触觉信息以及肌肉和关节刺激；颞叶位于枕叶下前方，上部负责听觉信息加工；额叶位于大脑半球前部，其后部处理身体运动和空间位置信息。研究表明，大脑的左右两个半球拥有不同的信息加工系统，左半球主要参与语言、逻辑思维、数学计算和分析能力，而右半球则更擅长解决空间问题，负责音乐、美术和直观的创造性综合活动。这两种信息加工方式在正常情况下相互交互、转化，从而形成对客观世界的整体而完善的认知。

现代神经生理学认为，脑的高级功能与神经网络的活动密切相关。罗杰·斯佩里（Roger Sperry）等神经科学家的观点表明，主观意识和思维作为脑过程的一部分，依赖于神经网络及其相关的生理特性，是脑高层次活动的产物。神经科学的发展可追溯至 19 世纪末，当时戈尔吉首次利用染色法识别出单个神经细胞。1889 年，西班牙神经科学家圣地亚哥·拉蒙·卡哈尔（Santiago Ramóny Cajal）创立了神经元学说，认为整个神经系统由相对独立的神经细胞构成。每个神经元由细胞体和其突起（树突和轴突）构成，细胞体直径在 $5\sim100\mu m$ 之间变化，突起的长度和分支数各异。神经元之间通过突触进行连接，而在大脑皮质的一个神经元上，突触的数量可达 3 万以上。整个脑内的突触数量估计在 10^{11} 到 10^{15} 之间。突触的连接方式多种多样，主要是一个神经元的纤维末梢与另一个神经元的胞体或树突形成突触。不同连接方式的突触具有不同的生理作用。

神经元之间的连接方式呈现出多种多样的形式。一个神经元可以通过其纤维分支与许多其他神经元建立突触联系，从而实现一个神经元的信息直接传递给多个神经元。此外，来自不同部位和区域的神经元的纤维末梢也可以汇聚到一个神经元上，使得不同来源的信息在此处交汇。除了这种多对多的连接方式，还存在着环形组合、链状组合等多样的连接模式，使得神经元之间的联系呈现出复杂的网络结构。

神经网络的复杂性不仅体现在神经元和突触数量的庞大、连接的复杂性和广泛性上，还包括突触传递机制的复杂性。已知的突触传递机制包括突触后兴奋、突触后抑制、突触前抑制、突触前兴奋，以及"远程"抑制等。在这些机制中，神经递质的释放是实现突触传递功能的核心环节，而不同的神经递质具有不同的作用、性质和特点。

人脑是经过漫长的生物演化过程而形成的复杂器官，在动物界的演化历程中，大约耗费了 10 亿年的时间。单细胞生物并不具备神经系统的概念。随着演化的不断推进，神经细胞开始在动物头部聚集形成神经节，最初的动物大脑分化与嗅觉有着密切的关联。随着脊椎动物的出现，中枢神经系统逐渐形成，鱼类的脑已经包含了端脑、间脑、中脑、后脑和延脑等五个主要部分。随着爬行动物的出现，新皮质开始在大脑中显现，而后真正的大脑即新皮质首次在哺乳动物中出现。在灵长类动物中，大脑皮质得到了充分的发展，负责对机体各种功能进行全面而精细的调节。在这长期的演化过程中，人脑形成了异常复杂的神经网络，构建了庞大而精密的思维器官。

人脑的研究已经成为科学研究的前沿。有专家估计，类似于诺贝尔奖得主詹姆斯·沃森（James Watson）和弗朗西斯·克里克（Francis Crick）在 20 世纪 50 年代提出 DNA 双螺旋结构并成功解释遗传学问题后，脑科学将成为下一个科学研究的浪潮。西方国家许多一流的生物学家和物理学家在获得诺贝尔奖后都纷纷转向脑科学的研究，为这一领域的发展带来了新的动力。

7.2 神经系统和突触传递

7.2.1 神经系统

神经系统的主要细胞组成包括神经元和神经胶质细胞。神经元是神经系统的基本单位，负责执行神经系统的各种兴奋、传导和整合等功能。相较之下，神经胶质细胞在脑容积中占据了一半以上的空间，数量远远超过神经元，但在功能上主要起辅助作用。

神经元，由神经元胞体（soma）、轴突（axon）和树突（dendrites）三部分组成，如图 7.2 所示。神经元胞体位于脑和脊髓的灰质区域以及神经节内，具有各种形态，例如星形、锥体形、梨形和球形等。神经元胞体的大小范围广泛，直径在 5～150μm 之间。它是神经元的代谢和营养中心，其内部结构与一般细胞相似，包括核仁、细胞膜、细胞质和细胞核。神经元内含有神经原纤维、核外染色质（例如尼氏体、高尔基氏体、内质网和线粒体等）。神经元的细胞膜在突触部位具有特殊的结构，而其他部分则具有单位膜结构。神经元的细胞膜是一种敏感且易于兴奋的膜，上面有各种受体和离子通道，突触部分的细胞膜较厚，受体能够与神经递质结合，从而导致膜的离子通透性和膜内外电位差的改变，进而产生兴奋或抑制的生理活动。

细胞核通常位于神经元胞体的中央，呈大而圆的形状，异染色质较少，分布在核膜内侧，核仁较大而明显。细胞质位于核的周围，也称为核周体，含有发达的高尔基氏体、滑面内质网、线粒体、尼氏体和神经原纤维等结构。神经元中分泌功能较强的胞质内还含有分泌颗粒。

神经元的突起分为树突和轴突两种。树突是从神经元胞体发出的一至多个突起，呈放射状，结构类似树枝。树突的主要功能是接受刺激并将神经冲动传递给细胞体。轴突是每个神经元仅有一根的突起，在细胞体上发出的轴突多呈锥形，轴突起始段没有尼氏体，主要分布有神经原纤维。轴突负责将神经冲动从细胞体传递至其他神经元或效应器细胞。轴突的末端分支形成轴突终端，与其他神经元或效应器细胞构成突触联系，实现神经冲动的传递。

在神经系统的长时间演化过程中，神经元在形态和功能上逐渐特化。感觉神经元直接与感受器相连，将信息传递至中枢；而运动神经元直接与效应器相连，将神经冲动从中枢传递至效应器。除传入传出神经元外，大多数神经元都是中间神经元，它们相互连接形成复杂的神经网络。在人体中枢神经系统中，传出神经元的总数为数十万，传入神经元较之多 1～3 倍，而中间神经元的数量最多，特别是构成大脑皮质的神经元，估计在 140 亿～150 亿之间。

7.2.2 突触传递

突触是神经系统中神经元之间，或者神经元与非神经细胞（如肌细胞、腺细胞等）之间的一种特化细胞连接，在联系和执行生理活动方面发挥关键作用。突触通过传递作用实现细胞之间的通信，是神经系统中至关重要的结构，如图 7.2 所示。常见的神经元连接形式包括轴突终末与另一个神经元的树突、树突棘或胞体相连，形成轴-树、轴-棘、轴-体等不同类型的突触。除此之外，还存在着其他形式的突触，如轴-轴和树-树突。突触可分为化学突触和电突触两大类，其中化学突触在哺乳动物神经系统中占主导地位。

突触的结构主要包括突触前膜、突触间隙和突触后膜。突触前膜通常指神经元的轴突终末，呈球状膨大，并附着在另一

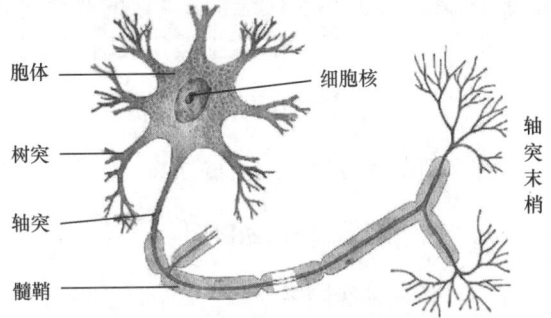

图 7.2 神经元的突触结构

神经元的胞体或树突上，形成突触连接。突触间隙是窄小的间隔区域，宽度约为 15～30nm，分隔着突触前膜和突触后膜，内含糖蛋白和一些细丝。突触后膜通常是接受突触前膜释放的神经递质的细胞膜，与突触前膜形成互补的结构，使神经冲动得以传递。

突触的功能在于通过神经递质的释放，将神经冲动从一个神经元传递到另一个神经元或非神经细胞，从而实现神经信号的传递和信息的处理。突触的形成和功能对于神经系统的正常运作至关重要。

7.3 人工神经网络

7.3.1 人工神经网络的概念

人工神经网络（ANN），简称神经网络，是基于生物学中神经网络的基本原理发展而来的一种数学模型。该模型以人脑神经系统的结构和功能为基础，通过模拟神经元之间的相互连接和信息传递，实现对复杂信息的处理和学习能力。神经网络具有处理能力并行分布、高容错性、智能化和自学习等特征，能够将信息加工和存储相结合。其独特的知识表示方式和智能化的自学习能力引起了多个学科领域的关注。神经网络是由大量简单元件相互连接而成的复杂网络，具有高度的非线性，能够执行复杂的逻辑操作和实现非线性关系。

神经网络作为一种运算模型，由大量节点（或称神经元）相互连接而构成。每个节点代表着特定的输出函数，即激活函数。连接每两个节点的线表示通过该连接的信号的加权值，即权重，神经网络通过这种方式模拟人类的记忆。网络的输出受到网络结构、连接方式、权重和激活函数的影响。神经网络通常是对自然界某种算法或函数的近似，也可能表达一种逻辑策略。其构建理念源自生物神经网络的运作机制。ANN 将对生物神经网络的理解与数学统计模型相结合，借助数学统计工具来实现。在人工智能领域的人工感知方面，通过数学统计方法，使神经网络具备类似于人类决策和简单判断的能力，这是对传统逻辑学演算的进一步拓展。

ANN 中的神经元处理单元可以代表各种对象，例如特征、字母、概念，或一些有意义的抽象模式。处理单元分为三类：输入单元、输出单元和隐单元。输入单元接收外部世界的信号和数据，输出单元负责输出系统处理结果，而隐单元则位于输入和输出单元之间，对系统外部不可见。神经元之间的连接权重反映了单元之间的连接强度，信息的表示和处理体现在网络处理单元的连接关系中。ANN 是一种非程序化、适应性强、具备大脑风格的信息处理模型，其本质在于通过网络的变换和动力学行为实现并行分布式的信息处理功能，并以不同程度和在不同层次上模拟人脑神经系统的信息处理功能。

7.3.2　人工神经网络的发展

神经网络的发展历程可概括为四个主要阶段。

1．第一阶段——启蒙时期

（1）M-P 神经网络模型：20 世纪 40 年代，神经网络的研究由美国心理学家沃伦·麦卡洛克（Warren McCulloch）和数学家沃尔特·皮茨（Walter Pitts）提出了 M-P 神经网络模型而开始。该模型将神经元视为逻辑功能器件，这一简单模型的提出开创了神经网络模型的理论研究。

（2）Hebb 学习规则：1949 年，心理学家唐纳德·O. 赫布在《行为的组织》一书中提出了 Hebb 学习规则，即突触连接强度随着突触前后神经元的活动而变化。这一假设奠定了学习和记忆的基础，成为后来神经网络中著名的 Hebb 规则。

（3）感知机模型：1957 年，罗森布拉特基于 M-P 模型提出了感知机模型，它是第一个符合现代神经网络基本原则的模型。感知机模型在结构上与神经生理学相符，并证明了可以通过训练实现对输入矢量模式的分类和识别。

（4）ADALINE（adaptive linear neuron）网络模型：1959 年，伯纳德·威德罗（Bernard Widrow）和马尔奇安·霍夫（Marcian Hoff）等人提出了自适应线性元件（Adaline）和 Widrow-Hoff 学习规则。该模型是第一个应用于实际问题解决的 ANN，推动了神经网络研究应用和发展。ADALINE 网络模型是一种连续取值的自适应线性神经网络模型，适用于自适应系统。

2．第二阶段——低谷时期

人工智能领域的先驱之一，马文·明斯基（Marvin Minsky）和西摩·A. 帕普特（Seymour A.Papert），对以感知机为代表的网络系统进行了深入的数学研究，并在 1969 年发表了备受瞩目的 *Perceptrons* 一书。他们指出简单的线性感知机在功能上存在局限性，无法解决线性不可分的问题，如无法实现"异或"逻辑关系。这一观点严重影响了当时 ANN 的研究方向，开启了为期约十年的神经网络发展的低谷时期。

在此期间出现了一些重要的神经网络模型和理论，如下所示。

（1）自组织神经网络模型：1972 年，芬兰学者泰沃·科霍宁（Teuvo Kohonen）提出了自组织神经网络（self-organizing neural network，SOM）。SOM 网络采用"胜者为王"的竞争学习算法，与早期的感知机有着显著不同，其学习方式为无监督训练，属于一种自组织网络。这种网络适用于模式识别、语音识别和分类问题，通过无监督训练提取分类信息。

（2）自适应共振理论：1976 年，美国学者斯蒂芬·格罗斯伯格（Stephen Grossberg）

提出了自适应共振理论 ART（adaptive resonance theory，ART），其学习过程具有自组织和自稳定的特征。

3．第三阶段——复兴时期

经过多年的发展，已有上百种的神经网络模型被提出。

（1）霍普菲尔德模型：1982 年，美国物理学家约翰·霍普菲尔德（John Hopfield）提出了一种离散神经网络模型，即霍普菲尔德模型，从而为神经网络研究注入新的活力。该模型首次引入了李雅普诺夫（Lyapunov）函数，后被称为能量函数，证明了网络的稳定性。1984 年，霍普菲尔德提出了连续神经网络，将神经元的激活函数从离散型改为连续型。1985 年，霍普菲尔德和大卫·W. 坦克（David W. Tank）利用霍普菲尔德模型成功解决了旅行推销商问题。霍普菲尔德模型不仅对 ANN 的信息存储和提取功能进行了非线性数学概括，提出了动力方程和学习方程，还为网络算法提供了重要公式和参数，为神经网络的构建和学习提供了理论指导。霍普菲尔德模型的影响激发了众多学者的研究热情，推动了神经网络领域的进一步发展。

（2）玻尔兹曼机模型：1983 年，斯科特·柯克帕特里克（Scott Kirkpatrick）等人意识到模拟退火算法可用于 NP 完全组合优化问题的求解。1984 年，杰弗里·辛顿（Geoffrey Hinton）与特伦斯·J. 谢诺夫斯基（Terrence J.Sejnowski）合作提出了大规模并行网络学习机，明确引入了隐单元的概念，被称为玻尔兹曼机。他们基于统计物理学的理念和方法，首次提出了多层网络的学习算法，称为玻尔兹曼机模型。

（3）反向传播神经网络模型：1986 年，大卫·E. 鲁梅尔哈特（David E. Rumelhart）、杰弗里·辛顿和罗纳德·威廉姆斯（Ronald Williams）在多层神经网络模型的基础上，提出了多层神经网络权重修正的反向传播学习算法，即 BP（back-propagation）算法。该算法解决了多层前馈神经网络的学习问题，证明了多层前向神经网络具有强大的学习能力，可完成多种学习任务，解决实际问题。

（4）并行分布处理理论：1986 年，大卫·E.鲁梅尔哈特和詹姆斯·L.麦克莱兰（James L. McClelland）出版了 *Parallel Distributed Processing:Exploration in the Microstructure of Cognition*。该书建立了并行分布处理理论，主要研究认知微观层面，详细分析了具有非线性连续转移函数的多层前馈网络的误差反向传播算法，解决了长期以来权重调整的有效算法问题。这一理论能够解决感知机无法处理的问题，回答了 *Perceptrons* 一书中关于神经网络局限性的问题，从实践上验证了 ANN 的强大计算能力。

（5）细胞神经网络模型：1988 年，蔡少棠（Leon O. Chua）和塔马斯·罗斯卡（Tamas Roska）提出了细胞神经网络（cellular neural network，CNN）模型，这是一个具有细胞自动机特性的大规模非线性计算机仿真系统。罗斯卡建立了双向联想记忆模型（BAM），具有无监督学习能力。

（6）达尔文主义模型：杰拉尔德·埃德尔曼（Gerald Edelman）提出的达尔文主义模型在 90 年代初产生了很大的影响，建立了一种神经网络系统理论。

（7）1988 年，特伦斯·J. 谢诺夫斯基提出了新的自组织理论，并在香农信息论的基础上形成了最大互信息理论，为基于神经网络的信息应用理论提供了新的启示。

（8）1988 年，马丁·安东尼·布鲁姆黑德（Martin Anthony Broomhead）和大卫·洛（David Lowe）提出了利用径向基函数（radial basis function，RBF）设计分层网络的方法，将神经网

络的设计与数值分析和线性适应滤波相结合。

（9）1991 年，赫尔曼·哈肯（Hermann Haken）将协同引入神经网络，他认为认知过程是自发的，并断言模式识别过程即是模式形成过程。

（10）1994 年，廖晓昕提出了关于细胞神经网络的数学理论，推动了该领域的发展。通过拓广神经网络的激活函数类，提出了更一般的时滞细胞神经网络（DCNN）、霍普菲尔德神经网络（HNN）、双向联想记忆网络（BAM）模型。

（11）90 年代初，弗拉基米尔·瓦普尼克（Vladimir Vapnik）等人提出了 SVM 和 VC（Vapnik-Chervonenkis）维数的概念。经过多年的发展，已有上百种的神经网络模型被提出。

4．第四阶段——高潮时期

深度学习（deep learning，DL）是一种新兴的机器学习（machine learning，ML）领域，由杰弗里·辛顿等人于 2006 年提出。其核心思想是构建具有多个隐藏层的神经网络架构，通过大规模数据的训练来提取更加抽象和具有代表性的特征信息。相较于传统的机器学习方法，深度学习算法在处理复杂问题时具有更强的表达能力和学习能力。其突出之处在于能够自动地从原始数据中学习到高层次的特征表示，而无需手工设计特征。此外，深度学习算法在处理大规模数据时能够发挥出其优势，通过并行计算和分布式训练，加速模型的训练过程，提高算法的效率和性能。

7.3.3　人工神经网络的特点

神经网络是一种由大量神经元组成的信息处理系统，这些神经元通过连接权重相互联系形成网状拓扑结构。这种结构的特点在于其并行分布的信号处理机制，这使得神经网络具有较快的信息处理速度和较强的容错能力。

ANN 是一种模仿人脑神经元活动过程的数学模型，用于模拟信息的加工、处理、存储和检索等功能。ANN 具有如下特点。

（1）ANN **具有高度并行性**。它的结构由大量相互连接的简单处理单元（神经元）组成，每个神经元虽然功能简单，但数量庞大且并行运行，因此具有惊人的处理能力。与传统计算机不同，ANN 的处理顺序是并行和同时的，即在同一层内的处理单元可以同时操作。这种并行性使得神经网络在处理大规模数据和复杂任务时表现出色，类似于人脑的工作方式，能够高效地进行信息加工、决策和处理。

相比之下，人脑神经元之间传递脉冲信号的速度通常较慢，约为毫秒量级，远低于传统冯·诺依曼计算机的工作速度。然而，人脑作为一个庞大的并行与串行组合处理系统，在许多情况下能够快速做出判断和处理。这种快速反应能力超越了传统计算机的串行结构所能及的范畴。基于这一点，ANN 的设计初衷就是模仿人脑的工作原理，利用并行处理的特性来提高工作效率和速度。

（2）ANN **具有高度的非线性全局作用**。这一特征源于每个神经元接收来自其他神经元的大量输入，并通过并行网络产生输出，进而影响其他神经元。这种相互制约和相互影响的复杂交互作用，使得神经网络在从输入状态到输出状态空间的映射过程中呈现出明显的非线性特性。从整体的观点来看，神经网络的性能不仅仅是各个部分性能的简单叠加，而是表现出一种全面性的行为，即网络全局的行为远远超出了各个神经元局部行为的简单总和。

在自然界中，非线性关系是普遍存在的现象，大脑的智慧也是基于这种非线性的运作机制。人工神经元作为模拟生物神经元的基本单元，具有激活或抑制等不同状态，这种行为在数学上可以描述为一种非线性特性。特别是具有阈值的神经元构成的神经网络，其性能更为突出，能够显著提高网络的容错性和存储容量，从而进一步增强了神经网络的非线性全局作用。

（3）**ANN 以其独特的网络结构将数据信息存储在神经元之间的权重中，实现联想记忆功能**。这种分布式存储形式使得网络具有良好的容错性，即使某些权重发生损坏或丢失，系统仍能正确识别和恢复存储的信息。此外，ANN 还能够进行特征提取、缺损模式复原、聚类分析等模式信息处理工作，以及模式联想、分类、识别等功能。通过从不完善的数据和图形中学习，神经网络能够做出准确决策，并且由于知识分布在整个系统中，即使某些节点不参与运算，也不会显著影响整个系统的性能。

此外，ANN 的整体行为不仅取决于单个神经元的特征，更可能由单元之间的相互作用和连接所决定。神经网络通常由多个神经元广泛连接而成，模拟了大脑的非局限性。联想记忆作为非局限性的典型例子，体现了神经网络在处理大规模数据时的优越性。通过单元之间的大量连接，神经网络能够处理具有噪声或不完全数据的情况，并具备泛化功能和强大的容错能力，使其在面对复杂的现实问题时表现出色。

（4）**ANN 具有良好的自适应性和自学习功能**。通过训练和学习，神经网络能够根据输入数据动态地调整其权重和结构，以适应不同的环境和任务。这种自适应性使得神经网络能够从数据中发现模式、提取特征，并进行有效的决策和预测，而无需显式的编程规则或先验知识。这与传统的符号逻辑方法截然不同，神经网络的自适应性使其在面对复杂、模糊或不确定的问题时表现出色。

自学习功能使得神经网络能够持续改进和优化其性能，通过不断地与环境交互和接收反馈信息，神经网络可以自我调整，提高对数据的理解和处理能力。这种自学习过程类似于人类的学习过程，神经网络可以从经验中积累知识，不断地完善自己的模型和预测能力。因此，神经网络的自适应性和自学习功能使其成为处理复杂、大规模数据以及解决实际问题的强大工具。

（5）**神经网络中知识的分布式存储与传统计算机存储方式截然不同**。与传统计算机通过地址访问特定存储单元不同，神经网络中的知识分散存储在整个系统的连接权重中。这意味着对于每一个特定的知识，都需要多个连接来存储。这种分布式的存储方式模拟了人类的联想记忆过程，人们善于通过联想识别图形和模式，而神经网络也利用类似的机制来存储和识别信息。

神经网络的分布式存储方式使得学习和记忆变得更加灵活和高效。当网络接收到输入信息时，激活信号会在整个网络中传播，而不仅限于特定的存储单元。通过网络的学习和训练过程，特定的模式和特征会被准确地编码在连接权重中，从而实现对输入信息的快速识别和响应。这种存储方式使得神经网络能够有效地处理复杂的模式和数据，具有良好的泛化能力和高效的联想记忆功能。

（6）**非凸性是指系统的状态函数具有多个极值点的性质，其中能量函数是一个典型的例子**。这种函数的极值点对应着系统相对稳定的状态，而非凸性导致系统存在多个较为稳定的平衡态，从而增加了系统演化的多样性和复杂性。在非凸系统中，存在着多个局部极值点，其中一个是全局极小值点，而其他的局部极值点则可能是局部极小值或者局部极大值。这使得系统在不同的初始条件下可能会演化到不同的稳定状态，从而呈现出多样化的演化路径和行为。这种多样性对于系统的动态行为具有重要影响，使得系统更加灵活和适应不同环境条件的变化。

神经网络所具备的学习和适应能力、自组织性、非线性特性以及高度并行的运算能力，弥补了传统计算机在直觉处理方面的不足。特别是在处理非结构化信息和语音模式识别等方面，神经网络展现出了卓越的性能。这些能力使得神经网络成功地应用于神经专家系统、组合优化、智能控制、预测和模式识别等多个领域。神经网络的灵活性和高效性为人工智能的发展提供了重要支持，为解决复杂问题和实现智能化应用提供了有力的工具和方法。

7.3.4　人工神经网络的结构

神经元是神经系统的基本组成单位，承担着信息传递和处理的关键功能。其结构主要包括细胞体、轴突和树突三部分，如图 7.3 所示。在神经元之间的连接中，突触起着关键的作用，作为信息传递的接口部分，负责将一个神经元的信号传递给另一个神经元。大脑是由数以亿计的神经元构成的复杂网络，信息在其中通过电化学活动进行传递和处理。树突接收外部刺激，经过细胞体内部的处理后，形成轴突电位，并最终以神经冲动的形式传递给其他神经元，这一过程可被视为多输入单输出非线性系统的动态过程。神经元具有多种功能特性，包括时空整合功能、动态极化性、兴奋与抑制状态、结构的可塑性、脉冲与电位信号的转换、突触延期和不应期，以及学习、遗忘和疲劳等。

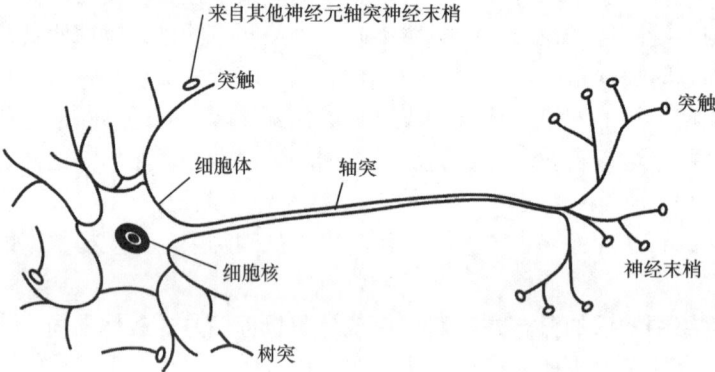

图 7.3　神经元的结构

人工神经元的研究起源于对生物脑神经元的探索，其理论基础可以追溯到 19 世纪末期，在生物和生理学领域，威廉·冯·瓦尔德耶尔-哈茨（Wilhelm von Waldeyer-Hartz）等人创建了神经元学说。ANN 则是由大量处理单元广泛连接而成的人工网络，旨在模拟脑神经系统的结构和功能。这些处理单元被称为人工神经元，构成了一个由有向加权弧连接的有向图。在图 7.4 中，人工神经元类似于生物神经元的模拟，而有向弧则类比于轴突—突触—树突的连接。这些有向弧的权重则代表着相互连接的两个人工神经元之间的相互作用强度。

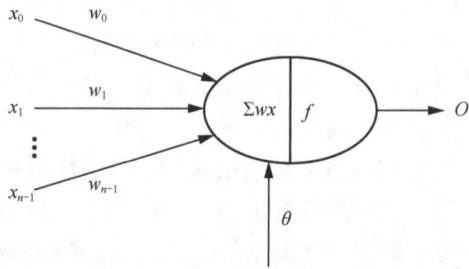

神经网络在模拟大脑方面具有两个重要知识点。

图 7.4　人工神经元的结构

（1）神经网络通过学习外界环境获取知识，模仿大脑的认知过程。

（2）内部神经元之间的连接强度，即突触权重，用于存储获取的知识，类似于大脑中突触连接的模式。

神经网络系统是由大量神经元相互连接而成的拓扑结构，这一系统模拟了人类大脑在信息传递过程中的复杂性。通过这些神经元之间的联系，系统可以接收并处理输入信息的刺激，利用分布式并行处理进行非线性映射，从而实现复杂的信息处理和推理任务。

对于某个处理单元（神经元），假设来自其他处理单元 i 的信息为 x_i，它们与本处理单元的相互作用强度即连接权重为 $w_i(i=0,1,\cdots,n-1)$，处理单元的内部阈值为 θ。因此，本处理单元的输入可以表示为：

$$\sum_{i=0}^{n-1} w_i x_i$$

相应地，处理单元的输出可以表示为：

$$y = f\left(\sum_{i=0}^{n-1} w_i x_i - \theta\right)$$

在上述公式中，x_i 表示第 i 个输入元素，w_i 表示第 i 个处理单元与当前处理单元之间的连接权重，即神经元之间的连接强度。函数 f 被称为激活函数或响应函数，它决定了节点（神经元）的输出。符号 θ 表示隐含层神经节点的阈值。

神经网络的主要任务是建立模型和确定权值，通常采用**前馈型**和**反馈型**两种网络结构。在进行学习和训练时，需要一组输入数据和相应的输出数据对。通过选择合适的网络模型、传递和训练函数，神经网络能够计算出输出结果。然后，根据实际输出与期望输出之间的误差，对权值进行修正。在网络进行判断时，仅有输入数据而没有预期的输出结果。神经网络具有重要的自适应能力，通过调整神经元的权值和阈值，不断学习环境中的信息，直到实际输出与期望输出之间的误差达到预期水平，即认为网络训练完成。

针对这种多输入、单输出的基本单元，可以从多个学科的角度出发，例如生物化学、电生物学和数学等，提出描述其功能的模型。ANN 由大量相互连接的神经元组成，展现了人脑的多种特征，同时也具备初步的自适应和自组织能力。在学习或训练过程中，通过改变突触权重 w_i 的值来适应周围环境的需求。

同一个网络在学习方式和内容不同的情况下可能具有不同的功能。ANN 作为一种具有学习能力的系统，能够积累知识，甚至超越设计者原有的知识水平。通常情况下，它的学习（或训练）方式可以分为两种：一种是监督学习，即利用给定的样本标准进行分类或模仿；另一种是无监督学习，也称为无导师学习，此时只规定学习方式或某些规则，具体的学习内容取决于系统所处的环境（即输入信号情况），系统能够自动发现环境特征和规律性，具有更接近人脑功能的特性。

在 ANN 的设计和应用研究中，通常需要综合考虑三个关键方面：神经网络的学习过程、神经网络的激活函数以及神经网络的连接方式。

神经网络的学习过程涉及确定神经元的传递函数和转换函数。一旦神经网络构建完成，其转换函数便已确定，难以在学习过程中进行修改。因此，要调整网络输出的大小，只能通过修改加权求和的输入信号来实现。由于神经元只能对网络的输入信号做出响应，因此调整网络的加权输入只能通过修改神经元的权重参数来完成。因此，神经网络的学习过程实质上是调整权重矩阵的过程。

神经网络的工作过程主要分为离线学习和在线判断两个阶段。在离线学习阶段，神经元按照规则进行学习，并通过调整权重参数来拟合非线性映射关系，以达到训练精度。而在在线判断阶段，经过训练的稳定网络接收输入信息，并通过计算产生输出结果。

神经网络的学习规则是一种修正权值的算法，可分为联想式和非联想式学习，以及监督学习和无监督学习等多种形式。下面介绍几种常用的学习规则。

（1）误差修正型规则：这是一种监督学习方法，根据实际输出和期望输出之间的误差进行网络连接权值的调整，以使网络的输出误差最小化达到预期结果。误差修正法包括 δ 学习规则、Widrow-Hoff 学习规则、感知机学习规则以及误差反向传播（BP）学习规则等。

（2）竞争型规则：这是一种无监督学习方法，网络仅根据提供的一些学习样本进行自组织学习，没有期望输出。通过神经元相互竞争对外界刺激模式的响应权重进行调整，以适应输入的样本数据。

（3）Hebb 型规则：利用神经元之间的活化值来反映它们之间连接性的变化，即根据相互连接的神经元之间的活化值来修正其权值。Hebb 学习规则代表一种纯前馈、无导师学习形式的学习规则，已被广泛应用于各种神经网络模型中。

（4）随机型规则：这种规则将随机、概率论和能量函数思想结合到学习过程中，根据目标函数（即网络输出均方差）的变化调整网络的参数，最终使网络的目标函数收敛到预期值。

激活函数在神经网络中发挥着关键作用，对网络的性能和效率有着显著影响，因此在设计网络时必须慎重选择激活函数。神经元的激活函数决定了其在接收到输入信号后产生输出信号的规律，这一规律由所选激活函数的特性所决定，因此也称为转移函数。激活函数的作用过程包括了从接收到的输入信号到净输入、再到激活值、最终产生输出信号的整个过程，该过程需要综合考虑净输入和激活函数的作用。根据不同的需求和问题，可以选择不同形式的激活函数来构建具有不同功能的神经网络。

常见的激活函数有以下几种形式。

（1）阶跃函数：也称为阈值函数。当激活函数采用阶跃函数时，神经元的模型即为 MP 模型。该函数使神经元的输出取值为 1 或 0，分别表示神经元的兴奋或抑制。

（2）线性函数：线性函数可以在输出结果为任意值时作为输出神经元的激活函数。然而，在网络复杂性增加时，线性激活函数可能会降低网络的收敛性，因此一般较少采用。

（3）对数 S 形函数：对数 S 形函数的输出范围在 0 到 1 之间，常用于要求输出在 0 到 1 范围的信号选用。它是神经元中应用最广泛的激活函数之一。

（4）双曲正切 S 形函数：双曲正切 S 形函数类似于平滑的阶跃函数，形状与对数 S 形函数相似，但以原点对称，其输出范围在–1 到 1 之间。常用于要求输出在–1 到 1 范围的信号选用。

神经网络的连接方式是网络结构中至关重要的一部分，其种类和模式的选择对网络的性能和功能具有显著影响。其中，前馈网络是一种常见的连接模式，也称为前向网络。在前馈网络中，神经元按照层次结构排列，每一层的神经元接收来自前一层神经元的信号，并且不存在反馈连接。这种网络结构可以用有向无环图来表示，如图 7.5 所示。

由图 7.5 可知，输入节点并不具备计算功能，其主要作用是用于表示输入矢量的各个元素值。相对而言，各层中的节点则拥有计算功能，被称为计算单元。每个计算单元可以接收任意数量的输入，但只产生一个输出，而这个输出可以作为多个节点的输入。输入节点层通常被标记为第 0 层，而计算单元的各个层则按照从下至上的顺序依次被称为第 1 至第 N 层，从而形成了一个 N 层的前馈网络结构。第一个节点层和输出节点组合被称为"可见层"，而其他中间层则被称为隐藏层，这些包含在其中的神经元被称为隐节点。BP 神经网络即为典型的前馈网络。

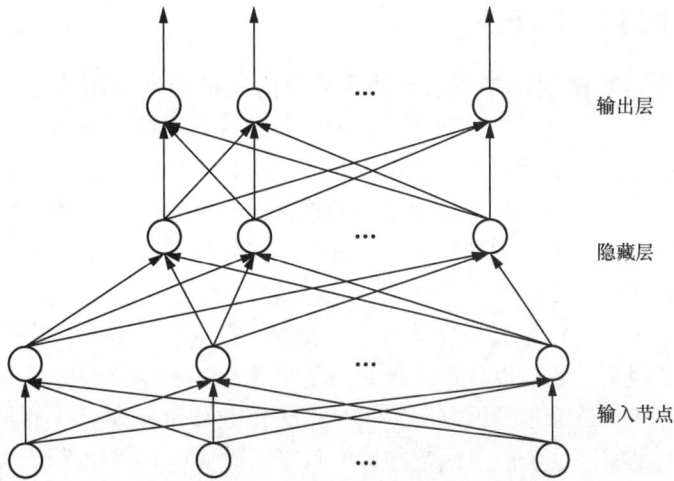

图 7.5　神经元的前馈网络

经典的反馈型神经网络如图 7.6 所示，其中每个节点均代表一个计算单元，同时接收外部输入以及其他节点的反馈输入，并直接向外部输出。其中，霍普菲尔德网络属于这种类型。在某些反馈网络中，除了接收外部输入和其他节点的反馈输入外，各神经元还可能包括自身的反馈。有时，反馈型神经网络也可用一张完全无向图表示，如图 7.7 所示。在这种情况下，每个连接都是双向的。特别地，第 i 个神经元对第 j 个神经元的反馈与第 j 至 i 神经元的反馈之间的突触权重相等，即 $w_{ij} = w_{ji}$。以上介绍了两种最基本的 ANN 结构。然而，实际上，ANN 还存在许多其他连接形式，例如，具有从输出层到输入层的反馈的前馈网络，以及具有同层或不同层之间相互反馈的多层网络等。

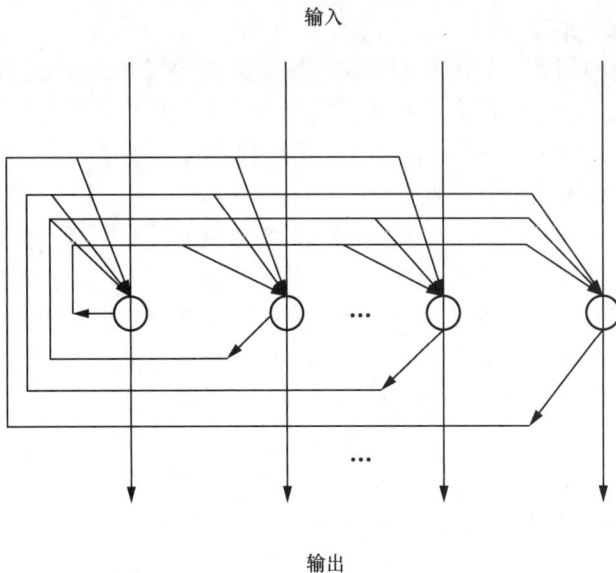

图 7.6　反馈型神经网络结构示意图

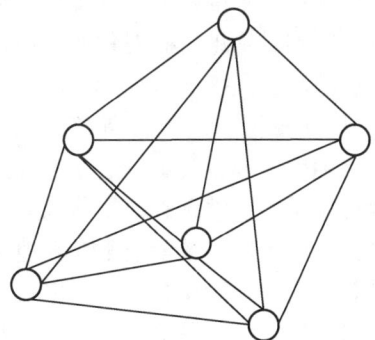

图 7.7　无向图形式的反馈神经网络

7.4 反向传播算法

7.4.1 反向传播算法概述

玻尔兹曼机学习算法的发展展示了处理需要隐藏神经元问题的潜力。与马文·明斯基的观点相反，现在已经证明，训练具有多层神经元的网络是可行的，这弥补了只有一层神经元的感知机存在的缺陷。ANN 技术的进步不再受限于神经元的层数，并且不需要担心任何一层内神经元之间的连接是否能够达到收敛。然而，随着网络层数和神经元数量的增加，模拟达到平衡状态和收集统计信息的速度开始显著减缓，这是一个需要解决的新问题。

在深度学习领域，优化一直是数学核心的关键。在这个领域中，我们常常需要解决的问题是最小化一个损失函数，以获得系统状态的最优解——这个最优解通常是指能够实现最小损失的状态。在霍普菲尔德网络中，这个损失函数被定义为能量函数；而霍普菲尔德网络的优化目标则是实现这个能量函数的最低状态。然而，在优化多层 ANN 时，最具挑战性的问题是如何从全局的角度来计算每个神经元之间的权重。相比之下，对于单层神经网络，比如感知机，这种计算相对较为简单和可行：系统可以自动地设置神经元之间的权重。但是，对于多层神经网络而言，这种简单操作并不会产生明显效果。神经元之间的连接变得更加复杂且成本更高。改变一个神经元的权重，意味着影响到所有其他神经元的权重，进而影响它们的行为。为了调整神经元之间的权重，并提高收敛速度，我们需要更强大的数学工具和更加精细的算法。

大卫·E. 鲁梅尔哈特等人在其研究中提出了反向传播算法的概念，旨在解决多层神经网络的权重优化问题。然而，杰弗里·辛顿等人指出了这一算法在早期神经网络研究中的局限性。事实上，早期的感知机模型由弗兰克·罗森布拉特提出，他已经证明了反向传播算法在单层神经网络中的不可行性。在这种情况下，神经网络的权重调整会导致所有权重趋于相同的位置，从而限制网络的表示能力。

然而，鲁梅尔哈提出了一个重要的问题：如果我们将神经网络的初始权重设置为随机值，会发生什么？他认为，不同的初始权重可能会导致不同的行为。这一想法为解决神经网络对称性的问题提供了新的思路。辛顿将这一新思路称为"旧瓶装新酒"，并表示科学家们应该保持对新思想的开放态度，以便不断探索和发展。

在接下来的研究中，鲁梅尔哈和辛顿构建了一个具有随机初始权重的神经网络，并发现它能够成功地打破对称性。通过这种方法，他们使每个神经元都能够分配不同的权重，从而提高了网络的表征能力。尽管该网络目前仅能处理简单的问题，但它成功地完成了一些基本的逻辑操作，如异或（XOR）运算，从而填补了早期感知机模型的不足。

随后，辛顿展示了这一神经网络的实际应用潜力。他将家庭关系树输入到网络中，并验证了网络能够正确地推断家庭成员之间的关系。这一发现令人惊讶，因为此前并未发现类似反向传播的数学技术在其他领域的应用。然而，辛顿证明了这一方法具有广泛的应用前景，反向传播算法不仅可以用于图像识别，还可以应用于语音识别等领域。因此，反向传播算法成为了深度学习中的重要工具，为人工智能技术的发展提供了新的方向。

反向传播算法，又称为误差反向传播学习算法（back-propagation of errors learning

algorithm），是一种经典的神经网络训练方法，通过梯度下降来法优化神经网络的权重和偏置，以最小化损失函数，提高网络的性能和泛化能力。在反向传播算法中，通常使用的损失函数是在训练集上计算的预测值与真实标签之间的误差的平方和。梯度下降的过程是通过沿着损失函数的梯度方向不断调整网络参数，使得损失函数的值逐渐减小，以达到最优解。可以将梯度下降的过程比喻为在多维空间中搜索损失函数的最低点，以使网络的预测结果与真实标签尽可能接近。

如图 7.8 所示，在反向传播神经网络中，输入数据首先通过正向传播，沿着箭头方向从左侧传播到隐藏层的神经元，然后继续传播到输出层的神经元。输出层将输出数据与提供的训练值进行比较，计算差值，并用于更新输出层神经元的权重。隐藏层神经元和输入层神经元之间的权重梯度会根据反向传播的错误值进行更新，而反向传播的错误值也取决于每个权重对错误的贡献程度，这种方法有效地计算出了错误的梯度。

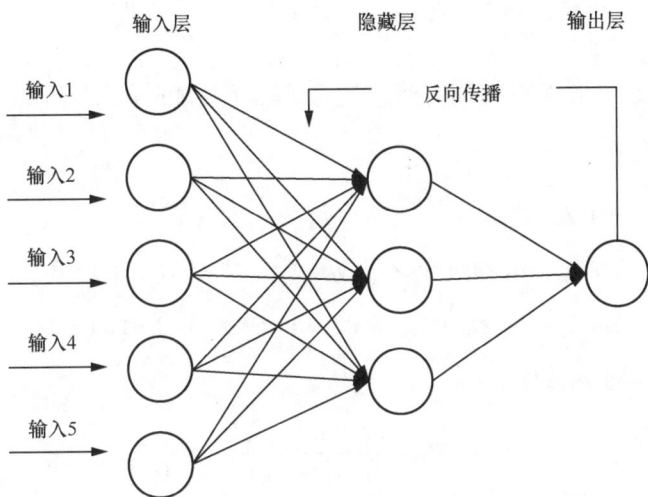

图 7.8　反向传播的过程

通过对大量样本进行训练，隐藏层获得了特定的特征参数，用于区分不同的输入模式，从而使得这些输入模式在输出层能够被识别为不同的类型。这为神经网络的学习和模式识别提供了强大的工具。

设置反向传播神经网络的模型参数需要训练一个深度学习神经网络，为了建立反向传播神经网络模型，我们一般采用以下步骤。

第 1 步，需要选择适当的激活函数来确定每个神经元的激活值。在这里，我们选择了简单的线性激活函数：$f(a)=a$。

第 2 步，我们需要定义一个假设函数来计算激活函数的输入参数。这个假设函数后来被称为广为人知的线性组合函数：$h(x) = w_0 \cdot x_0 + w_1 \cdot x_1 + w_2 \cdot x_2$，或者可以表示为 $h(x) = \mathrm{sigma}(w \cdot x)$。

第 3 步，我们需要一个损失函数，通常选择逻辑回归损失函数。尽管它看起来有些复杂，但实际上它相当简单。

$$E_{\text{total}} = \frac{1}{n} \sum_{i=1}^{n} (\text{target}_{o_i} - \text{out}_{o_i})^2$$

第 4 步，我们将使用批处理梯度下降优化算法来确定权重应该朝着哪个方向调整，以使损失函数最小化。在此过程中，我们将学习率设置为 0.1。

现在，我们可以简单绘制出神经网络结构图，如图 7.9 所示。此图中，第一层是输入层，包含两个神经元 i_1，i_2，和偏置项 b_1；第二层是隐藏层，包含两个神经元 h_1，h_2 和偏置项 b_2，第三层是输出 o_1 和 o_2，每条线上标的 w_i 是层与层之间连接的权重，激活函数我们默认为 sigmoid 函数。

假设输入数据 $i_1=1$，$i_2=1$；

输出数据 $o_1=1$，$o_2=1$；

初始权重 $w_1= w_2= w_3= w_4= w_5= w_6= w_7 = w_8= 1$；

目标是给出输入数据 i_1，i_2，使输出尽可能与原始输出 o_1，o_2 接近。

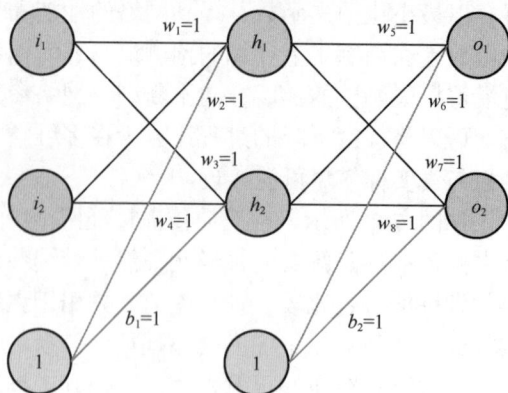

图 7.9　神经网络结构图

第一步：前向传播

神经网络首先进行信息的前向传播，该过程从最左侧的输入层开始，向最右侧的输出层传播。

（1）输入层—>隐藏层

计算神经元 h_1 的输入加权和：

$$\mathrm{net}_{h_1} = w_1 \times i_1 + w_2 \times i_2 + b_1 \times 1 = 1 \times 1 + 1 \times 1 + 1 \times 1 = 3$$

$$\mathrm{net}_{h_2} = w_3 \times i_1 + w_4 \times i_2 + b_1 \times 1 = 1 \times 1 + 1 \times 1 + 1 \times 1 = 3$$

我们使用 sigmoid 函数如下：

$$S(x) = \frac{1}{1+\mathrm{e}^{-x}} = \frac{\mathrm{e}^x}{\mathrm{e}^x+1}$$

其具体特征如下：当 x 趋近于负无穷时，$S(x)$ 趋近于 0；当 x 趋近于正无穷时，$S(x)$ 趋近于 1；当 $x=0$ 时，$S(x)=1/2$。

神经元 h_1 和 h_2 的输出（此处用到激活函数为 sigmoid 函数），如图 7.10 所示：

$$\mathrm{out}_{h_1} = \frac{1}{1+\mathrm{e}^{-\mathrm{net}_{h_1}}} = \frac{1}{1+\mathrm{e}^{-3}} = 0.95\,257$$

$$\mathrm{out}_{h_2} = \frac{1}{1+\mathrm{e}^{-\mathrm{net}_{h_2}}} = \frac{1}{1+\mathrm{e}^{-3}} = 0.95\,257$$

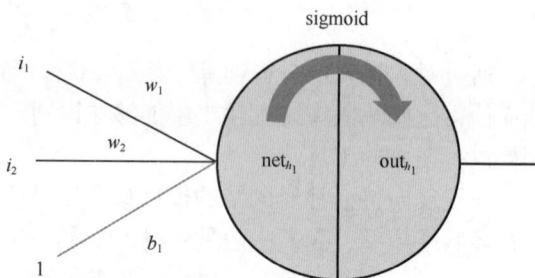

图 7.10　前向传播

（2）隐藏层—>输出层

计算输出层神经元 o_1 和 o_2 的值：

$$\mathrm{net}_{o_1} = w_5 \times \mathrm{out}_{h_1} + w_6 \times \mathrm{out}_{h_2} + b_2 \times 1 = 1 \times 0.95\,257 + 1 \times 0.95\,257 + 1 \times 1 = 2.90\,514$$

$$\mathrm{net}_{o_2} = w_7 \times \mathrm{out}_{h_1} + w_8 \times \mathrm{out}_{h_2} + b_2 \times 1 = 1 \times 0.95\,257 + 1 \times 0.95\,257 + 1 \times 1 = 2.90\,514$$

神经元 o_1 和 o_2 的输出：

$$\text{out}_{o_1} = \frac{1}{1+e^{-\text{net}_{o_1}}} = \frac{1}{1+e^{-2.90\,514}} = 0.94\,810$$

$$\text{out}_{o_2} = \frac{1}{1+e^{-\text{net}_{o_2}}} = \frac{1}{1+e^{-2.90\,514}} = 0.94\,810$$

第二步：反向传播

利用损失函数计算总误差：

$$E_{\text{total}} = \frac{1}{2}(\text{target}_{o_1} - \text{out}_{o_1})^2 + \frac{1}{2}(\text{target}_{o_2} - \text{out}_{o_2})^2$$

$$\text{target}_{o_1} = \text{target}_{o_2} = 1$$

如图 7.11 所示，计算反向传播路径上各参数的偏导数：

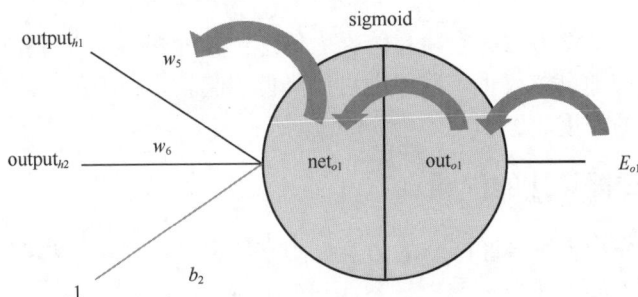

图 7.11　反向传播过程

$$\frac{\partial E_{\text{total}}}{\partial \text{out}_{o_1}} = 2 \times \frac{1}{2}(\text{target}_{o_1} - \text{out}_{o_1})^{2-1} \times (-1) + 0 = -\text{target}_{o_1} + \text{out}_{o_1} = -1 + 0.94\,810 = 0.05\,190$$

$$\text{out}_{o_1} = \frac{1}{1+e^{-\text{net}_{o_1}}}$$

$$\frac{\partial \text{out}_{o_1}}{\partial \text{net}_{o_1}} = \text{out}_{o_1} \times (1 - \text{out}_{o_1}) = 0.94\,810 \times (1 - 0.94\,810) = 0.04\,921$$

$$\text{net}_{o_1} = w_5 \times \text{out}_{h_1} + w_6 \times \text{out}_{h_2} + b_2 \times 1 = 1 \times 0.95\,257 + 1 \times 0.95\,257 + 1 \times 1 = 2.90\,514$$

$$\frac{\partial \text{net}_{o_1}}{\partial w_5} = \text{out}_{h_1} = 0.95\,257$$

利用链式法则求

$$\frac{\partial E_{\text{total}}}{\partial w_5} = \frac{\partial E_{\text{total}}}{\partial \text{out}_{o_1}} \times \frac{\partial \text{out}_{o_1}}{\partial \text{net}_{o_1}} \times \frac{\partial \text{net}_{o_1}}{\partial w_5} = 0.05\,190 \times 0.04\,921 \times 0.95\,257 = 0.00\,243$$

接下来，我们将使用梯度下降算法来更新神经网络的权重。更新的公式如下所示：

$$w' = w - \eta \times \frac{\partial E_{\text{total}}}{\partial w}$$

权重更新：

$$w'_5 = w_5 - \eta \times \frac{\partial E_{\text{total}}}{\partial w_5} = 1 - 0.1 \times 0.00\,243 = 0.999\,757$$

同理，我们可以求得 $w_6' = 0.999\,757$，$w_7' = 0.999\,757$，$w_8' = 0.999\,757$ 以及 $b_2 = 0.999\,757$。

$$\frac{\partial E_{\text{total}}}{\partial w_1} = \frac{\partial E_{\text{total}}}{\partial \text{out}_{o_1}} \times \frac{\partial \text{out}_{o_1}}{\partial \text{net}_{o_1}} \times \frac{\partial \text{net}_{o_1}}{\partial \text{out}_{h_1}} \times \frac{\partial \text{out}_{h_1}}{\partial \text{net}_{h_1}} \times \frac{\partial \text{net}_{h_1}}{\partial w_1} = 0.05190 \times 0.04921 \times 1 \times 0.04518 \times 1 = 0.00012$$

$$w_1' = w_1 - \eta \times \frac{\partial E_{\text{total}}}{\partial w_1} = 1 - 0.1 \times 0.00012 = 0.999\,988$$

同理，我们可以求得 $w_2' = 0.999\,988$，$w_3' = 0.999\,988$，$w_4' = 0.999\,988$ 以及 $b_1 = 0.999\,988$。

该模型尚未完成训练，因为我们仅对训练集中的一个样本进行了反向传播。通过对训练集中的其他样本执行相同的过程，可以进一步提升模型权重的准确性，从而在每次迭代中实现接近最小损失的目标。

随着训练的进行，不同连接的权重值将不再相同，需要根据它们对总损失的贡献进行相应的调整。

反向传播是一种训练方法，它将总体损失传递回神经网络，以确定每个神经元需要承担的损失量，并相应地调整权重。这样做可以降低引起较多损失的节点的权重，并提高引起较少损失的节点的权重。

7.4.2 反向传播算法的优缺点

反向传播算法作为训练神经网络最为常见的方法之一，其应用具有广泛性及重要性。其优点包括但不限于如下几个。

（1）广泛应用性：反向传播算法在深度卷积神经网络训练中被广泛采用，其应用领域涵盖图像识别、自然语言处理等。

（2）灵活性：反向传播算法适用于多种神经网络结构，如多层感知机、卷积神经网络（CNN）、循环神经网络（RNN）等，并能够表现出良好的适应性。

（3）自适应性：反向传播算法能够通过梯度下降的方式自适应地调整权重，使得神经网络能够适应复杂的数据模式，具备较高的灵活性和智能性。

（4）大规模数据处理能力：反向传播算法在大规模数据上的训练表现出仍然高效的特点，能够处理大规模数据，为实际应用提供了有力支持。

（5）扎实的理论基础：反向传播算法具备相对扎实的理论基础，有助于深入理解神经网络的训练原理与过程，为进一步研究和应用提供了坚实的基础。

该算法存在以下缺点。

① 学习速度缓慢：反向传播算法存在学习速度缓慢的问题，主要原因在于其本质是梯度下降法，而要优化的目标函数非常复杂，导致出现了"锯齿形现象"，降低了算法的效率。神经网络训练过程中存在麻痹现象，当神经元输出接近 0 或 1 时，出现平坦区域，导致权重误差变化很小，使得训练几乎停滞。由于反向传播算法的复杂性，无法使用传统的一维搜索法来确定每次迭代的步长，必须事先赋予网络步长的更新规则，这导致算法效率较低进而导致学习速度缓慢。

② 网络训练失败的可能性较大：从数学角度看，反向传播算法是一种局部搜索的优化方法，但求解复杂非线性函数的全局极值时容易陷入局部极值，导致训练失败。网络的逼近和泛化能力与训练样本的典型性密切相关，但选择典型样本实例组成训练集比较困难。

③ 难以解决应用问题的实例规模和网络规模之间的矛盾：涉及网络容量的可能性与可

行性的关系，即学习复杂性问题。

④ 网络结构的选择缺乏统一而完整的理论指导：网络结构的选择通常依靠经验，缺乏统一的理论指导，选择合适的网络结构被称为一种艺术。

⑤ 对输入样本需求严格：新的输入样本会影响已经成功学习的网络，且每个输入样本的特征数目必须相同。

⑥ 网络的预测能力与训练能力之间存在矛盾：随着训练能力的提高，预测能力也提高，但当达到一定极限时，随着训练能力的进一步提高，预测能力反而下降，即出现"过拟合"现象。

7.5 卷积神经网络

卷积神经网络是一种前馈神经网络（feedforward neural network，FNN），其结构包含卷积运算和深度特征学习机制，该网络已在图像识别、自然语言处理和语音识别等领域得到广泛应用。本节旨在阐述卷积神经网络的基础架构、不同类型的卷积操作以及相关参数的优化设置等方面。

7.5.1 卷积神经网络的结构

以图像分类任务为例，在表 7.1 所示卷积神经网络中，一般包含 5 种类型的网络层次结构。

表 7.1 5 种类型的网络层次结构

卷积神经网络层次结构	输出尺寸	作用
输入层	$W_1 \times H_1 \times 3$	卷积神经网络的原始输入
卷积层	$W_1 \times H_1 \times K$	参数共享、局部连接，从全局特征图提取局部特征
激活层	$W_1 \times H_1 \times K$	将卷积层的输出结果进行非线性映射
池化层	$W_2 \times H_2 \times K$	筛选特征，并有效减少后续网络层次的参数量
全连接层	$(W_2 \times H_2 \times K) \times C$	将多维特征展平为一维特征，通常低维度特征为任务的学习目标

$W_1 \times H_1 \times 3$ 对应原始图像或经过预处理的像素值矩阵，3 对应 RGB 图像的通道；K 表示卷积层中卷积核（滤波器）的个数；$W_2 \times H_2$ 为池化后特征图的尺度，在全局池化中的尺度对应 1×1；$W_2 \times H_2 \times K$ 是将多维特征压缩到一维之后的大小，C 对应的则是图像类别个数。

7.5.2 输入层

输入层（input layer）是 CNN 的初始接收端，通常接受原始数据或预处理后的数据，这些数据可以是图像识别领域的三维多通道彩色图像，也可以是音频识别领域经过傅里叶变换的二维波形数据，甚至是自然语言处理领域中的一维句子向量。以图像为例由于计算能力、存储容量和模型结构的差异，CNN 每次处理的图像数量可能不同。若指定输入层接收到的图像数量为 N，则输入层的输出数据为 $N \times H \times W \times 3$。该层主要对原始图像数据进行预处理，包括去均值、归一化和 PCA/白化操作，如图 7.12 和图 7.13 所示。

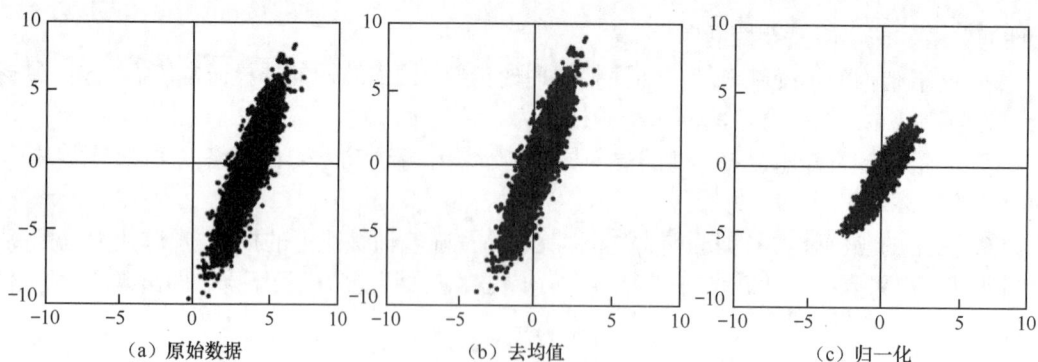

(a) 原始数据   (b) 去均值   (c) 归一化

图 7.12　去均值与归一化

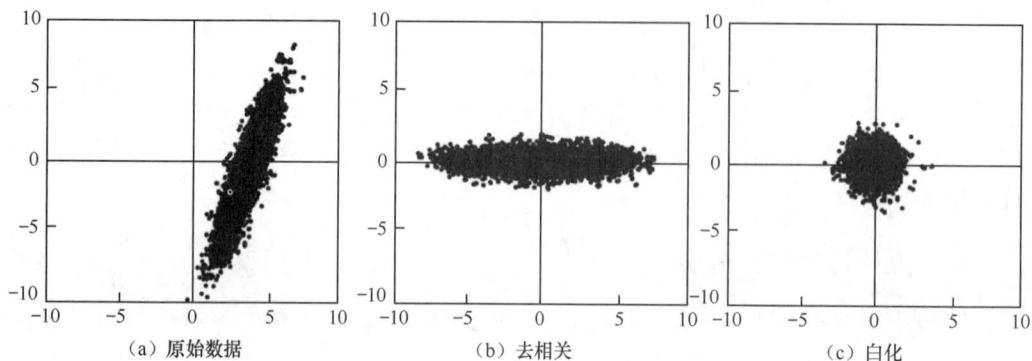

(a) 原始数据   (b) 去相关   (c) 白化

图 7.13　去相关与白化

去均值指的是将输入数据各个维度中心化为 0。这一操作的目的在于将样本的分布调整至坐标系的原点，以便更好地进行数据分析和处理。

归一化是将数据的幅度范围映射到统一的尺度上，从而减少不同特征之间因取值范围不同而引起的干扰。

例如，我们有两个维度的特征 A 和 B，A 的范围是 0 到 10，而 B 的范围是 0 到 1000，如果直接使用这两个特征会出现问题，一个较好的解决方式就是归一化，即将 A 和 B 的数据都变为 0 到 1 的范围。

PCA 是指使用主成分分析法降维；白化则是指对数据各个特征轴上的幅度进行归一化。

7.5.3　卷积层

卷积层（convolution layer）通常用于对输入层的数据进行特征提取，通过卷积核对原始数据中的隐含关联性进行抽象化。

卷积操作实际上是对两个像素矩阵进行点乘求和的数学运算。其中，一个矩阵是输入数据矩阵，另一个矩阵是卷积核（也称为滤波器或特征矩阵）。该操作的结果表示从原始图像中提取的特定局部特征。图 7.14 呈现了卷积操作过程中采用的不同填充策略。上半部分展示了零填充的情况，而下半部分则展示了有效卷积，即舍弃不能完整进行卷积运算的边缘部分。

在 CNN 中，卷积操作常被应用于图像特征的提取。然而，如表 7.2 所概述的特征类型所示，不同层级的卷积操作所提取的特征类型各有不同。图像与不同卷积核进行的卷积操作可用于实现边缘检测、锐化以及模糊等功能。

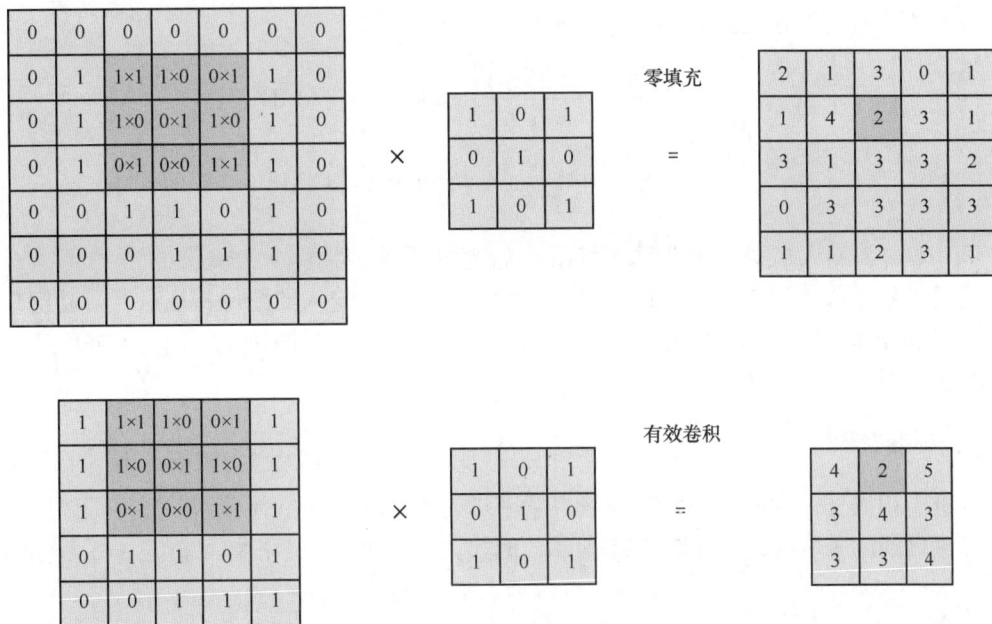

零填充

有效卷积

图 7.14　卷积操作

表 7.2　不同卷积层偏向提取的特征类型

卷积层次	特征类型
浅层卷积	边缘特征
中层卷积	局部特征
深层卷积	全局特征

卷积层的基本参数与卷积核的设定以及与图像特征矩阵进行点乘运算的设定有关。在进行滑动窗口式的卷积计算时，需要确定卷积核的尺寸、步长、数量以及填充方式等参数，具体设置如表 7.3 所示。

表 7.3　卷积核的参数、作用和常见设置

参数名	作用	常见设置
卷积核的尺寸（kernel size）	卷积的感受野	如在 LeNet5 中常设为 5；现在多设为 3
卷积核的步长（stride）	卷积核在卷积过程中的步长	常见设置为 1，表示滑动窗口距离为 1，可以覆盖所有相邻位置特征的组合；当设置为更大值时相当于对特征组合降采样
填充方式（padding）	在卷积核尺寸不能完美匹配输入的图像矩阵时需要进行一定的填充策略	（1）设置为"SAME"表示对不足卷积核大小的边界位置进行某种填充（通常零填充)以保证卷积输出维度与输入维度一致 （2）当设置为"VALID"时则对不足卷积尺寸的部分进行舍弃，输出维度就无法保证与输入维度一致
输入通道数（in channels)	卷积操作时卷积核的深度	（1）默认与输入的特征矩阵通道数一致 （2）在某些压缩模型中会采用通道分离的卷积方式
输出通道数（out channels)	卷积核的个数	（1）若设置为与输入通道数一样的大小，可以保持输入输出维度的一致性 （2）若采用比输入通道数更小的值，则可以减少整体网络的参数量

神经生理基础和神经网络　第 7 章

卷积操作维度变换公式：

$$O_d = \begin{cases} \left\lceil \dfrac{(I_d - k_{\text{size}} + 1)}{s} \right\rceil, \text{padding} = \text{VALID} \\[4mm] \left\lceil \dfrac{I_d}{s} \right\rceil, \qquad\quad \text{padding} = \text{SAME} \end{cases}$$

其中，I_d 为输入维度，O_d 为输出维度，k_{size} 为卷积核大小，s 为步长。

常见的卷积操作通常采用连续紧密排列的卷积核，对输入的图像特征进行滑动窗口式的点乘求和操作。除了这种常见形式，还存在其他类型的卷积操作，它们在不同的任务中发挥作用。以下是对这些卷积操作的总结。

1．标准卷积

标准卷积操作的卷积核通常以连续且紧密排列的矩阵形式呈现，用以捕捉图像区域内相邻像素之间的关联关系，如图 7.15 所示。例如，一个 3×3 的卷积核可覆盖 3×3 范围的感受野。

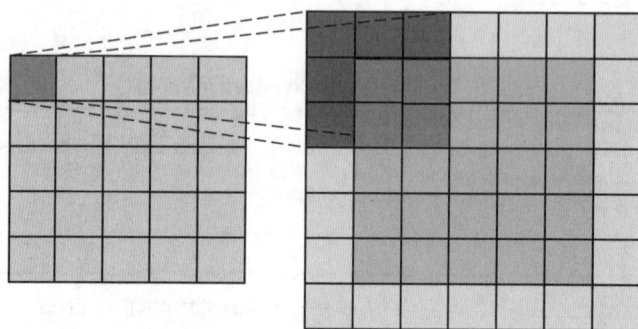

图 7.15　标准卷积

2．扩张卷积

扩张卷积又称带孔卷积或空洞卷积，通过引入扩张率（dilation rate）参数，同样尺寸的卷积核可以获得更大的感受野，从而在相同感受野的前提下，比标准卷积核使用更少的参数，如图 7.16 所示。以 3×3 的卷积核为例，扩张卷积能够提取 5×5 范围的区域特征。

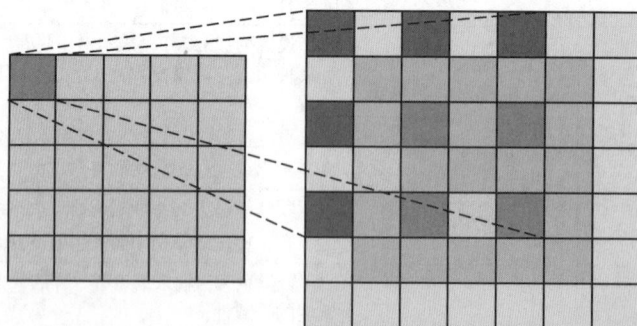

图 7.16　扩 张 卷 积

3．转置卷积

转置卷积首先对原始特征矩阵进行填充，以使其维度扩大以适配卷积操作的目标输出维度。随后，进行普通的卷积操作，此过程中输入到输出的维度变换关系与标准卷积的变换关系恰好相反。然而，这种变换并非真正的逆操作，通常被称为转置卷积（transpose convolution），而非反卷积（deconvolution）。转置卷积常见于目标检测领域中对小目标的检测，以及图像分割领域中对输入图像尺寸的还原，如图7.17所示。

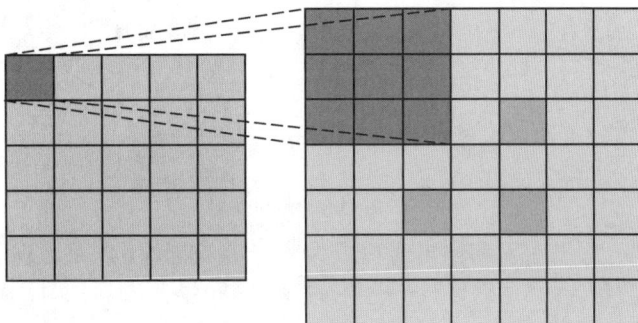

图 7.17　转置卷积

4．可分离卷积

标准卷积操作同时涉及对原始图像 $H \times W \times C$ 三个方向进行卷积运算。假设使用 K 个相同尺寸的卷积核，这种卷积操作需要的参数量为 $H \times W \times C \times K$。若将长宽和深度方向的卷积操作分解为两个步骤：$H \times W$ 和 C 的卷积操作，则同样数量的卷积核 K 只需要 $(H \times W + C) \times K$ 个参数，就可以获得相同的输出尺寸，如图7.18所示。可分离卷积通常用于模型压缩或轻量级卷积神经网络，例如MobileNet、Xception等模型中。

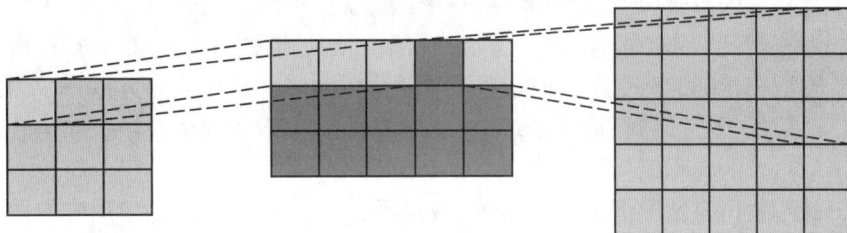

图 7.18　可分离卷积

5．1×1卷积的作用

NIN（network in network）是首个探索 1×1 卷积核的 CNN 结构，其通过在卷积层中使用多层感知机（multilayer perceptron，MLP）代替传统的线性卷积核，从而赋予单层卷积层非线性映射能力。NIN 网络结构中嵌套了 MLP 子网络，因此得名 NIN。NIN 通过 MLP 子网络来整合不同通道的特征，促使各通道特征之间的交互整合，从而实现通道之间信息的流通。值得注意的是，MLP 子网络的实现可使用 1×1 的卷积核来代替。

在原始版本的 Inception 模块中，每一层网络采用了更多的卷积核，这导致模型的参数量大幅增加。因此，在每个较大卷积核的卷积层之前引入 1×1 卷积可以通过通道分离和宽

神经生理基础和神经网络 第7章

高卷积的方式来降低模型的参数量，如图 7.19 所示。

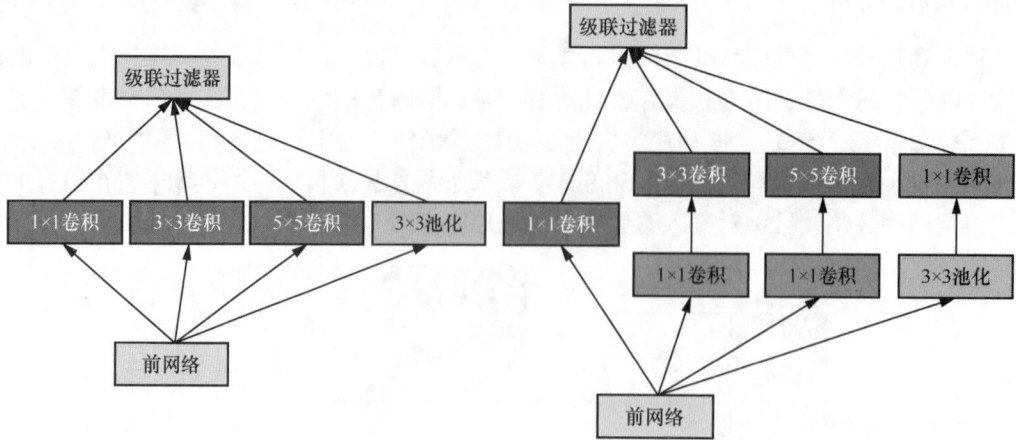

图 7.19 Inception 模块

以图 7.19 为例，假设输入和输出通道数为 C_1=16，且不考虑参数偏置项。在左半边的网络结构中，参数数量为 $(1 \times 1+3 \times 3+5 \times 5) \times C_1 \times C_1$=8960，其中 1×1、3×3、5×5 分别代表卷积核的尺寸。假设右半边的网络模块采用 1×1 卷积，通道数为 C_2=8（满足 $C_1>C_2$），则右半边网络结构的参数量为 $(1 \times 1 \times (3 \times C_1+C_2)+3 \times 3 \times C_2+5 \times 5 \times C_2) \times C_1$=5248。通过这种方式，在不影响模型表达能力的前提下，可显著减少参数量。因此，1×1 卷积的作用主要包括：实现跨通道信息交互和整合，以及对卷积核通道数进行降维和升维，从而减少参数量。

6．卷积核的尺寸

在早期的卷积神经网络（如 LeNet5、AlexNet）中，由于当时的计算能力和模型设计的限制，卷积层通常采用较大的卷积核（例如 11×11 和 5×5），以扩大感受野。然而，这种做法导致了计算量的急剧增加，不利于构建更深层次的模型，也影响了计算性能。

后来的卷积神经网络（如 VGG、GoogLeNet），通过堆叠两个 3×3 卷积核可以获得与一个 5×5 卷积核相同的感受野，但参数数量更少（$3 \times 3 \times 2+1<5 \times 5 \times 1+1$）。因此，$3 \times 3$ 卷积核被广泛应用于许多卷积神经网络中。因此，在大多数情况下，堆叠较小的卷积核而不是采用单个更大的卷积核会更有效。

然而，并不是所有情况都适合使用较小的卷积核。在某些领域的应用中，如自然语言处理，尽管不需要深度抽象的特征，但仍可能需要较大的感受野来组合更多的特征（如词组和字符）。在这种情况下，直接采用较大的卷积核可能是更好的选择。

因此，卷积核的尺寸并没有绝对的优劣，而是取决于具体的应用场景。极大和极小的卷积核都可能不适合，因为极小的卷积核可能无法有效地组合输入的原始特征，而极大的卷积核可能会捕获过多的无关特征，浪费计算资源。

7．不同尺寸卷积核的组合

经典的卷积神经网络通常采用层叠式结构，每一层仅使用单一尺寸的卷积核。例如，VGG 结构中广泛采用了 3×3 尺寸的卷积核。然而，同一层特征图可以同时应用多个不同尺寸的卷积核，以获取不同尺度的特征，将这些特征进行组合，得到的特征往往优于仅使用单一尺寸的卷积核。这种思想被应用在诸如 GoogLeNet 和 Inception 系列的网络中，这些网络在每一层都使用了多个尺寸的卷积核。如图7.20所示，输入特征被分别经过1×1、3×3和5×5三种不同尺寸的卷积核处理，然后将各自得到的特征进行整合。新得到的特征可以被视为不同感受野提取的特征组合，相较于仅使用单一尺寸的卷积核，这种方法具有更强的表达能力。

标准卷积操作将输入特征的区域和通道同时处理，如图7.21所示：

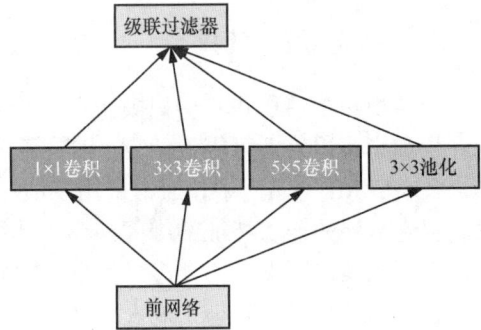

图 7.20 同层多个不同尺寸的卷积核对特征的提取

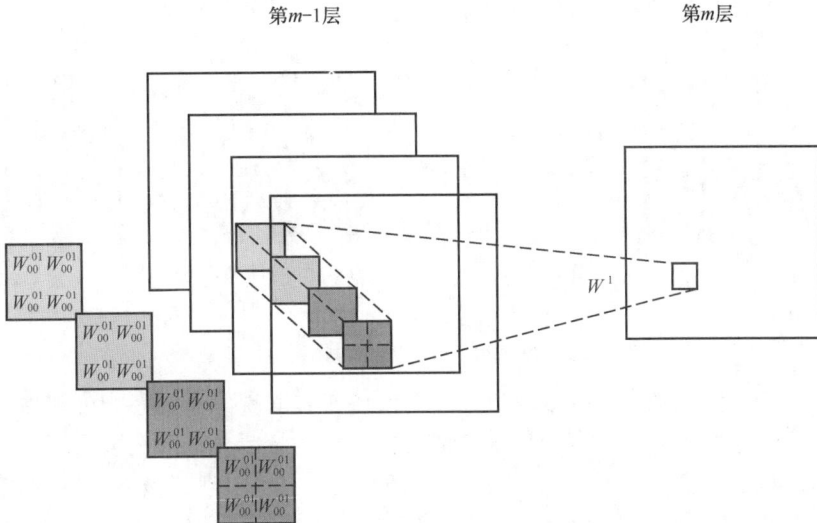

图 7.21 标准卷积操作对输入特征的区域和通道的处理

这种做法简化了卷积层内部的结构，每个输出特征像素由同一区域的所有通道提取而来。然而，这种方式缺乏灵活性，在深度卷积神经网络中可能导致计算效率降低。更加灵活的方法是将区域和通道的卷积操作分离开来，即采用通道分离（深度分离）卷积神经网络。Xception 网络便是基于此思想而设计的，可以有效解决上述问题，如图 7.22 所示。Xception 网络的设计基于 ResNet（残差网络），然而它将 ResNet 中的标准卷积层替换为通道分离卷积层。该网络首先对每个通道进行独立的卷积操作，即为每个通道应用不同的卷积滤波器。随后，新的通道特征矩阵进行标准的 1×1 跨通道卷积操作。这种操作十分有效，不仅提升了模型的分类性能，同时也大幅减少了参数量。

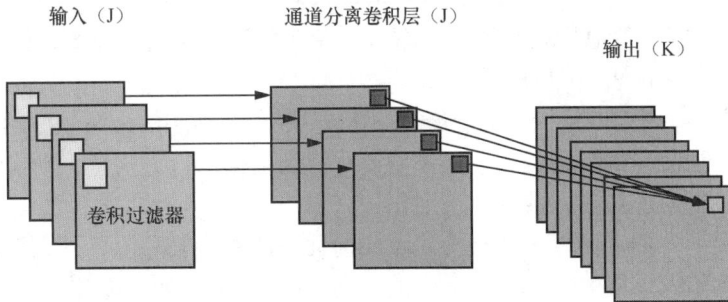

图 7.22 Xception 网络的思想

8．宽窄卷积的区别

窄卷积和宽卷积并非卷积操作本身的类型，而是指在卷积操作过程中采用的填充方法，宽卷积和窄卷积分别对应着"SAME"填充和"VALID"填充。

在"SAME"填充中，通常采用零填充的方式来补充卷积核无法完全覆盖的输入特征，以确保卷积层的输出特征的维度与输入特征的维度一致。而在"VALID"填充中，则不进行任何填充操作，直接舍弃边缘信息，因此在步长为 1 的情况下，该填充方式下的卷积层输出特征的维度可能略小于输入特征的维度。

此外，由于"SAME"填充通过零填充进行完整的卷积运算，因此能够有效地保留原始输入特征的信息。举例来说，图 7.23（a）展示了窄卷积的效果。

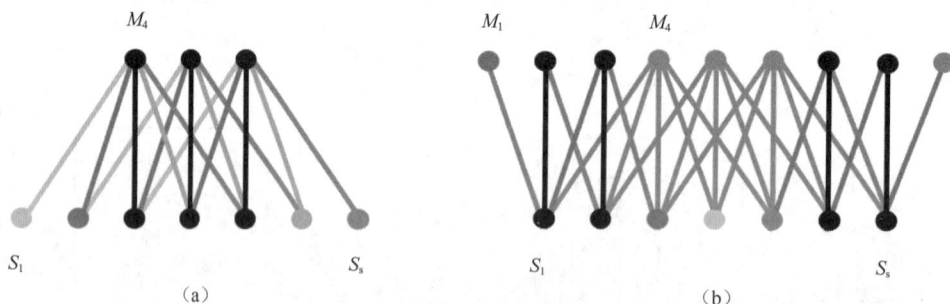

图 7.23　宽窄卷积的区别

在边缘位置，卷积操作的次数较少是一个值得注意的现象。宽卷积可视为在卷积之前对边缘位置进行零填充。一般有两种常见情况，一种是全填充，即在输入特征的边缘位置进行零填充，如图 7.23（b）所示，这样会使得输出特征的维度大于输入特征的维度。另一种常见的方法是部分零填充，以保持输入和输出特征的维度一致。

7.5.4　激活层

激活层（activation layer）在卷积神经网络中的作用是对卷积层提取的特征进行激活处理。由于卷积操作是线性变换，即输入矩阵与卷积核矩阵的相乘，因此需要激活层对其进行非线性映射以增强网络的表达能力。

激活层通常由激活函数组成，即在卷积层输出结果上应用非线性函数，以使得输出特征图具有非线性关系。在卷积神经网络中，常用的激活函数包括 ReLU、tanh 和 sigmoid 等。其中，ReLU 函数的形式如下所示，它将负值设为 0，保持非负值不变，从而引入非线性：

$$f(x) = \max(0, x)$$

ReLU 函数能够有效地处理卷积层的输出，将负值截断为 0，同时保留非负值不变，从而增强了网络的非线性表达能力。

在卷积神经网络中，BN（batch normalization）层和激活层的位置顺序的选择取决于所需的正则化对象和使用的激活函数。如果需要对输入数据进行正则化，则将 BN 层放置在激活函数之前，以实现对输入数据的正则化。

在某些情况下，如果网络中的某个隐藏层前面的所有层被移除，那么该隐藏层就变成了输入层，因此传入该层的输入需要进行正则化。从这个角度来看，将 BN 层放置在激活函数之后可能更合适。

BN 层的作用机制为平滑化隐藏层的输入分布，从而有助于缓解随机梯度下降中权重更新对后续层的负面影响。因此，将 BN 层放置在激活函数之前或之后，都可能发挥其正则化作用。在使用 tanh 或 sigmoid 等函数之前进行正则化处理，可以防止某一层的激活值被完全抑制，从而缓解梯度消失的问题。对于 ReLU 函数而言，将 BN 层放置在其之前有助于防止梯度完全消失。将 BN 层放置在 ReLU 函数之前的好处在于可以合并卷积的权重和 BN 层的参数，从而在前向推理过程中加速网络的运行。

因此，将 BN 层放置在 ReLU 函数之前有助于防止某一层的激活值被完全抑制，从而防止梯度完全消失，同时还能加速网络的前向推理过程。

7.5.5 池化层

池化层（pooling layer），也称为下采样层，其主要功能是对感受野内的特征进行抽样，从中提取最具代表性的特征，以有效降低输出特征的维度，进而减少模型的参数量。池化操作能够降低图像的维度，这主要基于图像的静态属性，即一个区域内有用的特征在另一个区域内很可能同样有用的属性。因此，为了描述整个图像，常见的方法是对不同位置的特征进行聚合统计。例如，可以计算图像在固定区域内特征的平均值（或最大值），以代表该区域的特征。

按操作类型来分类，池化操作通常分为最大池化、平均池化和求和池化，它们分别从感受野内提取最大、平均和总和特征值作为输出。其中，最大池化是应用最广泛的池化操作。

池化操作通常也称为子采样或下采样，在构建卷积神经网络时常用于卷积层之后，通过池化操作可降低卷积层输出的特征维度，从而有效减少模型的参数量，同时有助于避免过拟合现象的发生。

1. 一般池化

一般池化（general pooling）如图 7.24 所示。最常见的池化操作有最大池化（Max pooling）和平均池化（mean pooling）。以最大池化为例，池化区域大小为 2×2，滑窗步长（stride）设置为 2，这意味着只提取每个池化区域内的最大值作为池化特征。

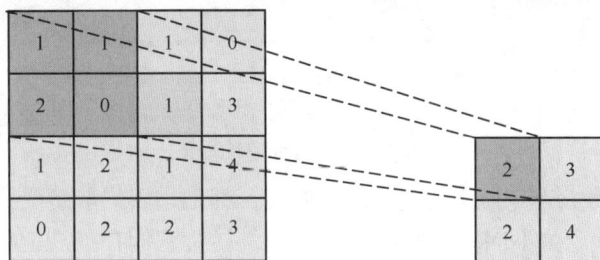

图 7.24　一般池化

2. 重叠池化

重叠池化（overlapping pooling）如图 7.25 所示。池化操作与一般情况相同，但是在池化范围和滑窗步长之间存在特殊关系，即池化范围大于滑窗步长。这种设置使得同一区域内的像素特征能够参与多次滑窗提取，从而增强了特征的表达能力，但同时也带来了更大的计算量。

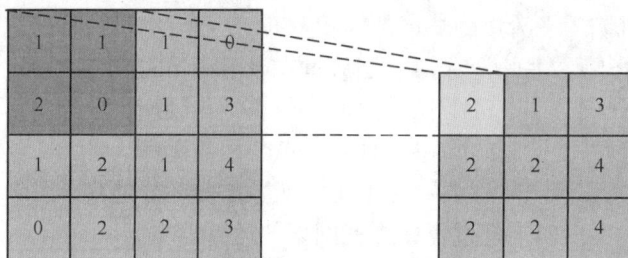

图 7.25　重叠池化

3．空间金字塔池化

在多尺度目标训练中，卷积层允许输入的图像特征尺度是可变的，如图 7.26 所示。然而，若采用一般的池化方法，紧接的池化层会导致不同输入特征输出相应变化尺度的特征。由于在 CNN 中，最后的全连接层无法对变化尺度的特征进行运算，因此需要对不同尺度的输出特征进行采样，以得到相同的输出尺度。

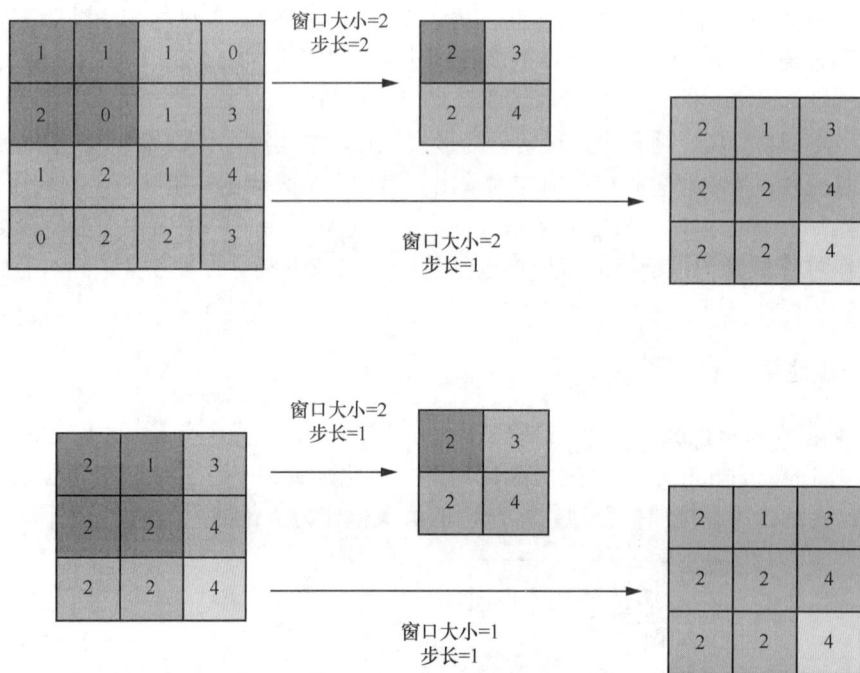

图 7.26　空间金字塔池化

卷积层和池化层在结构上具有一定的相似性，都是用于提取感受野内的特征。它们都可以根据步长的设置产生不同维度的输出。然而，尽管它们在外观上相似，但其内在操作存在本质区别，具体差异如表 7.4 所示。

表 7.4　卷积层和池化层的对比

	卷积层	池化层
结构	零填充时输出维度不变，但通道数改变	特征维度会降低，但通道数不变
稳定性	输入特征发生微小改变不影响输出结果	感受野内发生微小改变不影响输出结果
作用	感受野内提取局部关联特征	感受野内提取泛化特征并降低维度
参数量	与卷积核尺寸和卷积核个数相关	不引入额外参数

7.5.6 全连接层

全连接层(fully connected layer)在卷积神经网络中的作用是对学习到的特征进行综合，将多维的特征输入映射为二维的输出，其中高维度通常表示样本批次，低维度则对应着任务目标。

7.5.7 二维卷积与三维卷积

在多通道卷积中，每个通道上的卷积核参数是独立的，而输出的特征向量的维度决定了是采用二维卷积还是三维卷积。

二维卷积操作如图 7.27 所示。

如图 7.27（a）所示，在单通道输入的情况下，如果输入的卷积核尺寸为$(k_h, k_w, 1)$，则卷积核在输入图像的空间维度上执行滑窗操作，每次滑窗与(k_h, k_w)窗口内的值进行卷积运算，生成输出图像中的一个值。

如图 7.27（b）所示，在多通道输入的情况下，假设输入图像特征通道数为 3，卷积核的尺寸将为$(k_h, k_w, 3)$，这意味着每次滑窗操作将与三个通道上的(k_h, k_w)窗口内的所有值进行卷积计算，生成输出图像中的一个值。

三维卷积操作如图 7.28 所示。

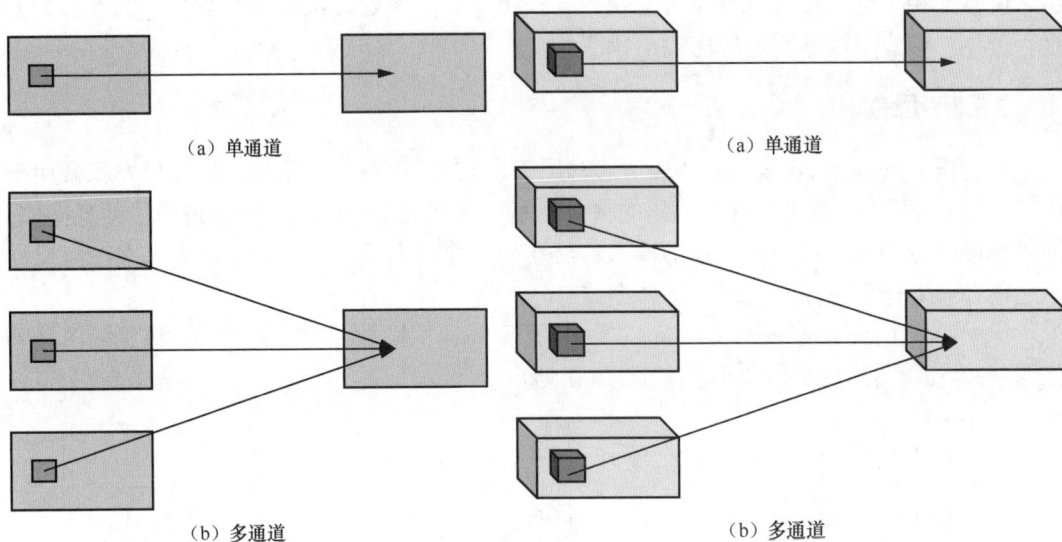

（a）单通道

（b）多通道

图 7.27　二维卷积的单通道和多通道

（a）单通道

（b）多通道

图 7.28　三维卷积的单通道和多通道

如图 7.28（a）所示，在单通道输入的情况下，假设只使用一个卷积核，即输出图像仅有一个通道。

对于单通道输入，三维卷积与二维卷积的不同之处在于，输入图像增加了一个深度（depth）维度，而卷积核也增加了一个深度维度。因此，三维卷积核的尺寸为(k_h, k_w, k_d)，每次滑窗与(k_h, k_w, k_d)窗口内的值进行相关操作，得到输出三维图像中的一个值。

如图 7.28（b）所示，对于多通道输入，与二维卷积的操作相同。每次滑窗与三个通道上的(k_h, k_w, k_d)窗口内的所有值进行相关操作，得到输出三维图像中的一个值。

三维卷积和多通道卷积是有区别的——多通道卷积中不同通道上的卷积核参数是不同

的，而三维卷积则是由于卷积核本身是三维的，如图 7.29 所示，因此由于深度维度的增加，看似在不同通道上进行卷积实际上使用的是同一个卷积核，即权重共享。这种额外的深度维度可能代表视频中的连续帧，也可能是立体图像中的不同切片。

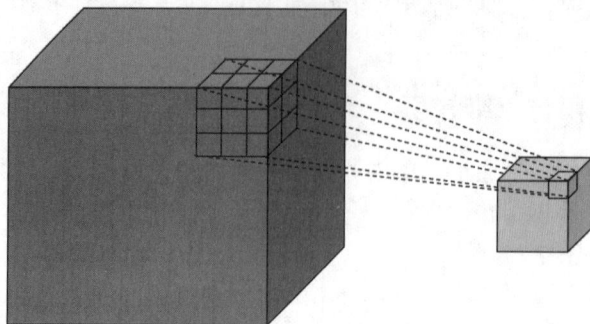

图 7.29　三维卷积

在 RGB 图像处理中，需要明确通常不使用三维卷积的原因，首先需要澄清二维和三维卷积的定义，它们指的是输出特征的维度，而非卷积核的维度。在 RGB 图像中，二维卷积是在三个颜色通道上执行点乘并求和，类似于全连接操作，而不是在深度（通道）维度上进行类似于前两个维度的卷积操作。因此，RGB 图像不使用三维卷积的原因在于 RGB 通道之间缺乏相关性，即在深度维度上执行卷积操作对图像处理没有实际意义。因此，判断是否使用二维或三维卷积应考虑输出特征的维度。

7.5.8　反卷积

反卷积（transposed convolution）通常用于在 CNN 中进行上采样，例如反卷积常用于语义分割和超分辨任务中。这个术语的来源在于其将标准卷积中的卷积核进行了转置操作，即将标准卷积的输出作为反卷积的输入，反卷积的输出则是标准卷积的输入。在理解反卷积之前，需要先理解标准卷积的运算方式。

标准卷积（standard convolution）是一种常见的卷积操作，其输入、卷积核和输出分别如图 7.30（a）、图 7.30（b）和图 7.30（c）所示。

1	2	3
4	5	6
7	8	9

（a）输入

-1	-2	-1
0	0	0
1	2	1

（b）卷积核

-13	-20	-17
-18	-24	-18
13	20	17

（c）输出

图 7.30　标准卷积

由此，我们获得了图 7.30（c）左上角（即第一行第一列）像素的输出结果。为了更直观地说明，我们提供了图 7.31 所示的例子。

沿着水平方向观察，原始像素值经过卷积运算从 1 变为-8。通过在整个图像上滑动卷积核，可以得到整张图片的卷积结果。

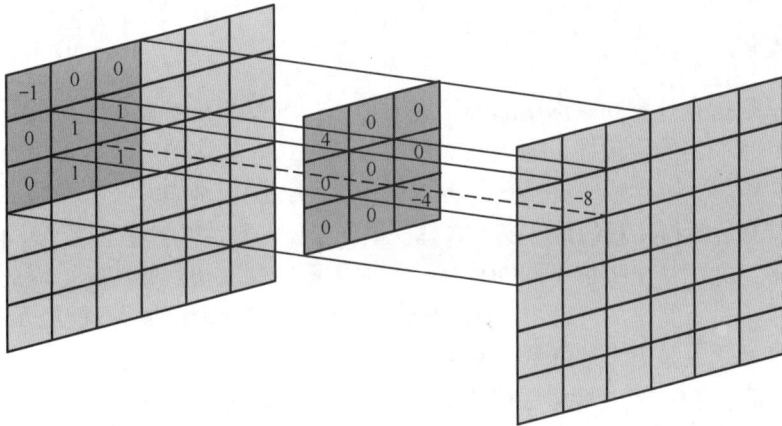

图 7.31　卷积核获取输出

7.5.9　卷积神经网络凸显共性的方法

卷积神经网络凸显共性的方法包括局部连接、权重共享和池化操作。

1. 局部连接

我们首先要理解一个概念，感受野，即每个神经元仅与输入神经元相连接的一块区域。

在图像卷积操作中，神经元在空间维度上是局部连接的，但在深度上是全连接的。局部连接的思想受到了生物学中视觉系统结构的启发，其中视觉皮层的神经元仅接收局部信息。对于二维图像来说，局部像素之间的相关性较强。这种局部相关性保证了训练后的滤波器能够对局部特征有最强的响应，使得神经网络可以有效地提取数据的局部特征。图 7.32展示了一个经典的图示，图 7.32（a）所示为全连接神经网络，图 7.32（b）所示为局部连接神经网络。

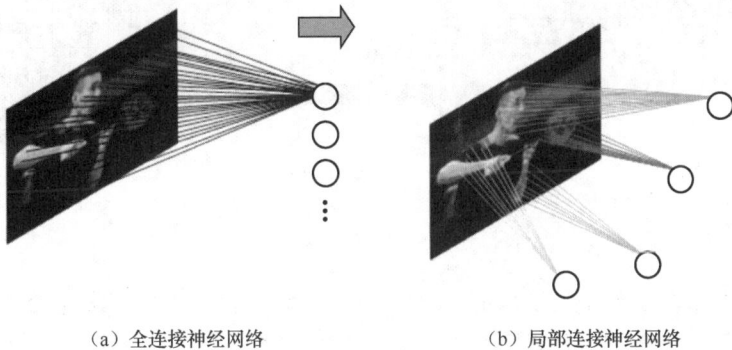

（a）全连接神经网络　　　　　　（b）局部连接神经网络

图 7.32　全连接和局部连接

针对一张尺寸为 $1\,000 \times 1\,000$ 的输入图像，如果下一隐藏层的神经元数为 10^6，则采用全连接的方式将导致参数量达到 $1\,000 \times 1\,000 \times 10^6 = 10^{12}$ 个，这一庞大的参数量几乎无法进行有效训练。相比之下，采用局部连接的方式，隐藏层中每个神经元仅与一个 10×10 的局部图像区域相连接，这将极大地减少参数量至 $10 \times 10 \times 10^6 = 10^8$，直接降低了 4 个数量级。

2. 权重共享

权重共享是指在计算同一深度的神经元时所采用的卷积核参数是共享的。这一机制在神经网络中具有一定的合理性，因为在底层特征提取中，提取的边缘等低级特征与其在图像中的位置关系不大。然而，在某些任务场景下，如人脸识别中，我们希望在不同位置学习到不同的特征。值得注意的是，权重共享仅适用于同一深度切片的神经元。在卷积层中，通常会使用多组卷积核来提取不同的特征，即对应不同深度切片的特征，因此不同深度切片的神经元权重是不共享的。此外，偏置参数对于同一深度切片的所有神经元都是共享的。权重共享的好处之一是极大地降低了网络的训练难度。

假设在局部连接中，每个隐藏层神经元连接的是一个 10×10 的局部图像，因此有 10×10 个权重参数。这些参数被共享给剩下的神经元，也就是说，隐藏层中的 10^6 个神经元共享相同的权重参数。因此，不管隐藏层神经元的数量是多少，需要训练的参数仅限于这 10×10 个权重参数（即卷积核的尺寸）。

这里展现了卷积神经网络的独特之处，使用较少的参数，却能保持出色的性能。上述过程仅仅是提取图像特征的一种方法。若要提取更多特征，可以增加多个卷积核。不同的卷积核能够捕获图像不同尺度下的特征，形成所谓的特征图（feature map）。

3. 池化操作

池化操作与多层次结构相结合，实现了对数据的降维处理，将低层次的局部特征组合成为更高层次的特征表示，从而对整个图像进行更加抽象和有效的表示，如图 7.33 所示。

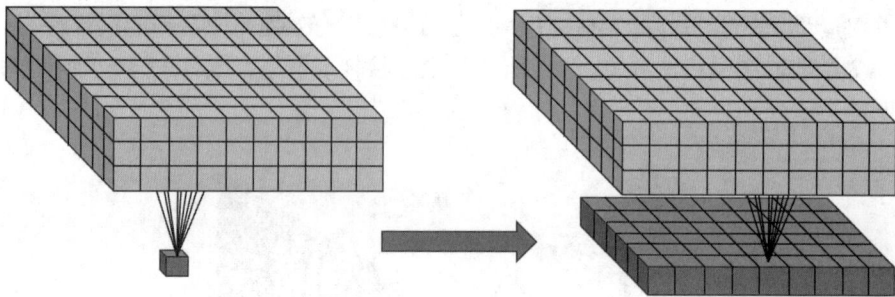

图 7.33　池化操作

7.5.10　局部卷积

卷积神经网络通常采用全连接层（global connected layer）来对特征进行全局汇总，这种方式能够通过多对多的连接方式有效地提取全局信息。然而，全连接层所需的参数量较大，是神经网络中最消耗资源的部分之一。为了减少参数量，可以采用局部连接（local connected layer），它只在局部区域范围内进行神经元连接。

依据卷积的作用范围可以分为全卷积（global convolution）和局部卷积（local convolution）。实际上，全卷积即标准卷积，其在整个输入特征维度范围内采用相同的卷积核参数进行运算，从而实现参数共享。这种全局共享参数的连接方式可以显著减少神经元之间的连接参数量。局部卷积又称为平铺卷积（tiled convolution）或非共享卷积（unshared convolution），它是局部连接与全卷积的一种折中方案。下面将对四者进行比较。

1．全连接

全连接中每个神经元都与上一层的所有神经元相连，这种结构有助于信息的全面汇总，因此通常被放置在网络的末尾层，如图 7.34 所示。然而，这种连接方式下，每个连接都有独立的参数，从而显著增加了模型的参数规模。

2．局部连接

局部连接中每个神经元只连接到局部区域内的神经元，如图 7.35 所示，在此局部范围内采用全连接的方式，而超出此局部范围的神经元则没有连接。这种局部连接的方式有效地减少了感受野外的连接，从而显著降低了模型的参数量。

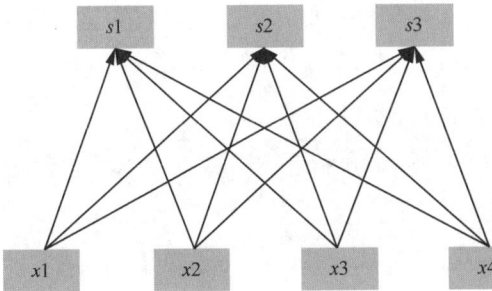

图 7.34　全连接的输入和输出　　　　图 7.35　局部连接的输入和输出

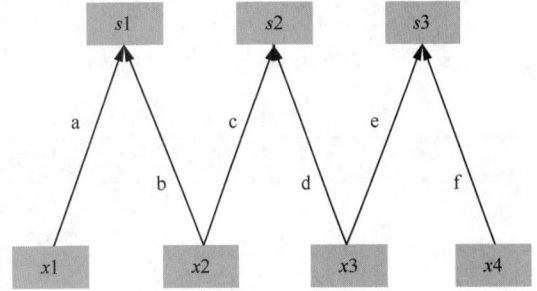

3．全卷积

全卷积中每个神经元仅与局部范围内的神经元连接，这个范围内采用全连接的方式，在这种连接中，参数是在不同感受野之间共享的，这有助于提取特定模式的特征，例如，参数 a 和 b 在不同感受野 $s1, s2, s3$ 中共享，如图 7.36 所示。与局部连接相比，共享感受野之间的参数可以进一步减少参数量。

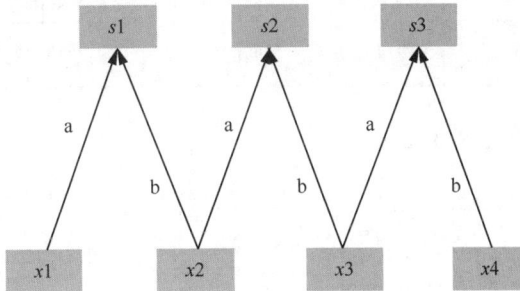

图 7.36　全卷积的输入和输出

4．局部卷积

局部卷积中层间神经元之间仅存在局部范围内的连接，其中感受野内采用全连接的方式，而感受野之间采用局部连接与全卷积的连接方式，如图 7.37 所示；相比于全卷积，该连接方式虽然引入了额外的参数，但具有更强的灵活性和表达能力；与局部连接相比，能够更有效地控制参数量。

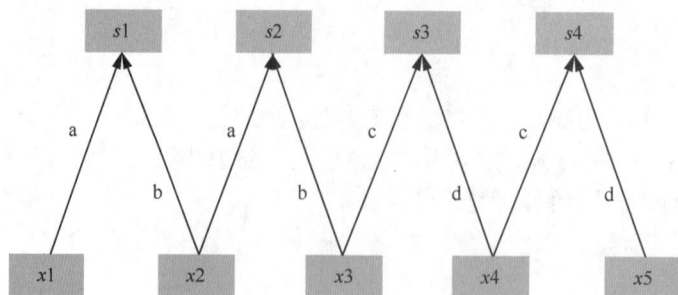

图 7.37　局部卷积的输入和输出

7.5.11　卷积神经网络的参数设置

卷积神经网络中的参数设置通常与其他类型的神经网络相似，但这些参数的具体设置需要根据特定任务的需求来进行调整。表 7.5 所示是卷积神经网络中常见的参数设置。

表 7.5　卷积神经网络中常见的参数设置

参数名	常见设置	参数说明
学习率（learning rate）	0～1	（1）反向传播网络中更新权重矩阵的步长 （2）学习率越大，计算误差对权重矩阵的影响越大，越导致容易在某个局部最优处震荡；学习率越小，计算误差对权重矩阵的影响越小，因此需要更长的时间去迭代收敛
批次大小（batch size）	1～N	（1）批次大小指一次性输入模型的数据样本个数，根据任务和计算性能限制判断实际取值，在图像任务中由于显存容量限制往往只能选取较小的值 （2）在相同迭代次数的前提下，数值越大模型泛化能力越强，损失函数曲线越平滑，模型也更快地收敛，但是每次迭代时间更长
训练轮次（epoch）	1～1 000	（1）训练轮次指定所有训练数据在模型中的训练次数，根据训练数据规模和分布情况会设置为不同的值 （2）当模型较为简单或训练数据规模较小时，训练轮次不宜过高，否则容易过拟合 （3）模型较为复杂或训练数据规模足够大时，可适当提高数据的训练轮次
权重衰减系数（weight decay）	0～0.001	模型训练过程中反向传播权重更新的权重衰减值

7.5.12　卷积神经网络的泛化提升

卷积神经网络与其他神经网络类型相似，在训练过程中，其性能受到输入数据分布的影响。当数据分布极端时，容易出现模型欠拟合或过拟合的情况。表 7.6 为提高卷积神经网络模型的泛化能力的常见方法。

表 7.6　提高卷积神经网络模型的泛化能力的常见方法

方法	说明
使用更多数据	在有条件的前提下，尽可能使更多的训练数据是最理想的方法，更多的数据可以让模型得到充分的学习，也更容易提高模型泛化能力
使用更大批次	在相同迭代次数和学习率的条件下，每批次采用更多的数据将有助于模型更好地学习到正确的模式，模型的输出结果也会更加稳定
调整数据分布	大多数场景下的数据分布是不均匀的，模型过多地学习某类别的数据容易导致其输出结果偏向于该类别的数据，此时通过调整数据分布可以一定程度上提高模型泛化能力

方法	说明
调整目标函数	在某些情况下，目标函数的选择会影响模型的泛化能力，如目标函数 $f(y,y')=\|y-y'\|$ 对某类样本的识别已经较为准确而对其他样本的识别误差较大的情况下，不同类别在计算损失结果的时候距离权重是相同的，若将目标函数改成 $f(y,y')=(y-y')^2$ 则可以使误差小的样本计算损失的梯度比误差大的样本更小，进而有效地平衡样本作用，提高模型泛化能力
调整网络结构	（1）在浅层卷积神经网络中，参数量较少的网络往往使模型的泛化能力不足而导致欠拟合，此时通过叠加卷积层可以有效地增加网络参数，提高模型泛化能力 （2）在深层卷积网络中，若没有充足的训练数据则容易导致模型过拟合，此时通过简化网络结构减少卷积层数可以起到提高模型泛化能力的作用
数据增强	数据增强又叫数据增广，在有限数据的前提下通过平移、旋转、加噪声等一系列变换来增加训练数据，同类数据的表现形式也变得更多样，有助于提高模型泛化能力，需要注意的是，数据增强应尽可能不破坏原始数据的主体特征（如在图像分类任务中对图像进行裁剪时不能将分类主体目标裁出边界）
权重正则化	权重正则化就是通常意义上的正则化，一般是在损失函数中添加一项权重矩阵的正则项作为惩罚项，用来惩罚损失值较小时网络权重过大的情况，此时往往是网络权重过拟合了数据样本
屏蔽网络节点	该方法可以认为是网络结构上的正则化，通过随机性地屏蔽某些神经元的输出让剩余激活的神经元作用，可以使模型的容错性更强

7.6 常见的深度卷积神经网络模型

7.6.1 LeNet5 模型

LeNet5，作为卷积神经网络的先驱之一，诞生于 1994 年，标志着深度学习领域的一次重要推进。该网络的雏形自 1988 年起经历多次成功迭代，最终由杨·勒库恩（Yann Lecun）等人完成，并命名为 LeNet5，这一开创性成果在 "Gradient-based learning applied to document recognition" 一文中有所记录。

LeNet5 的网络结构如图 7.38 所示，其设计理念基于以下观点：图像的特征分布于整个图像上，并且卷积操作具备可学习参数的卷积核，能够以较少参数量在多个位置上提取相似特征。当时，缺乏 GPU 的训练支持，甚至 CPU 的速度也较慢。因此，参数量的节省以及计算效率的提高成为关键进展。这与将每个像素作为一个单独输入进入庞大的多层神经网络的做法形成鲜明对比。LeNet5 的提出阐述了图像中像素不应直接用作第一层输入的观点，因为图像具有显著的空间相关性，而将独立像素视为不同输入特征则无法充分利用这种相关性。

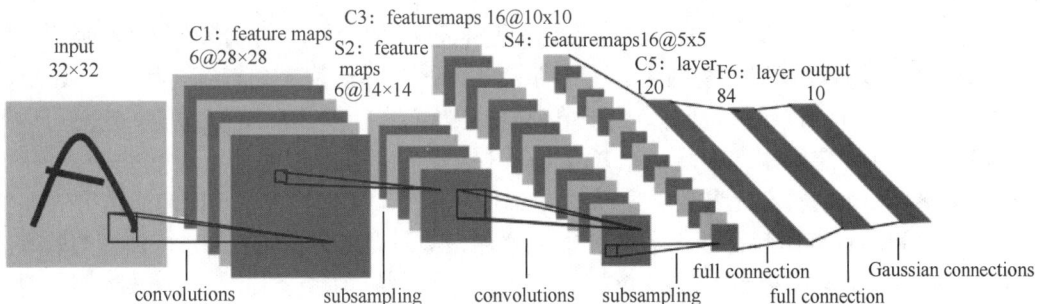

图 7.38　LeNet5 的网络结构

LeNet5 的特征可归纳如下：

（1）其架构采用了卷积神经网络的经典三层结构，即卷积层、池化层、全连接层；

（2）利用卷积操作来提取图像的空间特征；

（3）采用映射到空间均值的下采样技术；

（4）激活函数选用双曲线函数（tanh）或 S 型函数（sigmoid）以引入非线性；

（5）通过多层感知机（MLP）作为最终分类器；

（6）层与层之间采用稀疏连接矩阵以降低计算成本。

总体而言，LeNet5 标志着卷积神经网络架构的重要里程碑，为后续众多卷积神经网络模型的发展提供了灵感与基础。

7.6.2　AlexNet 模型

2012 年，杰弗里·辛顿（Geoffrey Hinton）的学生亚历克斯·克里日夫斯基（Alex Krizhevsky）提出了深度卷积神经网络模型 AlexNet，AlexNet 被视为 LeNet 的更深层次、更广泛应用的进化版本。AlexNet 引入了多项新技术，首次成功将 ReLU、Dropout 和 LRN 等技巧应用于 CNN。同时，AlexNet 利用 GPU 加速运算，作者还公开了他们在 GPU 上训练 CNN 的 CUDA 代码。AlexNet 的架构包含了 6 亿 3000 万个连接、6000 万个参数和 65 万个神经元，拥有 5 个卷积层，其中第 1 层、第 2 层、第 5 层 3 个卷积层后连接了最大池化层，最后还包括 3 个全连接层。

AlexNet 在竞争激烈的 ILSVRC 2012 比赛中取得了显著优势，其 top-5 错误率降至 16.4%，相比第二名的 26.2% top-5 错误率有了巨大降低。因此，AlexNet 可谓是卷积神经网络在低谷时期的重要突破，巩固了深度学习（尤其是深度卷积神经网络）在计算机视觉领域的主导地位，并推动了深度学习在语音识别、自然语言处理、强化学习等领域的发展。

AlexNet 在广泛运用 CNN 基本原理的基础上，进一步发展了 LeNet 的概念，构建了更为深层、更为宽广的网络结构。其主要技术创新如下。

（1）成功采用 ReLU 作为 CNN 的激活函数，并证实在较深网络中优于 sigmoid，有效解决了梯度消失问题。尽管 ReLU 早已提出，但直至 AlexNet 出现才得到充分发扬。

（2）引入 Dropout 技术，随机忽略部分神经元以防止过拟合，尽管 Dropout 已有独立论文支持，但 AlexNet 将其实践化并证实了其效果，主要应用于网络末层全连接层。

（3）采用重叠最大池化代替传统的平均池化，避免了模糊化效果，并通过设置步长小于池化核尺寸，实现了池化层输出的重叠和覆盖，增强了特征的丰富性。

（4）引入 LRN 层，创建了局部神经元的竞争机制，提高了模型的泛化能力，对提升网络性能起到积极作用。

（5）AlexNet 充分利用 CUDA 加速深度卷积神经网络的训练，充分发挥 GPU 强大的并行计算能力，以应对卷积神经网络训练中涉及的大量矩阵运算。在训练过程中，AlexNet 利用两块 GTX 580 GPU 进行训练。鉴于单个 GTX 580 GPU 仅具备 3GB 显存，这对可训练网络规模带来了一定限制。因此，作者将 AlexNet 分布在两个 GPU 上，并将每个 GPU 的显存用于储存一半的神经元参数。这样的设计充分利用了 GPU 之间便捷的通信方式，实现了显存之间的直接访问，而无需通过主机内存，从而提高了多 GPU 并行训练的效率。同时，AlexNet 的架构设计限定了 GPU 之间通信仅在网络的特定层进行，有效控制了通信性能损耗。

（6）AlexNet 采用了数据增强技术，从 256×256 的原始图像中随机截取 224×224 大小的区域（包括水平翻转的镜像），相当于将数据量增加到 2 048 倍。这种数据增强方法有助于减轻过拟合问题，提高模型的泛化能力。在预测阶段，AlexNet 采用了取图像四个角以及中间位置共 5 个位置，并进行左右翻转的策略，从而得到 10 张图片，对这 10 张图片的预测结果求平均值。此外，AlexNet 还提到对图像的 RGB 数据进行 PCA 处理，并对主成分进行标准差为 0.1 的高斯扰动，以引入噪声，这一技巧可将错误率进一步降低 1%。

AlexNet 的结构包括 8 个需要进行参数训练的层（不包括池化层和局部响应归一化层）。这些层中的前 5 层为卷积层，后 3 层为全连接层，其网络结构如图 7.39 所示。AlexNet 的最后一层是 softmax 层，用于进行 1 000 类别的分类。局部响应归一化层出现在第 1 个和第 2 个卷积层之后，而最大池化层则分别位于这两个局部响应归一化层之后以及最后一个卷积层之后。ReLU 函数被应用于这 8 个层的每一层后面。由于 AlexNet 在训练时使用了两块 GPU，因此在此结构图中，许多组件被分为两个部分。尽管如今 GPU 的显存容量已经足够容纳所有模型参数，但在这里仍然只考虑了单块 GPU 的情况。

如图 7.39 所示，该网络呈现金字塔结构，具体结构如下：输入是一张三通道的 224×224 像素的图像。第一层采用 11×11 的卷积核，步长为 4，生成 96 个特征图，并进行最大池化。第二层使用 5×5 的卷积核，生成 256 个特征图，随后进行最大池化。第三层和第四层均采用 3×3 的卷积核，输出 384 个特征图。第五层是一个 3×3 的卷积层，生成 256 个特征图，并进行池化操作。第六层和第七层为全连接层，各含有 4 096 个隐藏层单元，即在此阶段只剩下 4 096 个特征值。最后，第八层为 softmax 层，用于生成最终的分类结果。

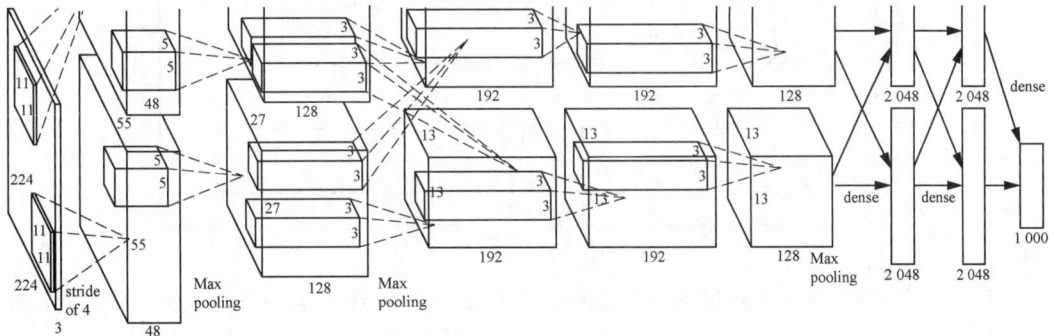

图 7.39　AlexNet 的网络结构

7.6.3　VGG 模型

VGG 模型由牛津大学提出，是首个在各个卷积层采用 3×3 过滤器的网络，该模型将各个卷积层组合成卷积序列进行处理。这与 LeNet 的原理不同，LeNet 使用较大的卷积核来捕捉图像中的相似特征。不同于 AlexNet 的 9×9 或 11×11 过滤器，VGG 开始采用更小的过滤器，使其在第一层接近于 1×1 卷积，这与 LeNet 追求避免的情况相似。然而，VGG 的重大进步在于通过连续应用多个 3×3 卷积来模拟更大的感受野，例如 5×5 和 7×7 的效果。这些思想也被广泛应用于近期更多的网络架构中，例如 Inception 和 ResNet。

VGG 全面采用了 3×3 的卷积核和 2×2 的池化核，并通过不断增加网络深度以提升性能。图 7.40 展示了 VGG 不同层级的网络结构。从 11 层网络到 19 层网络，都进行了详尽的性能测试。尽管从 A 到 E 的每个级别都逐步增加了深度，但网络参数量并未大幅增加，主要

神经生理基础和神经网络 第7章

因为参数消耗主要集中在最后的三个全连接层。尽管前面的卷积层部分非常深，但其参数量并不大。然而，需要注意的是，训练过程中最耗时的部分仍然是卷积操作，因为其计算量较大。在这些级别中，D 和 E 分别代表 VGG-16 和 VGG-19。值得注意的是，C 级别相比 B 级别多出了几个 1×1 卷积核，1×1 卷积核主要用于线性变换，而不会降低输入输出通道数。

ConvNet Configuration					
A	A-LRN	B	C	D	E
11 weight layers	11 weight layers	13 weight layers	16 weight layers	16 weight layers	19 weight layers
input (224×224 RGB image)					
conv3-64	conv3-64 LRN	conv3-64 conv3-64	conv3-64 conv3-64	conv3-64 conv3-64	conv3-64 conv3-64
Max pooling					
conv3-128	conv3-128	conv3-128 conv3-128	conv3-128 conv3-128	conv3-128 conv3-128	conv3-128 conv3-128
Max pooling					
conv3-256 conv3-256	conv3-256 conv3-256	conv3-256 conv3-256	conv3-256 conv3-256 conv1-256	conv3-256 conv3-256 conv3-256	conv3-256 conv3-256 conv3-256 conv3-256
Max pooling					
conv3-512 conv3-512	conv3-512 conv3-512	conv3-512 conv3-512	conv3-512 conv3-512 conv1-512	conv3-512 conv3-512 conv3-512	conv3-512 conv3-512 conv3-512 conv3-512
Max pooling					
conv3-512 conv3-512	conv3-512 conv3-512	conv3-512 conv3-512	conv3-512 conv3-512 conv1-512	conv3-512 conv3-512 conv3-512	conv3-512 conv3-512 conv3-512 conv3-512
Max pooling					
FC-4096					
FC-4096					
FC-1000					
soft max					

图 7.40　VGG 的网络结构

VGG 的设计特点在于其拥有 5 个卷积段，每个段内包含 2 至 3 个卷积层，并在每段的末尾连接一个最大池化层以缩小图像尺寸，具体结构见图 7.40 所示。在每个段内，卷积核数量保持一致，但随着段数增加，卷积核数量也逐渐增多，分别为 64、128、256、512 和 512。值得注意的是，VGGNet 中经常会出现多个完全相同的 3×3 卷积核堆叠在一起的情况，这是一种非常有效的设计。

在比较不同级别的网络时，研究者得出以下几个结论。

（1）局部响应归一化（LRN）层的作用有限。

（2）网络越深，性能越好。

（3）1×1 的卷积核虽然有效，但效果不及 3×3 的卷积核，尺寸较大的卷积核能够更好地学习到更广泛的空间特征。

总体而言，在网络设计的思路上，VGGNet 继承了 AlexNet 的理念，基于 AlexNet 建立了一个更加层次丰富、深度更深的网络结构。与 AlexNet 相似，VGGNet 的网络结构也是由 8 个层次组成，包括 5 个卷积层和 3 个全连接层。然而，其主要区别在于 VGGNet 的每个卷积层不仅仅进行一次卷积操作，而是连续进行 2 到 4 次卷积操作。

7.6.4　GoogleNet 模型

在研究 VGG 模型时，研究者发现增加网络的层数和深度可以获得更好的结果。然而，随着模型复杂度的增加，参数量也会相应增加，从而引发一系列问题。一方面，更深的网络需要更多的数据来避免过拟合问题。另一方面，复杂的网络会增加计算量，这对于一些实时性要求较高的应用场景，如自动驾驶等，可能会产生不利影响。因此，减少参数量以提高网络的效率和实用性成为一个重要的研究课题。为了更有效地扩展网络的复杂性，Google 启动了 Inception 项目，其中 GoogleNet 是其第一个版本，目前已经发展到第四个版本。

如前文所述，在比较 AlexNet 和 VGG 的结构时，我们意识到对卷积核尺寸的选择需要依靠经验和大量实验才能确定，无论是选择 3×3、5×5 还是 7×7 的卷积核，都需要进行仔细权衡。针对这一挑战，研究者们采用了一种新的策略，即通过增加网络的"宽度"而非仅仅加深网络的层数，来增加网络的复杂度，以避免陷入卷积核选择的困境，并让网络自行学习如何选择合适的卷积核。具体而言，我们在每个卷积层上并行使用了 1×1、3×3、5×5 的卷积核以及池化操作，以提取不同尺度的特征，然后通过 1×1 的卷积核对每个分支进行降维，最终将结果合并拼接在一起。尽管这种设计在直观上显得更加复杂，需要进行更多种类的操作，而不仅仅是简单的一两个卷积操作，但仔细分析后发现，这种设计不仅减少了参数量，而且由于增加了网络的"宽度"，使得网络对多种尺度的适应性更强。

如图 7.41 所示，在这个网络结构中，1×1 卷积操作扮演了至关重要的角色。1×1 卷积操作对图像本身并没有直接影响，数学上仅仅是一种简单的矩阵乘法操作。然而，其最关键的作用在于通过降低特征图的数量来实现降维的目的。由于引入了 1×1 卷积操作，网络在不增加参数量的情况下能够增加复杂度。图 7.42 所示为 GoogleNet 模型结构。

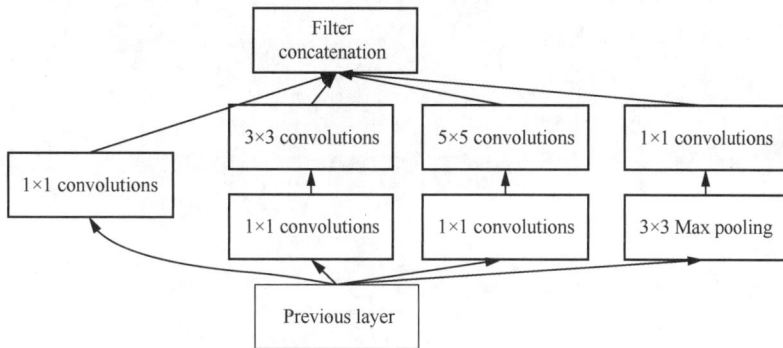

图 7.41　1×1 卷积操作降低特征图的数量实现降维

这里需要注意的两个重要观点如下。

（1）对于不同尺寸的卷积核，必须采取不同的步长，以确保它们输出的特征图具有相同的尺寸，以便后续的处理。

（2）在 CNN 中，1×1 卷积核主要用于改变通道数。举例来说，对于一个 3×64×64 的 RGB 图像，通过应用 5 个 1×1 卷积核，可以将其转换为一个 5×64×64 的张量。这样，通过 1×1 卷积核的卷积操作，不仅可以提升维度，还可以降低维度。

此外，Inception 项目的其他几个版本简要概括如下。

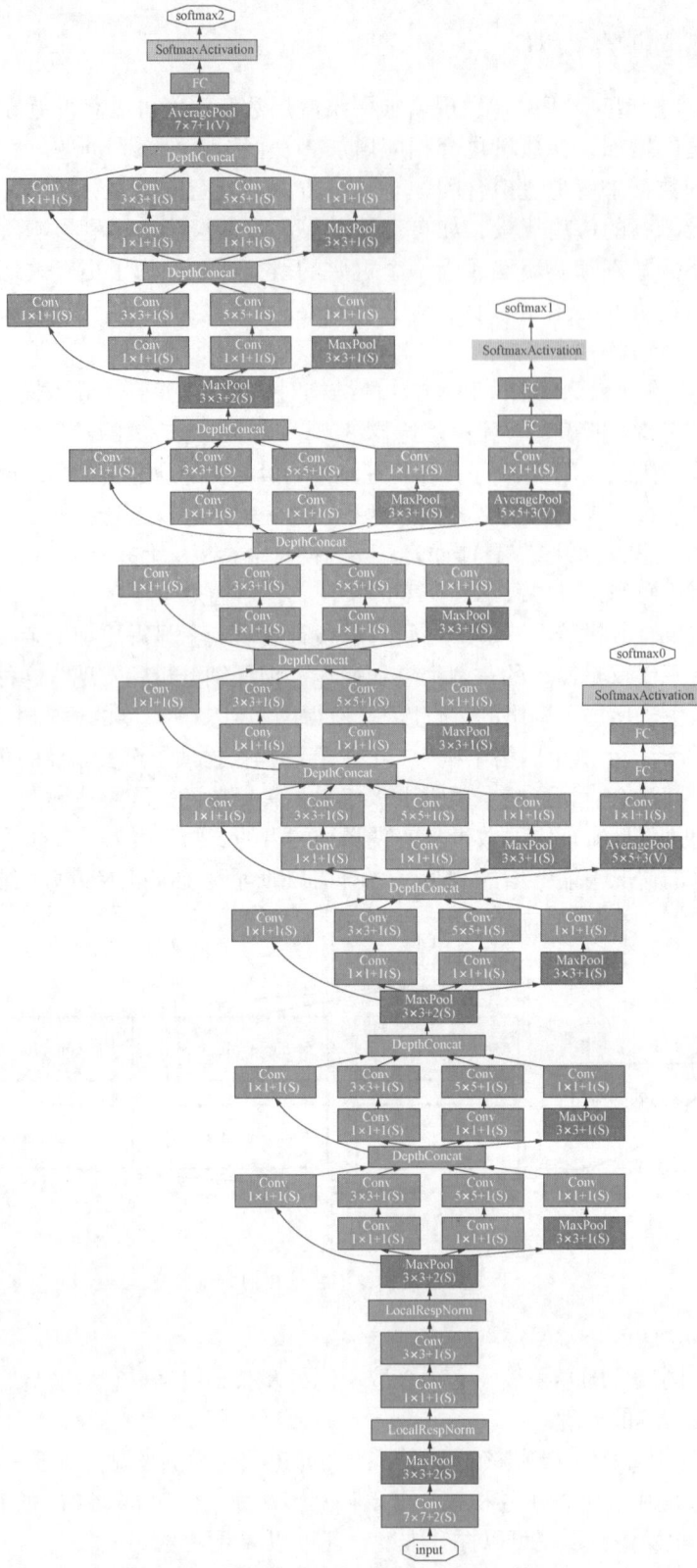

图 7.42　GoogleNet 模型结构

（1）Inception-v2 在第一个版本的 GoogleNet 的基础上引入了批标准化（Batch Normalization）技术。批标准化通过对 mini-batch 中所有数据进行统一的归一化，使得一个批次中所有数据都符合均值为 0，方差为 1 的高斯分布。需要注意的是，在 tensorflow 中，批标准化技术必须在激活函数之前应用，否则其效果会受到一定的影响。

（2）Inception-v3 在前一版本的基础上进行了进一步的提升。其核心思想是将卷积操作继续分解为更小的卷积核。举例来说，5×5 的卷积可以被连续的两层 3×3 卷积所替代，这样不仅减少了参数量，加快了计算速度，还增加了网络深度，提升了非线性表达能力。

7.6.5　ResNet 模型

在深度卷积神经网络中，VGG 的研究证实了增加网络深度是提高模型精度的有效方法。然而，随着网络深度的增加，梯度消失问题变得日益突出，导致深度网络难以持续加深。梯度消失是指在反向传播过程中，误差逐渐累积，导致底层梯度接近于零，进而影响网络的收敛性。经过实验验证，超过 20 层的深度卷积神经网络出现了退化现象，随着层数增加，收敛效果逐渐变差，50 层网络的错误率是 20 层网络的两倍。这种现象被称为深度网络的退化现象。

退化现象的存在表明，并非所有的系统都能轻松进行优化。那么，随着网络深度的增加，是否到达了极限呢？ResNet（残差网络）的出现告诉我们，这是一种更易于优化、可避免梯度消失的结构。

对于熟悉机器学习算法的人来说，神经网络实际上是将输入向量 x 通过非线性变换 $H(x)$ 映射到另一个空间中。然而，根据之前的观察，我们意识到优化 $H(x)$ 非常困难，因此我们尝试转而优化 $H(x)$ 的残差形式 $F(x) = H(x) - x$。如果求解 $F(x)$ 相比求解 $H(x)$ 更简单，那么通过 $F(x) + x$ 就可以达到最终的目标，如图 7.43 所示。

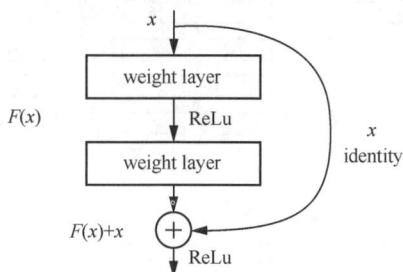

图 7.43　ResNet 结构

基于实验结果的观察显示，ResNet 的效果显著。正如论文中所述，当类似于 VGG 的结构超过 20 层时，其收敛效果显著降低，精度下降明显。然而，一旦引入了一些快捷连接（shortcut），将其转化为残差结构后，收敛效果显著提升，精度随着训练次数的增加而持续提升。此外，不断加深网络深度还可以持续提高准确率。ResNet 与 VGG 结构的对比如图 7.44 所示。

ResNet 的成功将整个卷积神经网络研究推向了新的高度，如图 7.45 所示，而 Inception 则将残差结构整合到其中，进一步实现了更优秀的模型，即 Inception-v4。

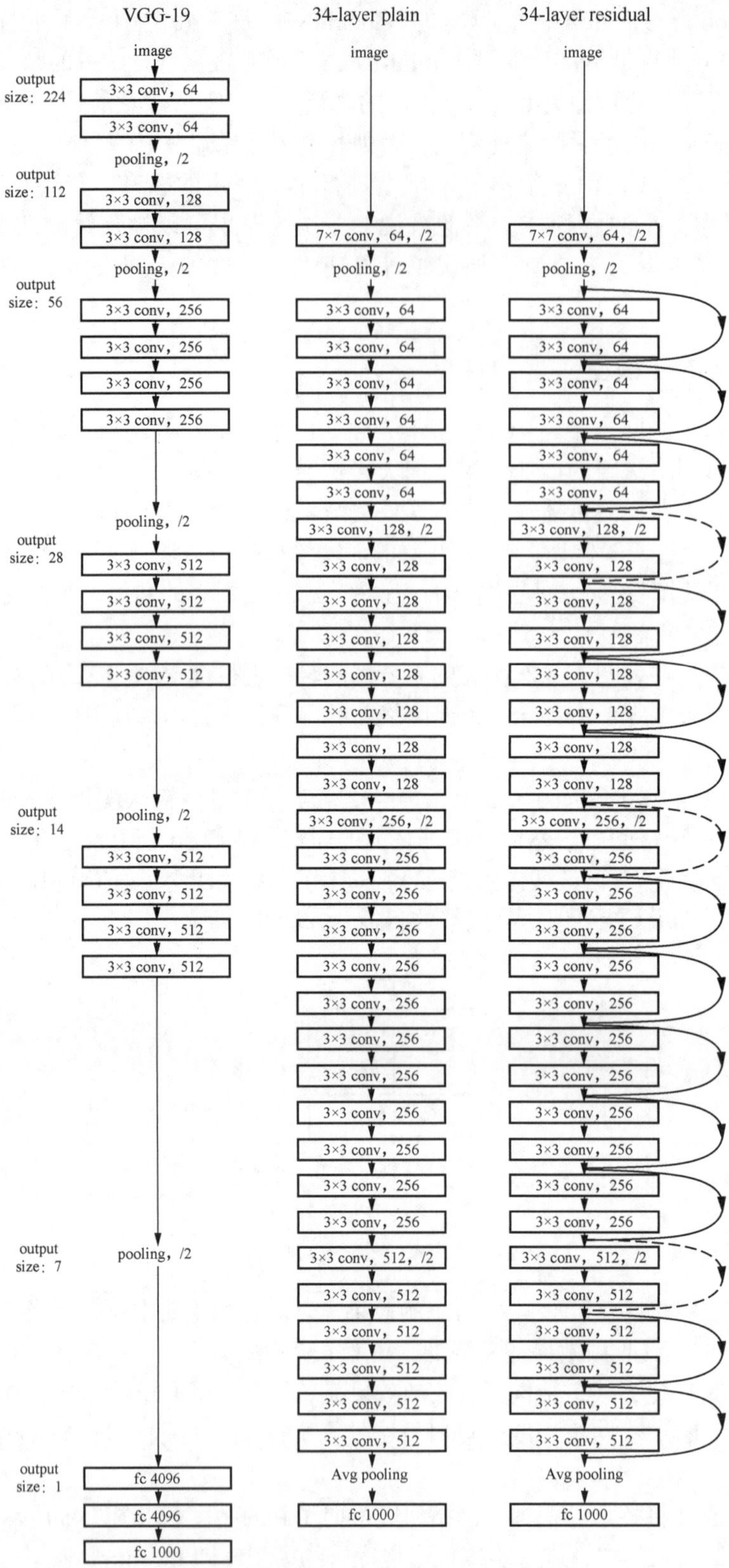

图 7.44 ResNet 与 VGG 结构的对比

layer name	output size	18-layer	34-layer	50-layer	101-layer	152-layer
conv1	112×112	7×7,64,strlde 2				
conv2_x	56×56	3×3 Max pooling,stride 2				
		$\begin{bmatrix} 3\times3,64 \\ 3\times3,64 \end{bmatrix}\times2$	$\begin{bmatrix} 3\times3,64 \\ 3\times3,64 \end{bmatrix}\times3$	$\begin{bmatrix} 1\times1,64 \\ 3\times3,64 \\ 1\times1,256 \end{bmatrix}\times3$	$\begin{bmatrix} 1\times1,64 \\ 3\times3,64 \\ 1\times1,256 \end{bmatrix}\times3$	$\begin{bmatrix} 1\times1,64 \\ 3\times3,64 \\ 1\times1,256 \end{bmatrix}\times3$
conv3_x	28×28	$\begin{bmatrix} 3\times3,128 \\ 3\times3,128 \end{bmatrix}\times2$	$\begin{bmatrix} 3\times3,128 \\ 3\times3,128 \end{bmatrix}\times4$	$\begin{bmatrix} 1\times1,128 \\ 3\times3,128 \\ 1\times1,512 \end{bmatrix}\times4$	$\begin{bmatrix} 1\times1,128 \\ 3\times3,128 \\ 1\times1,512 \end{bmatrix}\times4$	$\begin{bmatrix} 1\times1,128 \\ 3\times3,128 \\ 1\times1,512 \end{bmatrix}\times8$
conv4_x	14×14	$\begin{bmatrix} 3\times3,256 \\ 3\times3,256 \end{bmatrix}\times2$	$\begin{bmatrix} 3\times3,256 \\ 3\times3,256 \end{bmatrix}\times6$	$\begin{bmatrix} 1\times1,256 \\ 3\times3,256 \\ 1\times1,1024 \end{bmatrix}\times6$	$\begin{bmatrix} 1\times1,256 \\ 3\times3,256 \\ 1\times1,1024 \end{bmatrix}\times23$	$\begin{bmatrix} 1\times1,256 \\ 3\times3,256 \\ 1\times1,1024 \end{bmatrix}\times36$
conv5_x	7×7	$\begin{bmatrix} 3\times3,512 \\ 3\times3,512 \end{bmatrix}\times2$	$\begin{bmatrix} 3\times3,512 \\ 3\times3,512 \end{bmatrix}\times3$	$\begin{bmatrix} 1\times1,512 \\ 3\times3,512 \\ 1\times1,2048 \end{bmatrix}\times3$	$\begin{bmatrix} 1\times1,512 \\ 3\times3,512 \\ 1\times1,2048 \end{bmatrix}\times3$	$\begin{bmatrix} 1\times1,512 \\ 3\times3,512 \\ 1\times1,2048 \end{bmatrix}\times3$
	1×1	Avg pooling, 1000-d fc, softmax				
FLOPs		1.8×10^9	3.6×10^9	3.8×10^9	7.6×10^9	11.3×10^9

图 7.45 ResNet 系列网络结构参数

习题

一、选择题

1. ANN 的发展大致经历过（ ）个阶段。

A. 1　　　　　B. 2　　　　　C. 3　　　　　D. 4

2. 不属于 ANN 第一阶段的是（ ）。

A. 反向传播网络模型　　　　　B. Hebb 学习规则

C. 感知机模型　　　　　D. M-P 神经网络模型

3. 以下哪项不属于 ANN 的特点和优越性重要表现（ ）。

A. 自学习功能　　　　　B. 自动识别功能

C. 高度并行性　　　　　D. 联想记忆功能

4. BP 神经网络的学习规则是（ ）。

A. 梯度上升法　　　　　B. 梯度下降法

C. 梯度提升法　　　　　D. 梯度曲线法

5. 神经网络训练过程中采用（ ）算法。

A. 反向传播方法　　　　　B. 正向传播方法

C. 牛顿法　　　　　D. 双向传播算法

6. 反向传播算法，是指（ ）的反向传播？

A. 信息　　　　B. 时间　　　　C. 误差　　　　D. 结构

7. 卷积神经网络不包括（ ）。

A. 一维卷积神经网络　　　　　B. 二维卷积神经网络

C. 三维卷积神经网络　　　　　D. 多维卷积神经网络

8. 下列关于卷积神经网络（CNN）的说法中，错误的有（ ）。

A. 卷积神经网络网络一般由输入层、隐藏层、输出层组成

B. 卷积神经网络的输入层一般包含卷积层、池化层和全连接层 3 类常见构筑

C. 卷积神经网络的卷积层的作用是对输入数据进行特征提取，池化层的作用是降低特征的维度，进而减少参数量，减少过拟合

D. 卷积神经网络的全连接层的作用是分类

9. 卷积神经网络中输入层的作用是（　　　　）。

A. 降低参数量　　　　　　　　　　B. 输出想要的结果

C. 读入数据　　　　　　　　　　　D. 提取图片中的局部特征

10. 一个卷积神经网络（CNN）不包括（　　　　）。

A. 卷积层　　　　　　B. 池化层　　　　　C. 全连接层　　　　　　D. 反卷积层

11. 卷积神经网络主要用于图像特征提取。多层神经网络，将三种结构思想结合，请问下列选项中，哪个不是三种结构思想之一？（　　　　）

A. 局部感受野　　　　B. 权重共享　　　　C. 下采样　　　　　　D. 全局监控

12. 以下有关卷积神经网络的说法错误的是？（　　　　）

A. 单纯增加卷积神经网络的深度不一定能获得比较好的性能

B. 增加卷积神经网络每层卷积核的多样性可以改善网络的性能

C. 采用小尺寸卷积核的级联可以起到大尺寸卷积核的作用，但减少了网络的参数量和过拟合，因此可能获得较高的分类性能

D. 卷积神经网络的特征图中的特征很容易归纳解释

13. 卷积神经网络中池化层的主要作用是（　　　　）。

A. 减少网络模型参数量　　　　　　B. 增加模型泛化能力

C. 提取特征　　　　　　　　　　　D. 减少模型过拟合现象发生的概率

二、简答题。

1. 简述 BP 神经网络的基本思想。

2. 简述卷积神经网络的模式。

3. 简述误差反向传播学习算法的主要思想。

第8章

视觉感知与智能视觉

【本章导读】

　　视觉系统赋予生物体感知周围世界的能力，该系统通过处理可见光信息来构建对环境的感知能力。这种感知能力是指从图像中识别物体并确定其位置，即获取对观察者有用的符号描述。视觉系统具备将外部世界的二维投影重建为三维世界的能力。需要注意的是，不同物体在光谱中的感知位置是不同的。视觉主要包括两个功能：目标知觉，即确定物体的身份；以及空间知觉，即确定物体的位置。已有证据表明，不同的大脑区域分别参与这两种功能。本章旨在深入研究人类的视觉感知，并探讨如何利用机器完成智能视觉任务。

8.1 视觉感知

8.1.1 人眼视觉的起源

　　据国外媒体报道，科学界之前曾就远古生物首次获得视觉能力的确切时间展开激烈辩论。然而，最新研究指出，视觉能力的演化可以追溯到 7 亿年前。这项最新研究发现，月球水母类型刺胞生物是最早具备光线感知能力的生物之一，其视蛋白与视网膜感光细胞中的光敏蛋白质结合受体相关。英国布里斯托尔地球科学学院的科学家通过对比分析海绵体 Oscarella carmela 和这种 7 亿年前的水母类型刺胞生物，发现了这一关键现象。这种水母类型刺胞动物被认为拥有世界上最古老的眼睛结构，如图 8.1 所示。

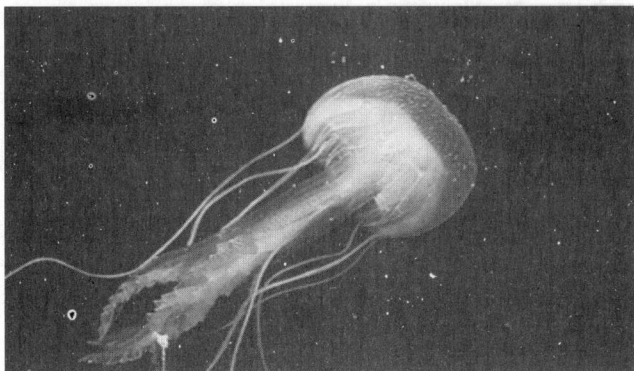

图 8.1　水母类型刺胞动物

借助计算机模拟，维德·皮萨尼博士进行了一项计算分析，旨在测试视蛋白进化的多种假设。该分析综合了所有相关动物血统的有效基因信息。研究结果显示，所有动物体共同拥有的视蛋白祖先于 7 亿年前出现。这一发现揭示了人类视觉能力的演化时间和过程。当时的视蛋白可能处于失明状态，经过 1 100 万年的关键遗传变异，逐渐获得了感知光线的能力。皮萨尼博士指出：布里斯托尔地球科学学院的研究对动物视觉能力的最早起源进行了深入分析。我们发现这种能力起源于动物体，这一发现令人惊讶，有助于我们理解人类视觉能力的演化时间和过程。

人类的视觉系统是感知外部世界的重要方式，其中，眼球充当着不可或缺的角色，被视为视觉系统的门户。眼球作为视觉系统的核心组成部分，其复杂的生理结构和功能对于我们理解外部世界至关重要。接下来，我们将深入探讨眼球的生理知识，以揭示其在认知世界过程中的关键作用。

8.1.2 人眼的结构

人眼是一个复杂而精密的信息处理系统，眼球被晶状体分隔成前房和后房两部分，前房充满透明的淡盐溶液，后房含有称为玻璃体的透明胶状物质。晶状体是一种透明的、具有弹性的物质，在睫状肌的调节下，可以通过改变其曲率来调节焦距，从而使不同距离的景物在视网膜上形成清晰的成像，类似于照相机中的光学聚焦透镜。眼球周围被三层薄膜包裹。最外层是坚硬的白色巩膜，用于保护眼球。与巩膜相对应的眼球前部是坚硬而透明的角膜。中间层是黑色不透明的脉络膜，为眼球提供营养。与脉络膜相对应的眼球前部是不透明的虹膜，其中有一个小孔称为瞳孔，虹膜的环形肌作用可以调节瞳孔的直径，范围在 2 到 8mm 之间，进而调节进入眼睛的光通量。最内层是视网膜，约占据眼球内表面的三分之二。

视网膜内的感光细胞与大脑皮层的神经纤维相连，构成了复杂的神经通路。这些神经纤维数量众多，约由 7×10^5 至 8×10^5 个独立的神经束组成，在距离视中心约 15°处与视神经乳头相连接。然而，在视网膜的视神经入口处，即盲点位置，缺乏感光细胞。该区域位于约水平方向 6°处以及垂直方向 8°处，不具备感光功能。视网膜内存在着三种主要的神经单元，分别是视细胞、双极细胞和神经节细胞，它们在神经突触处相互连接。神经突触的存在确保了光信号从感光细胞到大脑皮层的单向传输，并促使神经纤维的刺激状态积累。这些脉冲电流通过神经突触向大脑皮层传播，从而引发人类的视觉感知。

眼球的外部结构中，我们特别关注以下结构，如图 8.2 所示。

（1）角膜（cornea）：眼球前部被透明的角膜覆盖，它是光线的第一个折射点。角膜的曲率对光线的折射程度至关重要，直接影响着图像的聚焦。

（2）巩膜（sclera）：眼球外壁由白色巩膜组成，它提供了眼球的结构支持和保护功能。

（3）虹膜（iris）：虹膜是一个有色的环形结构，其大小调节了瞳孔的开合。虹膜环状肌的活动调节着光线进入眼球的量。

（4）瞳孔（pupil）：位于虹膜中央的黑色小孔，瞳孔的大小会根据环境光线的亮度自主调节。在强光条件下，瞳孔会收缩以减少光线进入，而在弱光条件下，它会扩大以增加光线的进入。

眼球的内部结构也具有复杂性，其中关键部分包括：

（1）晶状体（lens）：位于虹膜和视网膜之间的晶状体是光线的第二个折射点。通过调节其形状，晶状体能够控制光线的折射程度，帮助眼睛对不同距离的物体进行聚焦。

（2）玻璃体（vitreous humor）：填充在眼球后部的透明凝胶状物质，用于维持眼球的形状并且允许光线穿过到达视网膜。

（3）视网膜（retina）：是眼球内部最关键的组织之一，视网膜包含感光细胞，即锥状细胞和杆状细胞。这些细胞将光线转化为神经信号，并传递给大脑进行图像处理。

（4）视神经（optic nerve）：视神经眼睛和大脑之间的连接，负责将视网膜上的信号传递到大脑的视觉中枢。

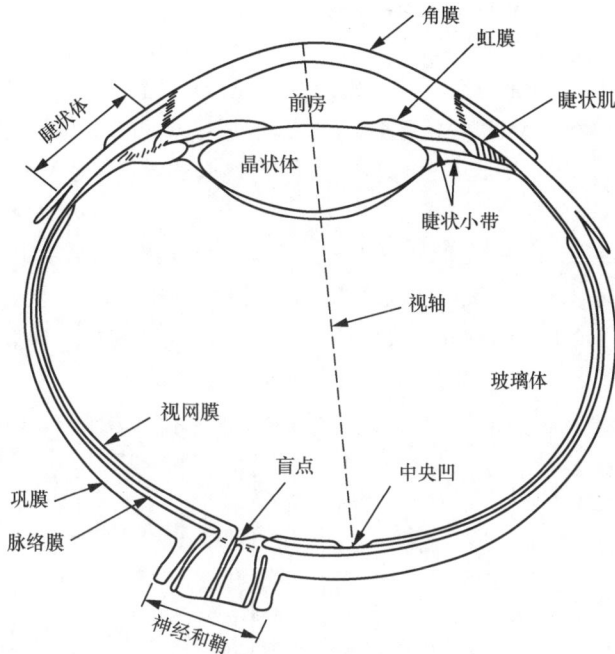

图 8.2　人眼的结构

视觉感知的过程包括多个关键阶段，其中眼球起着至关重要的作用，我们可以更深入地了解这一过程。

（1）光线折射：光线穿过眼球时，首先经过角膜和晶状体的弯曲，光线发生折射，并使其焦点集中在视网膜上。

（2）感光细胞活动：一旦光线到达视网膜，其中的感光细胞（包括锥状细胞和杆状细胞）开始活跃。锥状细胞负责颜色感知，而杆状细胞在低亮度条件下起作用。

（3）光信号传递：感光细胞将光信号转化为电信号，并通过神经元网络传输到视神经。

（4）视神经传递：视神经将电信号传递到大脑的视觉中枢，在那里信号被解码和处理，形成我们所看到的图像。

（5）脑内图像构建：大脑的不同区域负责处理图像的不同方面，如颜色、形状和运动等。这些信息被整合在一起，形成我们的视觉感知。

8.1.3　光感受器和人眼的光谱灵敏度

视网膜由大量的感光细胞和神经纤维组成，是眼睛的感光部分，表面覆盖着大量的**锥状细胞和杆状细胞**。锥状细胞分布在视网膜的中央，数量约为 600 万到 700 万，每个细胞都连接到自己的神经末梢。杆状细胞位于视网膜的边缘部分,分布面积较大,数量约为7 500万到15 000万,几个杆状细胞连接到同一个神经末梢,其分辨率较低。锥状细胞在白昼或明亮条件下发挥作用,具有对图像细节的敏锐分辨能力,并对明亮的色彩产生感知,因此被称为"白昼视觉"或"亮视觉"。相反,杆状细胞在低亮度条件下发挥主要作用,虽然它们无法产生彩色感知,但对微弱光线具有高度敏感性,因此被称为"暗视觉"或"微光视觉"。这些细胞在视网膜上呈现特定的分布模式,如图8.3所示。

视网膜上的感光细胞分布不均匀。在视网膜中心区域,锥状细胞密度最高,约为每平方毫米15万个,形成一个椭圆形区域,被称为黄斑。黄斑中心部位的视网膜最薄,形成一个直径约为0.4mm的凹窝,即中央凹,约为1.3°。与中央凹的距离增加时,锥状细胞密度逐渐减小。从距离中央凹0.5°到1°的区域开始出现杆状细胞。在距离视轴2.5°的区域内,杆状细胞密度增加,而锥状细胞密度逐渐减少,形成中央凹的边缘,被称为中央凹。距离视中心约20°的区域,杆状细胞密度达到最大值,约每平方毫米16万个,而锥状细胞密度减少至约每平方毫米0.5万个。

生理学上所称的盲点,又被称为"生理盲点",位于眼球后部的视网膜上,即视神经进入眼球处的凹陷区域。这一区域缺乏感光细胞,因此无法感知光线。当物体的影像落在盲点上时,由于缺乏感光细胞的存在,无法引发视觉,因此被称为"盲点",如图8.3所示。

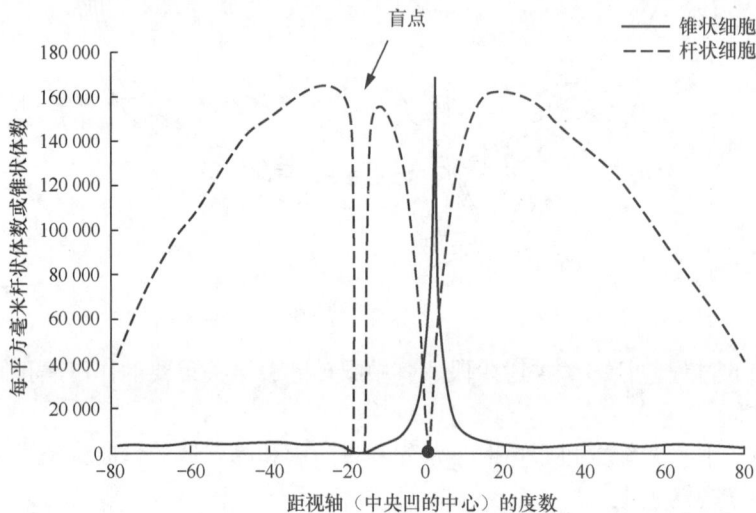

图8.3 光感受器示意图

人眼对可见光的感知范围大致在400至800nm之间,其中光的波长依次由长至短排列为红、橙、黄、绿、青、蓝、紫。400至800nm波长范围内的所有颜色的光称为白光。人眼对不同颜色的可见光具有不同的光谱灵敏度。如图8.4所示,在较明亮的环境下,人眼对黄绿色最为敏感(在明亮环境中对黄光最敏感,在较暗环境中对绿光最敏感),同时对白光也有较高的光谱灵敏度。然而,无论环境如何,人眼对红光和蓝紫光的灵敏度较低。如果将人眼对黄绿色的灵敏度设定为100%,那么对蓝色光和红色光的视觉灵敏度仅约为10%。在极度昏暗的环境中(亮度低于10^{-2}cd/m^2,例如夜晚无人工照明),人眼的锥状细胞失去感光功能,此时感光功能由杆状细胞接管,导致人眼丧失了对颜色的感知能力,只能辨别白色和灰色。

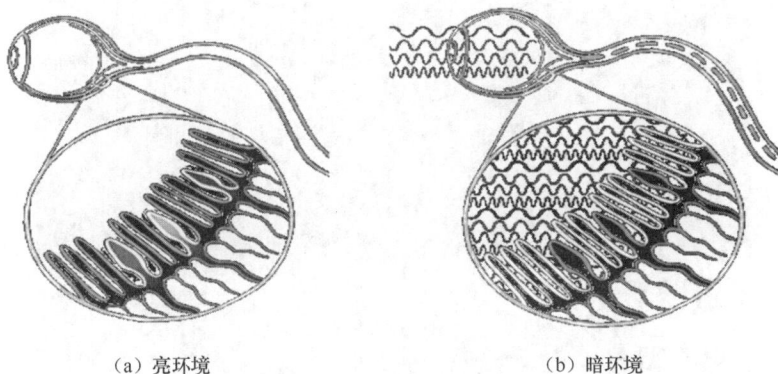

（a）亮环境 （b）暗环境

图 8.4 人眼的光谱灵敏度

人眼的亮度感知范围大约在 10^{-3} 至 10^{6}cd/m^2 之间。在平均亮度适中的条件下（亮度范围约为 $10 \sim 10^4$cd/m^2），人眼能够分辨的最大和最小亮度之比约为 1 000:1。然而，在较低亮度条件下，人眼的最大和最小亮度之比不到 10:1。

8.1.4 人眼视觉的适应性

人眼的视觉系统表现出多种适应性特性。

明适应：指当人从暗处移动到亮处时，视觉系统的适应过程。此时，视觉系统需要大约一分钟的时间来适应光线的变化，以确保清晰地辨认物体，如图 8.5 所示。

图 8.5 明适应场景

暗适应：指当人从亮处移动到暗处时，视觉系统的适应过程。此时，视觉系统需要大约三十分钟的时间来适应光线的变化，以使视觉系统能够在低亮度环境下辨认物体，如图 8.6 所示。

视觉惰性（或称为视觉暂留）：指光线在视网膜上形成后，即使光源消失，视觉系统仍会持续感知该光线影像约 $1/20 \sim 1/10$s 的时间的现象。就时间特性而言，人眼感知活动图像的帧率至少应达到每秒 15 帧，以确保图像的连续性。当帧率达到每秒 25 帧时，人眼则无法感知到闪烁。需要注意的是，在一般情况下，监控视频的帧率通常为每秒 15 帧，电视为每秒 25 帧，而电脑屏幕的帧率则通常为每秒 60 帧。

图 8.6　暗适应场景

视觉连带集中：是指一旦人眼发现某个区域的缺陷，视觉系统会立即集中注意力于该区域，使得密集的缺陷更容易被察觉的现象。

视觉的心理学特性：是指除了生理基础上的物理过程外，视觉过程还受到许多先验知识的影响，这些先验知识被归结为视觉心理学。这些先验知识往往会导致视错觉的出现。

要使眼睛能够有效地辨别背景上的对象，必须满足以下两个条件之一：对象与背景颜色不同，或者它们在亮度上存在一定的差别，即存在一定的亮度对比。人类对于对象与背景的最小亮度差的感知称为临界亮度差，它与背景亮度之比被称为临界对比。具有较好视力的人的临界对比约为 0.01。对比灵敏度的倒数表示了个体的视觉系统对于亮度差别的敏感程度，对比灵敏度越大，个体能够辨别的最小亮度对比也就越小。对象与背景的对比与临界对比之间的差异越大，视力也就越高。例如，当物体较亮而背景较暗时，视力最佳；相反，如果背景比物体更亮，则视力会明显下降。不足的照明条件，特别是缺乏阴影或亮度差，可能会导致虚假的视觉现象，从而扭曲对物体的感知，对重要信息的判断可能会产生不利影响。适当的工作场所照明可以确保正确的感知处理，有助于减少工作中的错误发生率。

光亮度发生跃变时，会产生**马赫带效应**，这种效应突显了边缘，使得亮度突变处的边缘更加明显，如图 8.7 所示。这种效应有助于人眼更准确地识别物体的轮廓。如果在单元箱体之间存在相同方向的亮度渐变，可能由于箱体表面的平整度或贴片等因素而导致问题在箱体之间的接缝处变得明显可见。

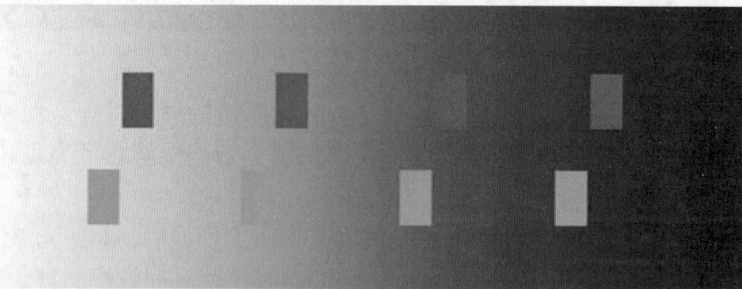

图 8.7　马赫带效应

我们可以利用**侧抑制**现象来解释马赫带效应的产生。侧抑制是指视网膜上相邻的感光细胞相互之间对光线反应的抑制作用，即当某个感光细胞受到光线刺激时，如果它的相邻感光细胞也同时受到刺激，那么该感光细胞的反应会减弱。由于相邻细胞之间存在侧抑制的现象，来自暗明交界处亮区一侧的抑制程度大于来自暗区一侧的抑制程度，使得暗区的边界显得更暗；反之，来自暗明交界处暗区一侧的抑制程度小于来自亮区一侧的抑制程度，亮区的边界显得更亮。这种现象可以被视作锥细胞对光信号的滤波效应。

在**视觉错觉**中，眼睛会误填不存在的信息或错误感知物体的几何特征。如图 8.8 所示，我们能够感知到正方形和圆形的存在，同时也能够观察到两个箭头长度好像不一致，原本平行的直线似乎不平行。

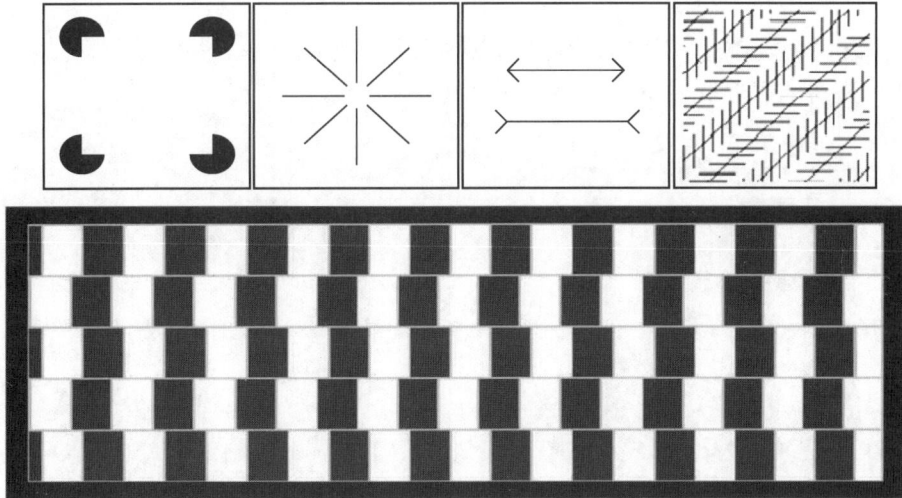

图 8.8　视觉错觉

视觉注意机制（visual attention mechanism，简称 VA）指人类在面对特定场景时，自动处理感兴趣的区域并有选择性地忽略其他区域的能力。这些受到注意的区域称为显著性区域。在所提供的图像示例中，四个人物是引起观察者注意的显著性区域，如图 8.9 所示。

图 8.9　视觉注意机制示例

8.1.5　图像的数字化

常见的模拟图像通常需要经过数字化处理，以供计算机进一步处理与分析。在此过程中，模拟图像被分割成称为像素的小区域，每个像素的亮度或灰度值以整数形式表示，如图 8.10 所示。

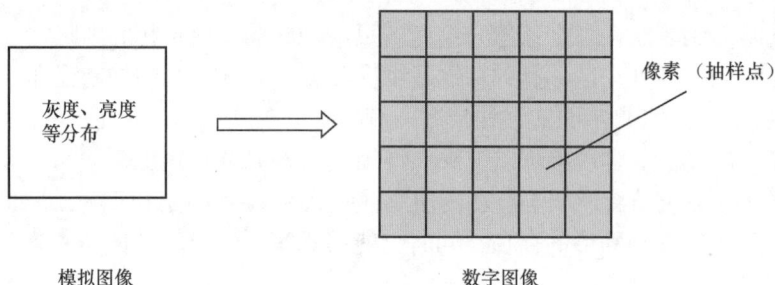

图 8.10 模拟图像的数字化处理

在计算机科学领域，多媒体内容必须以数字形式表示，这一过程包括模拟媒体的数字化，其中包括采样和量化两个关键环节，如图 8.11 所示。

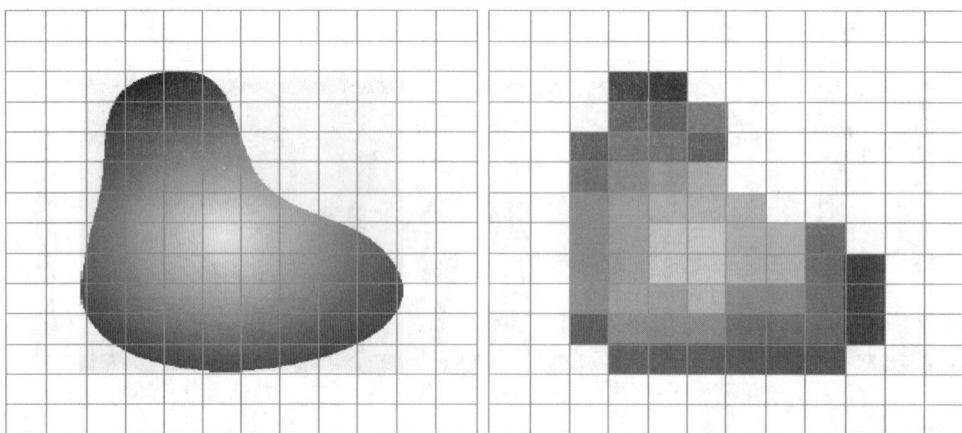

图 8.11 采样和量化

采样，也称为取样，是将连续的时间域或空间域信号转换为离散信号的过程。在图像处理中，采样实际上是确定需要多少个采样点来描述一幅图像的过程。

量化，是将信号的连续取值近似为有限个离散值的过程。在图像处理中，量化意味着确定要使用多大范围的数值来表示图像采样后每个采样点的亮度或颜色值。

在图像处理中，将模拟图像转换为数字图像是必要的。这一过程是将图像在空间坐标系上分解成像素点的离散表示。这些像素点通过坐标 (x, y) 的位置关系来定义，构成了图像的完整结构。数字图像的转换旨在使图像能够被计算机进行处理。数字图像由像素点组成，每个像素点代表着在平面坐标系上的一个灰度值。这些像素点按照特定的排布方式组合形成图像。因此，一旦确定了图像的操作单元及其排布关系，便可以通过计算机进行相应的计算和处理。

在图像处理领域，常见的灰度值的使用曾引发了一些探讨，人们曾思考为何不直接使用红、绿、蓝等颜色值。然而，逐渐认识到，图像的表示并非局限于特定颜色空间，而是可以采用 0 到 255 之间的任意颜色值来表达，包括红、绿、蓝或其他颜色。或许，更倾向于使用灰度值的原因是因为灰度色彩的极端是黑色和白色，具有明显的对比度。此外，早期的成像设备主要是单色的，这也可能对选择灰度值的习惯产生了影响。

在经过采样和离散化的过程后，模拟图像已经转化为像素点，但这些像素点的值仍然是连续的，需要进行量化以转换为离散的灰度级别。当采样点的连续灰度值 Z_i 满足

$Z_i - 1 \leqslant Z_i < Z_i + 1$ 时，将 Z_i 量化为整数 q_i，其中 q_i 代表像素的灰度值。量化是将连续的采样值转换为有限的离散值的过程，在数字图像处理中至关重要，量化使得图像能够被计算机处理。通常情况下，灰度图像被量化为 8 位图像，即每个像素点的灰度值由 8 位二进制数表示。

数字图像数据量的计算是一个涉及图像采样和量化级别的复杂过程。随着采样点数的增加，图像中的像素点数量也相应增加，从而导致图像数据量的增加。提高量化级别会增加每个像素点所需的比特数或字节数，进一步增加图像的数据量。

一幅数字图像的总数据量可通过以下公式进行计算：数据量 $= M \times N \times b$，其中 M 表示每行像素数，N 表示每列像素数，b 表示每个像素的灰度量化所占用的位数或字节数。例如，对于一个尺寸为 512×512 像素的 8 位灰度图像，其数据量可以如下计算：

$$512 \times 512 \times 8\text{bit} = 256\,\text{KB}$$

各种媒体形式的信息都以数值方式呈现。表现域，也称为表现空间，指的是媒体可以展示的范围，这一范围可以是时间域、空间域或者时间-空间域，如图 8.12 所示。以视频为例，其表现域为时间-空间域。表现维度则是指每个表现空间所具备的一个或多个维度。例如，图像属于二维表现维度。

图 8.12　媒体形式的表现域

3D 视频与 2D 视频相比，具备更加丰富的信息维度，包括长度、宽度和深度。其中，深度是 3D 视频所独有的维度，如图 8.13 所示，深度图像使观众能够感知到物体在空间中的距离和位置关系。深度图像，又称为距离影像，是一种特殊类型的图像，其像素值反映了从图像采集设备到场景中各点的距离或深度，从而直接展现了物体在空间中可见表面的几何形状。

图 8.13　深度图像

8.1.6　人眼的视觉颜色空间

人眼对彩色的感知和处理涉及复杂的生理和心理过程，为了有效地描述和利用视觉中的颜色，研究人员基于实验结果提出了不同的颜色空间，例如 RGB 空间、HSI 空间和 HSV 空间等。

RGB 空间是一种常用的颜色空间，通过调节红（red，缩写为 R）、绿（green，缩写为 G）、蓝（blue，缩写为 B）三个颜色通道及其叠加来生成各种颜色，如图 8.14 所示。在 RGB 中，每个通道的颜色强度范围为 0 到 255，代表了不同颜色的强度。例如，纯红色的 R 值为 255，G 和 B 值为 0；灰色的 R、G、B 值相等；白色的 R、G、B 值均为 255，而黑色的 R、G、B 值均为 0。RGB 图像通过调节这三种颜色的比例，可以在屏幕上呈现多达 16 777 216 种不同的颜色。

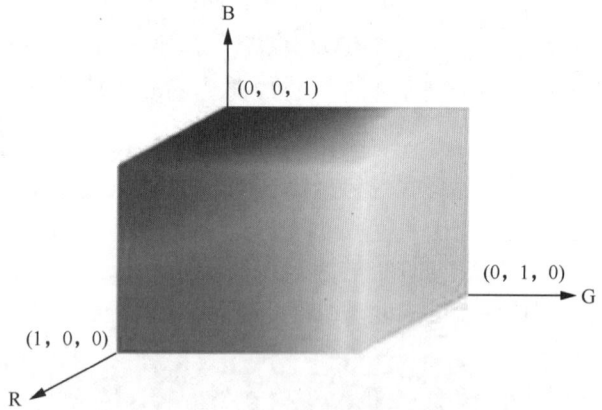

图 8.14　RGB 颜色空间

以下是 RGB 空间中颜色的混合效果，如图 8.15 所示。

（1）红色 + 绿色 + 蓝色 = 白色

（2）红色 + 绿色 = 黄色

（3）红色 + 蓝色 = 品红

（4）绿色 + 蓝色 = 青色

（5）黄色 + 蓝色 = 白色（互补）

（6）品红 + 绿色 = 白色（互补）

（7）青色 + 红色 = 白色（互补）

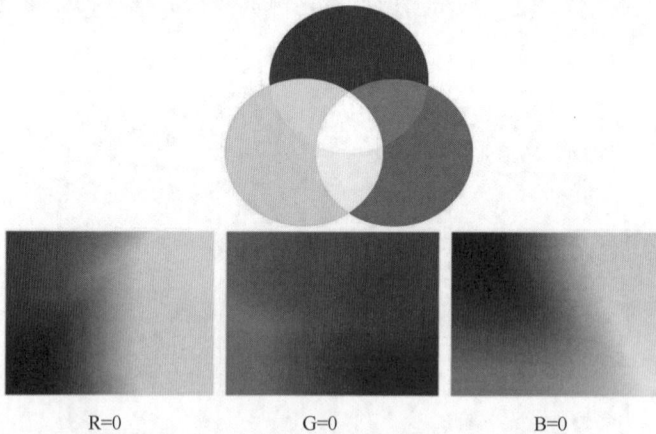

图 8.15　RGB 颜色空间中颜色的混合效果

HSI 空间是由阿布德尔·拉赫曼·穆罕默德·曼苏尔（A.H. Mohamed Mansoor）在 1975 年提出的。其基于人类视觉系统感知彩色的方式，通过色调（hue，缩写为 H）、饱和度

（saturation，缩写为 S）和亮度（intensity，缩写为 I）三个属性来描述颜色。在该空间中，色调用于定义颜色的波长，如红色、绿色、蓝色等，也可表示一定范围的颜色，如暖色、冷色；饱和度则表示颜色的纯度和深浅程度，高饱和度使颜色更加鲜艳；而亮度则对应于成像亮度和图像灰度，反映颜色的明亮程度。在 HSI 模型中，亮度和色度是相互独立的，亮度分量与图像的彩色信息无关，因此适用于彩色图像处理和分析。此外，HSI 模型中的色调和饱和度概念与人的感知紧密相连，反映了人的视觉对色彩的感觉。

在色度学中，彩色光的性质通常由其亮度、色调和饱和度三个基本参数表示，被称为彩色三要素。亮度表示光照射到人眼时的明亮程度感知，与光的能量相关；一般来说，彩色光的亮度随着功率的增大而增加，功率减小而减弱。色调则指颜色的种类，与光的波长相关；改变光的波谱成分时，光的色调也会相应改变。彩色物体的色调主要由其光吸收、反射和透射特性决定，同时受到照明光源特性的影响。饱和度描述彩色光呈现色彩深浅的程度，高饱和度使色彩更加深沉，低饱和度则使色彩更浅。白光的饱和度为 0，通过添加白光可以调节彩色光的饱和度。色调和饱和度的组合构成了色度，既表明了彩色光的颜色种类，也说明了颜色的深浅程度。色调与亮度结合则对彩色进行全面描述，使得彩色光不仅有亮度的差异，还具备了色调和饱和度的特性。

HSV 空间是一种常用的颜色空间，也被称为六角锥体模型，由阿尔伯特·R. 史密斯（Albert R. Smith）于 1978 年提出，如图 8.16 所示。该空间在用户交互中提供了直观的颜色表示方式，用户可以直接询问"颜色是什么？饱和度如何？明度如何？"在 HSV 空间中，每种颜色由色相（hue，缩写为 H）、饱和度（saturation，缩写为 S）和亮度（value，缩写为 V）三个参数表示。在该空间中，色相表示颜色信息，即处于光谱中的位置，以角度表示，取值范围为 0°～360°。红色对应于 0°，绿色为 120°，蓝色为 240°，其余颜色依次类推。饱和度表示颜色的纯度和深浅程度，取值范围为 0.0～1.0，其中 0 表示无色彩，1.0 表示最饱和。亮度表示颜色的亮度，取值范围为 0.0（黑色）～1.0（白色），即色彩的明暗程度。HSV 空间的颜色域是 CIE 色度图的子集，其色度以 S-V 平面的圆柱坐标系表示，而 H 轴沿着圆柱体的中心轴旋转，V 轴垂直于平面。模型的底部代表黑色，顶部则是白色，中间则是不同色相的彩色。

不同的颜色空间之间是可以相互转换的。

例如，将 RGB 空间转 HSV 空间可以如下操作。

首先将 R，G，B 分量数值缩放到范围 0 到 1 之间，即除以 255。

接下来按如下公式进行转换即可。

$$V = \max(R, G, B)$$

$$S = S = \begin{cases} \dfrac{V - \min(R,G,B)}{V} & \text{if } V \neq 0 \\ 0 & \text{otherwise} \end{cases}$$

$$H = \begin{cases} 60(G - B)/(V - \min(R,G,B)) & \text{if } V=R \\ 120 + 60(B - R)/(V - \min(R,G,B)) & \text{if } V=G \\ 240 + 60(R - G)/(V - \min(R,G,B)) & \text{if } V=B \\ 0 & \text{if } R=G=B \end{cases}$$

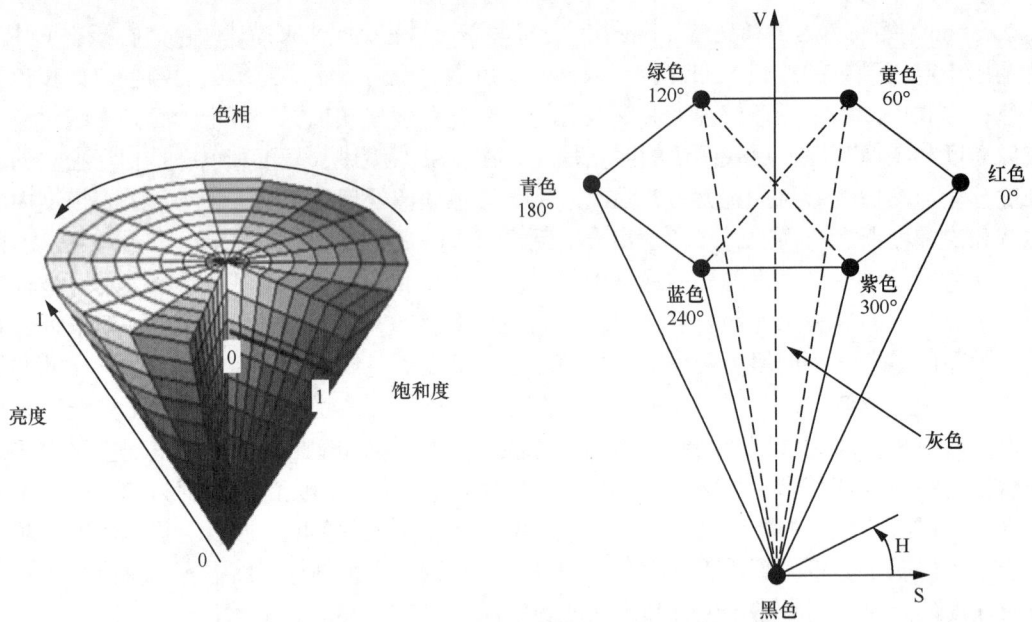

图 8.16　HSV 空间

转换之后 V 和 S 都是在 0～1 之间，H 是在 0°～360° 之间（计算的结果可能小于 0，如果小于 0 就加上 360）。假设要将像素（110，20，50）分别对应 RGB 分量，转换到 HSV 空间中，那么转换后的 V=0.4 314，S=0.8 183，因为 H 小于 0，所以加上 360，即 H=340。

8.2　智能视觉

在智能视觉中，我们一起了解一下基于内容的图像检索、行人重识别、目标检测、图像超分辨率重建和图像分割等相关技术。

8.2.1　基于内容的图像检索

1．图像检索简介

图像检索是计算机视觉领域中的一个关键研究领域，旨在利用计算机算法在图像数据库中检索出与输入图像相似的内容。图像检索方法根据其描述图像内容的方式可分为基于文本的图像检索（text based image retrieval，TBIR）和基于内容的图像检索（content based image retrieval，CBIR）。

基于文本的图像检索方法首次出现于 20 世纪 70 年代，其核心思想是利用文本标注对图像内容进行描述，以产生描述图像内容的关键词，如图像中的物体、场景等。这一方法可以通过人工标注或半自动图像识别技术来实现。在检索过程中，用户提供查询关键词，系统根据这些关键词在标注中找出匹配的图像，并将结果返回给用户。

尽管基于文本的图像检索方法易于实现且具有相对较高的查准率，但其缺点也显而易见。

（1）这种方法需要人工介入标注过程，因此更适用于小规模数据集，在大规模数据上的应用则需要大量人力和财力投入。

（2）对于需要精确查询的情况，用户有时难以用简短的关键词准确描述所需图像。

（3）人工标注受标注者认知水平、语言使用和主观判断等因素影响，可能导致图像描述的差异。

随着图像数据规模快速增长，针对基于文本的图像检索方法日益凸现的问题，1992年美国国家科学基金会达成共识，认为表示和索引图像信息最有效的方式应基于图像内容自身。这一共识推动了基于内容的图像检索技术的发展，并在过去的十多年里取得了迅速进展。典型的基于内容的图像检索流程如图8.17所示，利用计算机对图像进行分析，建立图像特征向量描述并存入图像特征库。当用户输入一张查询图像时，采用相同的特征提取方法提取查询图像的特征，得到查询向量。然后，根据某种相似性度量准则计算查询向量与特征库中各个特征的相似性大小，最终按照相似性大小进行排序，并顺序输出对应的图像。

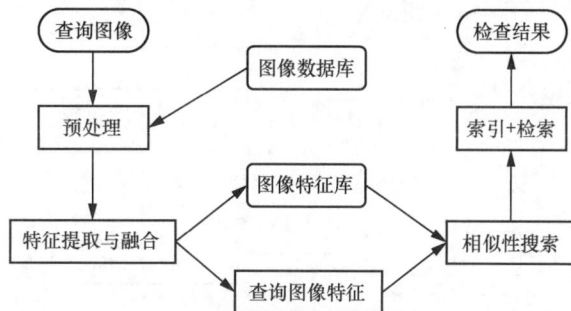

图 8.17　早期基于内容的图像检索流程

基于内容的图像检索技术将图像内容的表达和相似性度量交由计算机自动处理，克服了采用文本进行图像检索所面临的问题，同时充分利用了计算机在计算方面的优势，极大提高了检索效率，为海量图像库的检索开辟了新的途径。基于内容的图像检索技术在电子商务、皮革纺织、版权保护、医疗诊断等领域展现了广泛的应用前景。

（1）在电子商务领域，诸如谷歌的 Goggles 和阿里巴巴的拍立淘等应用允许用户通过上传照片至服务器端，通过图像检索应用查找相同或相似的商品并提供购买链接。

（2）在皮革纺织行业，制造商能够将样品拍摄并转化成图片，使得当其他制造商需要特定纹理的皮革布料时，可以快速检索到相匹配的样本品，从而简化了样品管理流程。

（3）在版权保护方面，服务提供商可利用图像检索技术验证商标是否已注册。

（4）在医疗诊断领域，医生可以通过检索医学影像库来比对病人的相似部位，从而进行病情诊断。

这些例子凸显了基于内容的图像检索技术在各行各业中的深入应用，为人们的生活和工作带来了极大便利。

当前，图像检索领域所面临的主要挑战之一是所谓的"语义鸿沟"。这一现象指的是图像的低级特征表示与高级感知概念之间存在的显著差异，导致检索到的图像与用户需求不相关。这一问题在过去30年来已吸引了众多学者的关注。为了解决这一问题，许多学者提出了各种方法来将图像的高级感知概念转换为低级特征表示。

2．基于特征的图像检索

在传统方法中，根据不同的特征提取方式，通常将特征划分为全局特征和局部特征。

全局特征涵盖纹理、形状、颜色和空间信息等，如图 8.18 所示，全局特征展现了整个图像的特征，适用于对象分类和检测任务。与之相对应的，局部特征常常将图像分割成不同的块或通过计算特定的关键点来获得，如图 8.19 所示，局部特征更适用于图像检索、匹配和识别任务。

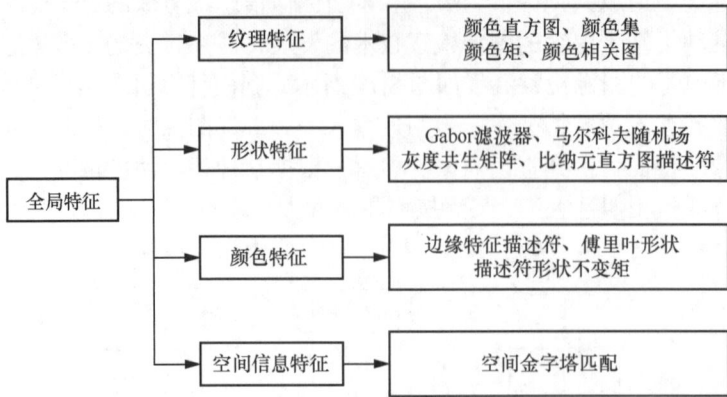

图 8.18　基于全局特征的图像检索

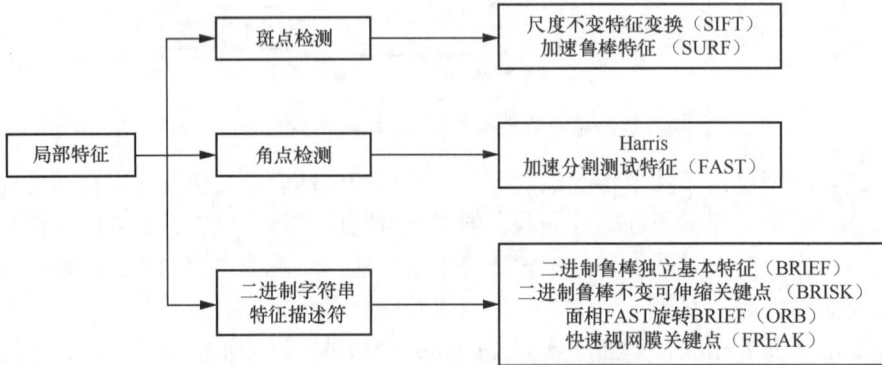

图 8.19　局部特征的分类和提取

（1）全局特征

纹理特征：纹理特征在许多真实图像中普遍存在，被认为是计算机视觉中的重要特征之一，因此在图像检索与模式识别领域得到了广泛的应用。纹理特征被视为识别图像中感兴趣物体或区域的关键特征之一。研究表明，基于灰度空间相关性的易于计算的纹理特征在显微照片、航空照片以及卫星图像等不同类型的图像数据分类和识别任务中得到了有效的应用，并且易于计算的纹理特征在各种图像分类应用中具有普适性。然而，基于纹理特征的图像检索主要存在计算复杂度高和对噪声敏感的缺点。

形状特征：形状作为标识图像的基本特征之一，在图像检索中扮演着关键角色。基于形状特征的检索方法能够有效地利用图像中感兴趣的目标进行检索。然而，一般情况下，形状描述符会随着图像的比例和平移而发生变化，因此通常需要与其他描述符结合使用，以提高图像检索的准确性。在形状特征描述方法中，典型的包括边界特征法、傅里叶形状描述符法、几何参数法以及形状不变矩法等。

颜色特征：颜色在图像检索系统中被广泛应用，因其直观性，人们能够基于颜色特征对图像进行区分。研究者根据不同的颜色空间进行颜色特征的计算，在基于内容的图像检索（CBIR）领域中，最常使用的颜色空间包括 RGB、HSV、YCbCr、LAB 以及 YUV 等。这些颜色空间能够通过颜色直方图（CH）、颜色集、颜色矩、颜色聚合向量以及颜色相关图等描述符进行表示。值得注意的是，颜色特征不受图像旋转与平移变化的影响，在归一化后对图像尺度变化具有较高的鲁棒性。此外，将颜色特征与颜色空间信息相结合，能够更有效地对图像进行表征。

空间信息特征：先前的研究通常专注于提取缺乏空间信息的低层特征，因为空间信息特征主要与图像分割中多个目标之间的相对位置相关联。尽管空间信息的利用能够增强对图像内容的描述能力，但对图像的旋转、尺度变化等变化较为敏感。在实际的图像检索应用中，常常将空间信息与其他低层特征结合使用，以获得更精确的检索结果。

在早期的基于内容的图像检索研究中，全局特征的应用能够带来良好的准确性。然而，这些全局特征容易受到环境干扰，如光照变化、图像旋转、噪声以及遮挡等因素的影响，从而降低了全局特征提取的准确率。此外，全局特征的计算量也相对较大，这在一定程度上增加了计算的复杂度。

（2）局部特征

相较于全局特征，图像的局部特征在处理比例与旋转不变性方面更具优势。为了更精细地表示图像特征，逐渐出现了局部特征描述方法。这些方法包括斑点检测算法，如 SIFT(scale-invariant feature transform)、SURF(speeded-up robust features)；角点检测算法，如 Harris 角点检测和 FAST(features from accelerated segment test)等；以及二进制字符串特征描述算法，如 BRISK(binary robust invariant scalable keypoints)、ORB(oriented FAST rotated and BRIEF)、FREAK(fast retina keypoint)等。这类算法通常只需要进行简单的计算与统计，而无需大规模的学习与训练。

局部特征具有较好的稳定性，在处理图像的旋转、尺度缩放、亮度变化等方面表现出较强的稳定性，相对于全局特征而言，其受视角变化、仿射变换以及噪声干扰的影响较小。综上所述，图像的局部特征能够有效地反映图像的局部特殊性，因此在图像匹配、检索等应用中具有广泛的适用性。

近年来，基于内容的图像检索系统逐渐采用机器学习方法，以建立能够处理新输入数据并提供正确预测结果的模型，从而提高图像检索的效率。在无监督学习方面，CBIR 系统广泛使用聚类和降维两类算法。通过降维处理特征选择和提取，能够在保留数据结构和有用性的同时压缩数据。而聚类则是将图像特征描述符根据相似度聚集成不同的组别。其中，K 均值聚类算法和主成分分析降维算法在 CBIR 系统中得到广泛应用。在监督学习方面，相较于无监督学习，监督学习算法具有图像分组和标签等先验知识。监督学习通常用于分类问题，通过训练得到最优模型，并利用该模型将输入数据映射到相应的输出，从而实现分类任务。常见的监督学习算法包括回归分析、统计分类，以及 SVM 和 ANN 等。

传统的视觉特征在很大程度上是人为设计的，这使得它们无法准确地捕捉图像特征，因此对检索性能造成了一定的影响。然而，随着深度学习技术的发展，深度学习技术在计算机视觉任务中取得了巨大的成功。深度学习是一种实现机器学习的技术，其中包括监督学习和无监督学习算法。例如，卷积神经网络是一种监督学习方法，而生成对抗网络则是一种无监督学习方法。这类方法通常提取的是图像的全局特征表示。相较于传统的机器学习方法，深度学习具有更高的性能，这使得其在计算机视觉、机器翻译、语音识别等领域的新应用成为可能。

3．按粒度分类的图像检索技术

图像检索按照粒度不同可分为相同物体图像检索、相同类别图像检索和大规模图像检索等三类。

（1）相同物体图像检索

相同物体图像检索是指从图像库中查找包含查询图像中特定物体或目标的图像。在这种情况下，用户的兴趣在于识别图像中特定物体，并且检索到的图像应该包含该物体。以给定一幅《蒙娜丽莎》的画像为例，相同物体图像检索的目标是从图像库中检索出包含"蒙娜丽莎"人物的图像，并通过相似性度量对其进行排序，使得这些图像在检索结果中排在前面。在英文文献中，相同物体检索通常被称为物体检索（object retrieval），而近似样本搜索或检测（duplicate search or detection）也可以归类为相同物体的检索。相同物体检索方法也可以直接应用于近似样本搜索或检测。相同物体检索在研究和商业图像搜索领域都具有重要价值，例如在购物应用中搜索衣服、鞋子，以及进行人脸检索等应用。

在相同物体图像检索中，如图 8.20 所示，检索相同的物体或目标受到拍摄环境的影响，如光照变化、尺度变化、视角变化、遮挡以及背景杂乱等因素，这些因素会对检索结果造成显著影响。此外，在处理非刚性物体时，物体的形变也会对检索结果产生重要影响。

（a）光照变化　　　（b）尺度变化　　　（c）视角变化　　　（d）遮挡　　　（e）背景杂乱

图 8.20　光照变化、尺度变化、视角变化、遮挡和背景杂乱对检索造成影响

由于环境干扰较大，相同物体图像检索常选用具有较好抗干扰性的不变性局部特征，如 SIFT、SURF 和 ORB 等。基于这些特征构建图像的全局描述，常采用词袋模型（BoW）、局部特征聚合描述符（VLAD）和 Fisher 向量（FV）等编码方式。这类方法结合了类 SIFT 的不变性特性，并采用了由局部到全局的特征表达方式。在实际应用中，还可利用 siftGPU 加速 SIFT 提取，以提升检索效率。然而，这些方法通常具有较高的特征维度，例如在牛津建筑物图像数据库上采用词袋模型进行检索时，聚类数目常设置为几十万，导致最终特征维度达到数十万维。因此，设计高效的索引方式对于这些方法十分重要。

（2）相同类别图像检索

相同类别图像检索的目标是根据给定的查询图片，从图像库中找出与之属于同一类别的图像。用户在此感兴趣的是图像中物体或场景的类别，即希望获取具有相同类别属性的图像。为了清晰区分相同物体图像检索和相同类别图像检索这两种方式，以图 8.20 所举的"蒙娜丽莎"为例：若用户关注的是特定的《蒙娜丽莎》画作本身，则检索系统应采用相同物体图像检索方式进行检索；但若用户感兴趣的不是特定画作，而是"画像"这一类别的图片，即已将具体画作进行了类别概念的抽象，此时检索系统应采用相同类别图像检索方式进行检索。目前，相同类别图像检索已广泛应用于图像搜索引擎、医学影像检索等领域。

相同类别图像检索面临的主要挑战在于，同一类别的图像内部变化较大，而不同类别的图像之间的差异相对较小。如图 8.21（a）所示，对于"山峰"这一类别的图像，其表现形式可能存在着很大的差异。而图 8.21（b）所示的"狗"类和"图标"类两张图像，虽然它们属于不同的类别，但若采用低层次的特征描述，如颜色、纹理和形状等特征，则它们之间的类间差异相对较小。因此，直接采用这些特征进行区分是具有挑战性的。

（a）类内变化巨大（山峰）

（b）类间相似性干扰

图 8.21　相同类别图像检索的困难

近年来，以深度学习（deep learning，DL）为主导的自动特征提取方法在相同类别图像检索中得到了广泛应用，极大地提升了检索精度，使得相同物体的检索在特征表达方面取得了显著进展。目前，以卷积神经网络为主的特征表达方式也开始在相同物体图像检索中得到应用，并已有一些相关研究工作。然而，相较于相同类别图像检索，相同物体图像检索在构建类样本训练数据时更为复杂，因此在 CNN 模型训练和自动特征提取方面仍有待进一步研究。在使用 CNN 模型提取自动特征时，最终得到的特征维度通常较高，一般为 4 096 维，虽然可以通过 PCA 等降维手段降低维度，但在保持检索精度的前提下，降维的幅度仍受到限制。因此，对于这类图像检索任务，有必要设计高效、合理的快速检索机制，以适应大规模或海量图像的检索需求。

（3）大规模图像检索

在大规模图像数据集上，不论是相同物体图像检索还是相同类别图像检索，它们共同具有三个典型的主要特征，即图像数据量大、特征维度高以及响应需求快速。以下对这三个主要特征进行详细说明。

① **图像数据量大**：随着多媒体数据的捕获、传输和存储技术的不断发展，以及计算机运算速度的提高，基于内容的图像检索技术在过去几十年中取得了显著进步。在其发展的早期阶段，研究者通常使用一些小型图像库进行算法性能验证，比如包括 1 000 张图片的图像库 Corel-1k。然而，随着图像检索技术的成熟和应用场景的扩大，现如今的图像检索任务往往涉及大规模甚至海量级的图像数据集，例如 ImageNet 数据集。与早期的图像库相

比，这些数据集的规模增长了数千倍甚至更多。因此，图像检索技术需要适应大数据时代的要求，并具备良好的伸缩性，能够有效处理大规模图像数据集。

② **特征维度高**。图像特征作为描述图像视觉内容的关键组成部分，直接影响着图像检索过程中可能达到的最高检索精度。在特征提取阶段，若不能有效表达图像特征，将导致后续检索模型的复杂化、查询响应时间的增加以及检索精度的降低。因此，在特征提取阶段，有必要有意识地选择具有更高层次表达能力的特征。如果将局部特征的表达方式也视作高维特征的一种，那么特征的描述能力与特征的维度高低密切相关。在大规模图像检索中，常见的特征描述方法，如词袋模型、VLAD、Fisher 向量以及 CNN 特征等，通常具有高维度的特征表示。因此，面向大规模图像数据集的检索任务常具备高维度的图像特征描述向量。

③ **响应需求快速**。图像检索系统需要具备快速响应用户查询需要的能力。考虑到大规模图像数据集的规模庞大和特征维度高，采用暴力搜索（也称为线性扫描）往往无法满足系统实时性的要求。因此，针对大规模图像检索任务，需要满足系统实时响应的需要。

随着图像数据规模的快速增长，基于内容的图像检索技术在商业应用和计算机视觉领域备受关注。传统的暴力搜索通过逐个计算查询图像与数据库中每个图像数据的相似性并排序。虽然这种方法容易实现，但随着数据库规模和特征维度的增加，其搜索成本也随之增加。因此，暴力搜索只适用于小规模图像数据库。在大规模图像库中，暴力搜索不仅消耗大量计算资源，而且响应时间随数据规模和特征维度的增加而增加。为了降低搜索的空间和时间复杂度，近年来研究者提出了一种替代方案，即近似最近邻（approximate nearest neighbor）搜索方法，并提出了许多高效的检索技术，其中包括基于树结构、基于哈希和基于向量量化的图像检索方法。

树结构是一种常用于图像检索的方法，它将图像特征以树状结构组织起来，使得检索复杂度可以降低到与图像数据库样本数目的对数成比例的程度。在基于树结构的图像搜索方法中，包括了 KD-树和 M-树等。KD-树是其中应用最广泛的一种，其在构建树的过程中，不断选择方差最大的维度进行空间划分，然后将数据按照树结构组织，并将其保存在内存中。具体而言，KD-树的构建过程是通过在搜索阶段从根节点到叶节点的途中，逐一比较叶节点下的数据与查询数据，以及进行回溯，从而找到最近邻。虽然基于树结构的图像检索方法显著降低了单次检索的响应时间，但对于高维特征，如数百维的情况，基于树结构的图像检索方法的性能会显著下降，甚至可能低于暴力搜索的性能。

相较于基于树结构的图像检索方法，**基于哈希**的图像检索方法具有明显优势，因为它能够将原始特征编码为紧凑的二进制哈希编码。这种内存消耗的降低使得基于哈希的图像检索方法能够显著减少内存使用量。此外，在计算汉明距离时，可以利用计算机内部算术逻辑单元的异或（XOR）运算，从而在微秒级别内完成汉明距离的计算，大大缩短了单次查询所需的时间。基于哈希的图像检索方法的关键在于构建有效的哈希函数集，使得原始特征空间中的数据在经过哈希函数映射后，其在汉明空间中的相似性能够得到有效的保持或增强。未经编码的特征在数值上是连续的，而哈希编码则将其转换为二值哈希码，这意味着哈希函数集将连续域的数值映射到离散域，因此，在优化哈希函数集时常面临难以解决的挑战。尽管在过去的几十年中，设计有效的哈希函数集一直是一项具有挑战性的任务，但研究人员仍然提出了许多基于哈希的图像检索方法，其中最经典的是局部敏感哈希方法（locality sensitive hashing，LSH）。

基于哈希的图像检索方法框架如图 8.22 所示，按照以下步骤进行操作：

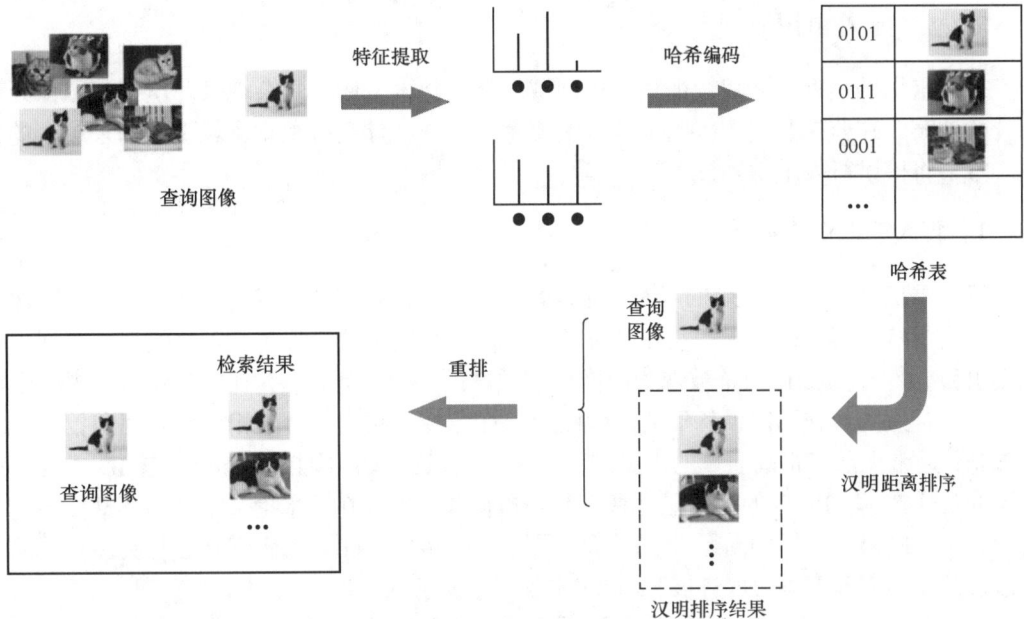

图 8.22　基于哈希的图像检索方法框架

① **特征提取阶段**，即对图像数据库中的每张图像进行特征提取，并将提取的特征与图像文件名一一对应，形成特征库。

② **哈希编码阶段**，这一阶段可细分为两个子阶段：哈希函数学习和正式的哈希编码。在哈希函数学习阶段，利用划分好的训练集和测试集，对构建的哈希函数集进行训练学习。而在正式的哈希编码阶段，则是将原始特征通过学习得到的哈希函数集映射为相应的哈希编码。值得注意的是，若已验证了哈希算法的有效性，可将整个图像库用作训练集和图像数据库，以增强哈希函数在大规模图像上的适应性。

③ **汉明距离排序阶段**，在此阶段，针对查询图像，计算其哈希编码与其他图像哈希编码的汉明距离，并根据距离大小进行相似性排序，得到检索结果。

④ **重排阶段**，针对汉明距离排序后的结果，可以选择前 M 个结果或根据设定的汉明距离阈值对结果进行重排。通常，在重排时采用欧式距离作为相似性度量，以获得更精确的结果。因此，哈希编码阶段可视为样本筛选或粗排序的过程。在大规模图像检索系统中，通常会包含重排步骤，而在哈希算法设计时，通常以汉明距离作为性能评估指标，因此无须重排步骤。

在大规模图像数据集检索领域，除了使用基于哈希的方法外，还有一类被称为**向量量化**的方法。在这类方法中，乘积量化（product quantization，PQ）方法是比较典型的代表之一。该方法将特征空间分解为多个低维子空间的笛卡儿乘积，然后单独对每个子空间进行量化。在训练阶段，通过聚类将每个子空间得到 k 个类心（即量化器），这些类心的笛卡儿乘积构成了对特征空间的密集划分，并且能够保证量化误差较小。经过量化学习后，对于给定的查询样本，可以通过查表的方式计算出查询样本和库中样本的非对称距离。尽管乘积量化方法在近似样本间距离时比较精确，但其数据结构通常比二值哈希编码更复杂，而且不能得到低维的特征表示。此外，为了达到良好的性能，必须考虑不对称距离，并且需要平衡每个维度的方差，否则乘积量化方法的结果可能很差。

8.2.2　行人重识别

行人重识别是近年来智能视频分析领域的新兴技术，属于复杂视频环境下的图像处理和分析范畴，在监控和安防应用中具有重要意义，并在计算机视觉领域受到越来越多的关注。本节将探讨行人重识别技术。

1．行人重识别的概念

行人重识别（person re-identification，ReID）是一种利用计算机视觉技术来识别图像或视频序列中特定行人的技术。它在已有的可能来自不同来源且视角不重叠的视频序列中，识别出目标行人。ReID通常被视为图像检索领域的一个子问题，其任务是在监控视频中检索出特定行人图像在不同设备下的匹配图像。在监控视频中，由于相机分辨率和拍摄角度的限制，通常无法获得高质量的人脸图像。在人脸识别效果不佳的情况下，ReID成为一种重要的替代技术。ReID的一个显著特点是跨摄像头，因此在学术论文中评估其性能时，需要检索出不同摄像头下相同行人的图像。尽管学术界对ReID的研究已经开展多年，但直到最近几年随着深度学习的进展，ReID才取得了显著的进展。

相较于行人检测，行人重识别的研究尚未达到成熟阶段。然而，早在1996年，学者就开始关注行人重识别问题。随着行人重识别概念于2006年首次在CVPR（Computer Vision and Pattern Recognition）会议上被提出，相关研究不断涌现。2007年，詹姆斯·格雷（James Gray）提出了VIPeR数据库，该数据库对行人重识别研究具有重大意义。此后，越来越多的学者开始关注行人重识别研究。图8.23展示了自1997年至今行人重识别领域的几个重要的里程碑事件。

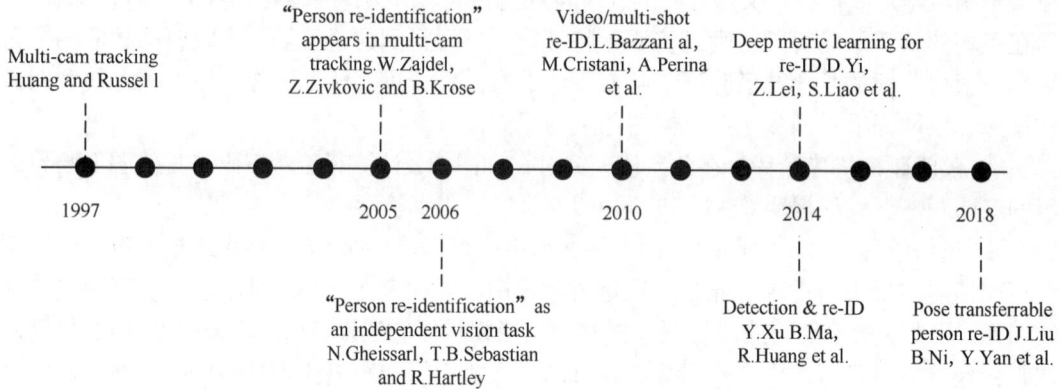

图8.23　行人重识别领域的里程碑事件

2．行人重识别面临的挑战

行人重识别领域面临着一系列挑战，其中包括图像分辨率低、视角变化、姿态变化、光照变化和遮挡等复杂情况，如图8.24所示。监控视频通常呈现出模糊且分辨率低的画面，这使得仅凭借人脸识别等传统方法难以进行有效的行人重识别，而必须依赖身体外观等其他信息。此外，实际监控场景常常存在复杂背景和杂物，容易引发遮挡等问题，这些情况下基于步态等特征的行人重识别变得困难。

行人重识别的图像源于多个摄像头，由此产生了光照和视角的变化。这一变化导致了同一行人在不同摄像头下呈现明显变化，而不同行人之间的外观特征可能更相似。此外，不同时间拍摄的同一行人图像可能呈现不同的姿态和穿着不同的服装。这些挑战限制了行人重识别技术的实际应用，并使得当前研究面临更为复杂的问题。

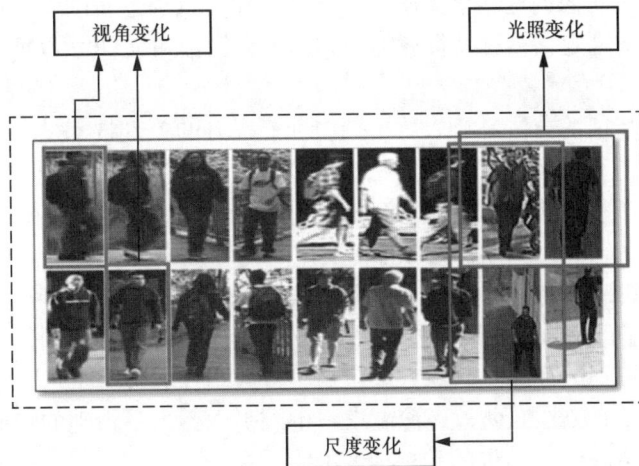

图 8.24　行人重识别面临的挑战

3．行人重识别的方法

行人重识别的方法可以分为基于表征学习的方法、基于度量学习的方法、基于局部特征的方法以及基于视频序列的方法等。

（1）行人重识别目前主要采用基于表征学习的方法：基于表征学习的方法是一种常见的行人重识别方法，其得益于深度学习尤其是卷积神经网络的迅速发展。由于卷积神经网络能够根据任务需求自动提取原始图像数据的表征特征，因此一些研究者将行人重识别问题视为分类或验证问题。

① 分类问题指的是利用行人的身份信息或属性等作为模型训练的标签，以便对图像进行分类和识别。

② 验证问题是指将两张行人图像输入网络，让网络学习判断这两张图像是否属于同一个行人。

③ 基于表征学习的方法又可以分为基于底层视觉特征的方法、基于中层语义属性的方法以及基于高级视觉特征的方法三类。

基于底层视觉特征的方法指的是将图像分割成多个区域，并针对每个区域提取多种底层视觉特征，然后将这些特征组合起来得到更具鲁棒性的特征表示形式的方法。其中，常用的特征之一是颜色直方图，由于大多数情况下行人的服装颜色相对简单，因此颜色表示成为有效的特征之一。通常采用 RGB、HSV 等颜色空间的直方图来表示。另外，将 RGB 空间转换为 HSL 空间和 YCbCr 空间，观察目标像素值在对数颜色空间中的分布，可以使颜色特征在不同光照或角度等环境中具有一定的不变性。此外，底层视觉特征还包括局部特征，如尺度不变特征变换（scale-invariant feature transform，SIFT）、加速稳健特征（speeded-up robust features，SURF）和局部二值模式（local binary patterns，LBP），以及纹理特征、Haar-like Representation、Gabor 滤波器、共生矩阵（co-occurrence matrix）等特征。

基于中层语义属性的方法是指利用图像中的语义属性来推断是否属于同一行人的一种

方法。这些语义属性包括颜色、服装、携带物品等。由于同一行人在不同的视频拍摄中，其语义属性往往保持稳定，因此这些语义属性可以用于行人重识别。一些研究采用了多达15种语义属性来描述行人，包括鞋子、头发颜色、是否携带物品等。可以使用 SVM 等分类器来定义每张行人图像的这些语义属性。此外，还可以通过对图像进行超像素分割，并应用最近邻分割算法来定义多种特征属性，如颜色、位置和 SIFT，以提高行人图像的描述性能。

基于高级视觉特征的方法是行人重识别中性能提升的关键技术之一。一种常见的方法是利用 Fisher 向量进行特征编码，该方法具体步骤为提取颜色或纹理直方图，并预定义图像区域的块或条纹形状，然后对区域特征描述符进行编码，以建立高级视觉特征。受到多视角行为识别研究和 Fisher 向量编码的启发，研究者提出了一种捕获软矩阵的方法，即 DynFV（dynamic Fisher vector）特征，以及密集短轨迹时间金字塔特征，用于捕获步态和移动轨迹的 Fisher 向量编码。Fisher 向量编码最初用于解决大尺度图像分类问题，但也被证明可以改善行为识别的性能。其他方法包括将行人图像分成多个水平条带，并在每个条带上计算纹理和颜色直方图。此外，深度学习也被引入行人重识别的特征提取中。例如，使用预训练的基于 AlexNet 结构的卷积神经网络，在微调过程中训练全连接层来提取图像特征。McLaughlin 等人采用类似的方法，将卷积神经网络和循环神经网络结合使用，以提取时间信息并获取序列特征。

（2）基于度量学习的方法在行人重识别领域被广泛应用，与基于表征学习的方法不同，其目标是通过网络学习两张图像之间的相似度。在行人重识别任务中，这意味着同一行人的不同图像应该具有更高的相似度，而不同行人的图像应该具有较低的相似度。为此，网络的损失函数被设计为最小化同一行人图像对之间的距离，同时最大化不同行人图像对之间的距离。常用的度量学习损失函数包括对比损失、三元组损失、四元组损失以及采用难样本挖掘的三元组损失。

（3）基于局部特征的方法已成为研究的焦点。早期的研究主要侧重于全局特征，即利用整幅图像生成单一特征向量进行行人重识别。然而，随着研究的深入，人们逐渐意识到全局特征存在局限性，因此开始转向局部特征的研究。常见的局部特征提取方法包括图像分块、骨骼关键点定位以及姿态校正等。

（4）基于视频序列的方法逐渐受到关注，虽然当前研究主要集中在单帧图像上，这是因为单帧图像数据相对较小，即使在单个 GPU 的计算机上进行实验也不会耗费太多时间。然而，单帧图像的信息有限，因此一些工作开始专注于利用视频序列进行行人重识别的研究。与基于单帧图像的方法不同，基于视频序列的方法不仅考虑图像内容信息，还考虑了帧与帧之间的运动信息。

8.2.3 目标检测

目标检测是利用计算机自动从图像中把感兴趣目标实体找出来的一种技术，如图 8.25 所示。

1．目标检测的发展阶段分类

目标检测发展至今，经历了以下三个阶段：模板匹配和特征工程阶段、以机器学习为代表的特征学习阶段、以 CNN 为代表的深度学习阶段。

图 8.25　目标检测

（1）模板匹配和特征工程阶段

在目标检测的初始阶段，模板匹配技术被广泛采用，其原理在于通过在待检测图像上滑动窗口，以寻找与预定义模板相匹配的区域来实现目标检测，如图 8.26 所示。然而，随着时间的推移，特征工程技术逐渐崭露头角，例如 SIFT 和 HOG 等特征描述方法的提出。这些方法的引入显著提升了目标检测的准确性和效率。

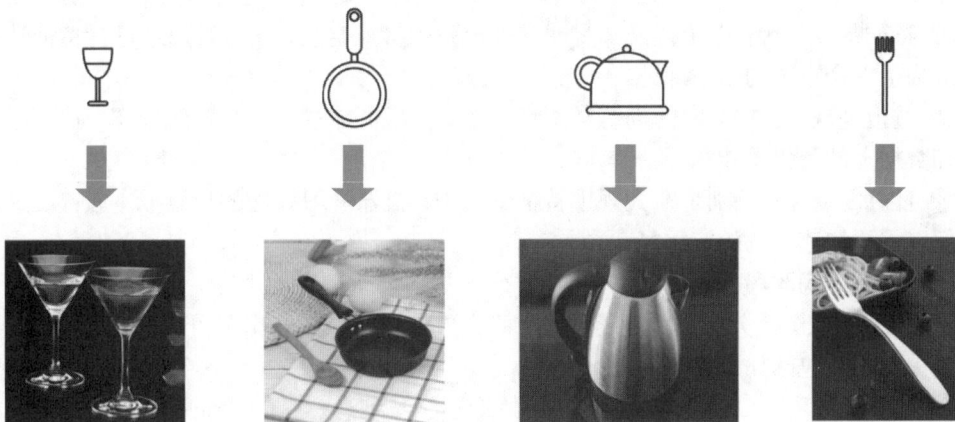

图 8.26　基于模板匹配的目标检测

模板匹配技术采用比较方法，利用预先定义或从训练数据中生成的模板来检测图像中的对象。在目标检测过程中，模板被移动到待检测图像中的各个位置，并计算模板与待检测图像之间的相似度度量。然而，其效率常受到模板大小和待检测图像复杂程度的影响。

特征工程技术涵盖了多种方法，包括但不限于以下几种。

① 边缘检测：该方法利用滤波器来辨识图像中的对象边缘，如 Canny 边缘检测。

② 形状匹配：基于图形几何属性（例如圆、矩形等）进行简单形状检测。

特征工程技术依赖于手工设计的特征，这些特征提供了关于对象形状、纹理和颜色等方面的重要信息。经典的特征描述符，例如尺度不变特征变换（SIFT）和方向梯度直方图（HOG），能够捕获物体的关键点和局部形状信息，从而被广泛应用于后续的检测和分类任务中。

经典的特征描述符介绍如下。

① 尺度不变特征变换（SIFT）：用于检测和描述图像中的关键点，具有尺度和旋转不变性，适用于目标识别任务。

② 方向梯度直方图（HOG）：通过统计图像局部区域的梯度方向直方图来捕捉物体的形状信息，广泛用于行人检测等任务。

（2）特征学习阶段

在机器学习时代的兴起阶段，特征学习领域迎来了重大突破。这一阶段的关键进展在于机器学习算法，如 SVM 和决策树等，机器学习算法开始探索自动学习特征的潜力，而不再完全依赖于人工设计的特征。一个典型的应用案例是 Viola-Jones 检测器在目标检测领域的成功应用，尤其是在人脸检测方面。

值得关注的主要技术包括以下几种。

① 级联分类器，如 Viola-Jones 框架，通过对正负两种图像样本进行训练，形成级联的弱分类器，特别适用于实时场景下的人脸检测。

② 自动特征提取与选择的算法，能够从大量数据中学习出对分类或检测任务最具判别力的特征。

③ 部分模型，这类方法将目标划分为更小的部分，并学习部分之间的空间关联性，其中 DPM（deformable part models）是一个重要代表。

然而，在这一发展阶段，也存在一些关键的问题需要解决，其中包括以下几个方面。

① 特征维度问题：由于特征学习通常涉及高维特征空间，如何有效地进行特征选择和降维成为了一个重要的研究课题。

② 过拟合现象：在有限的训练样本情况下，模型可能过度拟合训练数据，从而影响其在未知数据上的泛化性能。

③ 计算复杂性：特别是在大规模特征学习中，机器学习算法的计算成本较高，这限制了它们在需要快速检测的应用场景中的应用。

（3）深度学习阶段

随着 CNN 在图像分类领域取得成功，研究人员开始将其应用于目标检测领域。在这一领域的关键创新包括如下几个。

① 端到端学习：CNN 能够直接从原始像素学习到有意义的特征表示，使得整个模型可以通过反向传播算法进行一次性训练。

② 深层网络结构：增加网络深度使得 CNN 能够学习到从低级到高级的特征表示，进而更深入地理解复杂图像的内容。

③ 局部感觉野权重共享：CNN 的局部连接和权重共享结构赋予了网络一定的平移不变性，并显著减少了模型的参数量。

代表性的网络和技术包括以下几种。

① LeNet：由杨立昆（Yann LeCun）等人于 1998 年提出，是最早的卷积神经网络之一，成功应用于手写数字识别任务。

② AlexNet：在 2012 年的 ImageNet 竞赛中取得突破性胜利，其深层结构和 ReLU 非线性激活函数的运用是成功的关键因素。

③ R-CNN：由罗斯·格什克（Ross Girshick）等人提出，是首个将卷积神经网络应用于目标检测的先驱性工作。该模型首先利用区域建议方法生成候选区域，然后使用卷积神经网络提取特征并进行分类。

在技术挑战和解决方案方面，有以下几个关键问题需要解决。

① 训练难度：随着神经网络深度的增加，梯度消失或梯度爆炸问题变得更加突出。然而，引入批归一化和残差连接等技术，使这些问题得到了有效的缓解。

② 计算资源需求：深度卷积神经网络对计算资源的需求巨大。尽管如此，通过利用GPU加速和模型剪枝等优化技术，可以减轻这一负担。

③ 过拟合问题：为了提高模型的泛化性能并减少过拟合问题的发生，数据增强和正则化策略被广泛采用。

2．目标检测的代表性技术

接下来，我们详细了解一下目标检测的代表性技术 R-CNN 算法、Fast R-CNN 算法、SSD 算法和 YOLO 系列算法。

（1）R-CNN 算法

R-CNN 系列算法的持续演进对目标检测领域带来了显著的进步。该算法引入了区域建议的概念，利用选择性搜索算法快速生成潜在的区域建议，并通过 CNN 进行特征提取，随后使用 SVM 进行分类。

R-CNN 的操作流程可简要概括如下。

① 区域建议：首先，利用选择性搜索算法迅速生成约 2 000 个区域建议（region proposals），这些区域被视为潜在的目标对象位置的边界框 ROI(region of interest)。

② 特征提取：对于每个区域建议，R-CNN 利用预训练的卷积神经网络（如 AlexNet）提取固定长度的特征向量。为了保持一致性，所有区域建议都被调整到相同的大小。

③ 分类和边界框回归：提取的特征向量随后被输入到分类器（例如 SVM）以确定区域建议的类别，并且通过边界框回归器对区域位置进行微调，以更精确地框定目标对象。

R-CNN 的创始人进行了一系列实验来确定最佳的交并比（IoU）阈值，并将真实边界框视为正样本。对于每个类别，训练一个回归模型用于微调 ROI 与真实边界框之间的位置和大小偏差，如图 8.27 所示。

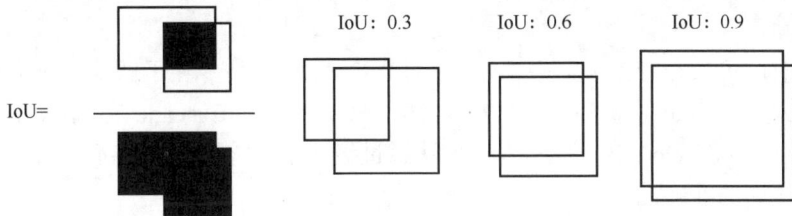

图 8.27 交并比的计算

在预测阶段，首先通过选择性搜索方法选出 2 000 个 ROI，然后调整这些 ROI 的大小以适应特征提取网络的输入，并进行特征提取，生成每个 ROI 对应的 4096 维特征向量。接下来，将这些特征向量输入 SVM 中进行分类，同时使用回归网络微调 ROI 的位置。最后，采用非极大值抑制（NMS）方法对同一类别的 ROI 进行合并，以获得最终的检测结果。NMS 算法基于为每个边界框分配一个置信度分数的原理，如果两个矩形框的 IoU 超过指定的阈值，则只保留置信度分数较高的边界框。

尽管如此，R-CNN 仍然存在一些问题，例如按照以上流程进行训练可能需要较长的时间。

（2）Fast R-CNN

在 R-CNN 之后，一系列改进版本相继问世。格什克等研究人员在 2015 年提出了 Fast R-CNN，该方法巧妙地解决了 R-CNN 所面临的几个主要问题。

首先，Fast R-CNN 将整张图像和感兴趣区域（ROI）直接输入全卷积的 CNN 中，从而获得特征图和对应于特征图上的 ROI，如图 8.28 所示。这些 ROI 的位置信息可以通过几何位置和卷积坐标公式推导得出。

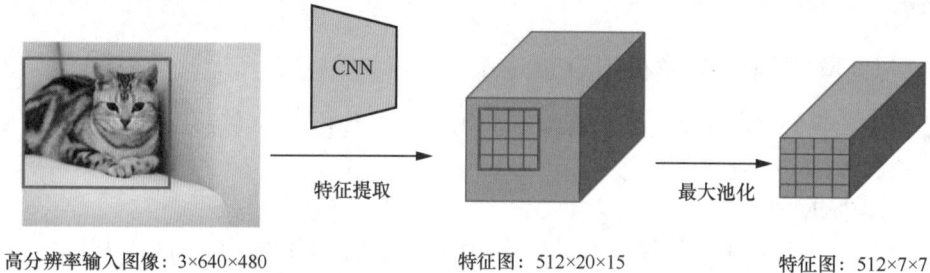

| 高分辨率输入图像：3×640×480 | 特征图：512×20×15 | 特征图：512×7×7 |

图 8.28　Fast R-CNN 特征提取和识别过程

其次，与 R-CNN 相似，为了统一训练不同尺寸的 ROI，Fast R-CNN 采用池化操作将每个候选区域调整到指定的大小（$M \times N$），以作为分类器的训练数据。

然而，与 R-CNN 不同的是，Fast R-CNN 将分类和边界框回归任务合并，使整个训练过程更加连贯。具体而言，Fast R-CNN 首先通过卷积神经网络处理整张图像，然后在特征图上定位 ROI 并提取出相应的区域。

接下来，对提取出的 ROI 进行池化操作，然后通过全连接层，分别经过两个头部任务：softmax 分类和 L2 回归。最终的损失函数由分类和回归损失函数的加权和组成。

这种端到端的训练方式实现了整个流程的高效训练。Fast R-CNN 的提出显著提高了目标检测的训练和预测速度。在 Fast R-CNN 中，训练时长从 R-CNN 的 84 小时缩短至仅需 8.75 小时，而每张图片的平均总预测时长也从 49 秒降低至 2.3 秒。另外，在 Fast R-CNN 的预测过程中，实际的目标检测仅占据了 2.3 秒中的 0.32 秒，而区域建议的计算占据了绝大多数的时间。

在特殊应用场景和变体版本中，Oriented R-CNN 是一种专注于解决特定方向目标检测问题的解决方案，例如在遥感图像中进行目标检测。此外，Cascade R-CNN 由姜涛和塞尔日·贝隆吉（Serge Belongie）提出，该方法通过级联多个检测头进行不同阶段的边界框回归，以提高检测的准确性。

尽管 Fast R-CNN 已经成功减少了计算成本，但仍然对硬件资源有较高的要求。此外，在实时目标检测方面，如在自动驾驶和视频监控等应用场景中，仍然面临挑战。另外，在复杂背景下检测小目标物体仍然是一个具有挑战性的问题。

R-CNN 系列算法面临的一个挑战是需要提取大量的候选区域（proposals），然而这些候选区域之间存在重叠，导致了重复计算的负担。为了应对这一挑战，YOLO 提出了一种新的预测策略，即将输入图像分割为 $S \times S$ 个网格，在每个网格中进行目标检测的预测，并最终合并这些预测结果。

（3）SSD 算法

SSD（single shot multibox detector）是一种高效的实时目标检测算法，它通过单次前向传递网络完成目标检测任务。SSD 的设计结合了速度和准确性，适用于实时目标检测任务。其核心思想是使用一个 CNN 来同时预测多个不同尺度的物体的边界框和类别概率。与两阶段方法（如 R-CNN 系列）不同，SSD 采用单阶段方法，即通过单次网络前向传递完成目标检测任务。

SSD 的特点如下。

① SSD 使用预训练的卷积神经网络（如 VGG16）作为基础网络，用于提取输入图像的特征。基础网络的最后几层通常被替换或调整，以生成特征图用于目标检测。

② 在基础网络之上，SSD 添加了多个卷积层，以生成不同尺度的特征图。每个特征图用于检测不同尺寸的物体，较高层的特征图检测大物体，较低层的特征图检测小物体。

③ 在每个特征图的每个位置上，SSD 定义了多个预设框，这些框具有不同的比例和尺寸，用于覆盖各种可能的物体形状。每个预设框都会预测一个边界框的偏移量和对应的类别概率。

④ 对每个特征图上的每个位置，SSD 预测每个预设框的类别和边界框回归。这些预测通过多个卷积层实现，分别负责边界框位置和类别概率的预测。

⑤ 在训练过程中，每个预设框与真实边界框匹配，匹配度通过 IoU（intersection over union）来衡量。高于某个阈值的预设框被认为是正样本，低于阈值的预设框被认为是负样本。

⑥ SSD 的损失函数是分类损失（用于类别预测）和回归损失（用于边界框回归）的加权和。分类损失通常使用 softmax 交叉熵损失。回归损失使用平滑 L1 损失（smooth L1 loss）。

（4）YOLO 系列

"YOLO"是由约瑟夫·雷德蒙（Joseph Redmon）等研究人员于 2016 年 CVPR 会议上首次提出的目标检测方法。该方法的核心思想体现在其名称"You Only Look Once"中，表明了它能够通过网络的一次传递即可完成目标检测任务。

在传统方法中，通常需要使用滑动窗口与分类器结合，对每个窗口进行分类，或者采用两阶段检测方法，即先提取可能包含目标的区域，然后再进行分类。与之不同的是，YOLO 直接输出目标检测结果，通过回归预测目标的位置和类别，而不是像 Fast R-CNN 那样将分类和边界框回归分开处理。YOLO 的八个版本提出时间如图 8.29 所示。接下来，我们将对 YOLO 的八个版本进行简要介绍。

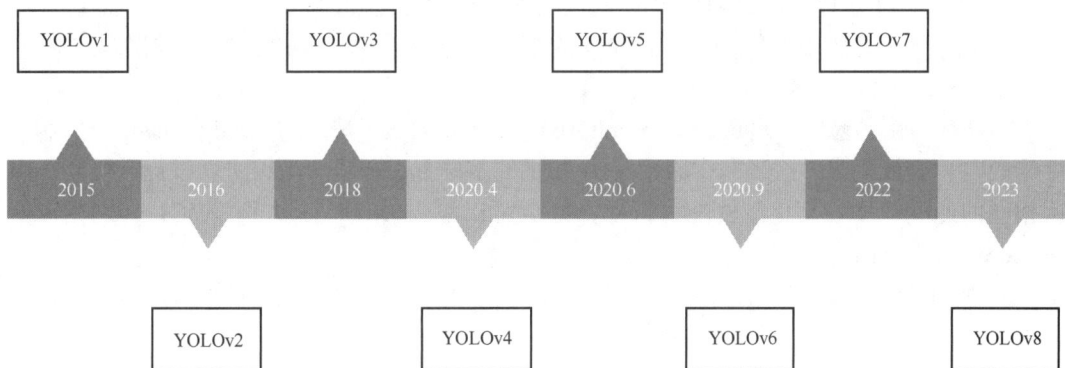

图 8.29　YOLO 八个版本的提出时间

① YOLOv1

YOLOv1 通过同时检测所有边界框以统一目标检测流程。为实现此目标，YOLO 将输

入图像分割为 $S \times S$ 的网格，并为每个网格元素预测 B 个相同类别的边界框以及 C 个不同类别的置信度。每个边界框预测包括五个值：P_c、b_x、b_y、b_h 和 b_w。其中，P_c 代表边界框的置信度得分，反映了模型对边界框内是否包含目标的信心以及边界框位置的准确性。而 b_x 和 b_y 是相对于网格单元的边界框中心的坐标，b_h 和 b_w 则是对应于完整图像的边界框的高度和宽度。YOLO 的输出是一个 $S \times S \times (B \times 5 + C)$ 的张量，可随后通过非极大值抑制（NMS）选择性地移除重复检测。

在原始的 YOLO 论文中，作者采用了 PASCAL VOC 数据集，其中包含 20 个类别（$C = 20$）。为了建模对象位置和类别信息，他们使用了一个 7×7 的网格（$S = 7$），并设置每个网格元素最多可以预测 2 个边界框（$B = 2$），从而得到一个 $7 \times 7 \times 30$ 的输出预测。在 PASCAL VOC 2007 数据集上，YOLOv1 实现了 63.4% 的平均精度（AP）。

YOLOv1 的架构包括 24 个卷积层，随后是两个全连接层，用于边界框坐标和概率的预测。所有层均采用 leaky ReLU 激活函数，而最后一层则采用线性激活函数。受到 GoogleNet 和 Network in Network 的启发，YOLOv1 采用了 1 × 1 卷积层来减少特征图的数量，同时保持参数量相对较低。

其训练过程如下：

首先，在分辨率为 224×224 的 ImageNet 数据集上对 YOLOv1 的前 20 层进行了预训练。随后，他们添加了最后 4 层，并使用随机初始化的权重。

接着，在分辨率为 448 × 448 的数据集上，利用 PASCAL VOC 2007 和 VOC 2012 数据集进行了模型微调，以获取更加详细的信息，从而提高目标检测的准确性。

为了实现数据增强，研究人员采用了随机缩放和平移的方法，其最大值不超过输入图像大小的 20%，同时在 HSV 颜色空间中进行了随机曝光和饱和度操作，上限因子设定为 1.5。YOLOv1 采用了一个由多个平方误差和组成的损失函数，用于计算预测边界框位置（x, y）和大小（w, h）的误差。

YOLOv1 的简洁架构以及其创新的全图一次回归使其在实现实时目标检测的性能方面远远超越了现有的目标检测方法。然而，尽管 YOLOv1 速度快于其他目标检测方法，与先进方法如 Fast R-CNN 相比，其定位误差较大。这种限制主要源自以下三个方面。

a. 它仅能在网格单元内检测两个相同类别的对象，这限制了其对周围对象的检测能力。

b. YOLOv1 难以预测在训练数据中未见过的不同纵横比的对象。

c. 由于下采样层的存在，它从粗略的对象特征中进行学习，这可能导致定位误差的增加。

② YOLOv2

YOLOv2 由约瑟夫·雷德蒙（Joseph Redmon）和阿里·法哈迪（Ali Farhadi）于 2017 年的 CVPR 会议提出。该版本在原始 YOLOv1 的基础上进行了多项改进，以提升性能、保持相同的速度、增强其检测性能为目标，甚至可以检测 9 000 个类别。YOLOv2 相较于 YOLOv1 的改进内容如下。

a. 所有卷积层都使用批归一化，这一技术提高了模型的收敛性，并作为一种正则化器以减少过拟合。

b. 引入高分辨率分类器。与 YOLOv1 相似，首先在 ImageNet 数据集上对模型进行了 224×224 分辨率的预训练，然后在 448×448 分辨率下进行了十个周期的微调，以提高网络对更高分辨率输入的性能。

c. 完全卷积架构。YOLOv2 移除了全连接层，转而采用了完全卷积的结构。

d. 引入锚框用于预测边界框。使用一组预定义形状的先验框或锚框，用于匹配对象的原型形状。为每个网格单元定义了多个锚框，并且网络为每个锚框预测坐标和类别。

e. 使用尺寸聚类。在训练边界框上运行了 K 均值聚类，以选择优良的锚框，有助于网络学习更准确地预测边界框。

f. 采用直接位置预测。与其他预测偏移的方法不同，YOLOv2 通过相对于网格单元预测位置坐标，为每个单元格预测五个边界框，每个边界框包含五个值。

g. 引入更细粒度的特征。YOLOv2 移除了一个池化层，以获得更细粒度的输出特征图，同时使用穿越层重新组织特征，以保留更多信息。

h. 实施多尺度训练。由于 YOLOv2 不使用全连接层，可以接受不同尺寸的输入。为了增强模型对不同输入尺寸的鲁棒性，作者随机改变输入大小进行训练。

通过以上这些改进，YOLOv2 在 PASCAL VOC 2007 数据集上实现了显著的性能提升，其 AP 达到了 78.6%，而 YOLOv1 的 AP 仅为 63.4%。

YOLOv2 采用的骨干架构被称为 DarkNet-19，其中包含 19 个卷积层和 5 个最大池化层。与 YOLOv1 的架构类似，其受到了 Network in Network 的启发，在 3×3 卷积层之间使用了 1×1 卷积层以减少参数数量。此外，正如前文所述，提出 YOLOv2 的团队还引入了批归一化来实现正则化和收敛的辅助作用。

③ YOLOv3

YOLOv3 由雷德蒙和法哈迪于 2018 年在 ArXiv 上提出。该版本相较 YOLOv2 有重大变化和更大的架构，能够与当时最先进的技术保持同步，并且仍然保持实时性能。YOLOv3 相较于 YOLOv2 的改进内容如下。

a. 边界框预测：与 YOLOv2 类似，网络为每个边界框预测四个坐标 t_x、t_y、t_w 和 t_h。然而，YOLOv3 引入了逻辑回归来预测每个边界框的物体性分数，该分数表示与真实边界框的重叠程度。不同于 Fast R-CNN，YOLOv3 只为每个真实边界框对象分配一个锚框。如果没有为对象分配锚框，则只会产生分类损失，而不会有定位损失或置信度损失。

b. 类别预测：YOLOv3 不再使用 softmax 进行分类，而是使用二元交叉熵训练独立的逻辑分类器，并将问题转化为多标签分类。这一改进允许为同一个框分配多个标签，这在一些具有重叠标签的复杂数据集上可能会发生。

c. 新的骨干网络：YOLOv3 采用了由 53 个卷积层组成的更大特征提取器，其中包含残差连接。

d. 空间金字塔池化（spatial pyramid pooling，SPP）：尽管论文未提及，但作者还向骨干网络添加了一个修改过的 SPP 块，它将多个最大池化输出连接在一起，而没有下采样，并具有不同尺寸的核，允许更大的感受野。这个版本被称为 YOLOv3-spp，并且是性能最好的版本，将模型在预测框置信为 50% 时的平均精度（average precision at 50，AP50）提高了 2.7%。

e. 多尺度预测：类似于特征金字塔网络，YOLOv3 在三个不同的尺度上预测三个框。

f. 边界框先验：作者仍然使用 k-means 确定锚框的边界框先验。不同之处在于，YOLOv3 为三个不同尺度使用了三个先验框，而不是像 YOLOv2 那样为每个单元格使用总共五个先验框。

YOLOv3 中的主干网络架构被称为 DarkNet-53，它用步幅卷积替换了所有最大池化层，并添加了残差连接，总共包含了 53 个卷积层。DarkNet-53 骨干网络的 Top-1 和 Top-5 准确性与 ResNet-152 相当，但速度几乎快两倍。

④ YOLOv4

2020 年 4 月，亚历克谢·博茨科夫斯基（Alexey Bochkovskiy）、王建耀（Chien-Yao Wang）和廖鸿远（Hong-Yuan Mark Liao)在 ArXiv 上发布了 YOLOv4 的论文。最初，学界对于由不同作者提出 YOLO 的新"官方"版本感到有些意外。然而，YOLOv4 保持了与之前版本相同的核心理念："实时性、开源性、单次检测以及 DarkNet 框架"，并且改进之处令人满意，以至于学界迅速接受其为官方版本。

YOLOv4 试图通过尝试许多变化来寻求最佳平衡，这些变化被归类为"免费午餐"和"特殊午餐"。所谓的"免费午餐"是指仅通过改变训练策略并增加训练成本而不增加推理时间的方法，其中最常见的是数据增强。而"特殊午餐"则指的是略微增加推理成本但显著提高准确性的方法。这些方法包括扩大感受野、组合特征和后处理等。

YOLOv4 的主要变化总结如下。

a. 增强的架构与"特殊午餐"（BoS）集成：作者尝试了多种主干网络架构，包括 ResNet50、EfficientNet-B3 和 DarkNet-53。其中性能最佳的是对 DarkNet-53 进行了修改，添加了跨阶段部分连接（CSPNet）和 Mish 激活函数的主干网络。此外，他们还使用了修改后的空间金字塔池化（SPP）和多尺度预测，以及修改后的路径聚合网络（PANet）和空间注意模块（SAM）。

b. 集成"免费午餐"以进行先进的训练方法：除了常规的数据增强手法外，作者还实施了马赛克增强，正则化方法包括 DropBlock 和类标签平滑。此外，他们还添加了 CIoU 损失和交叉小批量标准化（CmBN）作为检测头的改进。

c. 自对抗训练（SAT）：为了增强模型的鲁棒性，作者对输入图像执行对抗性攻击，以检测对象的正确性。

d. 用遗传算法进行超参数优化：为了找到最佳训练超参数，他们在前 10% 的周期内使用遗传算法，并结合余弦退火调度器改变学习率。

在 MS COCO 数据集的 test-dev 2017 上评估，YOLOv4 在 NVIDIA V100 上以超过 50 FPS 的速度实现了 43.5% 的 AP 和 65.7% 的 AP50。

⑤ YOLOv5

YOLOv5 是由 Ultralytics 团队的开发人员雷德蒙、格伦·约赫尔(Glenn Jocher)以及其他成员在 2020 年提出的。雷德蒙是 YOLO 系列的创始人之一，他和约赫尔以及 Ultralytics 团队共同合作开发了 YOLOv5 模型,并在 GitHub 上开源了代码。相较于 YOLOv4,YOLOv5 采用了许多改进，并使用了 PyTorch 而非 DarkNet 进行开发。

YOLOv5 的架构以修改后的 CSP DarkNet-53 为主干网络，其特点是以 Stem 开头，即一个具有大窗口尺寸的步幅卷积层，以减少内存和计算成本。然后是从输入图像中提取相关特征的卷积层。之后，通过 SPPF（空间金字塔池化快速）层和随后的卷积层处理不同尺度上的特征，而上采样层则增加了特征图的分辨率。每个卷积层后面都跟有批归一化（BN）和 SiLU 激活。YOLOv5 的颈部采用了 SPPF 和修改后的 CSP-PAN,而头部类似于 YOLOv3。此外，YOLOv5 还采用了多种增强技术，如 Mosaic、Copy paste、随机仿射、MixUp、HSV 增强和随机水平翻转等，以提高性能稳定性和避免梯度失控情况的发生。

针对不同的应用和硬件需求，YOLOv5 提供了五个缩放版本，即 YOLOv5n(nano)、YOLOv5s(small)、YOLOv5m(medium)、YOLOv5l(large)和 YOLOv5x(extra large)。每个版本

的卷积层宽度和深度都经过调整。例如，YOLOv5n 和 YOLOv5s 针对低性能设备而设计，而 YOLOv5x 则针对高性能设备进行了优化。YOLOv5 支持分类和实例分割任务。该模型在 MS COCO 数据集 test-dev 2017 上评估，以 640 像素的图像大小实现了 43.5% 的 AP 和 65.7% 的 AP50，速度超过 50 FPS（使用 NVIDIA V100）。此外，使用批大小为 32，该模型在 NVIDIA V100 上实现了 200 FPS 的速度。通过使用更大的输入大小（1536 像素）和测试时间增强（TTA），YOLOv5 的 AP 达到了 55.8%。

⑥ YOLOv6

YOLOv6 是由美团点评视觉 AI 部门于 2022 年 9 月在 ArXiv 上提出的。该网络采用了高效的主干网络的设计，包括使用 RepVGG 或 CSPStackRep 块，PAN 拓扑颈部以及高效的解耦头部，采用混合通道策略。此外，YOLOv6 的论文还介绍了增强量化技术，包括后训练量化和通道级蒸馏，以实现更快、更准确的检测。总体而言，YOLOv6 在准确性和速度等方面优于先前的最先进模型，如 YOLOv5、YOLOX 和 PP-YOLOE。该模型的主要创新包括如下几个方面。

a. 使用 RepVGG 为基础的新主干网络设计，称为 EfficientRep，具有更高的并行性。

b. 对颈部采用 PAN 进行增强，使用 RepBlocks 或 CSPStackRep 块，对于较大的模型采用了 YOLOX 后的高效解耦头部。

c. 使用 TOOD 中引入的任务对齐学习方法进行标签分配。

d. 使用新的分类和回归损失方法，包括分类的 VariFocal 损失和 SIoU/GIoU 回归损失。

e. 采用回归和分类任务的自蒸馏策略。

f. 采用 RepOptimizer 和通道级蒸馏的量化方案，有助于实现更快的目标检测。

作者提供了 8 个不同规模的模型，从 YOLOv6-N 到 YOLOv6-L6。在 MS COCO 数据集 test-dev 2017 上评估时，最大的模型在 NVIDIA Tesla T4 上以约 29 FPS 的速度实现了 57.2% 的 AP。

⑦ YOLOv7

在 2022 年 7 月，YOLOv7 由 YOLOv4 和 YOLOR 同一团队的作者在 ArXiv 上提出。该模型在 5 FPS 到 160 FPS 的速度和准确性范围内超越了所有已知的目标检测方法。与 YOLOv4 相同，YOLOv7 仅使用 MS COCO 数据集进行训练，没有使用预训练的主干网络。YOLOv7 提出了一系列架构变化和一系列 bag-of-freebies，以提高准确性，同时不影响推断速度，只增加了训练时间。

YOLOv7 的架构变化包括如下两个方面。

a. 扩展的高效层聚合网络（E-ELAN）：ELAN 是一种策略，允许模型通过控制最短的最长梯度路径更有效地学习和收敛。YOLOv7 提出的 E-ELAN 适用于具有无限堆叠计算块的模型。E-ELAN 通过混洗和合并基数来增强网络的学习，而不破坏原始梯度路径。

b. 基于连接的模型缩放：缩放通过调整一些模型属性生成不同大小的模型。YOLOv7 的架构是一种基于连接的架构，在该架构中，标准的缩放技术（例如深度缩放）导致过渡层的输入通道和输出通道之间的比率变化，从而减少了模型的硬件使用。YOLOv7 提出了一种新的基于连接的模型缩放策略，其中块的深度和宽度以相同的因子进行缩放，以保持模型的最佳架构。

YOLOv7 采用如下几种 bag-of-freebies。

a. 修改的重参数化卷积：与 YOLOv6 一样，YOLOv7 的架构也受到了重参数化卷积

（reparameterization convolution，RepConv）的启发。然而，他们发现在 RepConv 中的恒等连接破坏了 ResNet 中的残差和 DenseNet 中的级联。因此，他们去掉了恒等连接，并称之为 RepConvN。

b. 主头部的细标签分配和辅助头部的粗标签分配：主头部负责最终输出，而辅助头部协助训练。

c. 卷积-BN-激活中的批归一化：这将批归一化的均值和方差整合到推理阶段的卷积层的偏差和权重中。

d. 受 YOLOR 启发的隐式知识。

e. 指数移动平均作为最终推理模型。

⑧ YOLOv8

YOLOv8 是由 Ultralytics 于 2023 年 1 月发布的，其中 Ultralytics 是开发 YOLOv5 的公司。该版本提供了 5 个不同规模的模型：YOLOv8n（nano）、YOLOv8s（small）、YOLOv8m（medium）、YOLOv8l（large）和 YOLOv8x（extra large）。YOLOv8 支持多个视觉任务，包括目标检测、分割、姿态估计、跟踪和分类。

YOLOv8 采用了与 YOLOv5 相似的主干网络，对 CSPLayer 进行了一些修改，现在称为 C2f 模块。C2f 模块（带有两个卷积的跨阶段部分瓶颈）将高级特征与上下文信息相结合，以提高检测准确性。

该版本还引入了一种无锚模块，该模块带有独立处理物体性质、分类和回归任务的解耦头。这种设计使每个分支能够专注其任务，从而提高了模型的整体准确性。在输出层，YOLOv8 使用 sigmoid 函数作为物体性质得分的激活函数，表示边界框包含对象的概率。它使用 softmax 函数对类别概率进行表示，表示对象属于每个可能类别的概率。

为了计算边界框损失，YOLOv8 采用了 CIoU 和 DFL 损失函数，而分类损失则采用了二元交叉熵损失。这些损失函数在处理较小的对象时提高了目标检测性能。

此外，YOLOv8 还提供了一个名为 YOLOv8-Seg 的语义分割模型，其主干网络是 CSPDarkNet-53 特征提取器，后面跟着一个 C2f 模块，而不是传统的 YOLO 颈部架构。该模型在各种目标检测和语义分割基准上取得了最先进的结果，同时保持了高速和高效。

YOLOv8 可以通过命令行界面（CLI）运行，也可以作为一个 PIP 包安装。此外，它还配备了多个集成工具，用于标注、训练和部署。在 MS COCO 数据集 test-dev 2017 上评估，YOLOv8x 在 640 像素的图像大小下取得了 53.9%的 AP（而 YOLOv5 在相同输入大小下为 50.7%），在 NVIDIA A100 和 TensorRT 上以 280 FPS 的速度运行。

以下为 YOLOv1～YOLOv4 的论文。

（1）YOLOv1: "You Only Look Once: Unified, Real-Time Object Detection" by Joseph Redmon, Santosh Divvala, Ross Girshick, et al.

（2）YOLOv2: "YOLO9000: Better, Faster, Stronger" by Joseph Redmon and Ali Farhadi.

（3）YOLOv3: "YOLOv3: An Incremental Improvement" by Joseph Redmon and Ali Farhadi.

（4）YOLOv4: "YOLOv4: Optimal Speed and Accuracy of Object Detection" by Alexey Bochkovskiy, Chien-Yao Wang and Hong-Yuan Mark Liao.

表 8.1 是 R-CNN 算法、Fast R-CNN 算法、SSD 算法和 YOLO 系列算法的对比。

表 8.1　四种经典目标检测方法的对比分析

特性	R-CNN	Fast R-CNN	SSD	YOLO 系列
候选区域生成	选择性搜索	选择性搜索	无需候选区域，直接回归预测	无需候选区域，直接回归预测
特征提取	独立 CNN	共享 CNN	共享 CNN	共享 CNN
ROI 处理	单独处理每个候选区域	ROI 池化	无需 ROI 池化	无需 ROI 池化
预测方式	SVM 分类 + 边界框回归	softmax 分类 + 边界框回归	卷积分类 + 边界框回归	卷积分类 + 边界框回归
端到端训练	否	是	是	是
检测速度	慢	较快	快	非常快
检测精度	高	高	较高	高
小物体检测	良好	良好	较好	一般
大物体检测	较好	较好	较好	较好
多尺度处理	否	否	是	是
复杂度	高	中等	低	低
优点	精度高	速度较快，端到端训练	速度快，多尺度特征处理	速度非常快，全局上下文处理
缺点	速度慢，过程复杂	候选区域生成仍是瓶颈	对小物体检测不如 Fast R-CNN	对小物体和密集物体检测效果一般
应用场景	高精度检测任务，非实时	高精度检测任务，非实时	实时检测，多尺度物体检测	实时检测，大物体和全局上下文检测

8.2.4　图像超分辨率重建

图像分辨率作为评估图像信息丰富程度的主要性能指标之一，综合考虑了时间、空间和色彩等方面的分辨率特征。它体现了图像采集系统捕获和展示物体细节的能力。相较于低分辨率图像，高分辨率图像具备更高的像素密度、更丰富的纹理细节以及更可靠的信息传输能力。然而，在实际应用中，由于多种因素如采集设备、环境条件、网络传输以及图像退化等的影响，直接获得理想的高分辨率图像如包括边缘清晰、无块状模糊的图像，往往面临挑战。

图像的超分辨率重建技术是指利用特定算法将给定的低分辨率图像恢复到相应的高分辨率图像的过程。其主要目标在于通过应用先进的算法和模型，从给定的低分辨率图像中恢复出对应的高分辨率图像，以弥补或缓解由图像采集系统或环境限制引起的成像图像模糊、质量低下或感兴趣区域不清晰等问题。

图像超分辨率重建技术的核心任务在于利用特定算法生成真实、清晰且尽可能减少人为痕迹的高分辨率（HR）图像。根据输入和输出的不同性质，该技术的分类存在一定差异，主要分为以下三类。

（1）多图像超分辨率重建：此类方法旨在通过利用多幅低分辨率图像生成一幅真实且清晰的高分辨率图像，如图 8.30 所示。这些方法主要采用基于重建的算法，通过模拟图像生成过程解决低分辨率图像中的混叠伪像问题。根据重建过程所在的领域，多图像超分辨率重建算法可分为频域方法和空域方法。

（2）视频超分辨率重建：此类方法的输入为视频，目的在于提高视频中每一帧的分辨率，并通过算法在时间维度增加图像帧数，以提升整体视频质量。视频超分辨率重建方法可分为增量视频超分辨率重建和同时视频超分辨率重建两大类。

（3）单图像超分辨率：此类方法的输入为一幅低分辨率图像，通过仅利用该图像生成高分辨率图像。

观察得到的9幅低分辨率图像

超分辨率重建效果

图 8.30　多图像超分辨率重建

传统的超分辨率重建算法可分为基于插值、基于退化模型和基于学习的超分辨率重建。

（1）基于插值的单图像超分辨率重建算法利用基函数或插值核来近似丢失的图像高频信息，以实现高分辨率图像的重建。该方法将图像中的每个像素视为图像平面上的一个点，并通过预定义的变换函数或插值核来推断未知像素信息。常见的插值方法包括最近邻插值、双线性插值和双立方插值等。然而，仅依赖预先定义的变换函数进行超分辨率图像计算，而不考虑图像的降质退化模型，通常导致重建图像出现模糊、锯齿等问题。

（2）基于退化模型的超分辨率重建算法假设高分辨率图像是通过适当的运动变换、模糊和噪声处理生成的低分辨率图像的结果。该方法通过提取低分辨率图像中的关键信息，并结合对超分辨率图像重建的先验知识来约束其生成过程。常见的方法包括迭代反投影法、凸集投影法和最大后验概率法等。

（3）基于学习的超分辨率重建算法利用大量的训练数据学习低分辨率图像和高分辨率图像之间的映射关系，并根据学习到的映射关系预测低分辨率图像对应的高分辨率图像。常见的方法包括流形学习和稀疏编码方法，如图 8.31 所示。

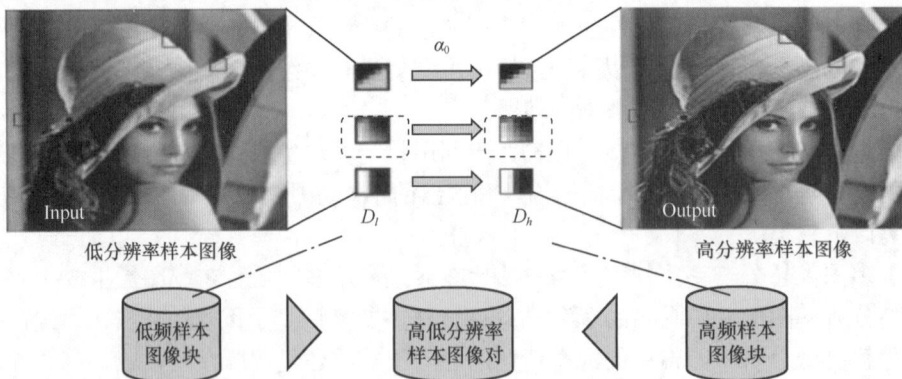

图 8.31　基于学习的超分辨率重建

在图像超分辨率重建研究领域，传统的图像超分辨率重建方法通常依赖于构建约束项和确保图像配对的准确性，以实现良好的重建效果。然而，这些方法在处理高放大倍数的图像超分辨率重建时存在局限性。随着放大因子的增加，人为设定的先验知识和观测模型所提供的信息用于图像超分辨率重建的能力逐渐减弱。即使增加低分辨率图像的数量，也难以满足恢复高频信息的需求。近年来，随着深度学习技术的发展，许多研究针对这一问题提出了许多新方法，取得了显著的进展。目前，越来越多基于深度学习的超分辨率重建模型涌现出来。根据是否依赖于低分辨率图像和对应的高分辨率图像进行训练，这些模型可大致分为有监督和无监督超分辨率重建方法。有监督超分辨率重建技术因其在重建效果上的优势而成为当前研究的主流方向。下面我们简单介绍一下监督学习方面的经典工作。

（1）**基于深度卷积神经网络的图像超分辨率重建（SRCNN）**是首个将卷积神经网络引入图像超分辨率重建（SR）领域的算法。该方法首先使用双三次插值将低分辨率（LR）图像放大至目标尺寸，随后通过三层卷积神经网络拟合非线性映射，最终生成高分辨率（HR）图像。SRCNN 的实现过程涵盖了特征提取、非线性变换和图像生成三个关键步骤，并将这些步骤统一到一个模型中，从而显著提高了模型效率。相较于传统方法，SRCNN 在提升图像重建质量方面具备显著优势。然而，由于计算量较大，该方法的训练速度较慢。随后，为加速训练过程，SRCNN 引入了一层额外的卷积层，形成了 FSRCNN 网络。尽管 FSRCNN 原理相对简单，但借助深度学习模型和大样本数据的学习，其性能超越了当时众多传统图像处理算法，标志着深度学习在图像超分辨率重建领域的开端。虽然 SRCNN 仅采用三个卷积层来实现图像超分辨率重建，但一些研究指出，采用更深的网络结构可实现更高质量的图像重建，因为深层网络能更充分地提取图像特征，从而更好地表达图像。然而，尽管许多研究尝试加深网络结构以提升性能，但更深网络结构的模型往往面临收敛困难的问题，无法达到预期结果。

（2）**基于深度循环卷积网络（DRCN）的图像超分辨率（SR）重建方法**的提出是为了应对 SRCNN 相对较浅的网络结构所带来的感受野有限的问题。尽管更深的网络结构可能带来更高的精度，但也可能引发过拟合和增加模型复杂度的问题。鉴于这一情况，DRCN 将循环神经网络（RNN）结构引入超分辨率处理领域，旨在通过循环监督策略和设置中间跳跃层来解决模型训练中的挑战，尤其是应对梯度爆炸或梯度消失的问题。借鉴残差学习思想，即跳跃连接，DRCN 深化了网络结构，扩大了感受野范围，从而提高了性能表现。通过增加更多的卷积层以扩大感受野，在网络模型中实现了循环模块的权重共享，减少了网络参数的数量，并通过跨层连接实现了多层特征的融合。与 SRCNN 相比，DRCN 在图像超分辨率重建效果方面取得了显著的提升。

（3）**基于高效亚像素卷积神经网络的图像超分辨率重建（ESPCN）**提出了一种高效的方法，以解决 SRCNN 和 DRCN 中存在的问题。在 SRCNN 和 DRCN 中，低分辨率图像首先通过上采样插值得到与高分辨率图像相同大小的图像，然后将其用作网络输入。然而，这种做法导致了卷积操作在高分辨率图像上进行，从而降低了效率。为了解决这一问题，ESPCN 采用了一种新的策略，即直接在低分辨率图像上进行卷积来生成高分辨率图像，核心思想是引入亚像素卷积层。通过在低分辨率图像经过两个卷积层后生成的特征图像上应用亚像素卷积层，实现了从低分辨率到高分辨率的图像放大过程。这种方法的关键之处在于插值函数隐含在前面的卷积层中，能够自动学习。此外，由于前面的卷积操作在低分辨率图像上执行，图像大小变换仅在最后一层进行，因此提高了效率。

（4）**基于生成对抗网络的图像超分辨率重建（SRGAN）**是一种深度卷积神经网络结构，由两个相互对抗的网络组成。其中，一个网络被称为生成器，其主要任务是生成新的数据实例，而另一个网络被称为鉴别器，其功能是评估生成的数据实例的真实性。具体而言，鉴别器的作用是对所生成的每个数据实例进行判断，以确定其是否属于实际训练数据集。

SRGAN 是将生成对抗网络（GAN）应用于图像超分辨率领域重建的代表作。在 SRGAN 中，生成器接收低分辨率图像作为输入，并生成相应的高分辨率图像，而鉴别器则被用于区分生成的高分辨率图像和真实高分辨率图像。这两个网络相互迭代进行训练，直到鉴别器无法准确判断输入图像的真实性，即达到纳什均衡状态。最终，SRGAN 生成器网络能够生成具有逼真外观的高分辨率图像。

超分辨率重建技术的未来发展方向包括以下几个方面。

（1）改进网络结构：在网络设计中，整合局部和全局信息是一个重要的课题。扩展网络的感受野能够获取更广泛的图像上下文信息，从而增加纹理细节，并生成更为真实的高分辨率图像。此外，结合低层和高层特征以及特定内容的注意力机制，有助于突显主要特征，从而推动生成高分辨率图像的真实性和细节表现。在网络设计中，轻量级结构也是一个重要的考虑因素。当前网络结构日益复杂，如何在减小模型规模的同时保持性能并降低计算开销是一个挑战。

（2）无监督学习：鉴于获取同一场景的不同分辨率图像存在困难，因此目前研究中广泛采用插值方法构建图像超分辨率重建数据集。尽管目前研究主要集中在监督学习的图像超分辨率重建技术上，但实际情况存在一定差异。相比之下，基于无监督学习的图像超分辨率重建技术利用无监督训练建立的模型更贴近实际需求。这一研究方向对解决实际问题具有重要意义，因此无监督学习的图像超分辨率重建技术具有巨大潜力。

（3）面向真实场景：真实场景中的图像常受复杂的退化模型影响。基于深度学习的图像超分辨率重建方法假设测试图像的分布与训练图像的分布一致。然而，当训练过程中采用的退化模型与实际测试图像的退化模型不一致时，通常会导致重建结果出现明显的退化现象。

8.2.5　图像分割

当探讨基于图像的分割时，我们需要考虑到语义分割、实例分割以及全景分割等三种主要方法，如图 8.32 所示。本节将分别论述这三种图像分割方法之间的差异和特征。

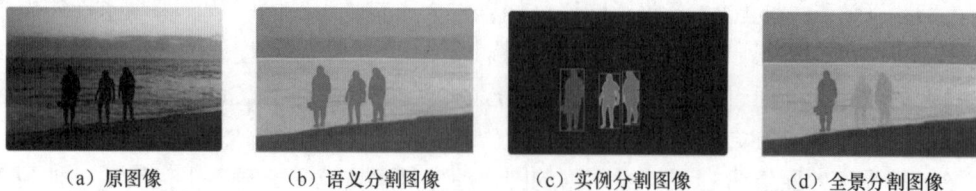

（a）原图像　　　　（b）语义分割图像　　　　（c）实例分割图像　　　　（d）全景分割图像

图 8.32　图像分割的分类

亚历山大·基里洛夫（Alexander Kirillov）等人于 2018 年提出了全景分割的技术，这引发了有关三种图像分割技术（即语义分割、实例分割和全景分割）哪种最优的讨论。在深入讨论之前，了解图像分割的基本原理至关重要，包括对 "things" 和 "stuff" 的比较。图像分割是计算机视觉和图像处理领域的一项关键技术，其包括将图像中的相似区域或段分组或标记，从像素级别进行考虑。每个像素段都由一个类别标签或掩码表示。在图像分割中，图像主要由两个主要组成部分组成："things" 和 "stuff"。"things" 对应于图像中可数的物体（如人、花、鸟、动物等），而 "stuff" 代表着无规律区域（或重复模式）中相似材料，这是不可数的（例如，道路、天空和草地）。因此，可以根据对待 "things" 和 "stuff" 的方式，对语义分割、实例分割和全景分割技术进行区分。

这三种图像分割技术（语义分割、实例分割和全景分割）在处理图像中的物体和场景时存在差异。

1. 语义分割

语义分割旨在对图像中的不可数部分进行研究，通过对每个像素进行分析，并根据其所代表的纹理特征分配唯一的类别标签。举例来说，在图 8.33 中，图像包含两辆汽车、三个行人、一条道路和天空。其中，两辆汽车和三个行人展现出相似的纹理特征。

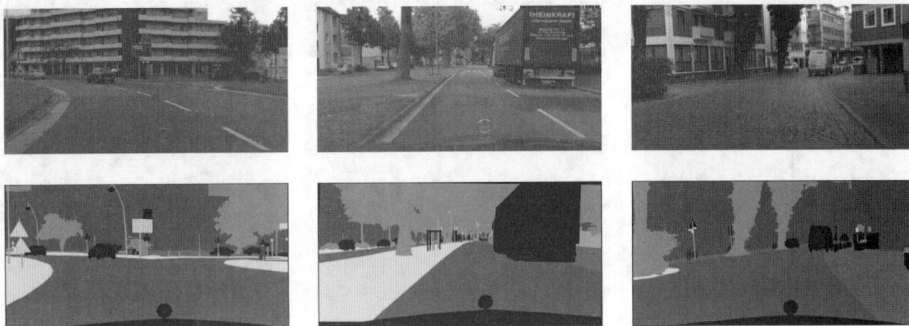

图 8.33 语义分割

语义分割的目标是为图像中的每个纹理或类别分配独特的类别标签，以表示每个像素所属的纹理或类别。然而，与实例分割不同，语义分割的输出无法对同一类别内的多个实例进行区分或计数。常见的语义分割方法包括 SegNet、U-Net、DeconvNet 和 FCNs。

2. 实例分割

实例分割通常应用于处理包含可计数对象的任务，其主要目标是检测图像中存在的每个对象或类别实例，并为每个对象或类别实例分配一个具有唯一的实例标识符的不同掩码或边界框，如图 8.34 所示。

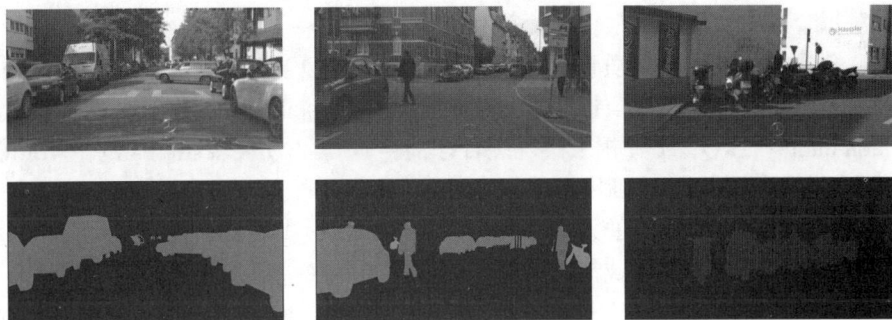

图 8.34 实例分割

语义分割和实例分割技术旨在实现对场景的一致性处理，以识别场景中的 "things" 和 "stuff"，从而实现更实用的应用。为解决这一问题，研究人员提出了一种综合考虑 "things" 和 "stuff" 的方法，即全景分割。

3. 全景分割

全景分割代表了语义分割和实例分割的融合，提供了一种统一的图像分割方法。它同时为图像中的每个像素分配语义标签（通过语义分割）和唯一的实例标识符（通过实例分割）。这种方法赋予了每个像素一对语义标签和实例标识符，如图 8.35 所示。在存在对象实例之间像素重叠的情况下，全景分割通过优先考虑对象实例来解决这一差异，因为对每个"things"的识别比对"stuff"的识别具有更高的优先级。

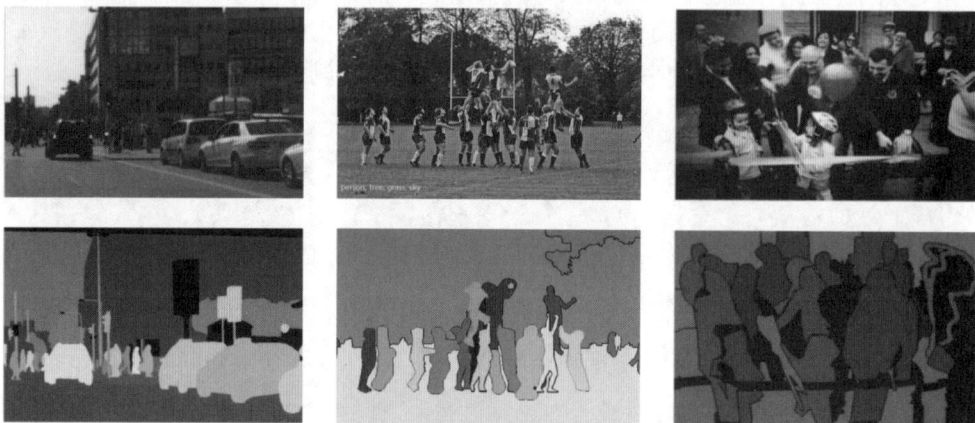

图 8.35　全景分割

大多数全景分割模型都采用了基于 Mask R-CNN 方法的架构，其常用的主干网络包括 UPSNet、FPSNet、EPSNet 和 VPSNet。

各种分割技术使用不同的评估指标来评估场景中的预测掩码或标识符，这是因为它们对于"things"和"stuff"的处理方式存在差异。

在语义分割中，通常采用**交并比**（intersection over union，IoU）指标，该指标评估预测结果与真实标签之间的相似性，衡量两个掩码之间的面积重叠程度。除了 IoU 之外，还可以使用 Dice 系数、像素精度和平均精度等指标进行更全面的评估，这些指标不考虑对象实例级别的标签。

另一方面，实例分割通常以**平均精度**（average precision，AP）作为主要评估指标。AP 度量标准对每个对象实例的像素级 IoU 进行计算。

最后，全景分割采用**全景质量**（panoptic quality，PQ）指标对预测的物体和背景的掩码及实例标识进行评估。PQ 通过将分割质量（segmentation quality，SQ）和识别质量（recognition quality，RQ）二者相乘实现综合评估。其中，SQ 代表匹配段的平均 IoU 得分，而 RQ 则是根据预测掩码的精确率和召回率计算的 F1 分数。

图像分割在许多实际场景的发展中发挥着重要作用，扩展了人类对周围环境的认知。语义分割和实例分割在多个领域都有着广泛的应用，其中包括如下领域。

（1）汽车自动驾驶：3D 语义分割技术能够通过识别道路上的不同物体提高车辆对周围环境的理解。而实例分割则可以识别每个物体实例，从而提供更深层次的信息计算速度和距离。

（2）医学图像分析：语义分割和实例分割技术被广泛应用于 MRI、CT 和 X 射线扫描等医学图像中，用于识别肿瘤和其他异常情况。

（3）卫星或航空图像标记：语义分割和实例分割技术都被用于对卫星或航空图像进行标记，用于制作世界地图。它们能够标记河流、海洋、道路、农田、建筑物等地理物体，与其在场景理解中的应用相似。

全景分割技术将汽车自动驾驶的视觉感知提升到一个新的水平。它能够生成具有像素级精度的细致掩码，使得自动驾驶汽车能够做出更准确的驾驶决策。此外，在医学图像分析、数据标注、数据增强、无人机遥感、视频监控和人数统计等领域中也得到了广泛应用。

在所有这些领域中，全景分割技术在预测掩码和边界框方面提供了更深入和更准确的信息。

习题

一、选择题

1. 视网膜的（　　）在黑暗环境中对明暗感觉起决定作用。
   A. 杆状细胞　　　　　　B. 锥状细胞　　　C. 柱状细胞　　　　　D. 线状细胞
2. 视网膜的（　　）具有分辨物体细部和颜色的作用。
   A. 杆状细胞　　　　　　B. 锥状细胞　　　C. 柱状细胞　　　　　D. 线状细胞
3. 人眼的视觉适应性包括（　　）。
   A. 亮适应性　　　　　　　　　　　　　B. 暗适应性
   C. 亮适应性和暗适应性　　　　　　　　D. 灰度适应性
4. 马赫带效应就是由于视觉细胞的（　　）引起的。
   A. 互相掩蔽　　　B. 互相加强　　　C. 互相抑制　　　D. 互相补充
5. 下列不属于视觉错觉的是（　　）。
   A. 方向错觉　　　B. 长短错觉　　　C. 色彩错觉　　　D. 记忆错觉
6. 视觉颜色模型是指与人眼对颜色感知的视觉模型相似的模型，它主要用于彩色的理解，常见的有（　　）。
   A. HSI 模型　　　B. HSV 模型　　　C. RGB 模型　　　D. 都是
7. 基于内容的图像检索中不是全局特征的是（　　）。
   A. 颜色特征　　　B. 关键点特征　　　C. 纹理特征　　　D. 形状特征
8. 以下方面不属于视觉应用的是（　　）。
   A. 语言翻译机　　　B. 人脸识别　　　C. 行人重识别　　　D. 图像去雾
9. 下列属于目标检测的是（　　）。
   A. RCNN　　　B. DNN　　　C. CNN　　　D. RNN
10. 目标检测是对目标进行识别和（　　）。
    A. 检测　　　B. 定位　　　C. 学习　　　D. 标注
11. 图像的目标检测算法不需要完成（　　）。
    A. 目标位置的计算　　　　　　　　　B. 目标类别的判断
    C. 置信度的计算　　　　　　　　　　D. 目标边缘的计算
12. 下属模型是一阶段网络的是（　　）。
    A. Fast R-CNN　　　B. R-CNN　　　C. Faster R-CNN　　　D. YOLOv2
13. 以下哪一类算法为两阶段的目标检测算法（　　）。
    A. SSD　　　B. YOLOv2　　　C. YOLOv3　　　D. Faster R-CNN

二、简答题

1. 什么是马赫带效应？
2. 什么是采样和量化？
3. 什么是基于内容的图像检索（CBIR）？请简述基于内容的图像检索面临的挑战。
4. 请简述行人重识别面临的挑战。
5. 请简要论述三种图像分割方法之间的差异和特征。

第9章 听觉感知与智能听觉

【本章导读】

听觉感知是人类通过耳朵感知声音和环境的过程，包括听觉器官（耳朵）、神经系统和大脑之间复杂的相互作用。当声波进入耳朵时，它们经由外耳、中耳和内耳传递到神经系统，最终在大脑内被解码为可理解的声音以及其中所携带的信息。听觉感知涉及声音的频率、强度、时长、方向等多个方面，以及不同类型声音（如语言、音乐、环境声）的识别。与此同时，智能听觉作为人工智能领域的一个研究方向，旨在使计算机系统能够模拟和理解人类的听觉感知能力。智能听觉包含了对声音信号的处理、分析和理解，以及声音信息在不同任务中的应用，如语音识别、语音合成、音乐分析和环境声识别等。通常，智能听觉系统利用各种信号处理、机器学习和深度学习技术来模拟人类听觉系统的功能，从而实现对声音的感知、分析和应用。本章将重点探讨听觉感知和智能听觉这两个方面的内容。

9.1 听觉感知

声音是由物体振动引发的波动现象，随后通过介质（例如空气、固体或液体）传播，最终被人类或动物的听觉器官接收。物体振动是声音产生的根源。当物体振动时，其振动通过介质传播，导致周围分子产生有规律的运动，从而形成声波。这些声波以纵波形式传播，通过压缩和稀疏介质的方式传递声音信息。举例来说，乐器演奏、物体敲击或人类语言发声均是由振动所产生的声音。不仅人类具备听觉能力，许多其他动物也具备听觉能力，而一些动物如狗、蝙蝠、鲸和大象具有更广泛的频率感知范围，因此能够听到或产生超出人类听觉范围的声音。

听觉感知的
相关概念

9.1.1 声音的特性

1. 声音的传播

声音传播是指声波在介质中传递声音信息的过程。这一过程涵盖多个关键步骤：首先是声源振动，即声音的起源，它源于物体的振动，例如乐器演奏、物体碰撞或声带振动等。其次是介质传播，声波通过介质传播。在空气中，声波通过空气分子的振动传播；而在固体或液体中，声波则通过分子或原子的相互作用传播。接着是声波传播，声波以纵波形式传播。在传播过程中，介质中的分子或原子以振动的方式传播声音信息，导致声波的密度发生变化。最后，声音

到达接收器，声波传播至听觉器官，例如人类的耳朵或动物的听觉器官。在这一步骤，声波被转化为神经信号，并通过神经系统传递至大脑，最终在大脑中被解码和理解。

声音传播的速度受多种因素影响，包括介质类型和温度等。在空气中，声音的传播速度约为343m/s（在室温下），而在固体或液体中，声音传播的速度通常更快。此外，声音传播的特性还受到频率和振幅的影响，频率决定了声音的音调，而振幅则影响声音的响度，即声音的强度。

2．声音的折射与回声

声音传播受外部环境的影响，其中包括地形和气象条件。当声音遇到地形障碍物，如山脉时，会发生折射，导致声音传播方向发生改变，并产生折射现象。气象条件，特别是白天和晚上的气温差异，也对声音传播产生影响。白天，由于热空气上升，声音快速折射至高空，从而使其传播范围扩大；而晚上，由于冷空气下降，声音传播速度较慢，不易发生折射，因此传播范围较短。此外，回声现象是声音遇到障碍物反射并再次传播到观察者处的结果。当回声与原始声音同时到达观察者耳朵时，由于时间差较小，难以区分二者。在高噪声环境中或回声分贝较低时，人耳可能无法区分回声，但这并不意味着回声不存在，而是受到人类感知能力的限制。

3．超声波和次声波

声音被视作一种波动，其频率和振幅是其重要属性的参数。频率以赫兹（Hz）为单位，表示在一秒内振动的次数。频率的大小决定声音的音调，即高音或低音。人耳对于介于1000Hz至3 000Hz之间的声音表现出最高的敏感度，但人耳可以感知频率范围在20Hz至20 000Hz之间的声音，超过这一范围的波动称为超声波，而低于这一范围的波动则被称为次声波。在自然环境中，常见的超声波源包括风、水流、闪电以及地壳运动等。相反，次声波通常源于海上风暴、火山喷发、海啸以及核爆炸等事件。与人类不同，许多动物具备对超声波和次声波的感知能力。因此，在自然灾害发生时，动物通常能够感知到这些波动并及时逃离。

次声波具有广泛的来源和遥远的传播特性，其波长长、频率低，能够在数千至数万米的距离内传播。相比之下，超声波由于其高频率和高功率而具有更高的能量，因此在工业和医学领域被广泛应用，例如在切割、焊接和医学成像等领域。

4．声波传播模式

声波传播模式主要包括平面波、球面波和柱面波三种，如图9.1所示。

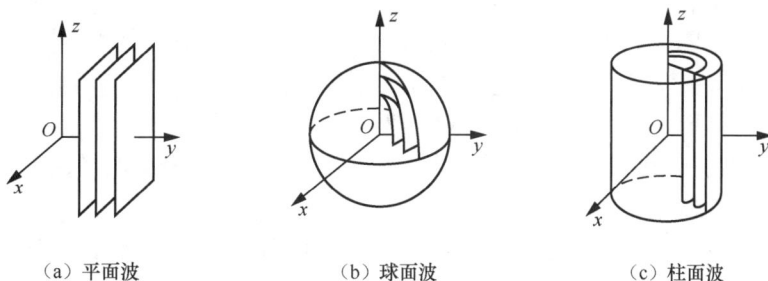

（a）平面波　　　　　　（b）球面波　　　　　　（c）柱面波

图9.1　声波传播模式

平面波是指声波的波面与传播方向垂直的情况。当远离声源时，声波的传播可以近似为平面波。在理想介质如空气中传播时，平面波的声压与质点速度具有相同的相位。理想介质中，平面声场中声压和质点速度不随距离变化而改变，因此平面声场的声阻抗保持恒定。在自由空间中，当声波的尺寸远小于波长时，远离声源的声场通常可视为平面波进行处理。

球面波是指波面呈同心球面的声波。不论声源形状如何，只要其尺寸远小于波长，都可视为点声源，从而产生球面波。在球面波中，声强与距离的平方成反比，声压与距离成反比，而声压与振动速度之间的相位差与球面波的半径与波长之比成反比。辐射球面波时，介质的声阻抗是一个复数，包含纯阻抗和纯抗两部分，与波的半径和波长相关。当球面波的半径足够大时，可忽略纯抗分量。

柱面波是指波面为同轴圆柱面的声波。在均匀介质中存在一无限长的均匀线声源时，产生的波即为理想的柱面波。在柱面波中，沿轴向声压振幅均匀分布，而沿径向则与距轴的距离的平方根成反比。径向声强与离轴距离成线性反比。在交通繁忙的公路上，汽车沿着一条线行驶，这些汽车可视为线性声源，其辐射的噪声即为柱面波。

9.1.2　语音的特性

语音的物理属性被分为音调、音强、音长和音色四个要素。

音调即声音的频率，由声源的振动快慢所决定。高频率声音被感知为较高的音调。音调与振动体的尺寸、密度和材质等因素密切相关。例如，成年男性的声带通常较长而厚，产生的声音频率较低，听起来较为低沉。相反，成年女性的声带较短而薄，产生的声音频率较高，听起来则较为高亢。

音强表示声音的强度，与声源振幅的大小有关。振幅越大，声音越强。语音的音强受到发声时气流对声带的冲击力量的影响。语音中的重音和轻音由音强的不同而产生。

音长指声音的持续时间，取决于声源振动的持续时间。振动时间越长，声音的持续时间就越长。一些语言通过音长来区分词义，而在汉语中通常以辅助特征的形式出现。

音色，又称音质，是声音的特征，是区分一个声音与其他声音的根本特点。音色的差异主要取决于声源形成的声波波形的不同。

导致音色差异的因素包括发音体的不同、发音方法的不同以及发音时共鸣器形状的不同。

（1）不同的发音体会产生不同的音色。举例而言，胡琴和口琴产生的声音有所不同，这是因为它们的发音体分别是琴弦和簧片。

（2）不同的发音方法也会引起音色的差异。例如，对于同一把胡琴，不同的拉弓和手指弹奏方法会产生不同的音色。

（3）发音时共鸣器的形状差异也会对音色产生影响。举例来说，语音中元音"a"和"i"的音色差异主要源于发音时口腔共鸣器的形状与发音不同。

任何声音，包括语音在内，都由音调、音强、音长和音色这四个要素组成的统一体。这些要素通常被划分为两个层次，一个层次是音色成分，另一个层次包括音高、音强和音长，统称为超音色成分或非音色成分。

音色的变化在语音中扮演着至关重要的角色，而音高、音强和音长这三个非音色成分则与音色密切相关。它们既可以存在于一个音节内，如声调，也可以存在于更大的语音单元上，如语调。

在任何语言中，音色都是具有最重要区分意义的要素。其他要素在不同语言中区分意义的作用各有不同。在汉语中，音调的作用尤其重要，因为声调主要由音调决定，声调能够区分词义。此外，音强和音长在语调和轻声中也发挥着重要作用。

频率响应特性，即频率范围，是音响设备的重要技术指标之一，直接影响着声音的重放质量。随着高保真音响技术的发展，频率范围不断向两端扩展，目前已经达到了 10 个倍频程（20Hz～20kHz 范围内），以满足各种不同声源频率范围的录制和播放需求。

人耳对声音频率的感知范围具有一定限制。由前述可知，通常情况下，大多数人能够感知的声音频率范围介于 20Hz 到 20 000Hz 之间。然而，随着年龄的增长和听力健康状况的变化，对高频声音的感知能力可能会下降，一般而言，上限可能会降至 15kHz 左右。图 9.2 展示了人类和不同动物的发声频率和听觉频率。人耳的听觉是对声音的主观反应，因此我们需要学会利用听觉来评估音响设备的频率范围。此外，我们也需要根据不同声源的频率范围来选择最合适的音响设备，以获得理想的录音和扩声效果。除了这些，我们还应掌握各种技术手段来补偿不同频率的影响，例如使用高、中、低频均衡器，高、低通滤波器以及多频率补偿器等。

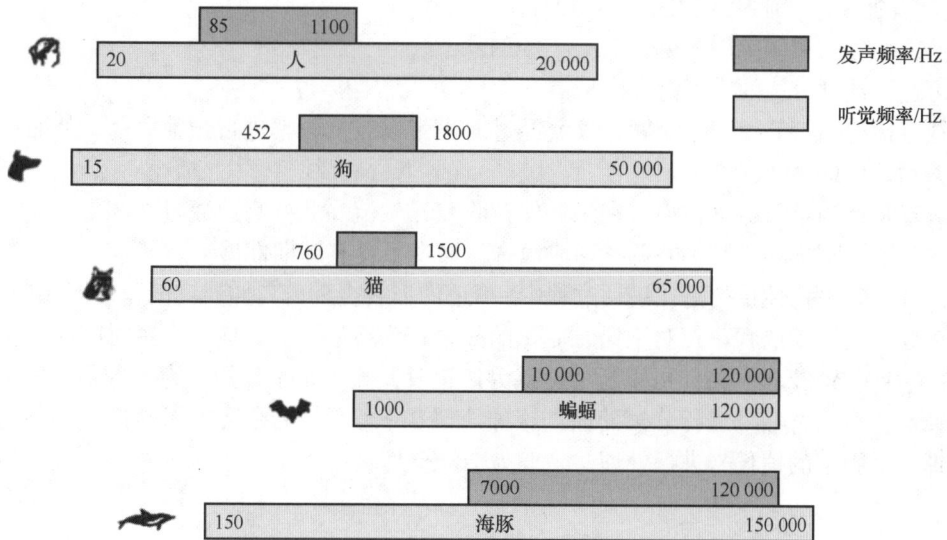

图 9.2 人类和不同动物的发声频率和听觉频率

（图中数据：人——发声频率 85～1100Hz，听觉频率 20～20 000Hz；狗——发声频率 452～1800Hz，听觉频率 15～50 000Hz；猫——发声频率 760～1500Hz，听觉频率 60～65 000Hz；蝙蝠——发声频率 10 000～120 000Hz，听觉频率 1000～120 000Hz；海豚——发声频率 7000～120 000Hz，听觉频率 150～150 000Hz。图例：发声频率/Hz、听觉频率/Hz）

为了更深入地理解声音的频率范围，我们需要对一般声源的频率特征有基本了解。语言的频率范围相对较窄，男性的声音频率较低，平均基本频率约为 150Hz，而女性的声音频率则较高，平均基本频率约为 230Hz。对于歌唱家而言，男低音的基本频率可低至 60Hz 左右，而女高音的基本频率可高达 1000Hz 左右。相比之下，音乐的频率范围要宽广得多，大约在 40Hz 到 16 000Hz 之间。由于不同乐器的构造和演奏方法各异，它们的频率范围存在较大差异。乐器的泛音成分和结构比语言复杂得多，因此音乐的音色能够呈现出更为丰富多样的特性。

例如，手鼓小组的频率范围大致介于 80Hz 至 5kHz 之间，而各种小型打击乐器的频率范围则通常在 250Hz 至 20kHz 之间，而桶鼓的频率范围相对较窄，大约在 40Hz 至 3kHz 之间。

以下是男、女声歌唱家以及管弦乐队中几种常用乐器的基本频率范围。

（1）在声乐方面

女高音的频率范围约为 246Hz 至 1174Hz；

女低音的频率范围约为 174Hz 至 698Hz；

男高音的频率范围约为 130Hz 至 523Hz；

男低音的频率范围约为 87Hz 至 440Hz。

（2）在弦乐器方面

小提琴的频率范围约为 196Hz 至 3000Hz；

中提琴的频率范围约为 130Hz 至 1100Hz；

大提琴的频率范围约为 65Hz 至 700Hz；

低音提琴的频率范围约为 41Hz 至 240Hz；

贝斯的频率范围约为 80Hz 至 250Hz。

（3）在铜管乐器方面

小号的频率范围约为 164Hz 至 960Hz；

圆号的频率范围约为 82Hz 至 850Hz；

拉管的频率范围约为 73Hz 至 460Hz；

低音大号的频率范围约为 55Hz 至 350Hz。

声音可被划分为浊音和清音两种类型。

浊音指声道打开，声带绷紧，气流经过时声带以较低频率进行张弛振荡，从而产生周期性振动，形成声音。

清音则是声带不振动，声道在某处保持收缩，气流在此处高速通过并产生湍流，然后经过主声道（咽部和口腔）的调整形成声音，清音不具有周期性振动。

语音短时平稳性指的是在说话过程中，声道的形状会随着口腔肌肉的运动而相应变化。由于口腔肌肉运动的频率相对于语音变化的频率较为缓慢，因此在一个短时间间隔（通常为 20 毫秒至 40 毫秒）内，可以近似地认为声道及其输入是平稳的。为了方便处理语音信号，通常会将语音信号进行分帧处理。这种处理基于假设语音信号在短时内是平稳的，因此选择一个固定的帧长来进行处理，一般为 20 毫秒。

9.1.3 听觉系统

1．听觉机制与人耳结构

听觉是指耳朵将外部环境中的声音振动转化为神经冲动的过程，这些神经冲动随后被传递到大脑，在大脑中被解释为声音。当物体振动（例如吉他弦振动）导致空气分子产生压力脉冲（即声波）时，声音就会产生。耳朵通过检测和分析声波的不同物理特征来区分声音的不同主观方面，例如声强和音调。音调是指声波频率的感知，即单位时间内通过固定点的波长数量。频率通常以每秒周期数或赫兹为单位。人耳对 1 000 到 4 000 赫兹的频率最敏感且最容易检测到，但整个可听范围约为 20Hz 到 20 000Hz。频率更高的声波称为超声波，虽然它们可以被其他哺乳动物听到。声强是声音强度的感知，即声波对鼓膜施加的压力。声音的强度以分贝（dB）为单位进行测量和报告，分贝是一种对数刻度，用于比较给定声音的强度与正常人耳在最敏感频率范围内可以感知到的标准声音。人类听觉的范围从 0dB（几乎听不见的水平）扩展到约 130dB（声音变得痛苦的水平）。

听觉机制指的是人耳接收声波并将其转化为神经信号的过程。声波首先进入外耳并通过外耳道传导，最终到达鼓膜，引起鼓膜和连接的听小骨链的振动。随后，镫骨对圆窗的运动在耳蜗内的液体中形成波动，导致基底膜振动。这种振动刺激了位于基底膜顶部的内耳螺旋器官的毛细胞，从而触发神经冲动传送到大脑，图 9.3 所示为人耳的结构。

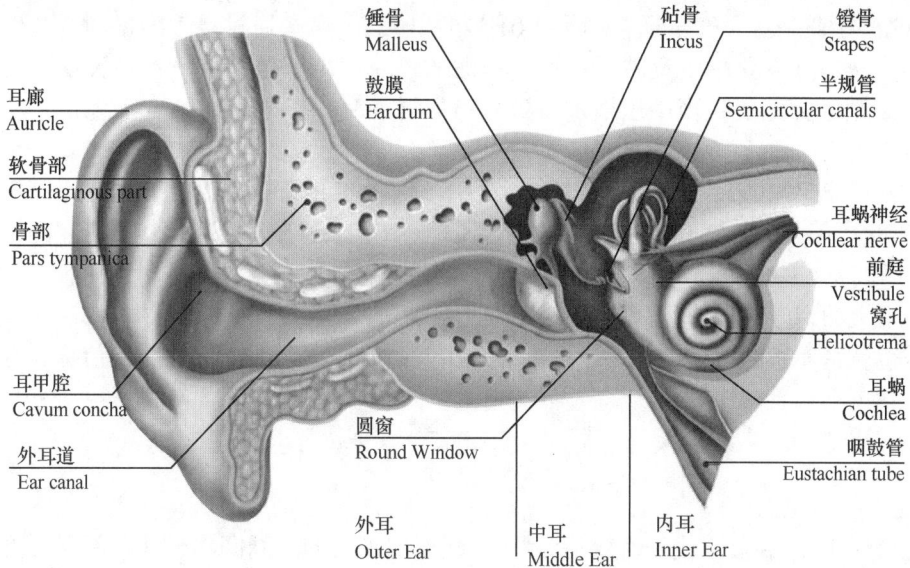

图 9.3　人耳的结构

将声音传递到中枢神经系统的过程涉及三次能量转换。首先，空气振动转化为鼓膜和中耳听小骨的振动，随后这些振动再次转化为耳蜗内液体的振动。最终，振动沿着基底膜传播形成行波，激发内耳螺旋器官的毛细胞。这些毛细胞将声音振动转换为耳蜗神经纤维中的神经冲动，然后通过耳蜗神经传递至脑干。经过广泛处理后，这些神经冲动传送至大脑皮层的主要听觉区域，也就是大脑的最终听觉中心。仅当神经冲动到达该区域时，听者才会意识到声音。

人耳对声音频谱的分析是通过一种频率-位置的映射来实现的。耳蜗的内侧对低频声音敏感，而外侧对高频声音敏感。耳蜗被划分成多个部分，每个部分对应一个带通滤波器。因此，整个耳蜗可以被视为一组频率重叠的带通滤波器，如图 9.4 所示。

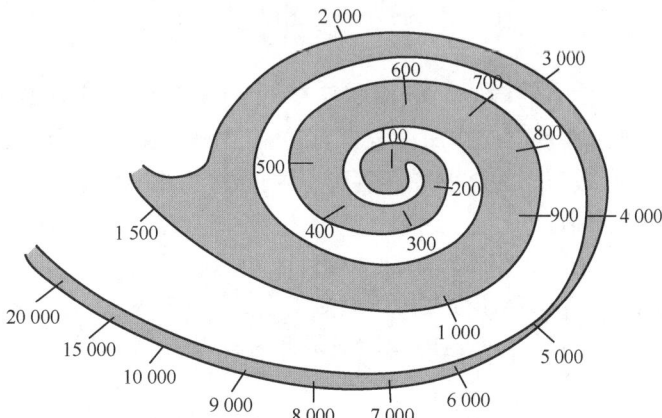

图 9.4　耳蜗内频率分布区域

2．与声音有关的概念

（1）压强

压强是指单位面积上受到的压力，其单位为帕斯卡（Pa），含义为每平方米面积上受到 1 牛顿的压力。换言之，1Pa=1N/m²，即 1 帕斯卡 = 1 平方米面积上受到 1 牛顿的压力，$1Pa = 10^3 mPa = 10^6 \mu Pa$。大气压通常约为 $1.01\,325 \times 10^5 Pa$。声音通过空气的振动所产生的压强被称为声压，其变化幅度反映了声音或声波的强弱。声压是标量，不是矢量，其相位按照以下原则区分正负，当声压增加导致总声压增加时，声压相位被定义为正，反之为负。

如果将人耳能感知的最小声音频率转换为声压，那么人的耳朵能感受到的最小声压是 $20\mu Pa$。低于此声压人们就感知不到声音。正常人耳对 1kHz 声音刚刚能觉察其存在的声压值（$20\mu Pa$）被称为 1kHz 的可听阈声压。声场中某一瞬时的声压值称为瞬时声压，在一定时间间隔中最大的瞬时声压值称为峰值声压。如果声压随时间变化是按正弦规律变化，那么峰值声压也就是声压的振幅。在一定时间间隔中，瞬时声压对时间取均方根值称为有效声压。

$$p_{\mathrm{rms}} = \sqrt{\frac{1}{T}\int_0^T p^2 \mathrm{d}t}$$

在上述公式中，"rms"代表有效值，"T"代表取平均的时间间隔，该时间间隔可以是一个周期或远远超过一个周期的时间跨度。通常，我们所说的声压以及一般电子仪器测得的声压都是指有效声压。

（2）声压级

相较于大气压，声压幅值的波动范围极其微小，而人耳可感知的声压幅值的波动范围则相对较广，约为 $2\times10^{-5}Pa$ 至 20Pa。然而，这种声压幅值的波动范围与其比值巨大，可高达 10^6。在日常生活中，所遇到的声音由于其声压值的广泛变化，往往呈现六个数量级以上的差异。同时，人类听觉对声压度的刺激反应并非线性，而是呈现对数比例关系。因此，声压的大小通常以声压级（sound pressure level，SPL）来描述，其定义为两个声压值之间的对数比率，其中一个声压值为有效声压，另一个为参考声压。

$$SPL（声压级）or L_p = 10\lg\left(\frac{p}{p_0}\right)^2 = 20\lg\left(\frac{p}{p_0}\right)$$

上述公式中，p 表示有效声压，p_0 表示参考声压。考虑到人耳所感受到的最小声压为 $20\mu Pa$，因此通常将空气中的参考声压设定为 $20\mu Pa$。对于有效声压为 $20\mu Pa$ 的声音，其声压级为 0dB，而对于有效声压为 20Pa 的声音，其声压级为 120dB。

因此可以得出以下结论：

① 当声压增加 10 倍时，声压级增加 20dB；

② 当声压增加 2 倍时，声压级在原来基础上增加 6dB；

③ 当声压幅值变为原来的两倍时，能量降低为原来的一半，声压级在原来基础上降低 3dB。

如图 9.5 所示，当声压级达到 100dB 时，会对听觉造成损伤；达到 120dB 时，会感到疼痛，并可能导致不可逆的听觉损伤。在语音信号方面，其频率范围通常在 100Hz 到 8kHz 之间，声压级范围约为 30dB 到 70dB，典型对话语音的声压级约为 50dB 到 60dB。而音乐信号的频率范围和声压级范围远远超出了语音信号的范围。即使在绝对安静的环境中，人耳也无法感知声压级低于绝对听阈曲线的声音。

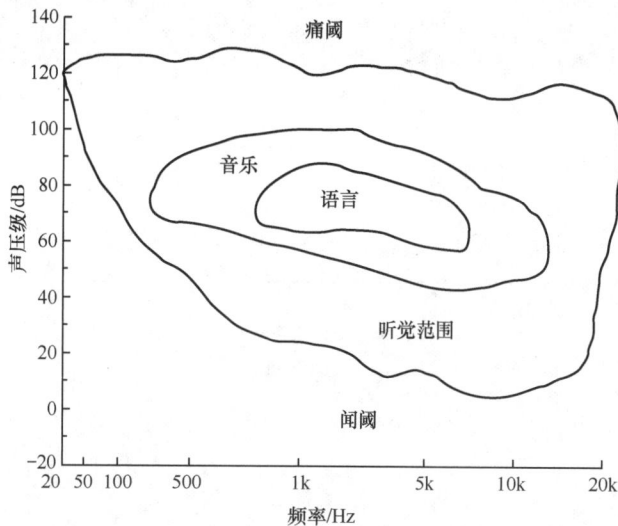

图 9.5　不同声压级范围

（3）声功率级

声压级是噪声评价的一个重要物理量，并且其测量是最直接方便的。但是，声压级测量的缺点也很明显，就是易受环境影响，其大小与测量距离和测量环境直接相关。因此，人们通常用声功率级来衡量一个声源的声辐射能力。

声功率定义为，声源在单位时间内向空间辐射声音的总能量，单位为 W。声功率级（sound power level）是声功率与参考声功率的相对量度，定义为：

$$L_W = 10\lg\left(\frac{W}{W_0}\right)$$

在上述公式中，W 代表所测量的声功率，$W_0 = 10^{-12}W$ 表示参考声功率。声功率是一个绝对量，其仅与声源有关，与其他因素无关。因此，它可视为声源的一项物理属性。

（4）响度

在日常生活中，个体对声音强度的主观感知被称为响度。

响度的感知不仅受声音的声压级影响，还受到声音频率的影响。将相同响度下的不同频率点连接而成的曲线被称为等响度曲线，如图 9.6 所示。

老年人在 2kHz 以上的中高频声音的听觉敏感度明显低于年轻人，如图 9.7 所示。耳朵在接收一个声音时可能会受到另一个声音的干扰或抑制，这被称为掩蔽现象。当两个频率相近的声音同时存在时，较大的声音（称为掩蔽者）会使人耳无法听见或听清较小声音（称为被掩蔽者），如图 9.8 所示。从生理学角度解释，掩蔽者会阻碍耳蜗基底膜对被掩蔽者的刺激感受。掩蔽可分为前向掩蔽和后向掩蔽。

听觉感知与智能听觉 / 第 9 章

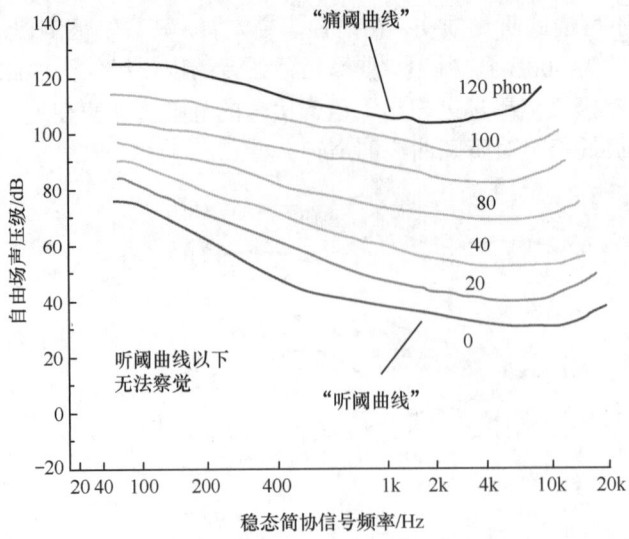

图 9.6　等响度曲线

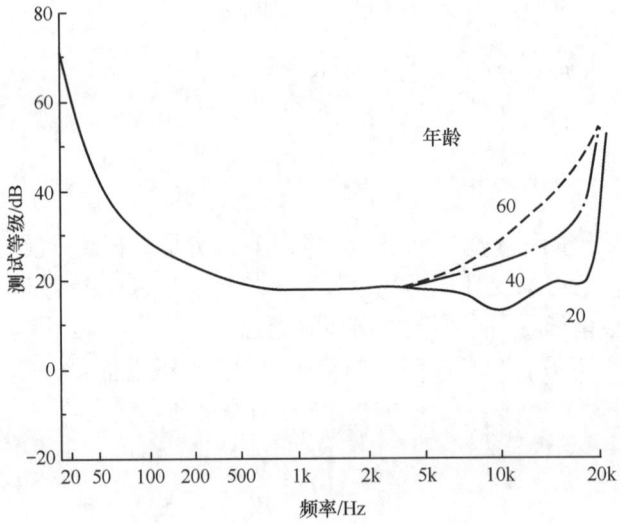

图 9.7　不同年龄段的听觉敏感度

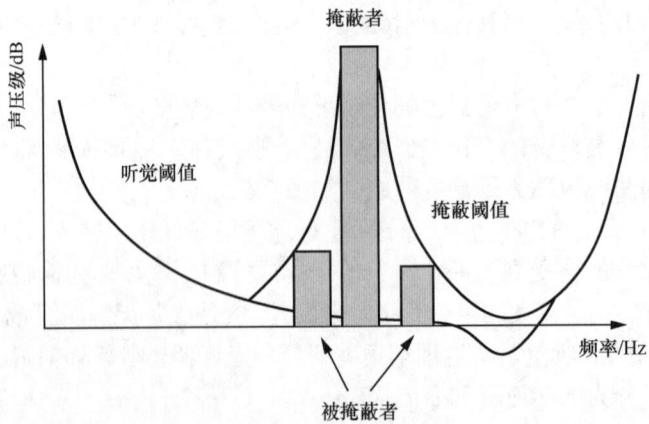

图 9.8　声音的掩蔽

前向掩蔽是指一个声音影响了在时间上先于它的声音的听觉能力，而**后向掩蔽**则是一个已经结束的声音对另一个声音的听觉能力还起着影响，如图 9.9 所示。**时域掩蔽**则是另一种情况，当掩蔽者与被掩蔽者非同时出现，比如一个很响的声音后面紧跟着一个很弱的声音，或者一个很弱的声音紧跟着一个很响的声音，那么这个弱的声音也可能被掩蔽而听不到。

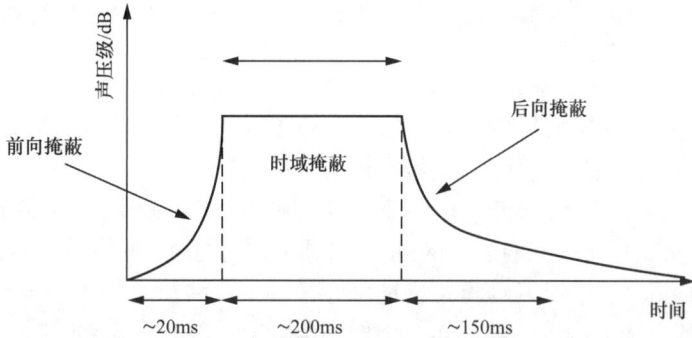

图 9.9　时域掩蔽

9.1.4　语音编码

语音编码技术是为了在语音通信和存储应用中有效管理传输带宽而被广泛采用的一项技术。其目标为通过对语音信号进行压缩编码，以减少所需的数据量，从而实现带宽的节省和传输效率的提高。此过程中，关键目标之一是设计出低复杂度的编码器，以在尽可能低的比特率下实现高质量的语音数据传输。有效的语音编码需要在压缩语音信号时最大程度地减少信息丢失和感知失真，以保持语音的原始质量。

1．语音编码需要考虑的因素

实现高效语音编码需要综合考虑以下方面的因素。

首先，在保证足够语音质量的前提下，语音编码需要尽可能降低比特率。比特率是指每秒钟编码后语音数据所占用的比特数，低比特率可以降低数据量，但可能导致质量损失。

其次，语音编码是有损压缩过程，会引入一定程度的失真。为满足高质量传输需求，编码器需要在最小化失真的同时保持音质可接受。

另外，为实现实时通信和低功耗设备上的应用，编码器需要具备较低的算法复杂度，以高效进行编码和解码操作。

为达到以上目标，语音编码采用了多种压缩算法和技术。常见的编码标准如 G.711、G.729、AMR 等，它们具备不同比特率和音质特性，以满足不同应用场景需求。随着技术的进步，新的编码标准和算法不断涌现，进一步提升语音传输的效率和质量。

2．语音压缩编码的基本依据和分类

语音编码是将模拟语音信号转换为数字形式的过程，便于其存储、传输和处理。其主要目标在于通过压缩数据以减少所需的存储空间或传输带宽，同时最小化音频质量的损失。

语音压缩是指对语音信号进行编码处理，以减小其数据量的过程。以下是关于语音压缩编码的基本依据和分类。

（1）语音压缩编码的基本依据

① 冗余度：语音信号通常包含冗余信息，即存在着重复、不必要或可被推断的信息。通过利用冗余度，可以采用压缩算法来降低数据量。

② 听觉特性：人的听觉系统对语音信号的敏感度不是均匀的，对某些微小变化或信号部分的丢失不敏感。这些听觉特性可用于有损压缩，即通过牺牲一定的音质以实现更高的压缩比。

（2）语音压缩编码的分类

语音压缩编码算法通常分为有损压缩和无损压缩两大类型。

① 有损压缩：有损压缩是指在减小数据量的同时，对语音信号的部分信息进行牺牲，以实现更高的压缩比。常见的有损压缩编码方法包括以下几种。

a. 波形编码（waveform coding）：如脉冲编码调制（pulse code modulation）、差分脉冲编码调制（differential pulse code modulation）、自适应差分脉冲编码调制（adaptive differential pulse code modulation）、子带编码和矢量量化等。

b. 参数编码（parametric coding）：如线性预测编码（linear predictive coding）等。

c. 混合编码（hybrid coding）：包括多预测线性预测编码（multi-predictor linear predictive coding）和编码激励线性预测（excited linear predictive coding）等。

② 无损压缩（熵编码）：无损压缩是指在压缩数据时不引入任何失真，能够完全还原原始语音信号。常用的无损压缩方法包括霍夫曼编码（Huffman coding）、算术编码（arithmetic coding）、行程编码（run-length coding）。

3．语音编码的基本原理

语音编码的核心原理在于将原始的模拟语音信号转化为数字形式，以便于后续的存储、传输和处理。这一过程包括以下关键步骤。

（1）采样：对连续的模拟音频信号进行离散化处理，这一过程称为采样。采样率决定了每秒钟从模拟信号中获取的采样数，常见的采样率包括 44.1 kHz（用于 CD 音质）和 48 kHz（用于 DVD 音质）等。

（2）量化：采样后的信号需要进行量化，将连续的模拟值映射到离散的数字值上。量化过程将采样值映射到一组固定的数字级别上，常用的量化位数有 16 位和 24 位等。

（3）压缩：语音信号通常具有一定的冗余性和统计特性，因此可以通过压缩算法来减小数据量。压缩的目标是在尽可能减少数据量的同时，尽量保持语音质量的损失最小化。

（4）编码：压缩后的语音数据需要通过编码方法表示和存储。编码方法将压缩后的数据转换为比特流或其他可传输和存储的形式，以便后续的传输、存储和处理。

（5）解码：解码是对压缩编码后的音频数据进行逆操作，将其转换回原始的数字语音信号。解码过程包括解码压缩数据、还原量化值和重建采样信号。

4．语音编码的基本手段

语音编码的基本手段之一是量化和量化器，这一过程是将连续时间上的语音信号转换为离散时间上的离散信号。在语音编码中，量化器是一个关键组件，用于将语音信号的幅度近似为一系列离散取值。常见的量化器包括均匀量化器、对数量化器和非均匀量化器。

均匀量化器采用固定的离散级别来划分幅度范围，并将每个幅度值近似为最接近的量化级别。尽管实现简单，但性能相对较差，主要适用于对音质要求较低的应用，例如电话语音。

对数量化器相较于均匀量化器更为复杂，采用对数函数将较小幅度的信号细致地量化，而对较大幅度的信号进行粗略量化。这种方法可以更好地适应信号的动态范围，并提供更高的编码效率。

非均匀量化器根据信号分布情况设计量化级别，使得信号密集区域具有更细致的量化级别，而稀疏区域具有较粗略的量化级别。这种量化器能够根据信号特性进行自适应调整，以提供更好的编码性能。

量化的目标是在尽可能减小量化误差的前提下，实现高质量的语音编码。不同类型的量化器在性能和复杂度方面存在权衡，具体选择取决于应用需求和资源限制。

9.1.5 空间音频

双声道系统的诞生：双声道系统可以追溯到 19 世纪的法国工程师克莱芒·阿德(Clement Ader)。1881 年，阿德设计出了电话戏剧，这是一种使用电话传送并播放巴黎歌剧秀的系统。成对的麦克风有序放置在舞台前方，覆盖了从左到右的整个范围。表演的声音信号通过电话接收器传输给另一端的听众。一对接收器分别戴在两只耳朵上，听众就可以听到剧场中的特定组曲。

杜比全景声：杜比实验室于 2012 年 4 月 24 日发布的全新音频平台。在原有环绕声系统基础上，通过增加天花板环绕音箱，实现杜比全景声音效，如图 9.10 所示。扬声器配置有多种，而所有扬声器配置均分为两层。例如：

7 声道：5.1.2 配置，表示在 5.1 环绕声基础上加 2 个顶部扬声器。

9 声道：5.1.4 配置和 7.1.2 配置，分别表示在 5.1 环绕声基础上加 4 个顶部扬声器和在 7.1 环绕声基础上加 2 个顶部扬声器。

11 声道：7.1.4 配置和 9.1.2 配置，表示在 7.1 环绕声基础上加 4 个顶部扬声器和在 9.1 环绕声基础上加 2 个顶部扬声器。

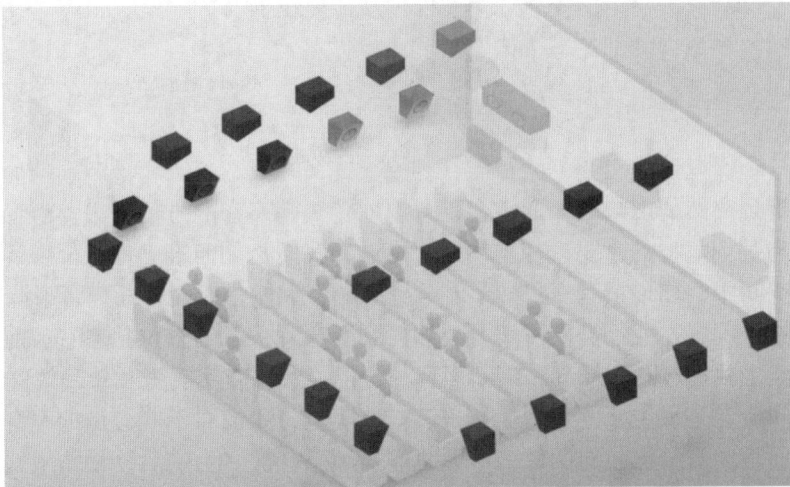

图 9.10　杜比全景声

多声道耳机：为了实现多声道环绕，早期的 5.1 声道耳机甚至采用了单边 8 单元发音。现在虚拟 7.1 声场技术成熟，在耳机上采用单个发音单元，采用声场干涉就可以达到家庭影院中 7.1 声道无偏差的环绕效果，而且成本也不高，这使得 7.1 耳机快速推向市场，如图 9.11 所示。

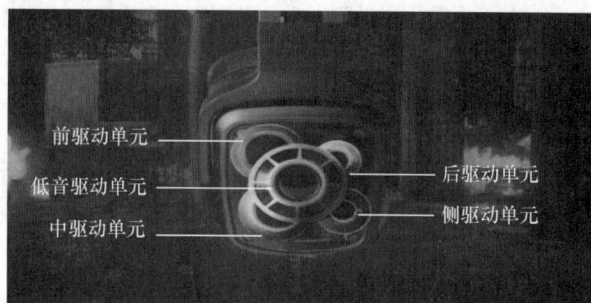

图 9.11　多声道耳机

英国物理学家瑞利（Rayleigh）在 1877 年至 1878 年间出版了两卷《声学理论》，从 1896 年开始，瑞利开始研究人对声音空间方位的感知，并于 1907 年提出双工理论(Duplex Theory)。不同方位的对象图像信号会在视网膜的不同位置成像，但不同方位的对象声音信号被耳廓采集后会被混合成一个信号，通过人的分析才能辨别对象的方位，如图 9.12 所示，体现了听觉定位与视觉定位的差异。

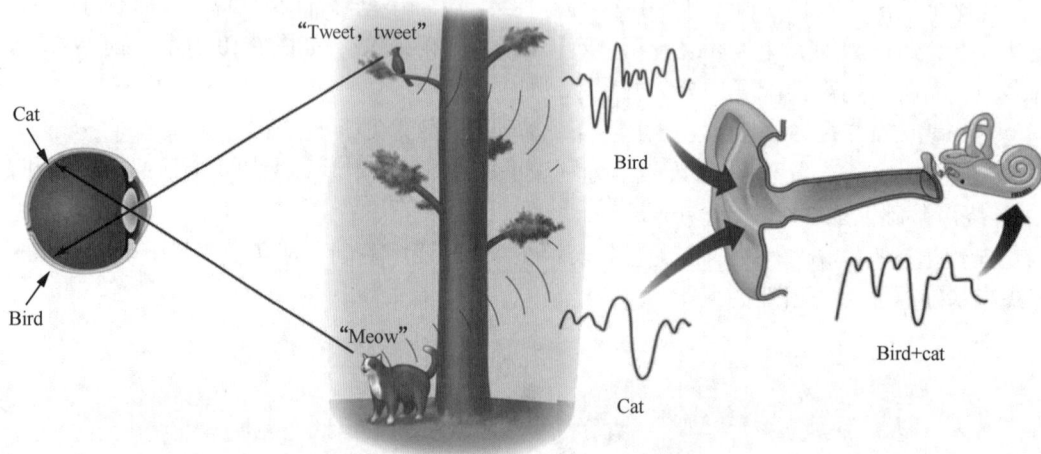

图 9.12　听觉定位与视觉定位的差异

当我们听到突然的声响时，通常会下意识地转头朝声音的方位看去。声音对我们来说是获取信息和避免危险的重要途径。你是否想过，我们是如何准确地定位声音来源的，特别是在三维空间中？如果只有一只耳朵能听见声音，我们是否能判断声音来源的方位？

要回答这个问题，我们需要了解人类如何判断声音来源的方位（左右、前后、上下）和距离。人类主要通过两种原理来判断声音的方位：**双耳空间听觉**和**单耳效应**。

双耳空间听觉是最主要的声音定位机制。事实上，我们对不同方位的声音有不同的敏感度。总体而言，对身体左右两侧的声源我们最敏感，次之为前后，最不敏感的是上下。人类的双耳通过两个主要因素来判断声音来源的方位：声音到达两只耳朵的时间差（ITD）和声级差，其声级差表示声音大小的差异。这个理论最早由瑞利于 1896 年提出。当声音频率低于 1 500Hz 时，声音会先到达靠近声源那一侧的耳朵，然后到达另一只耳朵。而当声音频率高于 300Hz 时，听觉健康的人都能够感知声源的方向。然而，当声音频率高于 1 500Hz 时，声音的波长比人的头颅宽度短，使得声音传播到较远的耳朵时被头颅阻挡，这种现象被形象地称为"头颅影子"现象。在"头颅影子"区域的耳朵接收到的声音强度要低于另一只耳朵，这就是声级差。科学家在 20 世纪 60 年代就发现，人类只能分辨 10μs 的最短时间差和 1dB 的最小声级差，可见我们的听觉有多么敏锐。

如果声源位于左右居中但上下不同的方位，那么它们发出的声音到达左右耳的时间和音量应该是相同的，我们无法利用时间差和声级差来判断声音的方位。那么人类是如何来自定位前后和上下的声源呢？这要归功于另一种重要的声音定位机制——耳廓效应，又被称为单耳效应。耳廓对声音的影响可以通过简单的实验来验证：试着用手指将双耳的耳廓往后压平，你会发现相同的声音听起来会有不同的效果，特别是对于低频声音而言，这种现象更为明显。当外界的声音传播到人耳时，耳廓会对其产生反射作用，从而产生一组短暂的延时反射声。人类耳廓的形状并不像对称平滑的碟形天线，而是不规则的长卵形，上面有许多突起和凹陷，形状各异。因此，来自不同方向的声波经过耳廓反射后，产生的反射声在时间和强度上存在微小的差异。例如，由耳廓引起的频率选择性放大和衰减可以帮助我们判断声音的上下方位。此外，耳廓还能够改变声波的相位和频率特性，这些信息对我们来说也是定位声音来源的重要线索。

总结起来，人类通过双耳空间听觉和耳廓效应来判断声音来源的方位。双耳空间听觉主要利用声音到达两只耳朵的时间差和声级差，而耳廓效应则通过耳廓对声音的反射和变形来提供关于声音方位的额外信息。这些听觉机制的综合作用使人类能够准确地定位声音来源的方位和距离。

9.2 智能听觉

在各类高噪声环境（如火车站、拥挤场所、车流、飞机场等）中进行语音通信，需要有效的算法来抑制环境噪声，尤其是在通信终端设备受限的情况下，如计算性能和输出功率。这成为了语音通信面临的主要挑战和难点。

在理解语音通信中环境噪声对过程的影响时，我们可以从电话接收者的角度将噪声环境中的语音通信分为两个主要阶段：第一阶段是远端说话阶段，即语音信号的发送阶段，其受到环境噪声的干扰；第二阶段是近端听音阶段，即语音信号的接收阶段，此阶段也受到环境噪声的干扰。

因此，我们可以将噪声来源划分为两个阶段：第一阶段是麦克风采集到环境噪声，第二阶段是人耳接收到环境噪声，如图 9.13 所示。为了在这两个阶段中有效地抑制噪声干扰，两种主要技术门类应运而生：语音增强技术和近端听音增强技术，用以分别应对这两个问题。

阶段一
手机麦克风采集到说话人说出的一段语音信号，同时麦克风也采集到环境中的噪声信号

说话者　　接听者
远端　　　　　近端

环境噪声　　　　　环境噪声

阶段二
听音者接收到手机扬声器输出的语音信号，同时人耳还接收到环境中的噪声信号

图 9.13　噪声来源的划分阶段

9.2.1 语音增强技术

语音增强技术指的是在语音信号受到多种噪声干扰甚至被完全淹没的情况下，从复杂的背景噪声中提取有效的语音信号，以抑制或降低噪声干扰的影响，如图 9.14 所示。对于接收者而言，其主要目标在于改善语音质量、提升语音清晰度，并减少听觉疲劳感。而对于语音处理系统，如语音识别器、声码器和手机等，这一技术的主要目标则是提高系统的语音识别率和抗干扰能力。

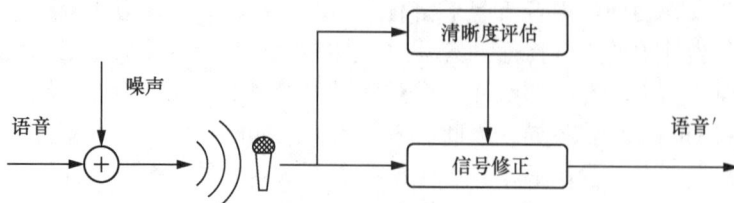

图 9.14　语音增强模型

在过去几十年中，出现了许多语音增强方法，这些方法主要是通过先估计噪声的频谱信息来实现的。然而，由于噪声的随机性和突变性，对噪声的跟踪和估计变得困难。近年来，随着神经网络的成功应用，深层非线性结构可以被设计成一个精细的降噪滤波器，能够充分表达含噪语音和干净语音之间复杂的非线性关系。接下来，我们将从浅入深地介绍几种经典的语音增强方法，包括简单的频谱减法、基于自适应滤波的语音增强，以及基于深度卷积神经网络的语音增强。

1. 频谱减法

频域语音增强技术是语音信号处理中的关键技术之一，由于其原理简单且效果显著，因此被广泛应用。其中，频谱相减法是一种常用的频域语音增强方法。其基本原理是将含噪语音信号和通过有声/无声判别获得的纯噪声信号进行离散傅里叶变换。接着，从含噪语音的幅度谱的平方中减去纯噪声的幅度谱的平方，然后再开方，得到原始语音谱幅度的估计值。最后，利用含噪语音的相位信息，进行逆离散傅里叶变换，从而获得增强后的语音信号，如图 9.15 所示。

频谱减法的优点在于其相对简单，只需要进行傅里叶变换和逆傅里叶变换，因此实现起来相对容易。然而，该方法也存在一些缺点。首先，其有效性依赖于噪声的稳定性，当噪声的特性发生变化时，消噪效果可能会受到影响，此时需要重新获取噪声特性。其次，频谱减法适用的信噪比范围相对较窄，在信噪比较低时，可能会对语音的清晰度造成较大的损伤。因此，在实际应用中，除了降低噪声水平外，还需要综合考虑语音的清晰度和自然度。

2. 基于自适应滤波的语音增强

基于自适应滤波的语音增强方法是在信号处理领域中常见的一种技术，用于处理受到加性噪声影响的信号。自适应滤波器具有自动调整其参数的能力，因此其设计通常对信号和噪声的先验知识需求较少。自适应滤波器利用前一时刻已获得的滤波器参数等信息，自动调节当前时刻的滤波器参数，以适应信号和噪声未知或随机变化的统计特性，从而实现最优滤波。因此，无论是在信噪比（signal to noise ratio，SNR）方面还是在语音可懂度方面，自适应滤波器都能够获得较大的提高。

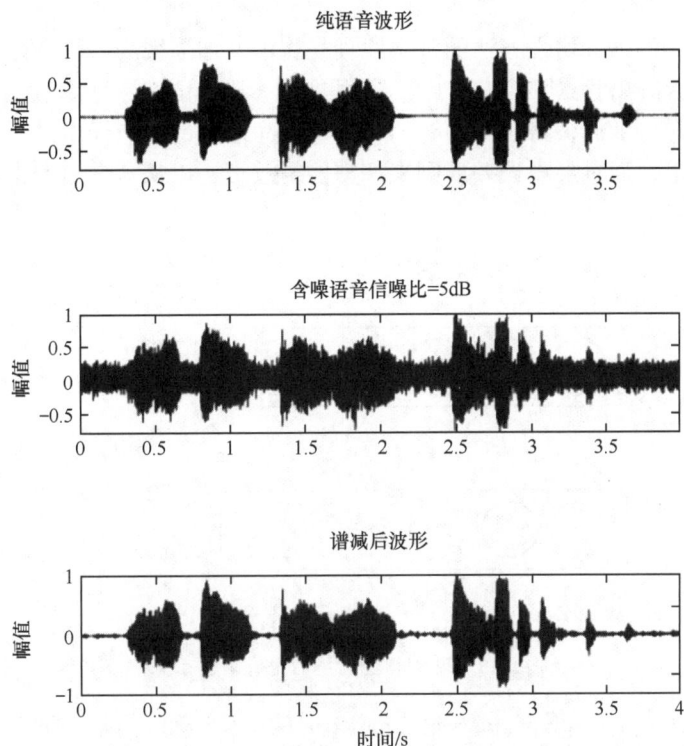

纯语音波形

含噪语音信噪比=5dB

谱减后波形

时间/s

图 9.15　频谱相减法

自适应滤波器的工作原理如下图所示，输入信号 $x(n)$ 经过可调参数的数字滤波器后产生输出信号 $y(n)$，与期望信号 $d(n)$ 进行比较，产生误差信号 $e(n)$。通过自适应算法对滤波器参数进行调整，使误差信号 $e(n)$ 的均方值最小化，如图 9.16 所示。自适应滤波器能够利用之前时刻的滤波器参数结果，自动地调节当前时刻的滤波器参数，以适应信号和噪声未知或随时间变化的统计特性，从而实现最优滤波。自适应滤波器实质上是一种能够调节自身传输特性以实现最优滤波的滤波器。相比于维纳滤波器和卡尔曼滤波器，自适应滤波器无需关于输入信号的先验知识，计算量较小，特别适用于实时处理。维纳滤波器参数固定，适用于平稳随机信号；而卡尔曼滤波器参数时变，适用于非平稳随机信号。然而，这两种滤波器仅在已知信号和噪声的统计特性的先验知识时才能获得最优滤波效果。在实际应用中，通常难以获取信号和噪声统计特性的先验知识。在这种情况下，自适应滤波技术能够获得卓越的滤波性能，因而具有重要的应用价值。

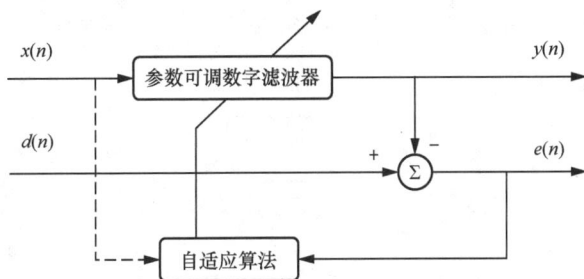

图 9.16　自适应滤波器的工作原理

3. 基于神经网络的语音增强

基于神经网络的语音增强方法的基本原理是将语音增强视为一种说话者识别方法，其目标是从语音中区分出背景噪声。为此，利用 ANN 构建语音数据库，并将其中纯净语音信号作为训练信号。随后，将含噪语音的样本与纯净语音的对应样本进行比较，并计算其误差。在此基础上，通过最小误差准则来调整网络权重，以从含噪语音中提取出增强的语音信号，如图 9.17 所示。

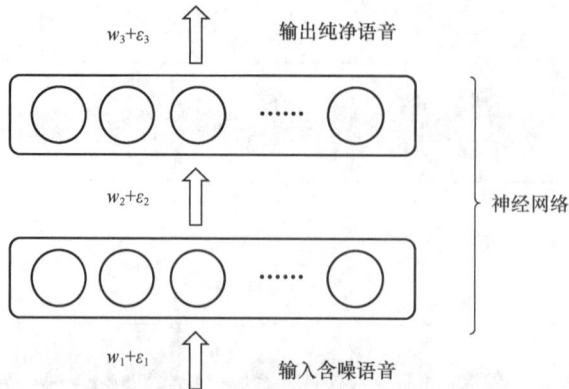

图 9.17　基于神经网络的语音增强示意

生成对抗网络（generative adversarial network，GAN）已成为基于神经网络的语音增强领域中一种流行的方法之一。GAN 的实现方式是让两个网络相互竞争。其中一个网络是生成器网络（generator network），它持续地从训练库中捕捉数据，以产生新的样本。另一个网络是判别器网络（discriminator network），它根据相关数据来判断生成器提供的数据是否足够真实。因此，判别器网络接收的训练数据包括真实纯净语音和生成器网络产生的生成增强语音。通过将生成增强语音分类为假，判别器网络不断提升生成器网络生成真实纯净语音的能力，如图 9.18 所示。

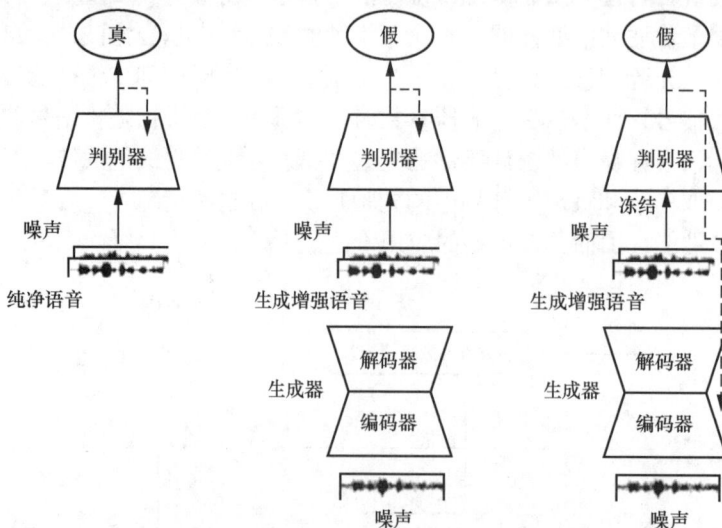

图 9.18　生成对抗网络的语音增强结构图

9.2.2　近端听音增强

当接收者处于高噪声环境中时，即使通信设备输出清晰的语音信号，该信号也可能受到噪声的严重干扰，甚至被完全淹没。为了解决这一问题，通过对原始语音进行修改，使其在人耳中具有更高的清晰度，这种技术被称为近端听音增强（near-end listening enhancement，NELE）或语音清晰度增强（speech intelligibility enhancement，IENH），如图 9.19 所示。

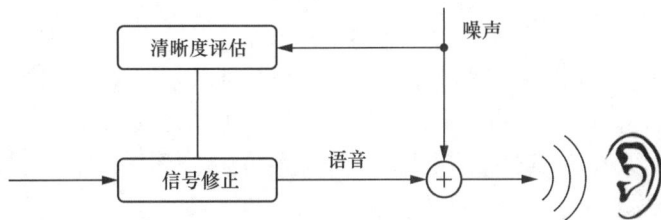

图 9.19　近端听音增强模型

近端听音增强的实现策略可划分为以下两种。

（1）噪声抵消策略：从减弱人耳感知的噪声入手，利用设备的麦克风采集当前时刻环境中的噪声，预测下一时刻人耳将听到的噪声，并产生一个反相信号以叠加到输出的语音中，从而部分或完全抵消噪声。该策略的核心原理是利用发射与噪声相位相反、频率和振幅相同的声波与噪声进行干涉，实现相位抵消。

（2）语音特性修正策略：通过动态调整语音增益或修改语音的时频特性，使其具有更强的鲁棒性，不易受到噪声的掩盖。

1．噪声抵消策略

为了生成用于抵消噪声的声波，首先必须获取噪声的信息。噪声抵消策略涉及前馈麦克风以采集环境中的噪声信号。然而，存在一个先后顺序的问题：需要先收集噪声，然后才能生成与噪声相反的抵消声波以进行降噪。因此，设备处理器会根据噪声进行预测，推断下一时刻噪声的情况，并相应地产生抵消声波，如图 9.20 所示。

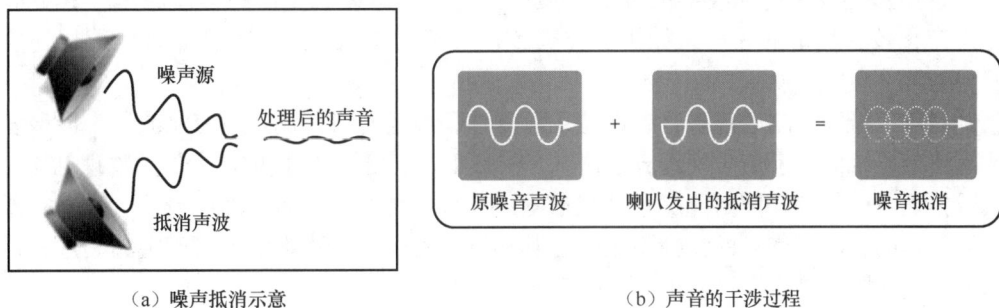

（a）噪声抵消示意　　　　　　　　　　　　（b）声音的干涉过程

图 9.20　噪声抵消策略

为了保证降噪质量，往往需要一个反馈麦克风来检测所合成后的噪声是否真的变小了。这时处理器会根据这个反馈麦克风测量到的结果，对处理过程进行调整从而进一步降低合成后的噪声音量，这一过程被称为基于自适应滤波的噪声抵消过程，其典型模块为自适应滤波器。自适应滤波器能够根据降噪的效果不断调整自己，以达到最佳降噪效果，如图 9.21 所示。

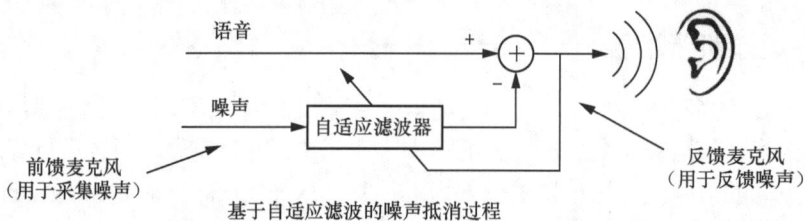

基于自适应滤波的噪声抵消过程

图 9.21　近端听音增强模型

在手机设备中，噪声抵消技术的应用是无处不在的。然而，与理想情况下完全抵消所有噪声相比，由于手机输出功率的限制，其只能部分地抵消高噪声环境中的噪声。在手机的听筒模式下，主动降噪技术的效果并不理想，但在主动降噪耳机中，噪声抵消策略却非常流行，如图 9.22 所示。在这种情况下，噪声抵消策略不仅用于语音通信服务，而且作为一种纯粹的抗噪技术。

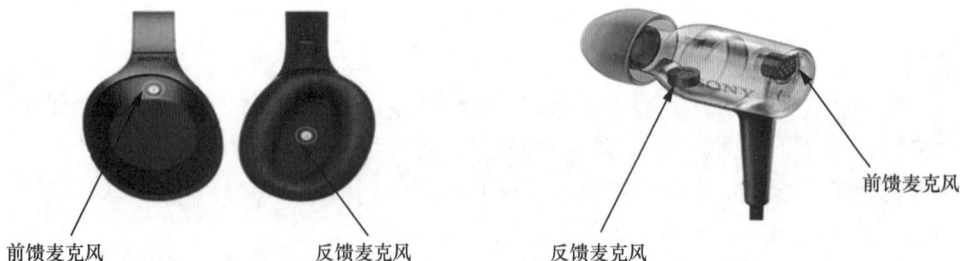

图 9.22　主动降噪耳机

噪声抵消策略的优点在于：它仅根据噪声生成抵消信号，不依赖于手机中有效信号的特性，因此适用于语音或音频信号，同时也为主动降噪耳机的拓展应用提供了可能性。此外，噪声振幅被削弱甚至完全抵消有助于降低人耳接收到的噪声信号强度。

噪声抵消策略的缺点包括：首先，需要手机输出的噪声抵消信号与噪声沿同一方向传播至人耳，若手机听筒没有直接对准耳朵，噪声抵消效果将大幅降低。其次，不同于耳机，手机的反馈麦克风同样受到复杂噪声的影响，导致反馈信号与正馈信号的关联性下降，进而影响自适应滤波器的性能。最后，由于自适应滤波器的工作原理，其更适用于处理变化较为稳定的噪声，如机械类噪声，对于强度不定的噪声，如风声等，处理效果较差。

针对噪声抵消策略的猜想，考虑使用深度卷积神经网络替代自适应滤波器，以深度学习技术代替传统的数字信号处理方法，摒弃依赖于"正馈信号+反馈信号"的物理结构。通过大数据学习，使神经网络能够根据当前噪声直接预测下一时刻的噪声情况，从而实现噪声抵消。然而，噪声信号的特征不明显，其随机性极大，预测难度远高于视频信号和语音信号的预测，因此该研究目前仍处于探索阶段。

2. 语音特性修正策略

随着移动设备计算能力的不断提升和相关学科知识体系的逐步完善，研究人员提出了越来越精密的近端听音增强算法，以实现更佳的近端听音增强效果。接下来，将分别介绍三种不同时代的代表性算法，包括简单的语音增益动态调整、基于感知声学的语音特性调整，以及基于神经网络的全方位调整。

（1）简单的语音增益动态调整

在 2005 年到 2010 年之间，近端听音增强的研究重点放在语音增益动态调整策略上。那时，手机设备的计算性能受到限制，需要一种简单而有效的抗噪策略。因此，根据噪声的强弱直接调整输出语音增益的大小成为了符合当时技术发展特点的技术方案。

例如，基于功率谱密度的语音增益动态调整经典方法的步骤如下：

① 利用一帧噪声和语音信号的功率谱密度，以及特定的经验系数 ξ，计算增益因子 g_0；

② 确保在噪声较弱的情况下增益因子不会抑制语音信号，进而得到适用于当前环境的增益因子 g；

③ 将该增益因子与一帧待输出的语音信号相乘，生成最终输出的语音信号。

$$g_0 = \sqrt{\xi \cdot \frac{\Phi_{\text{noise}}}{\Phi_{\text{speech}}}}$$

$$g = \max(g_0, 1)$$

语音增益动态调整策略存在以下缺点。

① 受限于通信设备功率的限制，输出信号的增益无法无限制地增大。

② 该方法可能导致输出信号音量过大，引起人耳不适。

语音增益动态调整策略引发了研究者的思考：该方法未充分利用感知声学特性，因此引入感知声学是否能够明显提高语音清晰度？怀着这样的疑问，研究者进行了一系列对语音特性调整的研究。在保持每一帧语音信号总能量不变的前提下，利用声音的掩蔽特性，通过重新分配不同频段能量的方式，使每个语音尽可能地掩盖噪声。随着研究的深入，我们正式进入了基于感知声学的语音特性调整的时代。

（2）基于感知声学的语音特性调整

再次审视之前所见的近端听音增强框图（如图 9.19 所示），基于感知声学的语音特性调整是一种典型的增强算法，它采用了清晰度估计和信号修正两个步骤来实现。各种方法之间的区别主要在于在每个步骤中所使用的原理不同。

① 清晰度估计

噪声信号 ε 和语音信号 x 的能量将与基于声学模型的子带滤波器组进行卷积操作。接着，将分别计算每个子带中语音信号与噪声信号每个采样点的信噪比（能量比）。随后，根据每个子带的语音清晰度权重系数，计算各个子带的清晰度指数。语音清晰度权重系数用于表示各子带信号信噪比对语音整体清晰度的影响权重，如图 9.23 所示。

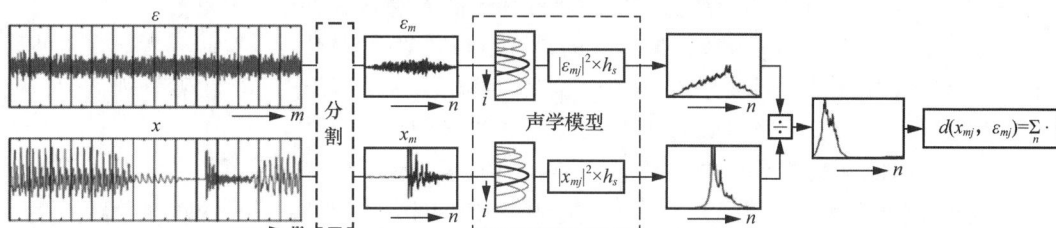

图 9.23 清晰度估计流程

② 信号修正

该方法在保持一帧语音信号总能量不变的前提下，通过增大清晰度指数较低的子带信号的信噪比，以及减小清晰度指数较高的子带信号的信噪比，旨在尽可能使每个子带信号的清晰度指数均超过预先设定的阈值。

不同子带的权重系数不尽相同，即使是相同权重系数，在不同子带中获得的清晰度指数也会存在差异。我们的目标在于充分利用这些子带之间的差异性，通过适当的能量调整来确保各个子带的清晰度指数均超过设定的阈值。在保持一帧信号总能量不变的前提下，调整不同频段的局部能量相当于对语音的音调进行改变。因此，基于感知声学的语音特性调整算法所带来的代价就是语音音调的改变。

基于感知声学的语音特性调整策略的优点在于其相对较强的环境适应能力。不同于噪声抵消策略对接听电话的姿势有特定要求，该策略无论用户以何种姿势接听电话，其效果都不会受到显著影响。然而，这种策略的缺点在于为了保证每一帧语音信号的总能量不变，提升语音清晰度就必须以改变语音音调为代价，这可能会降低用户的通话体验。此外，该策略仅适用于语音信号，对音频信号几乎没有效果，因此在需要传递音乐等附加音频信号的通话过程中，该算法将失效。另外，当噪声达到 80dB 以上时，基于感知声学的语音特性调整的效果急剧下降，远不如语音增益动态调整。

（3）基于神经网络的全方位调整

简单的语音增益动态调整策略和基于感知声学的语音特性调整策略采用了截然不同的技术路径。然而，这两种技术是否可以融合使用，以达到更有效的语音增强效果呢？此外，考虑到不同场景下的声学传播特性存在差异，我们是否能够针对不同场景制定差异化处理策略，从而生成一套全方位的调整方案呢？

随着深度学习技术的不断发展，我们有望通过神经网络模拟人们在各种不同嘈杂场景下真实的说话方式。通过这种方式，我们可以对语音信号进行双重调制，即调整增益和音调，并生成适用于不同场景的解决方案，如图 9.24 所示。

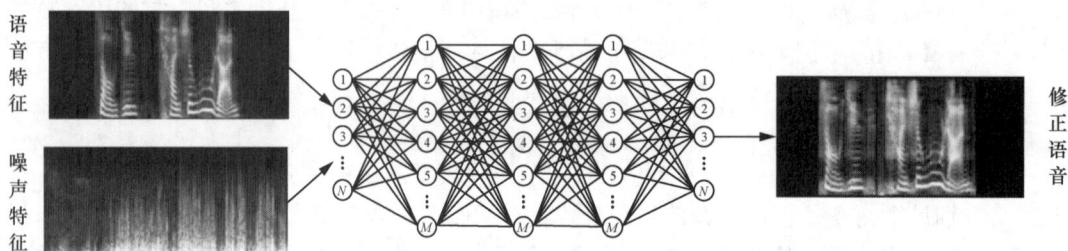

图 9.24　基于神经网络的全方位调整

基于深度学习技术在语音增强领域的研究和进展简要总结如下。

① 基于深度卷积神经网络（DNN）的语音增强框架：2014 年，有研究者研究了使用深度卷积神经网络进行语音增强的可能性。文章提出了一个基于回归的语音增强框架，使用多层深度架构，通过训练 100 小时的模拟语音数据来实现。

② 具有跳跃连接的深度卷积神经网络：2017 年，有研究者研究了具有跳跃连接的深度卷积神经网络用于语音增强。文章专注于基于前馈网络的架构，其中添加了跳跃连接，用深度卷积神经网络来测量理想的比例掩码。

③ 多个深度卷积神经网络的联合训练：2018 年，研究者讨论了一种使用多个深度卷积神经网络的语音增强技术。文章应用多个 DNN 来估计干净的语音频谱，计算加权平均值，并使用该平均值来联合训练多个 DNN。文章的目标函数是目标谱与估计谱之间的均方

对数误差。与单一 DNN 系统相比，在信噪比方面取得了 0.07% 的改进。

综上，语音增强这项技术的目标提高语音信号的质量。由于各种噪声干扰可能会降低语音信号的清晰度和可理解性，因此，语音增强技术面临的主要挑战之一是处理噪声，因为噪声会降低语音质量。因此，如何有效降低噪声是语音增强的核心挑战。

习题

一、选择题

1. 关于超声波和次声波，以下说法中正确的是（　　　）
A. 频率低于 20Hz 的声波为次声波，频率高于 20000Hz 的声波为超声波。
B. 次声波的波长比人耳可感知的声波的短，超声波的波长比人耳可感知的声波的长。
C. 次声波的波速比人耳可感知的声波的小，超声波的波速比人耳可感知的声波的大。
D. 在同一均匀介质中，在相同温度下，次声波、人耳可感知的声波和超声波的波长均相等。

2. 以下哪种不属于声音的传播模式。（　　　）
A. 平面波　　　　　B. 球面波　　　　　C. 柱面波　　　　　D. 随机波

3. 以下不属于语音的物理属性是（　　　）。
A. 音高　　　　　B. 音强　　　　　C. 音长　　　　　D. 音色
E. 音调

4. 音频压缩技术可以分为（　　　）和有损压缩两大类。
A. 中损压缩　　　　B. 高损压缩　　　　C. 弱损压缩　　　　D. 无损压缩

5. 智能语音技术不包括（　　　）。
A. 语音合成　　　　B. 语音识别　　　　C. 语音增强　　　　D. 声音传播

6. 在人与小度的对话中，未体现下面哪种语音信号处理技术？（　　　）
A. 语音增强　　　　B. 语音识别　　　　C. 语音理解　　　　D. 语音合成

二、简答题

1. 请简述听觉定位与视觉定位差异。
2. 人类主要通过哪两种原理来判断声音的方向？
3. 请简述按噪声来源划分的两个阶段，以及对应的处理技术。

第**10**章 | 语言智能处理

【本章导读】

语言是人类主要的交流媒介，承载着抽象思维的本质，是信息传递和交流的核心。作为社会发展的基石，语言随着劳动和社会互动的演化而逐渐形成，并成为人类思维的主要推动力量。语言的基本构成包括语音、词汇和语法，构成了其体系结构。语言以口语和书面语两种形式存在，前者以声音为表现形式，后者以图像为表现形式。尽管口语具有更古老的起源，但文字的出现和发展使得人们能够更持久地记录和传播信息。相对于文字而言，口语的语法结构更为简单，词汇量也更有限。在本章中，我们将探讨自然语言处理的发展历程，并介绍自然语言处理的统计模型和深度学习模型。

10.1 自然语言处理的发展历程

自然语言处理（natural language processing，NLP）旨在实现对语言的理解和应用，其中语言理解被视为一种主动、积极的认知过程，通过听觉或视觉接收语言材料，并在大脑中构建意义。在这一领域，美国认知心理学家奥尔森提出了几项语言理解的判别标准：

（1）能够成功地回答有关语言材料的问题；

（2）具备在接收大量语言材料后进行摘要提炼的能力；

（3）能够用自己的语言重新表达所接收到的信息；

（4）具备将一种语言转译为另一种语言的能力。

自然语言处理的发展历程可以划分为以下几个关键时期。

（1）早期阶段（1950—1969年）：这一时期标志着NLP的起源，研究者开始尝试使用计算机来理解和生成自然语言。1950年代提出了早期的语言模型和语法规则，并尝试使用基于规则的方法处理自然语言。

（2）知识库和基于规则的方法（1970—1989年）时期：在20世纪70年代和20世纪80年代，研究者们开始建立知识库和使用基于规则的方法来处理自然语言。这个时期涌现出了一些重要的NLP系统，如SHRDLU，它是一个基于规则的自然语言理解系统。

（3）统计方法的兴起（1990—2009年）时期：在20世纪90年代，随着计算机性能的提升和大数据的出现，统计方法在NLP中开始崭露头角。一些基于统计的模型和算法，如隐马尔可夫模型（hidden markov model，HMM）、最大熵模型（maximum entropy model，MaxEnt）和条件随机场（conditional random field，CRF）等被广泛应用于词性标注、命名实体识别等任务中。

（4）深度学习时代（2010 年至今）：进入 21 世纪 10 年代后，随着深度学习技术的发展和神经网络模型的兴起，NLP 进入了一个新的时代。深度学习模型，特别是循环神经网络（recurrent neural networks，RNN）、长短期记忆网络（long short-term memory，LSTM）、卷积神经网络和注意力机制等模型，取得了在语言建模、机器翻译、情感分析、问答系统等任务中的显著成果。进入 2018 年以后，预训练模型如 BERT（bidirectional encoder representations from transformers，来自变换器的双向编码器表示）、GPT（generative pre-trained transformer，生成式预训练转换器等）的兴起引领了 NLP 技术的发展。这些模型在大规模语料上进行预训练，然后在特定任务上进行微调，取得了极高的性能，推动了 NLP 技术的进一步发展和应用。

10.2 基于规则的自然语言处理

语言智能处理涉及以下两个核心认知问题。

（1）计算机是否能够理解自然语言？

（2）计算机处理自然语言的方法是否与人类一致？

早在 20 世纪 50 年代至 70 年代，一种被称为"鸟飞派"的观点盛行。这种观点认为，要实现计算机对自然语言的理解，应该模仿人类理解语言的方式，类似于在飞机设计中模仿鸟类飞行的方法。这种仿生学的机械思想被认为具有启发意义，但同时也存在着显著的局限性。

例如，基于规则的机器翻译是最古老且实现效果最迅速的机器翻译方法之一。在这一方法中，翻译过程不仅仅是简单的词语替换，而是通过一系列规则，如词性变换、专业术语替换和位置调整等，对词语进行修饰，以实现更准确的翻译结果，其大致流程如图 10.1 所示。

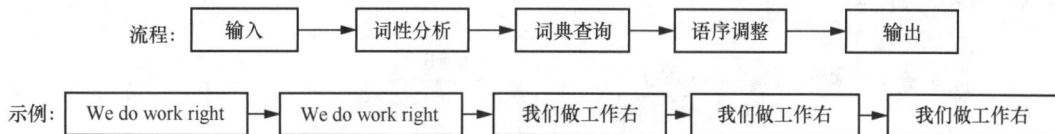

图 10.1　基于规则的机器翻译的流程及示例

尽管基于规则的机器翻译在翻译质量方面存在一定局限性，如图 10.1 所示的例子，但它仍然可以作为一种辅助工具来完成部分机器翻译任务，并且代表了机器翻译领域的一个重要里程碑。

在随后的自然语言研究中，涌现出了多种方法，包括句法规则、词性、构词法等基于规则的自然语言处理模型。这些方法积累了丰富的经验，经历了长期的研究，并且可以通过计算机算法相对容易地进行描述。

其中，句法分析树作为一种结构化的形式被广泛采用，用于描述句子的句法结构。它通过节点之间的关系来表示句子的各个组成部分以及它们之间的句法关系。通过对句法分析树的节点进行规则重写，可以有效地提取句子中的关键信息。例如，对于句子"这两个年轻人不讲武德"，可以构建相应的句法分析树来捕捉其句法结构和语义含义，如图 10.2 所示。

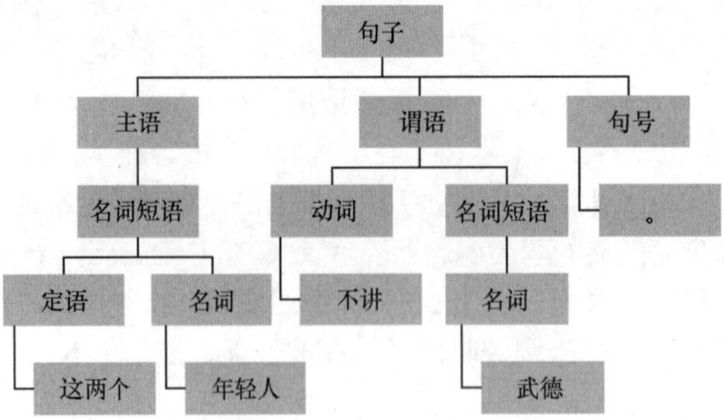

图 10.2　句法分析树示例

　　然而，这些方法面临着以下挑战。

　　（1）句法分析树的复杂性是一个问题，特别是在处理复杂句子时，生成的句法分析树可能庞大且计算耗时较长。

　　（2）语言的多义性和丰富性使得基于规则的机器翻译变得困难，因为一个词可能具有多种不同的语义含义，这增加了翻译的复杂度。

　　（3）句法规则的数量庞大，涵盖的语法结构繁多，这使得维护和更新语法规则变得困难，同时也降低了对新的语言变化和更新的适应性。

　　例如，在复杂性方面，下面这句话的句法分析树是非常复杂的，"我预判了你预判了我预判了你预判了我预判了你预判了你预判了我预判了我预判了你预判了我的预判。"如图 10.3 所示。

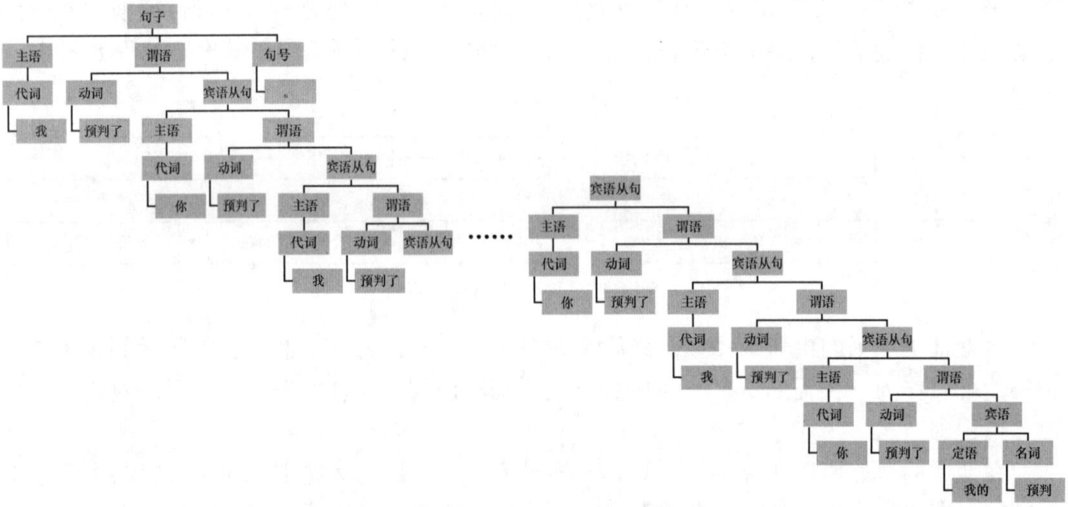

图 10.3　句法分析树的复杂性

　　句法结构在同一语言内和不同语言之间展现出多样性。中文和英文只是这种多样性的一部分，其他语言则呈现出更为丰富的句法结构。以法语和德语为例，它们属于屈折语，其句法结构复杂，词形会随着句法功能的变化而变化。相较之下，日语则属于黏着语言，词汇间的关系通过词级连接，句法信息紧凑而直接。而中文和越南语则属于分析语言，句法结构相对简单，句法关系主要通过词序和语序来表达。另外，一些语言如因纽特语则展现出多样的综合句法结构，融合了多种语言类型的特点。尽管构词和造句在功能和形式上存在巨大差异，但在句法分类上并没有明确的边界，它们之间存在相互交叉和重叠的现象。

例如，以下这些语句会体现出不同的歧义性问题。

（1）他才来，许多人还不认识。

（2）这份报告我写不好。

（3）我要炒白菜。

（4）丁老师正在照相。

（5）能穿多少穿多少。

（6）我要去上课。

（7）放弃美丽的女人让人心碎。

（8）鸡不吃了。

例如，下面这首诗也有歧义性问题。

游玄都观

紫陌红尘拂面来，

无人不道看花回。

玄都观里桃千树，

尽是刘郎去后栽。

此外，语言作为一个不断更新、与时俱进的系统，随着社会的发展和文化的变迁，新的语言表达不断涌现。这些新表达往往难以通过传统的语言分析方法准确解释。例如，"打 call""尬聊""你的良心不会痛吗""皮皮虾我们走""扎心了，老铁""有这种操作""油腻""你有 Freestyle 吗"等短语都是当下流行的网络用语，用于表达各种情感和观点。这些语言表达反映了网络文化和年轻人之间的交流方式，代表了一种特定的语言风格和社交习惯。

20 世纪 70 年代，基于规则的句法分析（包括文法分析或语义分析）研究迅速达到了极限，而在语义处理方面则面临更大的挑战。首先，自然语言中词汇的多义性难以通过规则来描述，而严重依赖于上下文环境，甚至涉及"世界知识"或常识的应用。因此，在语言学中，统计学方法的合理性体现在其能够利用大规模语料库中的数据进行分析和建模，从而揭示自然语言背后的规律和模式。自然语言的发展与演变是基于经验积累的过程，而统计学方法则通过对语言数据的统计分析，揭示出语言使用的模式和规律。这种基于数据的方法能够克服传统基于规则的语言处理方法中所面临的一词多义、词的活用以及新表达等问题，从而使得自然语言处理更加灵活和准确。统计语言学（自 1970 年以来）迎来了重大发展。在这一时期，弗雷德里克·杰利内克（Frederick Jelinek）及其领导的 IBM 华生实验室做出了突出贡献。下面我们从杰利内克的成长过程对其思维认知产生的影响进行简单介绍。

杰利内克出生于一个富有的犹太家庭，然而第二次世界大战的爆发彻底改变了他们的命运。战争迫使他们流离失所，最终逃至布拉格。在这段艰难的时期里，杰利内克的父亲不幸在集中营中丧生，而他自己则经常漫无目的地在街上游荡，无心学业。1949 年，杰利内克的母亲带着他和家人移民到了美国。在美国，他们过着极其贫困的生活，全家几乎完全依靠母亲制作点心的收入，而年仅十四五岁的杰利内克则不得不打工来补贴家用。直到他获得了一份麻省理工学院（MIT）为东欧移民提供的全额奖学金。这个机会使他决定进入麻省理工学院学习电机工程。在麻省理工学院，他遇到了信息论之父克劳德·香农博士，以及语言学权威罗曼·雅科布森（Roman Jakobson，提出了著名的通信六要素理论）。此后，杰利内克还有幸参加了语言学家诺姆·乔姆斯基（Noam Chomsky）的课程，这三位大师对他未来的研究方向——利用信息论解决语言问题——产生了深远的影响。杰利内克在麻省理工学院获得博士学位后，先后在哈佛大学和康奈尔大学任教。选择到康奈尔大学任教的原因是与该校的一位语言学家达成了合作协议。然而，当他抵达康奈尔大学后，发现那位教授对语言学已失去兴趣，转而从事了写作。这一事件使他对语言学家产生了负面印象。随后，在 IBM 工作期间，杰利内克进一步发现了语言学家们只在口头上高谈阔论，但在实际工作中却无法取得理想的成果，这让他对整个领域产生了极为不满的情绪。他甚至表示："每次我解雇一位语言学家，语音识别系统的错误率就会降低一个百分点"。这句话后来成为业内广为流传的格言，为从事语音识别和自然语言处理工作的人所熟知。

然而，自然语言处理领域新方法的成熟需要相当长的时间。对于基于统计学的方法取代传统方法，必须等待一批老一代语言学家逐渐淡出。正如钱钟书在《围城》中所述，"老科学家"有两种含义，一种是"老的科学家"，另一种是"老科学的家"。前者顾名思义是指年长的科学家，后者是指那些固守传统观念的人。尽管这些人或许不算年长，但他们的思维已显落后。因此，我们必须耐心等待他们逐渐淡出舞台，以推动科学界更快的发展。

10.3 语言处理的统计模型

基于统计的自然语言处理

随着计算能力的提高和数据量的不断增加，自然语言处理算法逐渐成熟。这一趋势反映了需求的变化，从早期的深层分析理解和自动问答，逐渐转向更实际的应用，如机器翻译、语音识别、文本到数据库自动生成、数据挖掘和知识获取等领域。如今，几乎没有科学家再自称是基于规则的方法的捍卫者。基于统计的机器翻译方法明显比基于规则的方法更为先进，这是因为它引入了一系列数学方法来处理翻译问题。

其过程如下：首先，需要将待翻译的英文句子转换成汉语，这包括为每个词或短语列举可能的翻译结果。然后，我们需要使用一个庞大的语料库，其中记录了每种翻译结果出现的概率。这些概率可能是通过使用隐马尔可夫模型进行计算的，该模型用于估算相邻词之间的概率。最后，我们会选择具有最高概率的翻译结果作为最终的输出，如图 10.4 所示。

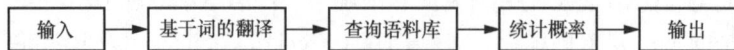

$$输入 \rightarrow 基于词的翻译 \rightarrow 查询语料库 \rightarrow 统计概率 \rightarrow 输出$$

图 10.4 基于统计的机器翻译流程

基于实例的机器翻译方法是一种常见的策略，其核心概念是通过提取句子模式来实现翻译。在这种方法中，当输入待翻译的句子时，系统会搜索语料库中与之相似的句子，然后根据这些句子的结构和词汇，以及它们的翻译结果，替换原句中的不同部分以完成翻译任务。

举例而言，对于以下两个句子：

"I gave Zhang San a pen."

"I gave Li Si an apple."

系统可以提取出这两个句子之间的相似性，并据此直接替换它们之间不同的词汇。接下来，我们一起了解一下自然语言处理发展过程中的三种重要的基于统计的概率模型：统计语言模型、隐马尔可夫模型和最大熵模型。

10.3.1 统计语言模型

早期的 NLP 方法主要基于规则和语法，但是这些方法往往难以应对自然语言的复杂性和灵活性。统计语言模型的出现改变了这一格局，它采用概率统计的方法来进行语言建模，通过分析大量文本数据中的统计规律来捕捉语言的结构和特征。其中著名的统计语言模型之一是 N-gram 模型，它通过计算词序列的出现频率来预测下一个词的可能性，从而实现了语言建模和文本生成等任务。

在自然语言处理的许多领域中，判断一个文本序列是否能够形成一个可理解的句子以供用户阅读是至关重要的。我们假设使用 S 表示由特定顺序排列的词 $w_1, w_2, \cdots, w_n$ 构成的句子，其中 S 代表一个有意义的句子。因此，对于句子 S 在文本中出现的可能性，即 S 的概率 $P(S)$，成为自然语言处理中的一个重要问题。根据条件概率的公式，S 的概率可以表达为每个词出现概率的乘积，即 $P(S) = P(w_1) \times P(w_2) \times \cdots \times P(w_n)$。

$$P(S) = P(w_1)P(w_2 \mid w_1)P(w_3 \mid w_1 w_2) \cdots P(w_n \mid w_1 w_2 \cdots w_{n-1})$$

在该模型中，$P(w_1)$ 表示第一个词 w_1 的出现概率；$P(w_2 \mid w_1)$ 表示在已知第一个词出现的前提下，第二个词 w_2 出现的条件概率；以此类推。观察到，对于词 w_n，其出现概率取决于其前面所有词。然而，考虑到可能性过多，无法实现。因此，我们假设任意一个词 w_i 的出现概率仅与其前一个词 w_{i-1} 有关，即马尔可夫假设。这样，问题就被简化了，此时 S 出现的概率可表示为：

$$P(S) = P(w_1)P(w_2 \mid w_1)P(w_3 \mid w_2) \cdots P(w_i \mid w_{i-1}) \cdots$$

估算 $P(w_i \mid w_{i-1})$ 所面临的挑战在于有效计算。随着机器可读取文本数据的增加，这一挑战变得更为简化，只需计算词对 (w_{i-1}, w_i) 在统计文本中的频次以及 w_{i-1} 本身在文本中的频次，然后将前者除以后者，即可得到 $P(w_i \mid w_{i-1})$。

或许许多人对于使用这种简单的数学模型解决复杂的语音识别、机器翻译等问题表示怀疑，甚至许多语言学家曾质疑这种方法的有效性。然而，事实证明，统计语言模型比任何已知的基于规则的方法都更为有效。

当面对中文分词应用时，利用统计语言模型进行分词的方法可以简要概括如下。我们假设一个句子 S 可以以多种方式进行分词，例如：

$$A_1, \ A_2, \ A_3, \ \cdots, \ A_k,$$
$$B_1, \ B_2, \ B_3, \ \cdots, \ B_m,$$
$$C_1, \ C_2, \ C_3, \ \cdots, \ C_n,$$

其中，$A_1, A_2, B_1, B_2, C_1, C_2$ 等均为中文词汇。在这一情况下，最佳的分词方式应该确保句子被分词后的出现概率最大化。换言之，若 $A_1, A_2, \cdots, A_k$ 为最佳的分词方式，则概率 $P(A_1, A_2, A_3, \cdots, A_k)$ 应大于 $P(B_1, B_2, B_3, \cdots, B_m)$，且应大于 $P(C_1, C_2, C_3, \cdots, C_n)$。

因此，通过利用先前提及的统计语言模型计算每种分词方式下句子出现的概率，并确定其中概率最大的方法，我们能够找到最佳的分词方式。

若尝试对所有可能的分词方式进行穷举，并计算每种方式下句子的概率，将面临巨大的计算量。因此，可将此过程视为动态规划问题，并运用维特比（Viterbi）算法以快速确定最佳的分词方案。中文分词方法也被应用于英语分词，主要用于手写体识别。这是因为在手写体识别过程中，单词之间的空格并不明确，而中文分词方法可以协助确定英语单词的边界。

10.3.2　隐马尔可夫模型

隐马尔可夫模型（hidden markov model，HMM）是一种统计模型，用于建模具有隐藏状态序列的观测序列。在自然语言处理中，HMM 被广泛应用于词性标注、命名实体识别等任务。HMM 假设观测序列的生成过程是由一个隐藏的马尔可夫链控制的，而每个隐藏状态都对应一个可观测的输出符号。通过训练 HMM，可以从标注好的语料中学习到隐藏状态之间的转移概率和观测符号的发射概率，从而实现对未标注数据的自动标注。

许多自然语言处理问题可以类比于通信系统中的解码问题。在这个类比中，S_1，S_2，S_3 等表示信息源发送的信号，而 O_1、O_2、O_3 等则是接收器接收到的信号。解码过程即是根据接收到的信号 O_1、O_2、O_3 等来还原发送的信号 S_1、S_2、S_3 等，如图 10.5 所示。

将语音信号转换为文本以推断说话者的意思被称为语音识别；而如果要将接收到的英语信息转换为中文，则是机器翻译的任务；此外，如果需要从含有拼写错误的语句中推断出说话者的本意，则涉及自动纠错。

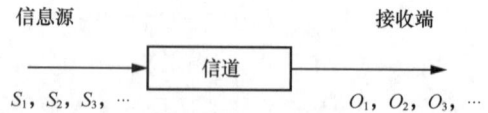

图 10.5　自然语言处理问题类比于解码问题

根据接收到的信息推测说话者意思的问题可借助 HMM 模型来解决。以语音识别为例，当我们观测到语音信号 O_1、O_2、O_3 时，我们需要推测出发送的句子 S_1、S_2、S_3。在已知 O_1、O_2、O_3 等情况下，我们应该寻找使得条件概率 $P(S_1, S_2, S_3, \cdots | O_1, O_2, O_3, \cdots)$的句子 S_1、S_2、$S_3 \cdots$ 中概率最大的一个。

当然，上述概率难以采用直接的方法计算，因此我们可以采用间接的方法来计算。通过应用贝叶斯公式并省略常数项，我们可以将上述公式等价地转换为：

$$P(O_1, O_2, O_3, \cdots | S_1, S_2, S_3 \cdots) \times P(S_1, S_2, S_3, \cdots)$$

在这个公式中，$P(O_1, O_2, O_3, \cdots | S_1, S_2, S_3 \cdots)$ 表示句子 S_1、S_2、$S_3 \cdots$ 被解读为 O_1、O_2、$O_3, \cdots$ 的可能性，而 $P(S_1, S_2, S_3, \cdots)$ 表示序列 $S_1, S_2, S_3, \cdots$ 本身形成一个合理句子的可能性。因此，该公式的含义是将信号序列 S_1、S_2、$S_3, \cdots$ 的可能性乘以该序列本身能够成为一个合理句子的可能性，从而得出概率。

在这里，我们引入两个假设：

（1）马尔可夫链假设，即假设 S_1、S_2、S_3 等构成了一个马尔可夫链，表明 S_i 仅受 S_{i-1} 的影响；

（2）独立输出假设，即假设第 i 时刻的接收信号 O_i 仅由发送信号 S_i 决定。换言之，独立输出假设表示 $P(O_1, O_2, O_3, \cdots | S_1, S_2, S_3 \cdots) = P(O_1 | S_1) \times P(O_2 | S_2) \times P(O_3 | S_3) \cdots$。基于这两个假设，我们能够利用算法轻松找出上述公式的最大值，从而推断出要识别的句子 S_1、S_2、S_3 等。

满足上述两个假设的模型被称为隐马尔可夫模型。这里的"隐"一词指的是状态 S_1、S_2、$S_3 \cdots$ 是无法直接观测到的。

在自然语言处理领域，隐马尔可夫模型的应用通常需要进行模型的训练。这一训练方法最早由莱昂纳德·E. 鲍姆（Leonard E. Baum）于 20 世纪 60 年代提出，并以其贡献命名。

隐马尔可夫模型在语音识别领域的初期成功应用值得关注。上世纪 70 年代，IBM 的杰利内克以及贝克夫妇（李开复的师兄师姐）卡内基·梅隆大学的詹姆斯·K. 贝克（James K. Baker）和珍妮特·M.贝克（Janet M. Baker）分别独立提出了使用隐马尔可夫模型进行语音识别的方法。通过实验验证，这些方法使得语音识别的错误率相对于之前的人工智能和模式匹配方法降低了 2/3（从 30% 下降到 10%）。在 80 年代，随着技术的不断发展，李开复博士基于隐马尔可夫模型的框架成功地开发了全球首个大词汇连续语音识别系统 Sphinx。

10.3.3　最大熵模型

最大熵（maximum entropy）模型是一种用于分类和回归的概率模型，它基于最大熵原理来选择最符合已知条件的概率分布。在自然语言处理中，最大熵模型被广泛应用于文本分类、命名实体识别、信息抽取等任务。最大熵模型的优势在于它能够灵活地利用各种特征来表示数据，而不需要对数据做出过多的假设，因此可以很好地适应复杂的自然语言数据。

考虑一个简单的拼音转汉字的示例，假设输入的拼音是"Wáng Xiǎobō"。基于语言模型和有限的上下文（如前两个词），我们可以提供两个最常见的名字："王小波"和"王晓波"。然而，确定到底是哪个名字并不容易，即使是利用更长的上下文也很难做到。当然，如果整篇文章都在讨论文学方面，那么作家王小波的可能性就较大；而在讨论台湾史时，学者王晓波的可能性则更大。

数学上，解决这个问题的最优方法之一是使用最大熵模型。其原理简单明了：保留所有不确定性，并将风险降到最低。

例如，我们用一个掷骰子的例子来阐述此问题。当向听众提了一个问题："每个面朝上的概率是多少？"听众一致认为每个面的概率相等，即为 1/6。这种共识基于对"未知"的骰子的假设，即每个面朝上的概率相等，这被视为最安全的假设，因为没有证据表明骰子有任何特殊性质。

随后，当告诉听众如果对这个骰子进行了特殊处理，其中出现四点的面的概率是 1/3。在这种情况下，听众认为除了这个面，其余面的概率应该是 2/15，因为除了已知的四点这个面之外，其他面的概率仍然无法确定。这种推断基于对已知条件的满足，同时对未知情况保持了最大的不确定性。

这两种情况下的概率分布的推断没有添加任何主观假设，如四点的反面一定是三点等。这种直觉推断之所以准确，是因为它符合了最大熵原理。

最大熵模型的原理强调，在对随机事件的概率分布进行预测时，应该充分考虑已知条件，而对未知情况不做主观假设。这一原则的核心在于最大程度地保持预测的不确定性，以确保概率分布的均匀性，从而降低预测的风险。由于这种情况下的概率分布具有最大的信息熵，因此被称为最大熵模型。

一种朴素的理解是，"不要把所有的鸡蛋放在一个篮子里"，这反映了最大熵原理的精髓，即在面对不确定性时，应该保持各种可能性的存在，而不是过度偏向于单一假设。

在刚才提及的拼音转汉字的案例中，我们已获得两种信息。首先，根据语言模型，"Wáng Xiǎobō"可以转换成"王晓波"和"王小波"这两个备选结果。其次，基于上下文，"王小波"是一位作家，与作品《黄金时代》等相关，而"王晓波"则是一位研究台湾史的学者。因此，我们可以建立一个最大熵模型，以同时满足这两种信息。

现在的问题是，是否存在这样的模型？匈牙利著名数学家、信息论最高奖香农奖得主希萨（Csiszar）已经证明，对于任何一组不自相矛盾的信息，最大熵模型不仅存在，而且是唯一的。此外，它们都具有相同简洁的形式——指数函数。

下式描述了基于上下文（前两个词）和主题来预测下一个词的最大熵模型。在公式中，w_3是要预测的词（例如王晓波或王小波），w_1和w_2是其前两个词，即上下文的近似估计。subject 表示主题。在公式中，λ和z是需要通过观测数据训练的参数。

$$P(w_3 \mid w_1, w_2, \text{subject}) = \frac{e^{\{\lambda_1(w_1, w_2, w_3) + \lambda_2(subject, w_3)\}}}{Z(w_1, w_2, \text{subject})}$$

10.4 自然语言处理的深度学习模型

自然语言处理的发展历程包括从基于规则的方法到统计方法再到深度学习方法的演变。在基于规则的机器翻译（rule-based machine translation，RBMT）中，机器依赖人工编写的规则进行翻译引导。而统计机器翻译（statistical machine translation，SMT）则通过提供大规模的语料库，让机器自行学习翻译规律。随着深度学习技术的引入，基于神经网络机器翻译（neural machine translation，NMT）取得了显著的性能提升，其将翻译过程推进到高维空间中进行推理和计算，而不仅仅局限于符号级别的转换。下面我们主要了解自然语言处理的深度学习模型在机器翻译中的应用。

深度学习的崛起引发了对基于神经网络的机器翻译的广泛关注。这种方法的核心思想是利用大量的输入数据，并通过多层神经网络的中间计算来生成相应的输出。这个输出又可以作为下一个计算过程的输入，形成一个连续的神经网络结构，如图 10.6 所示。在翻译过程中，尽管以句子为单位进行处理，但每个句子的翻译都会对下一个句子的处理产生影响，因此形成了一种上下文的连贯感。

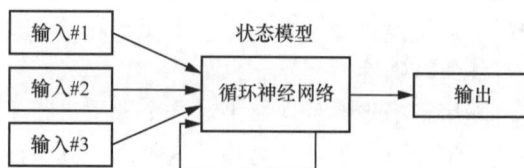

图 10.6 基于神经网络的机器翻译框架

例如，谷歌神经机器翻译（google neural machine translation，GNMT）采用了一种被称为"注意力编码器-解码器网络"的架构。该系统于 2016 年首次推出，标志着基于神经网络的机器翻译技术在商业应用中取得了重大突破。

GNMT 采用了循环神经网络（RNN）和编码器-解码器（encoder-decoder）结构，通过将源语言句子编码为一个连续向量表示，然后解码成目标语言句子来进行翻译。与传统的基于规则或统计的机器翻译方法相比，GNMT 通过端到端的神经网络模型直接学习源语言和目标语言之间的映射关系，因此能够更好地捕捉语言之间的复杂特征和长距离依赖关系，如图 10.7 所示。

首先，输入源语言经过编码器网络编码，转换为高维度表示。这个编码过程捕获输入文本的语义信息，形成称为"上下文向量"的中间表示。接着，解码器网络利用上下文向量和先前生成的部分翻译结果，逐步生成目标语言的翻译。在每个输出单词生成过程中，解码器通过"注意力机制"动态关注与当前输出位置相关的输入源语言部分。

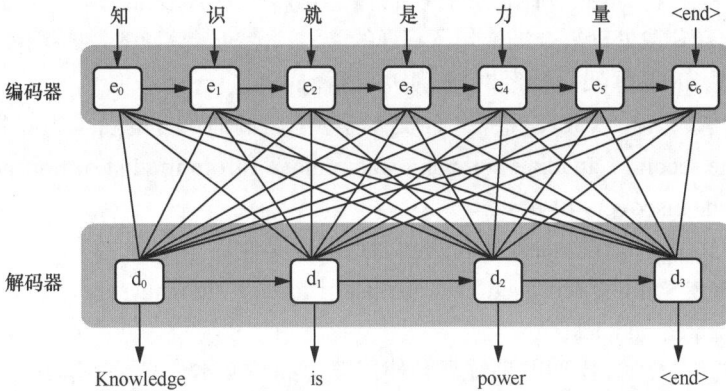

图10.7 谷歌神经机器翻译采用的"注意力-编码器-解码器网络"的架构

注意力机制的引入使得解码器能够在翻译过程中动态地关注输入源语言中与当前翻译步骤最相关的部分，从而提高了翻译的准确性和流畅性。GNMT在性能上取得了显著的改进，尤其是在翻译质量和流畅度方面。它能够处理更长的句子和更复杂的语言结构，同时减少了一些传统机器翻译系统中常见的错误。此外，GNMT还支持多种语言之间的翻译，为全球用户提供了更广泛的机器翻译服务。

深度学习在自然语言处理中的应用解决了词语形态、句法结构、多语言和联合训练等方面存在的问题。

1．词语形态问题

词语形态问题涉及词语内部结构和构成，在中文中主要表现为词的分割，而在英语等其他语言中则主要涉及词语的形态变化和构词法的分析。由于中文组成的词语具有丰富的内涵，直接对中文进行翻译效果较差，因此必须解决好分词问题，如表10.1所示。即使使用统计方法，如果分词不准确或者未进行分词处理，其效果也会受到极大影响。相比之下，英语等其他语言的形态问题相对较为简单，因为英语中词语的形态变化较少，构词法也相对规范。然而，许多其他语言存在着复杂的形态变化，例如法语、俄语等，这对自然语言处理尤其是机器翻译而言，是一个极具挑战性的问题。

表10.1 中文词语分割的影响

研究/生命/的/起源	研究生/命/的/起源
他/从/马/上/下来	他/从/马上/下来
乒乓球/拍卖/完了	乒乓球拍/卖/完了
和/特朗普/通话	和/特朗/普通话

2．句法结构问题

在机器翻译中，RBMT和SMT框架下的句法分析扮演着关键角色。在RBMT中，句法分析是一个核心模块，其缺失将严重妨碍机器翻译的进行。相较之下，SMT中的基于短语的方法取得了显著的成功，尤其对于句法结构相似的语言。然而，对于句法结构差异较大的语言，如中文和英文，基于句法的方法仍然比基于短语的方法表现更出色。尽管如此，句法结构的引入增加了模型的复杂性,并且句法分析中的错误直接影响着翻译性能。

而在 NMT 框架下,神经网络能够有效地捕捉句子的结构,无需进行显式的句法分析。这使得系统能够自动获取处理复杂结构句子翻译的能力,为机器翻译的发展提供了新的可能性。

例如,利用 NMT 框架,神经网络将中文翻译成英文。

"第二家加拿大公司因被发现害虫而被从向中国运输油菜籽的名单中除名。"

翻译:"The second Canadian company was removed from the list of transporting rapeseed to China due to the discovery of pests."

"张三因被发现考试作弊而被从向欧洲派遣的留学生名单中除名。"

翻译:"Zhang San was removed from the list of foreign students sent to Europe after he was found to have cheated on a test."

令人惊讶的是,NMT 模型的训练只是使用双语的纯文本信息,没有使用任何句法信息。

3.多语言问题

在使 RBMT 框架的时期,发展多语言机器翻译系统所需的成本极高,特别是对于较为理想的中间语言(interlingua)方案而言。该方案旨在通过引入一个中间语言来实现多语言之间的互译,如图 10.8(a)所示。然而,由于系统极度复杂,因此被视为"不可承受之重"。

而在使用 SMT 框架的时期,广泛采用 Pivot 机制,即将待翻译语言先转换为英语,再转换为目标语言,以实现语言间的相互转换。然而,Pivot 机制也带来了错误传播和翻译性能下降的问题。

随着 NMT 框架的到来,单一的多语言机器翻译系统被提出并验证其有效性,初步实现了中间语言的理想,如图 10.8(b)所示。

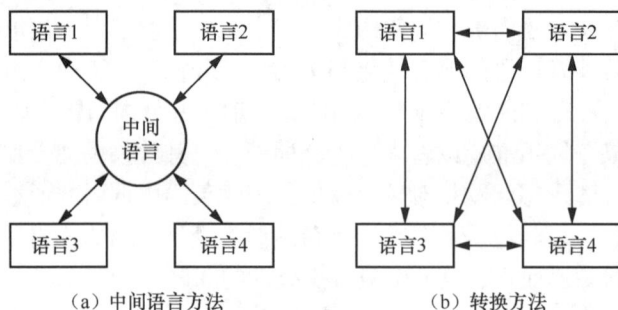

(a)中间语言方法 (b)转换方法

图 10.8 早期多语言的转换框架

在神经网络机器翻译时代,谷歌采用了一种直接的方法,建立了一个完整而庞大的系统,该系统能够将所有语言都置于同一框架中,并实现它们之间的相互翻译,同时也将所有文本数据编码在一起,如图 10.9 所示。

谷歌随后推出了 Multilingual BERT,这一模型将 104 种语言(如图 10.10 所示)全部编码到一个模型中,这一举措在先前

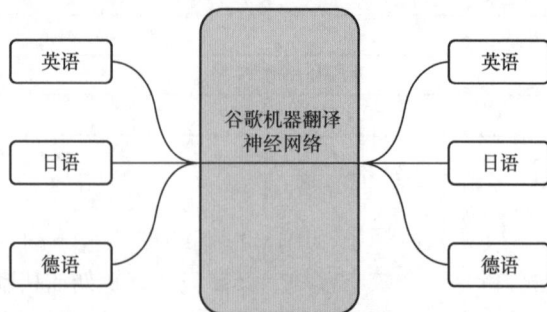

图 10.9 谷歌神经机器翻译框架

是难以想象的。

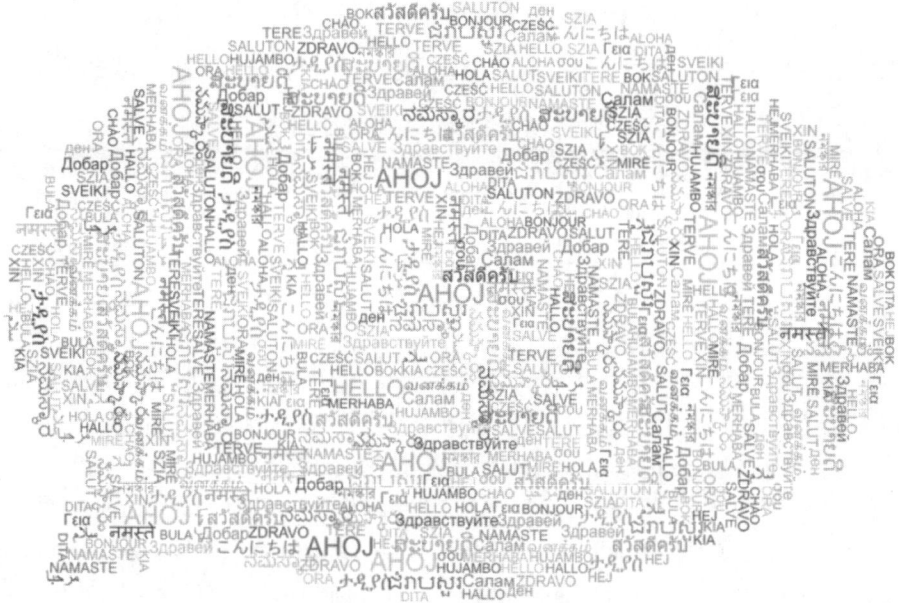

图 10.10　Multilingual BERT 中的 104 种语言聚集示意图

4．联合训练问题

在 SMT 框架下，各模块独立训练存在着错误传播的严重问题。为了解决这个问题，联合训练成为提高性能的有效手段。然而，引入联合训练也带来了模型复杂度的显著增加，增加了开发和维护的难度。此外，搜索范围的急剧扩大也导致了系统开销的严重增加。由于模块数量庞大，只能选择有限的模块进行联合训练，而无法将所有模块都纳入其中。

相比之下，在 NMT 框架下，端到端训练已成为标准模式，所有模块组成一个有机的整体，同时针对同一个目标函数进行训练。这种方法避免了错误的传播，并提高了系统的性能。

OpenAI 发布的 GPT-3 在网络媒体上引起了广泛的关注和热议。其模型参数量远超全球最大的深度学习模型 Turing NLP，达到了 10 倍之多，并在各种自然语言处理任务中展现出了卓越的表现，包括答题、翻译和文本生成等，同时还具备一定的数学计算能力。

最近，一组 OpenAI 的研究人员发表了一篇论文，详细描述了 GPT-3 的架构和特点。该模型拥有 1,750 亿个参数，比之前版本的 GPT-2 多出了 100 倍。通过对近 0.5 万亿个单词的预训练，GPT-3 在多个自然语言处理基准测试中展现了令人瞩目的性能，即使在没有进行微调的情况下，也能够达到先进水平。

OpenAI 的研究人员对 GPT-3 在造句任务上的表现进行了测试。测试的方法是提供一个不存在的单词及其定义（例如"Gigamuru"），然后要求 GPT-3 使用这个单词来构造一个新句子。接下来，我们将详细查看 GPT-3 的生成结果。

A"Gigamuru " is a type of Japanese musical instrument. An example of a sentence that uses the word Gigamuru is:

"I have a Gigamuru that my uncle gave me as a gift. I love to play it at home."

OpenAI 研究人员在测试中提供了新单词"Gigamuru"（一种乐器）并观察了 GPT-3 的输出结果。结果显示，GPT-3 生成的句子为："叔叔送了我一把 Gigamuru，我喜欢在家弹奏它。"

测试中，GPT-3 被要求对一句带有语法错误的句子进行修改，如表 10.2 所示。

表 10.2　GPT-3 修改语法错误的示例

原句	修改后
Poor English input: The patient was died.	Good English output: The patient died.
Poor English input: We think that Leslie likes ourselves.	Good English output: We think that Leslie likes us.

在第一个例子中，原句中存在两个并列的动词"was"和"died"，GPT-3 删除了系动词"was"，将其修改为正确的句子。

在第二个例子中，原句中 likes 后的 ourselves 是 we 的反身代词，然而实际上 like 这一动作的执行者是 Leslie，因此 likes 后即使要使用反身代词，也应该是 himself，另一种修改方法是将反身代词改为 we 的宾格 us，即"我们认为 Leslie 喜欢我们"。

在 2017 年，Google 团队提出了一项重要的 NLP 模型，名为 Transformer。目前备受关注的 BERT 模型也是基于 Transformer 架构构建的。Transformer 模型引入了 Self-Attention（自注意力）机制，与传统的 RNN 顺序结构不同，该机制的引入使得模型能够并行化训练，并且能够有效地捕获全局信息，如图 10.11 所示。

在自然语言处理任务中，如机器翻译，Transformer 模型彰显了其强大的应用价值。传统基于循环神经网络的机器翻译模型在处理长距离依赖性时面临挑战，因为它们需要逐词逐句进行处理。相比之下，Transformer 模型通过引入 Self-Attention 机制，在一次计算中同时考虑所有输入和输出位置之间的关系，从而更好地捕捉长距离依赖性。这使得 Transformer 模型在处理长句子和复杂句子结构时表现突出，并在各种 NLP 任务中取得了显著的性能提升。因此，Transformer 模型的出现显著推动了 NLP 领域的发展，为处理自然语言数据提供了一种更为高效和灵活的方法。

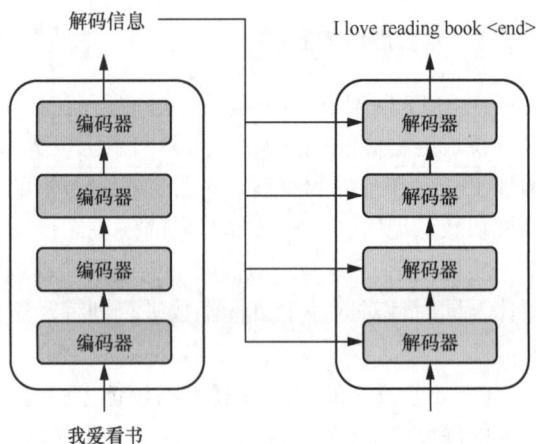
图 10.11　基于 Transformer 架构的 BERT 模型

想看一个 Transformer 多么有用的例子吗？请看下面的段落：

"Griezmann's announcement comes as a bit of a shock. After enduring the drama surrounding his potential last summer, many thought he was committed to Atletico for more than a year, but the Frenchman seems to have changed his mind."

突出显示的单词指的是同一实体，即 Griezmann。这对于人类来说并不困难，但对于机器来说是一项复杂的任务。

在机器理解自然语言方面，理解句子中的这些关系和单词序列至关重要。这正是 Transformer 模型发挥作用的地方。Transformer 模型通过引入 Self-Attention 机制，能够有效地捕捉单词之间的语义关系和上下文信息，从而有助于机器更好地理解和处理自然语言文本。数字、文字和自然语言等信息载体之间天然存在着紧密联系。

语言的发展旨在有效地促进人际交流，而文字、字母和数字则代表了信息在不同形式下的编码。基于统计的自然语言处理方法与通信原理在数学模型上存在密切联系，甚至可以被视为同一领域的不同侧面。因此，从数学的视角来看，自然语言处理与语言本身作为交流工具之间存在着紧密的关联。

自然语言处理方法的转变经历了从规则、统计到深度学习的演讲。深度学习的成功应用解决了自然语言处理中的词语形态问题、句法结构问题、多语言问题以及联合训练问题，从而为该领域的发展带来了显著的进步。

习题

一、选择题

1. 传统的自然语言处理是基于哪种方法建立的模型？（　　　）

A. 基于规则的方法　　　　　　　　　B. 基于统计的方法

C. 基于深度学习的方法　　　　　　　D. 基于神经网络的方法

2. 统计机器学习模型的是自然语言处理中的重要文本表示模型，以下不属于它的（　　　）。

A. 词袋模型　　　　　　　　　　　　B. N-Gram 模型

C. 循环神经网络　　　　　　　　　　D. Word2Vec 模型

3. 在文本检索中，统计语言模型属于（　　　）。

A. 向量空间模型　　　B. 概率模型　　　C. 语义模型　　　D. 特征模型

4. 下列可以用隐马尔可夫模型来分析的是（　　　）。

A. 基因序列数据　　　B. 电影评论数据　　　C. 图片数据　　　D. 小说数据

5. 机器翻译的局限性在于（　　　）。

A. 训练样本单一　　　　　　　　　　B. 只能处理复杂句

C. 基于已有的既成案例　　　　　　　D. 错误较多

6. 机器翻译从实现方法来看，可以分为（　　　）。

A. 基于规则的机器翻译　　　　　　　B. 基于实例的机器翻译

C. 基于统计的机器翻译　　　　　　　D. 基于神经网络的机器翻译

E. 以上都正确

7. 深度学习可以用在下列哪些自然语言处理任务中？（　　　）

A. 情感分析　　　B. 机器翻译　　　C. 写作机器人　　　D. 所有选项

二、简答题

1. 请简述自然语言处理发展的几个关键时期的特点。

2. 请简述传统语法分析面临的挑战。

3. 请简述基于统计的机器翻译流程。

第 **11** 章 | 智能机器

【本章导读】

　　智能机器是指具备一定程度的人工智能功能和智能化表现的机器系统。这些系统能够通过感知、推理、学习和执行任务等方式，模拟人类的智能行为。其核心技术包括机器学习、深度学习、自然语言处理、计算机视觉等领域的算法和模型。智能机器广泛应用于汽车自动驾驶、智能助理、医疗诊断、工业生产、客户服务等各个领域，为人类生活和工作带来了巨大的便利和改变。随着人工智能技术的不断发展和普及，智能机器在未来将发挥更加重要的作用，成为推动社会进步和科技发展的重要力量。在本章中，我们将简要介绍机器人、无人机、无人车、类脑智能以及混合智能的相关内容。

11.1 机器人

机器人的相关概念

　　机器人是一种具备与人或生物相似智能能力的自动化机器，它具有感知、规划、动作和协作能力，并且具有高度灵活性。我们可以对比机器人与人体组成，如表 11.1 所示。

表 11.1　机器人与人体组成的对比

人体组成	作用	机器人组成
身体结构	物质实体	可移动的身体结构
肌肉系统	用来移动身体结构	动力装置
感官系统	用来接收有关身体和周围环境的信息	传感系统
能量源	用来给肌肉和感官提供能量	能源装置
大脑系统	用来处理感官信息和指挥肌肉运动	计算机"大脑"

　　机器人必须与真实世界进行实时交互，以便执行各种任务和进行各种操作，这一特性使得我们能够将机器人与人工智能进行区分。与此相对，诸如"小度"的操作并不直接涉及真实世界。一般来说，人工智能被视为机器人智能的核心，而机器人则是人工智能在真实世界中的具体体现。因此，我们可以将人工智能类比为机器人的大脑，但不能将其与机器人等同起来，就像我们通常不会认为大脑就是一个完整的人。

　　机器人的发展历程大致可以分为三个阶段。

　　第一阶段，"远古阶段"（1910—1961 年）。这一阶段，机器人的发展主要集中于确立定义和明确定义基本制造运行规则。这一阶段的重要里程碑包括美国科幻作家艾萨克·阿西莫夫（Isaac Asimov）在 1942 年提出的"机器人三定律"。该定律虽然最初仅存在于科幻小说中，但后来成为学术界默认的研究原则。此外，诺伯特·维纳（Norbert Wiener）于 1948 年出版了《控制论——关于在动物和机器中控制和通信的科学》，该书阐述了机器中的通信和控制机能与人的神经、感觉机能的共同规律，并首次提出了以计算机为核心的自动化工厂概念。这一阶段的机器人发展还包括工业应用方面的进展，例如美国工程师乔治·德沃尔（George Devol）与美国发明家约瑟夫·英格伯格（Joseph Engelberger）于 1956 年制造出了第一台工业机器人 Unimate，随后在 1961 年成立了世界上第一家机器人制造工厂 Unimation 公司。

第二阶段被称为"走向成熟期"（1962—1967 年）。这一阶段，传感器的广泛应用成为机器人发展史上的一个重要节点。在这一阶段，斯坦福研究所和其他研究机构率先进行了触觉传感器的研究。麻省理工学院（MIT）的马文·明斯基（Marvin Minsky）团队在机械手上尝试引入压力传感器，以提高机器人的灵巧性。约翰·麦卡锡（John McCarthy）在斯坦福大学人工智能实验室（SAIL）于 1963 年开始了早期的机器人视觉系统研究。传感器的引入使得机器人不再受限于固定的工作台和预设的程序，而能够灵活感知和互动，类似于人类拥有感觉器官的能力。这一阶段的发展为机器人的智能化和移动化奠定了坚实的基础。

第三阶段被称为"盛世的前奏"（1968 年至今）。20 世纪 60 年代，随着传感器的广泛应用和人工智能的兴起，机器人开始显露出前所未有的潜力。在人工智能概念崛起之前，机器人仅被视为"机器"的一部分，然而，装备人工智能的机器人具有挑战"人类"的潜力。1968 年，美国斯坦福研究所展示了他们成功研发的 Shakey 机器人，它搭载了视觉传感器和其他传感器，可以根据人类指令发现并抓取积木，不过需要一个房间大小的计算机来控制。Shakey 被认为是世界上第一台智能机器人，标志着第三代机器人研发的开端。随着计算机技术的进步和人工智能的发展，机器人变得越来越精密、智能，其功能也变得越来越强大，应用领域也不断扩展，包括服务机器人、医疗机器人和探索机器人等多个领域。

我国机器人应用领域主要分为工业机器人和特种机器人两大类别，如图 11.1 所示。国际上，机器人学者也将机器人按照应用环境的不同划分为制造环境下的工业机器人和非制造环境下的服务型和仿人型机器人。工业机器人指的是在工业领域广泛应用的多关节机械手或多自由度机器人，如各种类型的机械臂，包括但不限于焊接机器人、喷涂机器人、搬运机器人等。特种机器人则是指除了工业机器人之外，在非制造业领域应用的各种先进机器人，包括但不限于服务型机器人、仿人型机器人、水下机器人、微操作机器人、娱乐机器人、军用机器人、农业机器人等。

在机器人领域的前沿技术中，"猎豹"机器人成为一个关键研究，如图 11.2 所示。由麻省理工学院开发的"猎豹"机器人采用了创新的算法，实现了"盲目运动"的功能，即在不依赖摄像头或外部传感器的情况下完成复杂的动作。这项技术使得"猎豹 3"能够在没有视觉信息的情况下，类似于人类穿越黑暗房间一样，灵活地爬上楼梯、穿越崎岖不平的地形，并且能够在意外情况下快速恢复平衡。这一成就得益于两种新型算法的应用：接触检测算法和模型预测控制算法。

接触检测算法在机器人的运动控制中扮演着关键角色，其主要作用是确定机器人腿部从摆动到接触地面的最佳时机。举例而言，当机器人踩在细小的树枝上而不是坚硬的石头上时，该算法能够确定机器人应该如何响应，例如继续前进还是收回腿部，从而影响机器人的平衡状态。另一方面，模型预测控制算法则能够估计每条腿在迈出一步后需要施加的力量。当机器人的某条腿接触地面并施加一定力量时，该算法立即计算未来半秒内机器人的身体和腿部应处于的位置。

焊接机器人　　　　　　　喷涂机器人　　　　　　　搬运机器人

（a）工业机器人

服务型机器人　　　　　　　　　　　仿人型机器人

（b）特种机器人

图 11.1　工业机器人和特种机器人

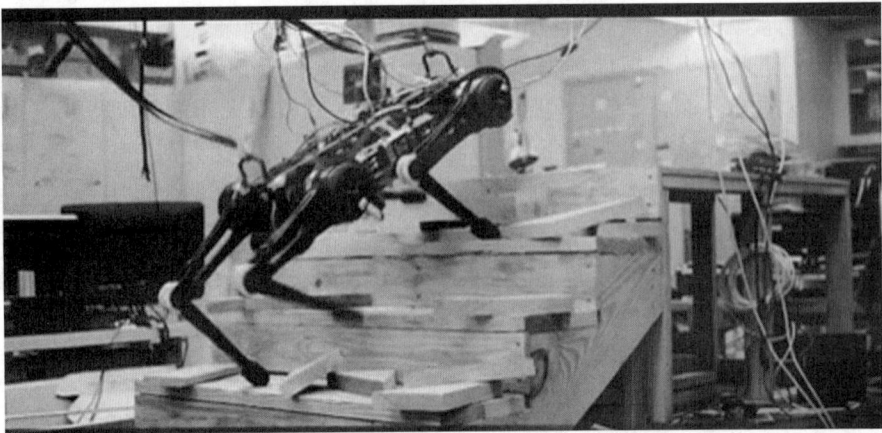

图 11.2　"猎豹"机器人

11.2　无人机

　　无人驾驶飞机（unmanned aerial vehicle，UAV）是一种通过无线电遥控设备或自主程序控制装置操纵的飞机，无须搭载人员，以下简称无人机。目前，最为普遍的民用小型无人机即为多旋翼无人机。

　　多旋翼无人机由多组动力系统构成的飞行平台组成，其中常见的包括四、六、八甚至更多旋翼组成。它通过多个正迎角旋翼产生升力，并通过不同方向的旋转来抵消反扭力。

由于多个旋翼朝不同方向旋转，因此扭矩为零，甚至能够实现悬停状态，如图 11.3 所示。

图 11.3　多旋翼无人机

确保无人机稳定飞行的首要任务是确定其在空间中的位置和相关状态。对于多旋翼无人机而言，这包括确定 15 个状态量，如三维位置、三维角度、三维速度、三维加速度以及三维角速度。

这些状态量对多旋翼无人机的稳定飞行至关重要。举例来说，实现悬停这一基本功能，需要通过一系列串级控制来完成。在已知自身三维位置的情况下，控制器确保无人机的位置始终保持在悬停位置。这涉及控制目标悬停速度，当无人机位置与悬停位置一致时，目标悬停速度为零；而当位置偏离悬停位置时，无人机需要生成非零的目标悬停速度以趋向悬停位置。为实现目标悬停速度，无人机根据当前的三维速度生成目标加速度；为实现目标加速度，需要了解无人机的三维角度以调整姿态；为调整姿态，无人机需要了解自身的三维角速度，从而调整电机的转速。

组合导航技术综合了 GPS、惯性测量单元、地磁指南针和气压计等多种传感器，借助电子信号处理领域的多项技术，以获取无人机的 15 个状态量的准确测量。

尽管在理论上视觉感知技术可以利用单个相机准确测量无人机的 15 个状态量，但相机作为传感器仍存在一些缺陷，包括无法恢复尺度、成像质量受限以及计算量巨大等问题。

11.3　无人车

自动驾驶汽车也称为无人车，作为一种轮式移动机器人，依赖于搭载的智能驾驶系统，主要实现无人驾驶功能。该系统通过车载传感器感知周围环境，获取道路、车辆位置和障碍物等信息，以控制车辆的转向和速度，从而实现车辆在道路上的安全、可靠行驶。

11.3.1　无人车的研究发展阶段

自动驾驶技术的发展历程可以追溯到 20 世纪初，但真正引起广泛关注的时间大约在 21 世纪初。

（1）早期研究阶段（20 世纪初至 20 世纪末），自动驾驶概念逐渐萌芽，但技术水平受限。1939 年，美国工业设计师诺曼·贝尔·格德斯（Norman Bel Geddes）首次在纽约世界博览会上提出了无人车的概念，为自动驾驶技术的开端奠定了理论基础。至 20 世纪末，一些研究机构和汽车制造商开始进行实验和研究。1995 年，美国卡内基梅隆大学研制的 Navlab 5 自动驾驶汽车成功完成了横穿美国东西部的试验，标志着自动驾驶技术在现实世界中取得了重大突破。尽管自动驾驶技术仍处于早期阶段，但这一时期的研究为后续发展打下了重要基础。

（2）研究技术推进阶段（21世纪初至2019年），美国国防高级研究计划局（DARPA）在2004年和2005年主办的DARPA大挑战赛（Grand Challenge）吸引了全球的团队参与。尽管大多数车辆未能完成赛程，但此挑战推动了自动驾驶技术的发展。2009年，谷歌启动了自动驾驶汽车项目，后来成为Alphabet Inc.旗下的Waymo，标志着谷歌公司在自动驾驶领域的投入和研发。2009年，中国国家自然科学基金委员会举办了首届"中国智能车未来挑战"比赛，吸引了国内众多机构参与其中，为中国自动驾驶技术的发展奠定了坚实基础。2011年，国防科学技术大学研制的自动驾驶汽车红旗HQ3成功行驶了286km，从长沙开往武汉，展示了中国在自动驾驶技术领域的巨大潜力，如图11.4所示。在2010年至2019年间，随着技术的进步，各国政府开始制定相关法规和法律框架，以规范自动驾驶汽车的上路。越来越多的汽车制造商和科技公司加入自动驾驶领域，建立合作伙伴关系，推动自动驾驶技术的商业化进程。其间，Waymo在自动驾驶技术上取得显著进展，并于2018年推出了商用自动驾驶出租车服务。特斯拉在自动辅助驾驶系统方面也取得了一定成就，虽然其全自动驾驶功能尚未完全商业化，但在部分车型上已实现高级驾驶辅助功能。

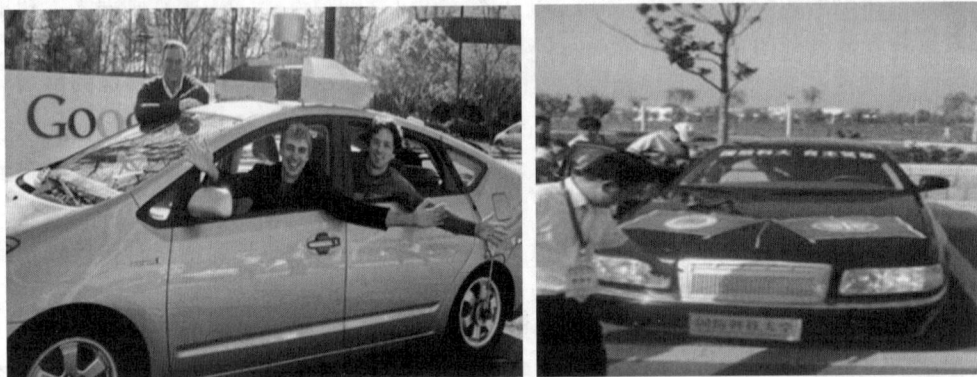

图11.4　无人车车型

（3）全球自动驾驶技术发展（2020年至今），自动驾驶技术在全球范围内持续发展，不仅在私人汽车领域得到应用，还在物流、公共交通等领域得到应用。在私人汽车领域，特斯拉继续推进其Autopilot和全自动驾驶（full self-driving，FSD）功能。虽然自动驾驶仍在开发和测试中，但特斯拉在一些车型上已经实现了高级驾驶辅助功能，支持车辆在特定条件下进行自动驾驶。Waymo扩大其自动驾驶出租车服务，特别是在美国亚利桑那州的凤凰城地区，提供完全无人的自动驾驶出租车服务。在物流领域，Nuro获得了美国监管机构的批准，进行无人配送车辆的商业运营，特别在"最后一公里"的配送服务中表现出色。亚马逊通过收购Zoox和研发自有自动驾驶技术，积极探索自动驾驶技术在货物配送中的应用。在公共交通领域，自动驾驶巴士已在全球多个城市进行测试和试运营。例如，新加坡、芬兰赫尔辛基和美国多个城市都在测试自动驾驶巴士，以提升公共交通系统的效率和安全性。我国的百度Apollo计划在多个城市推出自动驾驶出租车服务，并在一些封闭道路和特定区域内进行测试和运营。各国政府不断完善自动驾驶的相关法规和标准，以保障安全性和可靠性。美国、欧洲和中国都在积极推进自动驾驶汽车的立法和监管框架。自动驾驶技术公司与汽车制造商之间的合作不断深化，推动技术的整合和商业化进程。

11.3.2 无人车的组成和关键技术

无人车的主要组成部分包括环境感知设备和计算与控制设备。

无人车的环境感知设备主要包括卫星导航系统、多摄像头系统、全向激光雷达、陀螺仪和电子罗盘等，如图 11.5 所示。卫星导航系统用于精确定位和导航，多摄像头系统用于捕获周围环境的图像和视频，全向激光雷达通过扫描周围环境获取精确的三维点云数据，陀螺仪和电子罗盘则提供车辆的方向和姿态信息，具体介绍如下。

（1）卫星导航系统：如全球卫星定位系统（GPS）等，用于确定车辆的准确位置和提供导航服务。

（2）多摄像头系统：通过多个摄像头捕获周围环境的图像和视频，用于识别道路标志、车辆、行人等。

（3）全向激光雷达（LiDAR）：利用激光束扫描周围环境，获取高精度的三维点云数据，用于建立地图、检测障碍物和实现精确定位。

（4）陀螺仪和加速度计：用于检测车辆的姿态和加速度变化，提供车辆的方向和运动状态信息。

（5）电子罗盘：提供车辆的方向信息，用于辅助定位和导航。

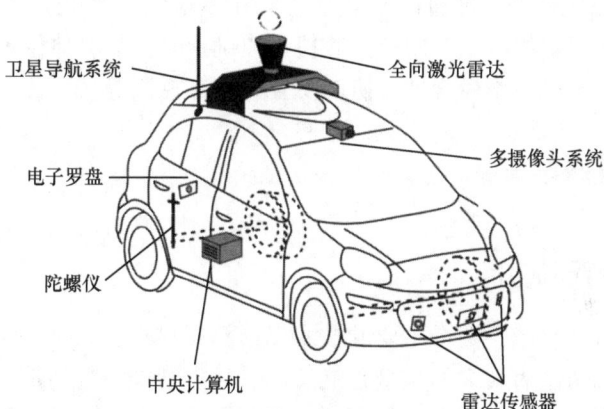

图 11.5　无人车的环境感知设备

无人车的计算与控制设备主要包括路径规划模块、感知计算模块、行车决策模块、行车控制模块和通信模块等。其中，路径规划模块负责规划车辆的行驶路线，感知计算模块负责处理来自环境感知设备的数据并进行环境感知分析，行车决策模块负责基于感知数据和路径规划结果做出行驶决策，行车控制模块则负责实施决策并控制车辆行驶，通信模块负责车辆与外部系统进行通信和数据交换。

无人车的关键技术包括环境感知、安全驾驶和导航等。

无人车的环境感知包括视觉传感、激光传感、微波传感、通信传感和融合传感等。

（1）视觉传感：基于机器视觉获取车辆周边环境二维或三维图像信息，通过图像分析识别技术对行驶环境进行感知。

（2）激光传感：基于激光雷达获取车辆周边环境二维或三维距离信息，通过距离分析识别技术对行驶环境进行感知。

（3）微波传感：基于微波雷达获取车辆周边环境二维或三维距离信息，通过距离分析识别技术对行驶环境进行感知。

（4）通信传感：基于无线、网络等近、远程通信技术获取车辆行驶时的周边环境信息。

（5）融合传感：运用多种不同传感手段获取车辆周边环境多种不同形式信息，通过多信息融合对行驶环境进行感知。

安全是无人驾驶车辆成败的关键，在安全驾驶方面，无人车目前常用的避障传感器包括微波雷达、激光雷达、超声传感器、视觉传感器等。

（1）在高速公路环境下，由于速度较快，通常选用检测距离较长的微波雷达。

（2）在城市环境下，由于环境复杂，通常选用检测角度较大的激光雷达。

（3）超声传感器由于检测距离较短，通常用在车身两侧。

（4）视觉传感器最为灵活，价格也比较低廉，但立体视觉算法的可靠性和实时性有待进一步提高。

在导航方面，北斗卫星导航系统和 GPS 导航系统是无人车常用的两种导航系统。

（1）北斗卫星导航系统是我国自主研发的全球卫星定位与通信系统。该系统由空间端、地面端和用户端三部分组成，能够全天候、全天时为用户提供高精度、高可靠的定位、导航、授时服务以及短报文通信能力。北斗系统已初步实现了区域导航、定位和授时功能，其定位精度优于 20m，授时精度优于 100ns。

（2）GPS 导航系统则是一种通过测量卫星与用户接收机之间的距离来确定用户位置的技术。通过综合多颗卫星的数据，用户接收机可以确定自身的具体位置。

无人车的其他技术包括路径规划、协同交互、车体控制等。

11.4 类脑智能

11.4.1 类脑智能简介

目前，在人工智能领域，两个主要的技术发展路径显现出来，一是基于模型学习的数据智能，二是以认知仿生为动力的类脑智能。尽管数据智能目前占据主导地位，但它面临着一系列挑战。首先，在数据方面，数据智能需要大量且高质量的数据以及精准的标注。其次，数据智能的自主学习和自适应能力相对较弱，更依赖于模型构建。此外，数据智能对计算资源的需求量较大，对 CPU 和 GPU 资源的依赖性强。另外，数据智能在逻辑分析和推理方面存在不足，主要表现为只具备感知识别能力而缺乏逻辑推理能力。此外，数据智能的时序处理能力也相对较弱，缺乏对时间相关性的处理。最后，数据智能通常只能解决特定问题，并适用于专用场景智能，对于更综合和复杂的任务则显得不足。

类脑智能则被视为一种有望弥补数据智能局限性的技术。

（1）在数据方面，类脑智能具备处理小规模数据和小标注问题的能力，适用于弱监督和无监督学习。

（2）它更符合大脑认知能力，具备自主学习和关联分析的强大能力，表现出较高的鲁棒性。

（3）相较于数据智能，类脑智能的计算资源消耗较少，采用模仿人脑的低功耗计算，更为高效。

（4）类脑智能具备较强的逻辑分析和推理能力，具有认知推理能力。在时间相关性处理方面，类脑智能更贴近现实世界的需求。

（5）类脑智能有望解决通用场景问题，实现更强大的人工智能和通用智能。

类脑智能是一种人工智能技术，其设计灵感源于大脑神经系统的运行机制和认知行为方式，通过计算建模实现。这种技术在软硬件协同作用下，模拟大脑的信息处理机制，并表现出与人类相似的认知行为，其智能水平有望达到甚至超越人类水平。

11.4.2　类脑智能的研究目标和挑战

类脑智能的研究目标可分为三个阶段。

（1）结构阶段：模拟大脑的结构。在这一阶段，主要目标是通过深入研究大脑的基本单元，如各种神经元和神经突触的功能及其连接关系，即网络结构，来揭示神经网络的运作机制，从而实现对大脑结构的模拟。

（2）器件阶段：接近大脑的器件设计。在这一阶段，主要目标是设计和开发模拟神经元和神经突触功能的微纳光电器件。重点是在有限的物理空间和功耗条件下构建人脑规模的神经网络系统，如神经形态芯片和类脑计算机等。

（3）功能阶段：超越大脑的功能。在这一阶段，研究重点转向对类脑计算机进行信息刺激、训练和学习，使其产生与人脑类似的智能，甚至实现自主意识的涌现。该阶段旨在实现智能的培育和进化，包括学习、记忆、识别、对话、推理、决策以及更高级别的智能表现。

同样，类脑智能面临着多方面的挑战。

（1）人类对大脑的认知尚不清楚，导致缺乏深入的脑机理理解。尽管大脑是人类进化的高级产物，其重量约为 1.5kg，占体重的 2%，功耗约为 20W，占全身功耗的 20%，但当前人类对大脑的认知水平仅为不足 5%，尚无完整的脑谱图可供参考。

（2）类脑计算模型和算法的精确性尚不够。由于神经元连接的多样性和变化性，前馈、反馈、前馈激励、前馈抑制、反馈激励、反馈抑制等模型的建模存在不精确性。此外，脑功能分区与多脑区协同的算法也存在不准确的情况。

（3）现有的计算架构和能力对类脑智能的发展存在限制。当前的计算系统采用的是冯·诺伊曼架构，其中计算与存储分离，系统功耗高、并行度低、规模有限。相比之下，类脑计算系统采用的是非冯·诺伊曼架构，其中计算与存储相统一，具有高密度、低功耗的特点，然而，要实现对现有架构的颠覆将面临较大的挑战。

11.4.3　类脑智能的发展思路和脑科学计划

类脑智能的发展思路可归纳为如下两种主要方式。

（1）"先结构后功能"：这种发展思路首要关注深入研究大脑的生理结构。研究人员会详细研究大脑中各种神经元和神经突触等结构，并根据这些研究结果，探索如何实现大脑所具备的各种功能。这种方法的优势在于为后续功能实现提供了基础，有助于更深入地理解大脑的运作原理。

（2）"先功能后结构"：与"先结构后功能"相反，这种发展思路首先利用信息技术模拟大脑的功能。研究人员利用计算模型和算法来模拟大脑的各种功能，逐步探索大脑的运行机制，并在模仿过程中相互反馈和促进。通过功能性的模拟来推动对大脑结构的理解和探索。

这两种发展思路各有其优点，任何一种方向的突破都有可能推动类脑智能的重大发展。因此，在当前阶段，这两种发展思路应当并行不悖，相互促进，以推动类脑智能技术的进步。

各国的脑科学计划旨在深入研究大脑的神经功能和结构，以及相关复杂行为和疾病。

（1）美国的 BRAIN 计划旨在绘制脑细胞和神经回路的动态图像，以研究大脑功能与行为之间的关系。

（2）欧盟的 Human Brain Project 致力于开发信息和通信技术平台，着重神经信息学、大脑模拟和高性能计算等领域，以模拟和理解脑功能，并推动人工智能技术的发展。

（3）中国脑计划主要涉及脑科学和人工智能技术的探索，旨在攻克大脑疾病并推动类脑研究。

（4）韩国脑计划关注于解读大脑功能和机制，着眼于构建大脑图谱、发展神经技术、加强人工智能相关研发以及个性化医疗。

（5）日本的 Brain/MINDS 计划旨在通过灵长类动物研究建立脑发育和疾病模型，弥补以往研究的不足。

这些计划为全球理解大脑结构和功能提供了科学支持和合作平台。

11.4.4 类脑智能技术的体系

类脑智能技术的体系可以分为基础理论、硬件、软件和产品四个层面，如图 11.6 所示。

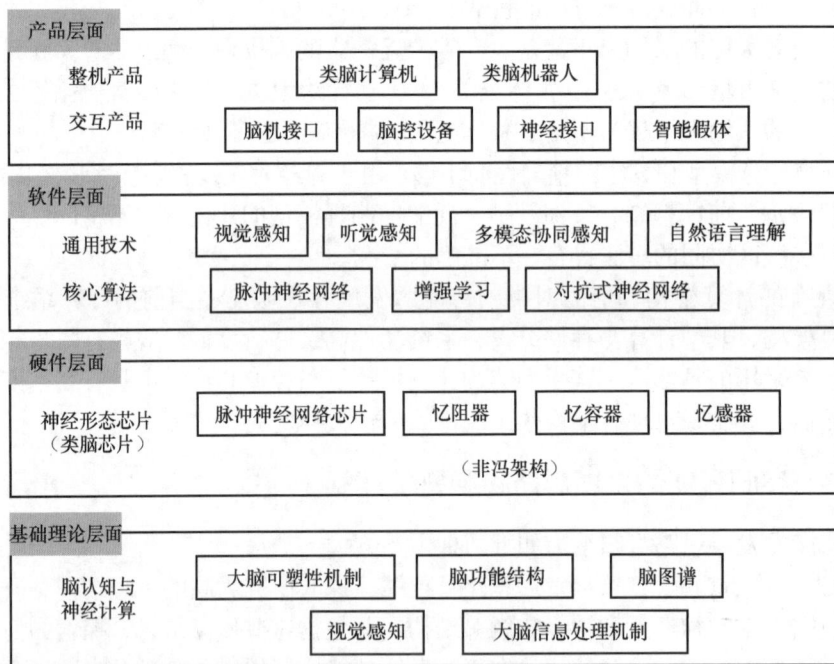

图 11.6 类脑智能技术的体系构架

（1）在基础理论层面，以脑认知和神经计算为基础，重点研究大脑的可塑性机制、脑功能结构以及脑图谱等信息处理机制。

（2）硬件层面主要包括实现类脑功能的神经形态芯片，即非冯诺依曼架构的类脑芯片，包括脉冲神经网络芯片、忆阻器、忆容器和忆感器等。

（3）在软件层面，涵盖核心算法和通用技术。核心算法包括弱监督学习和无监督学习机制，例如脉冲神经网络、增强学习和对抗神经网络。通用技术涉及视觉感知、听觉感知、自然语言理解、推理和决策等方面。

（4）产品层包括交互产品和整机产品。交互产品包括脑机接口、脑控设备、神经接口和智能假体等；整机产品主要包括类脑计算机和类脑机器人等。

1. 基础理论层面

基础理论层面主要研究脑认知与神经计算，包括大脑可塑性机制、脑功能结构、脑图谱、视觉感知和大脑信息处理机制等。例如，中国科学院自动化研究所（CASIA）在类脑认知计算建模领域取得了一系列重要成果。这些成果涵盖了哺乳动物海马区记忆计算建模、鼠脑全脑点神经元计算模拟系统、微米尺度鼠脑结构与活动模拟以及猴脑点神经元多脑区协同计算模拟等方面的研究成果。

2. 硬件层面

硬件层面主要研究神经形态芯片，即类脑芯片，包括脉冲神经芯片、忆阻器、忆容器、忆感器等。

忆阻器（Memristor）是一种电子器件，其名称由"记忆"（Memory）和"电阻"（Resistor）两个英文单词组合而成。最早于 1971 年，加州大学伯克利分校的蔡少棠教授预言其存在，而后在 2008 年被惠普公司成功研发。

忆阻器的电阻取决于电荷流过该器件的数量。当电荷沿一个方向流过时，电阻会增加；反之，电阻会减小。因此，忆阻器的电阻随时间而变化，即取决于电荷的流向。这种器件实质上是一种具有记忆功能的非线性电阻。通过调控电流的变化，可以改变其阻值。如果将高阻值定义为"1"，低阻值定义为"0"，则忆阻器可实现数据存储的功能。更进一步地说，忆阻器能够存储大量信息，类似于生物神经细胞的功能。通过一种比硅芯片中的电阻器更加联网的方式将忆阻器连接在一起，有望实现与生物大脑功能类似的系统。

如图 11.7 所示，英特尔的神经形态芯片 Loihi 与传统的 CPU、GPU 和 GPGPU 有所不同，其数据编码方式不是以比特为单位。Loihi 内部配备了多达 13 万个人造神经元，这些神经元之间的接触点（类似于生物学中的突触）存储着"神经冲动"（neural spike）信号的形状和频率，与人脑神经元突触的工作原理极为相似。并且，Loihi 具有独特的能力，能够仅通过气味来识别多种有害的化学物质。研究人员指出，Loihi 可分析识别测试样品中的每种化学物质，而不会破坏先前学习到的有关气味的记忆。相比之下，深度学习系统需要大约3 000 倍的样本训练量，才能达到与 Loihi 相当的水平。

图 11.7　英特尔的神经形态芯片 Loihi

在进行两个语音关键词识别器的测试中，研究人员发现 Loihi 的能耗不到 GPU 的百分之一，甚至比专门设计用于低功耗神经网络推理的 ASIC（英特尔神经网络计算棒）还要低。这一芯片的独特之处还在于能够利用已知的知识来推断新数据，从而在时间推移中以指数方式加速其学习过程。当神经网络层数增加到 100 时（相比之下是 50 倍），Loihi 的能耗仅增加

了 30%，且仍然能够保持实时计算的能力；而对标的低功耗处理器的能耗则增加到了 500
倍，且无法保持实时计算的能力。

3．软件层面

软件层面主要研究通用技术和核心算法，包括视觉感知、听觉感知、多模态协同感知、自然语言处理、脉冲神经网络、增强学习、对抗式神经网络等。下面我们以脉冲神经网络为例来简要介绍。

脉冲神经网络（spiking neural networks，SNN）属于第三代神经网络模型，相较于当前的第二代神经网络，其模拟了更高级的生物神经系统水平。SNN 不同于第二代神经网络的全连接模式和连续值的输入输出方式，而是引入了时间概念，并使用脉冲作为信息传递的基本单位，这种脉冲是在离散的时间点上发生的事件。每个脉冲由微分方程描述，其中最重要的是神经元膜电位。一旦神经元的膜电位达到一定阈值，就会发生脉冲，然后神经元的电位会被重置。

脉冲训练的应用增强了我们对时空数据（或称真实世界感官数据）的处理能力。其中，空间方面指的是神经元之间的局部连接性，这使得它们能够分别处理输入块，类似于 CNN使用滤波器进行处理。而时间方面则指的是脉冲训练随着时间的推移而发生，这使得我们可以通过脉冲的时间信息重新获取在二进制编码中丢失的信息。这种处理方式使得我们能够自然地处理时间数据，而无需像 RNN 那样增加额外的复杂度。

4．产品层面

产品层面主要是提供整机产品或交互产品，包括类脑计算机、类脑机器人、类脑接口、脑控设备、神经接口、智能假体等。

例如，清华大学开发了一款名为"天机芯"的全球首款异构融合类脑计算芯片，其具备多个高度可重构的功能性核，可同时支持机器学习算法和现有类脑计算算法。基于这一芯片的无人驾驶自行车展示了一系列功能，包括自平衡、动态感知、探测、跟踪、自动避障、过障、语音理解以及自主决策等，如图 11.8 所示。

图 11.8　无人驾驶自行车

11.5　混合智能

在脑神经科学领域，全面理解脑智能仍然具有一定挑战性；而从人工智能的角度来看，目前的 AI 高级认知功能仍远不及人类自身。人类智能（脑）和机器智能（人工智能）从不同的视角研究智能问题，这激发了人们从多个角度探索更强大智能的可能性。

近年来，神经技术取得了突破，脑机接口等代表性技术使得脑与计算机之间的融合日益密切。脑机融合及其一体化已成为未来计算技术发展的重要趋势。研究生物脑（生物智能）与机器脑（人工智能）深度融合并协同工作的新型智能系统，是当前人工智能与脑认知科学交叉领域面临的重要课题。在神经康复、生物机器人等与国家发展和国家安全相关的领域，这具有重要的应用需求。

过去半个多世纪以来，人工智能（AI）研究的进展表明，机器在搜索算法、计算任务、数据存储和优化过程等方面具有无与伦比的能力，超越了人类在这些领域的表现。然而，尽管取得了这些成就，机器在感知、推理、归纳和学习等关键智能方面仍然远远落后于人类。鉴于机器智能与人类智能之间的互补性，吴朝晖院士团队提出了一种新的研究思路，即混合智能（cyborg intelligence，CI）。这一方法将智能研究扩展到生物智能和机器智能之间的互联互通，旨在融合它们各自的优势，从而开发出更强大和高效的智能系统。

混合智能的概念旨在将生物智能与机器智能融合，构建一种新型智能系统，其具备生物智能体（如人类）的环境感知、记忆、推理和学习能力，以及机器智能体的信息整合、搜索和计算能力。智能混合系统框架如图 11.9 所示。

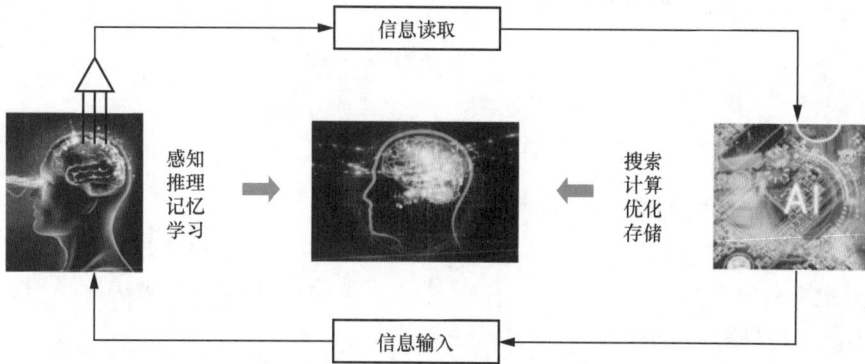

图 11.9　混合智能系统框架

这一混合智能系统被构想为一个双向闭环的有机体系，其中包含生物体和人工智能电子组件，实现了两者之间信息的双向交互。在这个系统中，生物体组织可以接收来自人工智能体的信息，同时人工智能体也能够读取生物体组织的信息，实现了信息的无缝传递。此外，生物体组织对人工智能体的变化具有实时反馈，反之亦然。这一混合智能系统的设计不再局限于简单的生物与机械融合，而是将生物、机械、电子和信息等多个领域因素相融合，以提升系统的行为、感知和认知能力。

混合智能技术的应用前景多元而广泛。

（1）在康复医疗领域，混合智能设备如神经智能假肢和智能人工视觉假体，为肢体运动障碍者提供了新型康复辅助手段。

（2）在神经科学和医疗治疗领域，混合智能系统可用于开发记忆修复、深部电刺激治疗等针对神经疾病的治疗方案。

（3）感知认知能力增强领域，混合智能技术有望提升正常人的感知能力，包括各种感官能力和学习记忆能力的增强。

（4）在国防安全和救灾领域，混合智能技术将为各种海陆空动物机器人、脑机一体化外骨骼系统等提供支持，提升其行为可控性和应用效率。

同时，混合智能面临着一系列挑战。

（1）认知增强方法方面的挑战：相较于运动增强和感知增强，认知增强更为复杂。目前对于认知神经原理与机制的了解相对较为有限，认知过程包括学习、记忆等复杂机制。因此，如何有效利用现有的认知神经研究成果实现认知增强是一个迫切的问题。

（2）脑机融合互学习互适应方面的挑战：大脑具有可塑性，而机器也具备一定的学习能力，但由于二者学习方式的差异，导致了二者的学习能力无法直接融合。如何使脑与机器在系统层面实现在线相互学习和适应，以达到更高级的脑机融合，是混合智能未来发展的重要趋势。

（3）神经环路与网络的层间交互方面的挑战：神经系统呈现出层次化的计算框架，但是从神经环路到大型神经网络的交互过程中，涉及更广泛的神经区域，使得整个过程变得极为复杂。因此，解决两个层次之间的交互问题和技术挑战是至关重要的。

（4）生物相容性电子器件方面的挑战：生物体内部的排斥生理特性导致一般电子器件难以与生物系统长期保持畅通的连接。混合智能的最终目标是实现脑机一体化的融合，因此，设计和实现具有良好生物相容性的各种电子材料和器件至关重要，也是构建真正实用的脑机一体化混合智能系统的关键所在。

习题

一、选择题

1. 机器人的发展历程中，第三代机器人属于（　　　）。

A. 示教再现型机器人　　　　　　　　B. 智能型机器人

C. 感觉型机器人　　　　　　　　　　D. 操作型机器人

2. 不属于特种机器人的是（　　　）。

A. 工业机器人　　　　　　　　　　　B. 水下机器人

C. 机械臂　　　　　　　　　　　　　D. 娱乐机器人

3. 不属于无人驾驶智能车的主要关键技术的是（　　　）。

A. 环境感知　　　　　　　　　　　　B. 安全驾驶、卫星导航

C. 路径规划、车体控制　　　　　　　D. 以上选项都不是

4. 类脑科学的研究主要是研发（　　　）。

A. 集成化医疗技术　　　　　　　　　B. 物联网技术

C. 人工智能技术　　　　　　　　　　D. 机器人技术

5. 下面不属于人工智能的发展趋势的是（　　　）。

A. 人工智能在机器学习上的发展　　　B. 从专用智能向通用智能发展

C. 人工智能将加速与其他学科领域交叉融合　　D. 从人工智能向人机混合智能发展

二、简答题

1. 请简述一下机器人发展的 3 个阶段的特点。

2. 请简述无人车的环境感知设备和计算与控制设备。

3. 请简述一下类脑智能技术的体系在基础理论、硬件、软件和产品这 4 个层面上的特点。

第12章 未来人工智能的展望

【本章导读】

本章旨在与读者一同梳理人工智能的发展现状，并对未来的人工智能做出展望。

12.1 人工智能的发展现状总结

"人工智能"这个术语在 1956 年的达特茅斯会议上被首次提出。它代表着一门兴起的技术科学，其目标在于研究、开发和应用系统，以模拟、扩展和增强人类智能的理论、方法和技术。作为计算机科学领域的一个分支，人工智能旨在探索智能的本质，并设计出能够以类似于人类智能的方式做出反应的智能机器。当前，计算机被视为研究人工智能的主要工具，而人工智能技术的实现也离不开这一关键设备。因此，人工智能的发展历史与计算机科学与技术的进步密不可分。

随着 21 世纪人工智能理论的不断演进，我们正在迎来新的里程碑。这些最新的研究成果将推动更多、更先进的人工智能产品的问世，并且在多个领域超越人类智能的能力。这一趋势对于国民经济的发展和人类生活质量的提升将起到积极而深远的作用。

人工智能研究的目标是探索智能的本质，并研发出具备类人智能的人工智能机器。这一领域的研究内容涵盖了理论、方法、技术以及应用系统的模拟、延伸和扩展，以实现对人类智能的复制。其具体表现形式包括但不限于以下几个方面：图像识别如文字识别、车牌识别等视觉任务；语音识别如说话人识别等听觉任务；语音合成、人机对话等语言任务；机器人、无人车、无人机等行动任务；人机对弈、定理证明、医疗诊断等思考任务；以及机器学习、知识表示等学习任务。

然而，尽管人工智能领域在过去的 60 年里经历了一系列的挑战和曲折，但其取得的成就却是丰硕而显著的。从基础理论的创新到关键技术的突破，再到产业应用的规模化，每一步都取得了令人瞩目的成果。这些成果不仅为我们的日常生活带来了便利，同时也展示了人工智能作为一门学科的巨大潜力。

人工智能的首要目标是模拟、扩展和增强人类智能，以探索智能的本质，并开发出具备类人智能的智能机器。这意味着使机器或计算机具备人类的听觉、视觉、语言交流、思考和决策能力。

随着大数据、云计算、互联网和物联网等信息技术的迅速发展，以深度卷积神经网络为代表的人工智能技术成功地跨越了科学研究与应用之间的鸿沟，迎来了蓬勃发展的时代。图像分类、语音识别、知识问答、人机对弈、无人驾驶等一系列人工智能技术突破，从以前的"无法使用、不够实用"到现在的"可行可用",成为推动新一轮科技和产业革命的重要动力。

在医学领域中,人工智能也取得了一些进展。2017 年,斯坦福大学在国际权威期刊《自然》上发表论文,宣布他们通过深度学习的方法,利用近 13 万张痣、皮疹和其他皮肤病变的图像训练机器,以识别其中的皮肤癌症症状。与 21 位皮肤科医生的诊断结果进行对比后发现,这个深度卷积神经网络的诊断准确率达到 91%,与医生不相上下。

这样的惊人进展不胜枚举。利用深度卷积神经网络的应用创新,国际计算机视觉竞赛 ImageNet 图像分类的 Top5 错误率从 2012 年的 16%下降至 2017 年的约 3%(已低于人类错误率)。在国内,Face++(旷视科技)的人脸识别技术准确率在 LFW 国际公开测试中达到了全球最高的 99.5%,超过了人类肉眼识别的准确率 97.52%。与此相关的刷脸支付技术被《麻省理工科技评论》评为 2017 年十大全球突破性技术。

人工智能近期的进展主要聚焦于专用智能领域,例如微软的语音识别系统达到了与专业速记员相媲美的错误率,仅为 5.1%。从可应用性的角度来看,人工智能可大致分为专用人工智能和通用人工智能两类。专用人工智能主要针对特定领域,因任务单一、应用需求明确、领域知识丰富、模型建设相对简单可行,因此更容易取得突破性进展,甚至在某些局部智能测试中超越人类水平。专用人工智能的突破主要得益于深度学习、强化学习、对抗学习等统计机器学习理论的进步。简而言之,深度学习是受人类大脑层次化信息处理启发而来的一种技术。

尽管人工智能在琴棋书画等领域表现出色,但专家指出,人工智能的发展仍处于初级阶段。"艺术创作被视为人类与人工智能之间最后的竞争领域!"这一观点曾一度被一些专家所坚定。然而,现实很快打破了这种信念:2016 年,由谷歌开发的人工智能画家——"初创主义"在旧金山的拍卖会上获得巨大成功,在其创作的 29 幅作品中,有些作品甚至以高达 8000 美元的价格售出。这并非个例,在法国巴黎,索尼计算机科学实验室开发的"深沉巴赫"创作的合唱曲目,甚至被专业音乐家误认为是"真巴赫"的作品。此外,一部由人工智能创作的小说《一台电脑写一篇小说的一天》也成功通过了日本"星新一文学奖"的初审第一轮。

似乎无所不能的人工智能,精通琴棋书画,展现出了惊人的才艺,引发了人们对人类是否会被取代的担忧。然而,"有智能没智慧、有智商没情商、会计算不会'算计'、有专才无通才"这一观点指出了人工智能的诸多局限性:智慧被视为高级智能的表现形式,然而当前的人工智能缺乏意识和悟性,以及综合决策能力;人工智能在理解和交流人类情感方面仍处于初级阶段;人工智能被认为是有智能但没有心智,更不具备策略性;例如,会下围棋的 AlphaGo 却不懂得下象棋。换言之,当前阶段,人工智能的发展水平仍然有限。

谭铁牛院士指出,尽管机器翻译在某些方面取得了显著进展,但在某些特定情境下,例如简单的句子如"他吃食堂""他吃面条""他吃大碗",机器翻译仍然无法准确翻译;同样,类似"那辆白车是黑车""能穿多少穿多少"的句子也无法被机器翻译正确理解。另外,对于类似校园横幅"欢迎新老师生前来就餐"的理解,人工智能仍然存在障碍,这些都是当前人工智能所面临的挑战和瓶颈。

美国国防高级研究计划署(DARPA)对人工智能的能力进行了评估,将其分为信息感知、机器学习、概念抽象和规划决策等几个方面。尽管第二波人工智能技术在信息感知和机器学习方面取得了显著进展，但在概念抽象和规划决策方面仍处于起步阶段。

尽管有关人工智能已达到 5 岁小孩水平、即将超越人类智能、机器人将统治世界等观点不断出现，但谭铁牛院士指出现阶段的人工智能仍然存在诸多限制，而对通用人工智能的过高预期是不合理的。

12.2 未来的人工智能

在 2023 年底，英国《自然》杂志发表了一篇文章，预测了 2024 年的十大科学进展，其中人工智能的进步和 ChatGPT 占据了前两位。人工智能的发展在过去一年中取得了许多突破，同时也引起了广泛的争议。然而，不可否认的是，人工智能已经成为未来的标志，它将继续在当下和未来影响人们的生活，并对人类社会的进步产生广泛而深远的影响。因此，人工智能对科学的发展有哪些有益的成果呢？我们不妨也对未来的人工智能进行展望。

（1）多模态预训练大模型已成为人工智能产业的标配，其核心包括以下三个方面。

① "大模型" 或称之为基础模型，是指依托于大规模数据训练而成的模型，具有广泛应用领域的特性。

② "预训练" 阶段强调模型在微调之前进行训练。在预训练阶段，大模型能够集中学习到尽可能泛化的通用特征，而在微调阶段，则需要结合特定任务的小规模数据集进行调整，以适应不同的任务场景。

③ "多模态" 意味着训练大模型所使用的数据来源和形式具有多样性。人类通过视觉、听觉、嗅觉等多种感官获取信息，并通过声音、文字、图像等多种形式进行沟通表达，这种多模态输入和输出是模型训练中的重要特征。

预训练大模型的发展始于自然语言处理领域，目前已进入"百模大战"阶段。自 2017 年 Transformer 模型提出以来，该架构已成为大模型的主流算法架构。2018 年，基于 Transformer 架构的 BERT 模型问世，其参数量首次突破 3 亿规模。随后，T5（参数量 130 亿）、GPT-3（参数量 1750 亿）、Switch Transformer（参数量 1.6 万亿）、智源"悟道 2.0"大模型（参数量 1.75 万亿）、阿里巴巴达摩院多模态大模型 M6（参数量 10 万亿）等预训练语言大模型相继推出，参数量实现了从亿级到万亿级的突破。自 2022 年底以来，ChatGPT 引发了全球大模型创新热潮，国内科技厂商竞争尤为激烈。

值得注意的是，目前公开的大多数模型仅支持文本输入，而较为前沿的 GPT-4 则支持图像输入，但模型的输出仅限于文本和图像两种模态。然而，自 2023 年 9 月底以来，OpenAI 将 ChatGPT-4 升级至 GPT-4 with vision(GPT-4V)，增强了其视觉提示功能。在相关样本观察中，GPT-4V 在处理任意交错的多模态输入方面表现突出。

多模态预训练大模型的发展方向与人类信息处理方式更为接近，能够全面展现信息的本质，因此成为未来人工智能模型发展的重点。人工智能大模型将逐步从仅支持单一模态下的单一任务转变为支持多种模态下的多任务。这意味着，各家大模型之间的竞争焦点将不再仅限于提升单一模态下的参数量，而是转向多模态信息的整合和深度挖掘，通过巧妙设计的预训练任务，使模型能够更准确地捕捉不同模态信息之间的关联。

在多模态预训练大模型的发展思路中，有几种主要方法。

① 利用单模态模型如 LLMs（large language models）来调用其他数据类型的功能模块

完成多模态任务，典型代表包括 Visual ChatGPT 和 Hugging GPT 等。

② 直接利用图像和文本信息训练得到多模态大模型，典型代表有 KOSMOS-1 等。

③ 将 LLMs 与跨模态编码器等有机结合，融合 LLMs 的推理检索能力和编码器的多模态信息整合能力，典型代表有 Flamingo 和 BLIP2 等。

随着技术的不断成熟，多模态预训练大模型将成为人工智能大模型的主流形态，成为下一代人工智能产业的"标配"。

（2）随着 AI 大模型商业竞争的激烈化，高质量数据的稀缺正在成为一个突出的问题。

来自 Epoch AI Research 团队的研究表明，高质量语言数据预计在 2026 年用尽，而低质量语言和图像数据则分别预计在 2030 年至 2050 年和 2030 年至 2060 年用尽。这意味着如果没有新增数据源或者数据利用效率未能显著提高，到了 2030 年后，AI 大模型的发展速度将明显放缓。

AI 大模型的训练需要大量高质量数据，然而目前数据质量存在一定问题，如数据噪声、缺失和不平衡等，这些问题会影响模型的训练效果和准确性。因此，预计 AI 大模型领域对高质量数据的需求将推动数据在规模、多模态和质量等方面的全面提升，相关技术有望迎来跨越式发展。

数据智能是指从数据中提取、发现和获取具有信息和可操作性的信息，以便在基于数据的决策和任务执行中提供智能支持。数据智能涵盖了数据处理、挖掘、机器学习、人机交互和可视化等多种底层技术，可以分为数据平台、数据整理、数据分析、数据交互和数据可视化等部分。例如，数据平台技术的发展将有利于实现全面挖掘数据价值和即时数据洞察。云原生容器化技术的应用将促进数据应用系统的弹性和可观察性。预计基于云原生容器化环境的湖仓一体架构将成为新一代数据平台的基础，助力提升数据质量。

此外，现代数据栈和数据编织等新型数据整理技术将提高数据的处理效率。机器学习和图计算等数据分析技术将拓展数据分析的维度和深度。数据交互技术与向量数据库的结合将创造自然高效的用户体验。

总体来说，随着信息技术的普及和技术创新的不断推进，数据智能技术也在持续进步。这些进步的核心驱动力在于将数据转化为有意义的信息和知识，从而帮助人们做出更好的决策。大模型的发展和算力的提升将推动数据智能技术不断突破。

（3）智能算力是驱动大模型训练的重要动力源，其高效且成本较低的特性使其成为人工智能发展的核心驱动力，已经得到产业界的广泛认可。

在深度学习兴起之前，用于人工智能训练的算力每 20 个月翻倍一次，遵循着摩尔定律的基本规律；然而，自深度学习技术问世以来，这种增长速度加快至每 6 个月翻倍一次。进入 2012 年后，全球顶尖人工智能模型的训练算力需求更是加速至每 3~4 个月翻倍一次，呈现出令人惊讶的指数级增长趋势。

当前，随着大模型的快速发展，训练算力需求预计将扩大到原有的 10~100 倍。然而，这种指数级增长的需求曲线也带来了巨大的算力成本挑战。以构建 GPT-3 为例，OpenAI 的数据显示，满足其训练算力需求至少需要上万颗英伟达 GPU A100，并且一次模型训练的总算力消耗约为 3 640PF-days（即每秒一千万亿次计算，运行 3 640 天），成本高达 1 200 万美元，这还不包括模型推理成本和后续升级所需的训练成本。在这一背景下，改革传统的计算模式已经成为必然趋势，产业界正在积极推动芯片和计算架构的创新。例如，谷歌自 2016 年起不断研发专门为机器学习定制的 TPU（张量处理单元），并已在大量人工智能训练工作中使用 TPU。英伟达则着力推广"GPU+加速计算"方案，抓住了人工智能大模型爆发的机遇。

此外，一些观点认为，尽管 TPU 和 GPU 等专用芯片在特定场景下发挥重要作用，但它们并不一定是通用人工智能的最佳解决方案。因此，量子计算被认为具有远超经典计算的强大并行计算能力，IBM 在 2023 年宣布将与东京大学和芝加哥大学合作，建造由 10 万个量子比特驱动的量子计算机，有望推动量子计算在新药研发、暗物质探索、密码破译等领域的应用。

新型硬件和计算架构层出不穷，已有的芯片、操作系统和应用软件等可能会被新技术推翻重建。预计未来将实现"万物皆数据""无处不计算""无计不智能"的智能算力新格局，呈现出多元异构、软硬件协同、绿色集约和云边端一体化等四大特征。多元异构体现在各种芯片（如 CPU、GPU、ASIC、FPGA、NPU 和 DPU 等）共同构成的"XPU"芯片，使得算力变得更加多样化。除了传统的 x86 架构外，ARM、RISC-V、MIPS 等多种架构也在被越来越多的芯片公司采用，多元异构计算技术迅速崛起。

软硬件协同设计要求高效管理各种类型的资源，实现算力的弹性扩展、跨平台部署和多场景兼容等特性。例如，通过不断优化深度学习编译技术，提升算子库的性能、开放性和易用性，尽可能屏蔽底层处理器的差异，从而兼容更多的人工智能框架。

绿色集约强调了在数据中心和 5G 设施中平衡算力提升和能耗降低的重要性，包括提高绿色能源的使用比例、采用创新型的制冷技术降低数据中心的能耗、综合管理 IT 设备以提高算力利用效率等措施。

云边端一体化则是在云端数据中心、边缘计算节点和终端设备三级架构中合理配置算力，推动算力能够真正满足各种场景的需求，进而促进边缘智能、增强现实/虚拟现实、自动驾驶等新一代计算终端的普及。

（4）人工智能生成内容（artificial intelligence generated content，AIGC）应用正迅速渗透到各个领域。AIGC 利用各种机器学习算法从数据中学习，能够自动生成全新的文本、图像、音频、视频等多媒体内容，标志着一种新兴的内容创作方式，继专业生成内容（PGC）和用户生成内容（UGC）之后的发展。当前，大模型的主要应用之一即为 AIGC，其范围涵盖了 AI 写作、AI 编程、AI 绘画、AI 视频生成等领域。

传统人工智能技术注重于数据分析，而 AIGC 则将人工智能的价值聚焦于内容的创造性方面，其生成的内容源于历史数据和内容，但不是简单地复制，而是创造了全新的内容。

在大模型、深度学习算法和多模态技术等方面的不断进步下，近年来各种形式的 AIGC 作品层出不穷，特别是在 2022 年，AIGC 呈现出爆发式增长的态势。其中，Stable Diffusion 和 ChatGPT 备受市场关注。Stable Diffusion 于 2022 年 10 月发布，用户只需提供文字描述，即可获取由 AI 生成的图像，使得 AI 绘画作品风靡一时。

ChatGPT 于 2022 年底面世，其人机文本对话功能和文本创作能力将 AIGC 水平推向了新的高度，在全球范围内掀起了一股 AIGC 创新热潮。自 2023 年以来，AIGC 领域的垂直应用，如文生文、文生图等，逐渐形成了清晰的竞争格局。由于人类社会的语言文化相对于图片类视觉艺术具有更高的理解难度和更低的错误容忍度，因此，类似 ChatGPT 的文生成文应用在大规模普及方面面临更大的挑战和进展较慢，而文生成图领域的创新热度则相对较高。

　　随着 Disco Diffusion、Stable Diffusion、DALL-E2、Midjourney 等技术对公众开放，AIGC 在 C 端市场的普及已初见成效。AIGC 的发展起源于数字内容创作领域，从单一模态内容到多模态数字内容的创造已初步显现，未来预计将进一步提高人类内容创作的效率，丰富数字内容生态，开启人机协同创作的新时代，AIGC 有望重新定义各种需要创意和新内容的场景，实现全场景渗透。

　　具体来看，AIGC 目前主要集中在创意工作场景中，如广告营销、游戏创作和艺术设计等领域。一方面，创意资源稀缺，AIGC 的创造性能够激发灵感、辅助创作、验证创意等，另一方面，互联网的广泛普及使得"一切皆可在线"，数字内容消费需求持续增长，AIGC 能够以更低的成本和更高的效率生产内容，经济效益逐渐凸显。

　　然而，AIGC 在内容准确性、细节控制度和风格个性化等方面仍有较大的优化空间，AIGC 的潜力是否能够充分释放取决于其与业务需求的有效结合。例如，在客服场景中，多轮人机对话式客服能够改善用户体验并节省人工客服成本，但 AIGC 内容仍然难以满足某些高度细分和复杂度较高的需求。在芯片研发场景中，AIGC 生成的 3D 模型可以帮助优化芯片元件位置，从而将产品开发周期从几周缩短至几小时，但对于某些定制化芯片往往还需额外投入参数训练。在医疗科技场景中，AIGC 基于真实病例数据生成的新数据解决了因医疗数据的稀缺性、敏感性造成的数据缺乏问题，为药物研发、精准医疗、医疗影像等领域提供数据生成服务。

　　（5）人工智能（AI）在科学研究领域的应用（AI for science，AI4S）正从单一突破向更加平台化的发展方向迈进。AI4S 利用 AI 技术和方法来模拟、预测和优化自然和人类社会的各种现象和规律，从而推动科研创新。它在生命科学、气象预测、数学、分子动力学等领域的广泛应用，能够显著降低前沿科技研究的智力成本，并提升研究效率。这使得 AI4S 有望成为科学研究中与经验范式、理论范式、计算范式和数据驱动范式相辅相成的第五大范式。

　　业界普遍认为，2017 年至 2021 年是 AI4S 概念引入的阶段，在此期间，相关模型的精度、技术路径、学科门类和应用场景得到了持续完善，并涌现出一系列创新成果，如 DeepMD 加速分子动力学模拟和 AlphaFold2 成功解决蛋白质折叠预测难题等。

　　全球范围内 AI4S 领域的基础模型和软件在 2022 年后得到了明显增加，且其功能从过去的"辅助"和"优化"逐渐转向"启发"和"指导"，这在一定程度上表明了 AI4S 正在从概念引入阶段的单点突破过渡到更加平台化的发展阶段。

　　在"单点突破"阶段，AI4S 的发展主要由科研学者主导，市场更关注数据、模型、算法和方法论的原创性。AI4S 在特定任务或场景中的"单点应用"初步证明了解决方案的落地价值。而"平台化"发展意味着需要将这些已经证明的价值能力沉淀为平台化工具，并提升对下游用户的通用性和价值。与此同时，产业界对于 AI4S 的工程化需求也逐渐增加，未来 AI4S 的发展将由工程师和科研学者共同主导。

　　（6）具身智能和脑机接口等技术的发展标志着通用人工智能（AGI）应用探索迈出重要一步。在人工智能发展的不同阶段中，学术界通常将其划分为专用人工智能、通用人工智能和超级人工智能。

　　专用人工智能侧重于机器具备表征性智能特征，如思考、感知和行动，代表了机器学习时代的典型成果，例如首个战胜围棋世界冠军的 AlphaGo。通用人工智能（AGI）则指向与人类特征如意识、感性、知识和自觉等相连接，能够实现人类智力行为的机器智能。超级人工智能超越了人类智能，在科学创造力、智慧和社交能力等方面远远超过人类大脑的智能水平。当前，人工智能正逐步迈向通用人工智能的发展阶段。

通用人工智能的技术原理强调两大特征：需要基于先进算法实现智能处理和决策，包括深度学习、强化学习和进化计算等；需要具备与人类大脑相似的认知架构，包括感知、记忆、分析、思考、决策和创造等模块。

ChatGPT 在文本对话领域表现出与人类行为相似的特征，被认为是通往 AGI 的重要里程碑，但在实际应用中仍然存在数据在线更新能力不足、多模态信息不足等问题。根据 AGI 技术原理，ChatGPT 在感知尤其是实时感知能力方面仍需进一步优化，而具身智能、脑机接口等技术的发展则能提供有效助力。

具身智能指的是具备自主决策和行动能力的机器智能，可以像人类一样实时感知和理解环境，并通过自主学习和适应性行为完成任务。脑机接口是指在人或动物大脑与外部设备之间创建的直接连接，实现脑与设备之间的信息交换。通过结合大脑解码技术等方法，脑机接口让机器能更好地理解人类的认知过程。

具身智能和脑机接口技术目前处于早期技术孵化阶段，因此面临着核心技术不成熟、研发成本高、场景化应用难度大和监管制度缺位等问题。然而，一些研究机构和企业已开始探索如何将具身智能、脑机接口与 ChatGPT 等技术相结合，这有望催生出更符合 AGI 特征的应用。

举例来说，在具身智能方面，微软提出了 ChatGPT 在机器人领域的应用原则，而谷歌和柏林工业大学团队开发了多模态具身视觉语言模型 PaLM-E，AI 科学家李飞飞团队研发的机器人项目 VoxPoser。在脑机接口方面，日本荒谷研究开发部成功实现了脑电波控制邮件发送。总体来说，具身智能和脑机接口技术将成为 AGI 发展的重要技术支撑，在未来的研究中将继续得到拓展和深化。

（7）人工智能的安全治理面临着不断趋严、趋紧、趋难的挑战。随着深度卷积神经网络大模型的预训练以及在大规模人机交互过程中强化学习的推进，人工智能正朝着以认知发展为导向的"自我进化"方向发展。如何确保这种自我性特征对人类社会有益而无害，成为了目前亟待解决的问题。

人工智能带来的挑战主要体现在技术安全、应用安全和数据安全等方面。就技术安全而言，人工智能技术的复杂性和不透明性导致了"黑箱"困境。人工智能模型包含大量代码，设计者使用各种数据进行训练和建模，但随着算力的提升和数据的大规模应用，人工智能的高速迭代使其能够自我学习和更新，而设计者却难以解释其决策过程和结果，造成了其结果的不可解释性。

在应用层面上，随着大模型与 AIGC 的快速融合发展，生成的内容具有"以假乱真"的效果，使得人们能够轻松实现"换脸""变声"等操作。这增加了人工智能应用的风险，可能带来虚假信息、偏见歧视以及意识渗透等问题，对个人、机构甚至国家安全都带来了较大的威胁。此外，随着人工智能技术的普及，越来越多的工作将被机器所取代，导致失业人数增加，从而对社会公平发起了挑战。根据牛津大学和耶鲁大学的一项调研，研究人员预测未来人工智能将在多个领域超越人类，例如卡车驾驶（预计在 2027 年实现）、零售业（预计在 2031 年实现）、畅销书写作（预计在 2049 年实现）、外科医生工作（预计在 2053 年实现）。

（8）可解释 AI、伦理安全、隐私保护等催生技术创新机遇。随着人工智能在发展过程中所面临的技术伦理和社会伦理风险愈加凸显，确保人工智能的安全和可信发展已成为一项艰巨而长期的任务。在解决人工智能风险的过程中，涌现了诸如可解释 AI、联邦学习等技术创新的机遇。

① 可解释性

对于模型透明性和可解释性的需求推动了可解释 AI 的深入发展。随着机器学习模型在各个领域的广泛应用，人们对于模型的可信度和可解释性的要求不断提升。联合国在 2021 年发布的《人工智能伦理问题建议书》中提出了"透明性与可解释性"作为十大 AI 原则之一。透明性与可解释性被视为确保其他伦理价值实现的必要前提。

可解释 AI（explainable artificial intelligence）通过对算法决策进行解释，赋予了公众知情权和同意权，有助于提升公众对 AI 的信任。这种解释性有助于应对算法黑箱和算法失灵等问题，通过透明的算法机制促使开发者防范算法歧视，从而促进算法的公平性。可解释 AI 工具自 2016 年问世以来不断发展壮大，其功能日益丰富。这些工具不仅能解释集成学习模型、图像识别模型和自然语言处理模型等多种机器学习和深度学习模型，还为 AI 面临的可解释性问题提供了切实可行的解决方案。

目前，谷歌的模型卡片机制（model cards）、IBM 的事实清单机制（AI fact sheets）以及微软的数据集数据清单（datasheets for datasets）等技术位于行业前沿。随着越来越多的科技公司加大对可解释 AI 等 AI 伦理研究和应用场景的研发投入，预计将不断涌现出新的技术和方法，从而增强人们对机器学习模型的信任并促进人工智能技术的更广泛应用。

② AI 对齐

通过"为机器立心"，逐步实现人机价值观的对齐。AI 对齐，也称"价值对齐"，要求 AI 系统的目标与人类的价值观与利益相对齐或保持一致。如果 AI 系统与人类的价值观不一致，可能会导致 AI 行为不符合人类意图、在多种目标冲突时做出错误取舍、伤害人类利益以及脱离控制等问题。目前，AI 对齐主要面临着选择合适的价值观、将价值观编码到 AI 系统中以及选择合适的训练数据等挑战。让 AI 系统真正理解人类的价值观并获得人类的信任是人机协作的重要课题。

在 AI 对齐的研究方面，此外，2022 年 7 月，北京大学朱松纯团队发表了一篇 AI 对齐论文，提出了通过设计"人机协作探索"游戏，尝试形成以人类为中心、人机兼容的协作过程，从而实现实时 AI 对齐。2023 年 4 月，DeepMind 发表了一篇论文，重点研究了"提出合适的价值观"的问题。同年 7 月，OpenAI 成立了由 Ilya Sutskever(OpenAI 联合创始人兼首席科学家)等领导的人工智能对齐团队，重点研究了通过技术手段实现对齐的问题。

AI 对齐是通往通用人机协作的第一步。未来的 AI 对齐研究将不仅局限于单一任务环境，还将进一步探索多任务环境下的人机价值对齐。此外，信念、欲望、意图等人机之间心理模型的因素也是"为机器立心"的重要研究方向。

③ 隐私计

为了解决数据难以集中管理、隐私安全问题突出以及机器学习算法本身具有局限性等问题，联邦学习技术应运而生。联邦学习（federated learning）是一种机器学习框架，其核心思想是根据多方在法律法规、隐私保护和数据安全等要求下，将数据样本和特征汇聚后进行数据使用和机器学习建模。在联邦学习中，各个参与方可以在不共享数据所有权的情况下，通过加密和隐私保护技术共享数据，解决数据孤岛、保障隐私安全以及减少算法偏差等问题。自 2016 年谷歌首次提出联邦学习以来，该项技术被科技企业在金融、安防、医疗、在线推荐系统等领域推广应用，逐渐成为解决合作中数据隐私与数据共享矛盾的新方法。

当前联邦学习的研究热点主要集中在机器学习方法、模型训练和隐私保护等方面。未来的研究方向将更多地涉及算法模型和安全隐私技术，如数据隐私、深度学习、差分隐私、边缘计算等。联邦学习正成为新型的"技术基础设施"，有望成为下一代人工智能协同算法、隐私计算和协作网络的基础，使数据在合法合规、安全高效的基础上实现数据价值流动。

（9）开源开发模式将成为通用人工智能（AGI）生态系统构建的基础。开源软件的开发模式意味着源代码的公开和共享，使得开发者能够自由获取、使用和修改代码。相比之下，闭源软件则由特定的组织或个人控制和管理，源代码不对外公开。开源开发模式的灵活性吸引了大量开发者参与生态系统的建设。

AGI 强调其通用性，因此，生态系统必须能够满足各种细分场景和长尾需求。在这种情况下，开放和繁荣的生态系统能够更好地满足不同的专业化、场景化和碎片化需求，从而保证 AGI 生态系统的丰富性和完整性。此外，更多的开发者意味着底层模型和上层应用等的迭代速度更快。例如，在 3 大文生图大模型 Midjourney、DALLE-3、Stable Diffusion 中，Stable Diffusion 是唯一选择完全开源的模型，在一定程度上，虽然它是最晚诞生的，但却获得了更多用户的关注和更广泛的应用。

然而，开源模式也存在一些风险。对于产业生态系统中的主要企业来说，选择开源意味着公开商业机密，不利于构建竞争壁垒。此外，开源模式可能会带来专利侵权的风险，包括违反开源许可证的使用和引入有版权瑕疵的代码，这对开源软件的知识产权管理提出了挑战。

（10）研究人工智能是否会产生意识具有重要意义。值得注意的是，《自然》杂志将意识相关的辩论和发现纳入了今年的科学进展之列，认为这不仅涉及人类基于大脑和神经产生意识的研究，还表明在此基础上能够取得人类心理学和哲学研究的突破。尽管在这个领域，人工智能是否会产生意识仍然是最大的争议之一，以及人类应该如何对待可能拥有意识的人工智能。

之前，邓普顿世界慈善基金会投入了 3 000 万美元用于研究和验证意识产生的两种主要理论：整合信息理论和全局神经元工作空间理论。来自不同实验室的研究者利用功能性磁共振成像、脑磁图和脑电图，研究了 256 名人类参与者的视觉体验内容和持续时间的神经相关性。研究结果显示，在视觉皮层、腹颞叶皮层和额叶下皮层中存在反映意识内容的信息；而在枕叶皮层和外侧颞叶皮层中的持续反应反映了刺激的持续时间；额叶和早期视觉区域之间存在内容特异性的同步。

简而言之，这些结果证实了整合信息理论和全局神经元工作空间理论的一些预测，但这两种理论都无法解释意识是如何产生的。《自然》杂志预测，在今年年底之前，科学家会对意识的神经基础有新的认识，并公布新的实验结果。

与此相关的是，人工智能是否真的会产生意识？一些科学家担心，如果人工智能演化出意识，可能会导致从人控制人工智能转变为人工智能控制人，从而带来灾难。尽管更多人对"人工智能是否产生意识"的假设不屑一顾，但数学意识科学协会（AMCS）的成员呼吁联合国提供更多资金来支持意识和人工智能的研究。该协会称，迫切需要对有意识系统和无意识系统之间的界限进行科学调查，涉及伦理、法律和安全等问题。这些问题使得理解人工智能意识变得至关重要，例如，如果人工智能发展出意识，是否应该允许人们在使用后有效而简单地将其关闭？

目前，国际上一些研究人员预测，人工智能产生意识将在 5～20 年内实现。然而，这一结论缺乏充分的研究支持，因为在 2023 年没有一项资助用于"研究人工智能产生意识"。数学意识科学协会的研究人员认为，只有了解是什么使得人工智能具有意识，才能评估有意识的人工智能系统对社会带来的影响，包括可能引发的危险以及如何应对这些危险。

随着科技的飞速发展，研究人工智能是否会产生意识并做出确切的结论对于人类社会文明的未来具有重要意义。到时候再评估人工智能对人类社会文明是一种恩惠还是负担也不迟。

习题

简答题

1. 请简述一下现阶段的人工智能是不是"无所不能"？
2. 依据人工智能的发展趋势，请畅想一下人工智能最新的突破会在哪个领域？